전자재료공학

연 규 호

우용출판사
1997
www.choolpansa.com

Preface 머리말

오늘날 전자공학의 눈부신 발전은 과학기술 전 분야에 걸쳐서 지대한 영향을 미치고 있는 바, 이는 전자공학 제 분야 중에서도 특히 전자재료기술의 발전에 의한 것이라고 해도 과언이 아니다. 1948년 Schockly에 의해 그 모습을 드러낸 전자재료소자는 불과 50년이라는 짧은 기간임에도 불구하고 우리 생활 곳곳에 없어서는 아니 될 중요한 존재가 되었다. 70년대 이후 전자재료를 이용한 기술은 급속도로 퍼져나가고 있으며, 전자재료기술이 발전하면 할수록 그에 부응하여 보다 다양한 형태의 전자재료소자들이 연구 개발되고 있다.

이러한 전자재료 기술의 발전에 따라서 전자공학을 전공하는 대학생이나 대학원생들은 현재 사용되고 있거나 연구되고 있는 여러 형태의 전자재료에 대한 물리적인 지식들을 습득할 필요가 있기에 본 책을 엮게 되었다.

또한 본 책은 그 구성에 있어서도 물리적인 바탕에서부터 시작하여 현재 사용되고 있거나 연구되고 있는 여러 형태의 전자재료에 대하여 다루고 있기에 최신 전자재료에 대한 지식을 습득하기에 도움이 될 수 있는 좋은 책이라고 생각된다.

여러 가지 전자재료에 대한 지식이 부족하지만 가급적 이해하기 쉽게 기술하려고 노력하였으니 제위께서는 본 책을 공부하면서 잘못된 부분이 있다면 언제든지 의견을 주시기 바랍니다.

끝으로 오랜 기간 동안 지원을 아끼지 않고 도와준 우용출판사 여러분께 감사를 드리며 그동안 바쁜 일과에도 불구하고 열심히 도와준 우용출판사 사장님께 감사를 드립니다.

2007년 2월

저자 씀

Contents 목차

Part Ⅰ 이론

6장 도전재료

7장 반도체재료

8장 절연재료

9장 자성재료

10장 각종 부품재료

Part Ⅱ 실험

Part Ⅲ 부록

Part I

이론

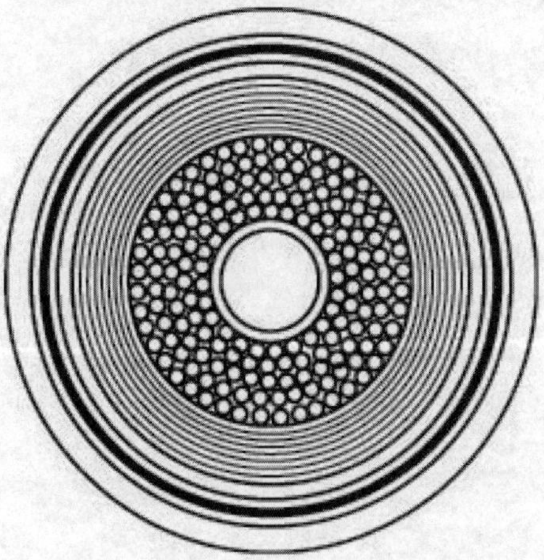

Chapter 1 원자와 전자

- 원자와 전자
- 전자의 질량과 에너지
- 여기와 전리

1-1 원자와 전자

모든 재료는 물질로 이루어진다. 전자재료를 공부하기에 앞서 물질의 기본 성질을 완전히 이해하지 않으면 안 된다. 따라서 이 장에서는 물리, 화학의 기초지식을 바탕으로 하여 물질의 성질을 설명하고자 한다.

물질고유의 성질을 보존하는 세분극한을 분자(molecule)라고 한다. 분자는 원자(atom)로 구성되고, 또 원자는 양전하를 가진 원자핵을 중심으로 하여 그 주위에 음전하를 가진 전자가 회전하며, 전자 자신은 자전하고 있다.

양자(proton)와 중성자(neutron)로 된 원자핵의 양전하와 전자의 음전하와는 정상 상태에서는 중화되어 있으므로 외부에 전기적 성질을 나타내지 않는다. 원소를 원자량이 적은 것부터 차례로 번호를 붙이면 그 번호 수는 원자핵의 양전하 수와 일치한다. 이 값을 원소의 원자번호라고 하며, Z로 표시한다.

따라서 그림 1-1과 같이 원자번호가 1인 수소에서는 전자가 한 개이며, 6인 탄소에서는 전자가 6개이다.

또한 원자핵의 질량은 원자 전체 질량의 거의 전부이므로, 원자 자체로 보면 전자의 질량은 거의 0이라고 보아도 무방하다. 한편 원자의 크기는 원소에 따라 다르나, 대체로 그 직경이 10^{-10}[m] 정도인데 비해 전자는 10^{-15}[m] 정도이므로 약 100만분의 1이 된다.

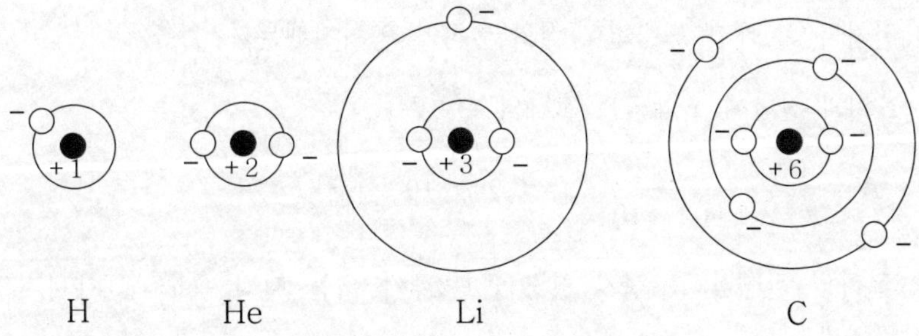

그림 1-1 원자

1-2 전자의 질량과 에너지

전자의 질량은 전하의 크기(e=1.602×10^{-19}coulomb)를 알면 비전하에 의하여 구할 수 있다. 전자의 운동 속도가 광속도보다 작을 때에는

$$m_e = 9.109 \times 10^{-31} \text{ [kg]} \tag{1-1}$$

이다. 이 값은 수소 원자 1개 질량의 1/1836이다. 이를 정지질량이라고 한다. 한편 비전하는

$$e/m_e = 1.759 \times 10^{11} \text{[C/kg]} \tag{1-2}$$

아인슈타인(A. Einstein)의 상대성이론에 의하면 일반적으로 물질의 질량은 그 물질의 속도에 따라 변화하므로 전자의 질량도 속도 v에 의하여 다음과 같이 증가한다(부록 1).

$$m = m_e / \sqrt{1-\left(\frac{v}{c}\right)^2} \text{ [kg]} \tag{1-3}$$

여기서 v는 전자의 속도[m/s], c는 광속도로서 3×10^8[m/s]이며, m은 운동질량이라 한다.

식 (1-3)에서 전자의 운동 속도가 광속도에 접근하면 $m \to \infty$로서, 이때에는 어떠한 큰 힘을 가해도 속도는 그 이상 증가할 수 없다. 또한 질량 m_e는 그 자신이

$$E_o = m_e c^2 \text{ [J]} \tag{1-4}$$

인 에너지와 등가이다. 여기서 E_o는 정지 질량의 전체에너지이다.

[예제 1] 전자가 몇 개가 모이면 1[C]의 전하가 얻어지겠는가?

【해설】 1[C]의 전하에 포함되는 전자의 수 N은

$$N = \frac{1}{e} = \frac{1}{1.602 \times 10^{-19}} = 6.24 \times 10^{18} \text{ [개]}$$

[예제 2] 전자의 질량이 그 정지 질량의 1.2배가 되는 때의 속도 및 에너지의 증가를 구하라.

【해설】 운동 전자의 질량이m=1.2m_e가 되는 때의 속도 v는

$$1.2m_e = m_e / \sqrt{1-(v/c)^2} \quad \therefore v = 1.65 \times 10^8 \text{ [m/s]}$$

다음에 전자의 속도가 v인 때의 전 에너지는 mc^2, 정지질량의 에너지는 $m_e c^2$이므로 증가에너지 $\varDelta E$는

$$\Delta E = 1.2m_e c^2 - m_e c^2 \fallingdotseq 1.639 \times 10^{-14} \ [\mathrm{J}]$$

[예제 3] 전자의 정지 질량이 완전히 에너지로 변환된다고 하면, 이 때 발생하는 에너지는 얼마나 되는가?

【해설】 정지전자의 질량이 전부 에너지로 변환된다면

$$E_o = m_e c^2 = 9.109 \times 10^{-31} \times (3 \times 10^8)^2 = 81.98 \times 10^{-15} \ [\mathrm{J}]$$

앞서 설명한 바 있는 운동 질량과 정지 질량의 차 ΔE는

$$\Delta E = mc^2 - m_e c^2 = \left[m_e c^2 / \sqrt{1-(v/c)^2} \right] - m_e c^2$$

여기서 제1항은

$$m_e c^2 / \sqrt{1-(v/c)^2} = m_e c^2 \left[1 + \frac{1}{2}\left(\frac{v}{c}\right)^2 + \frac{3}{8}\left(\frac{v}{c}\right)^4 + \ldots \right] \tag{1-5}$$

와 같이 전개되므로 v가 c에 비하여 작을 때에는 제3항 이하를 무시하면

$$\Delta E = \frac{1}{2} m_e v^2 \tag{1-6}$$

이 식이 곧 운동에너지를 나타내는 식이다.

1) 전자의 파동성

빛은 전자파로서 파동성이 있다는 것은 알려진 사실이나, 광전효과는 파동성 외에 입자성도 있다는 것을 명백히 했다. 즉 아인슈타인은 빛은 다음과 같은 식으로 표시되는 에너지 및 운동량을 가진 입자라고 생각했다. 이 빛의 입자를 광자라고 한다. 즉 에너지 및 운동량은 각각

$$E = h\nu \qquad p = \frac{h\nu}{c} \tag{1-7}$$

여기서 h는 Planck의 정수(6.624×10^{-34} J·s)이고, ν는 광의 진동수이다.

이를 아인슈타인의 광양자설이라 한다. 한편 드 브로이(De Broglie)는 이와는 달리 물질입자가 대단히 작은 경우에는 파의 성질을 나타낸다는 물질파의 개념을 발표했다. 즉 운동량 p의 입자는

$$\lambda = h / p \tag{1-8}$$

의 파장을 가진 파라고 주장했다. 이를 물질파라고 한다. 이 이론에 의하면 전자는 입자성이면서 동시에 파동성도 가지고 있다고 생각할 수 있다.

지금 전자의 속도를 v, 이때의 질량을 m_e라고 하면, 전자가 가지는 파장 λ는

$$\lambda = h / m_e v \tag{1-9}$$

[예제 4] 전자의 속도가 광속도의 2/3일 때 전자의 파장을 계산하라.

【해설】 $m = m_e / \sqrt{1 - \left(\frac{v}{c}\right)^2} = 3m_e / \sqrt{5}$ 이므로 파장 λ는

$$\lambda = \frac{h}{mv} = \frac{h}{3m_e\sqrt{5} \times 2c/3} = \frac{\sqrt{5}}{2} \times \frac{6.624 \times 10^{-34}}{9.109 \times 10^{-31} \times 3 \times 10^8}$$

$$= 2.7 \times 10^{-10} [\mathrm{m}]$$

[예제 5] 어떤 도체의 단면을 1[A]의 전류가 흐르고 있을 때, 이 단면을 0.01초 동안에 통과하는 전자수를 구하라.

【해설】 전류는 전하에 전자의 수를 곱한 것, 즉 $I = e \cdot N$이며, 지금 금속 내의 자유전자의 밀도를 n[전자수/m^3], 금속 도체의 단면적을 $S[\mathrm{m}^3]$, 자유 전자의 평균 이동 속도를 v [m/s]라고 하면 $I = e \cdot N = enSv$[A]일 것이다. 따라서 도체의 단면을 1초간에 통과하는 전자수 N은

$$N = I / e = 1/1.602 \times 10^{-19} = 6.24 \times 10^{18} [\text{전자수/초}]$$

이므로 0.01초간에 통과하는 전자수 ΔN은

$$\Delta N = N \Delta t = 6.24 \times 10^{18} \times 0.01 = 6.24 \times 10^{16} [\text{전자수}]$$

[예제 6] 직경 1[㎜]인 동선에 1[A]의 전류가 흐를 때 전자의 평균이동 속도를 구하라. 동선의 자유전자밀도는 $n = 8.4 \times 10^{22}$[전자수/㎤]이라 한다.

【해설】 동선의 단면적 S는

$$S = \frac{\pi}{4} \times 0.1^2 = 0.00785 [\text{㎠}]$$

이 단면을 통과하는 초 당 전자수 N은

$$N = I / e = 1/1.602 \times 10^{-19} = 6.24 \times 10^{18} [\text{개}/\mathrm{m}^3]$$

따라서 전자의 평균 이동 속도 v는

$$v = N / ns = 6.24 \times 10^{18} / 0.00785 \times 8.4 \times 10^{22} = 0.0095 [\mathrm{cm/s}]$$

이 예제에서 알 수 있는 바와 같이 전자의 평균이동속도는 대단히 늦다. 그러나 일반적으로 전류의 속도라는 것은 이와 같은 전자의 속도가 아니고 전자를 이동시키는 힘이 차례로

전해지는 속도를 말하는 것으로, 도선의 재질에 따라 다르나 동의 경우는 광속도에 가까운 값을 가진다.

2) 원자의 구조

표 1-1은 각준위에 있는 핵외전자의 수를 표시한 것이다. 전자는 가장 낮고 안정한 에너지 준위에 있으려고 하는 성질을 가지고 있는데, 하나의 에너지 준위는 $2n^2$개의 전자로 채워지며, 이 이상의 전자는 그 다음의 에너지 준위에 들어가게 된다. 즉 주양자수 $n=1$인 준위에는 2개의 전자만 허용될 뿐이고, 나머지 전자는 $n=2$인 준위에 들어가게 된다는 것이 이른바 파울리의 배타율(Pauli exclusion principle)이다.

He은 원자번호가 2이므로 H와 같이 $n=1$인 상태에 2개의 전자가 들어간다. Li에서는 제 1 및 제 2의 전자는 $n=1$, 제 3의 전자는 $n=2$인 상태에 들어간다. n의 증가에 따라 궤도반경이 증가하며, 전자는 단계적으로 낮은 곳에서 높은 에너지준위의 상태로 채워져 간다. $n=1,2,3\cdots\cdots$인 궤도를 *K*, *L*, *M*……각이라고 한다.

원자핵에 가까운 전자는 핵의 인력에 의한 결합력이 큰 반면, 핵에서 가장 먼 곳에 있는 전자는 외력에 의한 영향을 민감하게 받게 된다. 이를 최외각전자라고 하며, 화학 변화에 나타나는 성질은 이들 최외각전자와 그 수에 의하여 결정된다. 이 최외각전자를 원자가전자라고도 부른다.

표 1-1 핵외전자의 수

전자각		*K*	*L*	*M*	*N*
n(주양자수)		1	2	3	4
원자번호	원자 \ 에너지 단위	1_s	2_s2_p	$3_s3_p3_d$	$4_s4_p4_d4_f$
1	H	1			
2	He	2			
3	Li	2	1		
4	Be	2	2		
5	B	2	2 1		
6	C	2	2 2		
7	N	2	2 3		
8	O	2	2 4		
9	F	2	2 5		
10	Ne	2	2 6		
11	Na	2	2 6	1	
12	Mg	2	2 6	2	
13	Al	2	2 6	2 1	
14	Si	2	2 6	2 2	
15	P	2	2 6	2 3	
16	S	2	2 6	2 4	
17	Cl	2	2 6	2 5	
18	A	2	2 6	2 6	
19	K	2	2 6	2 6	1
20	Ca	2	2 6	2 6	2
21	Sc	2	2 6	2 6 1	2
22	Ti	2	2 6	2 6 2	2
23	V	2	2 6	2 6 3	2
24	Cr	2	2 6	2 6 4	2
25	Mn	2	2 6	2 6 5	2
26	Fe	2	2 6	2 6 6	2
27	Co	2	2 6	2 6 7	2
28	Ni	2	2 6	2 6 8	2
29	Cu	2	2 6	2 6 10	1
30	Zn	2	2 6	2 6 10	2
31	Ga	2	2 6	2 6 10	2 1
32	Ge	2	2 6	2 6 10	2 2
33	As	2	2 6	2 6 10	2 3
34	Se	2	2 6	2 6 10	2 4
35	Br	2	2 6	2 6 10	2 5
36	Kr	2	2 6	2 6 10	2 6

3) 수소원자의 구조

수소원자의 구조는 어느 원자보다도 간단하며, 중앙에 양자 한 개, 주위에도 단 한 개의 전자가 있다. 그런데 이 핵외전자의 궤도는 어떠한 궤도라도 허용되는 것이 아니고 그림 1-2와 같이 몇 개의 궤도에 한정되어 어떤 상태에서는 이들 궤도 중의 어느 하나의 궤도만을 점유하며, 궤도와 궤도 사이에는 전자가 존재하지 못한다. 전자가 이들 궤도 중 어느 궤도를 택하는가 하는 것은 이 때 전자가 가지고 있는 에너지의 대소에 따라 결정되며, 에너지가 클수록 외측궤도를 통한다. 그림 1-2의 2_s2_p, $3_s3_p3_d$ $4_s4_p4_d4_f$ 등 각 군의 궤도는 대체로 비슷한 에너지를 가지므로 2_s2_p를 2_s의 원, $3_s3_p3_d$을 3_d의 원으로 대표하면 그림 1-3(a)와 같은 동심원으로 표시할 수 있다.

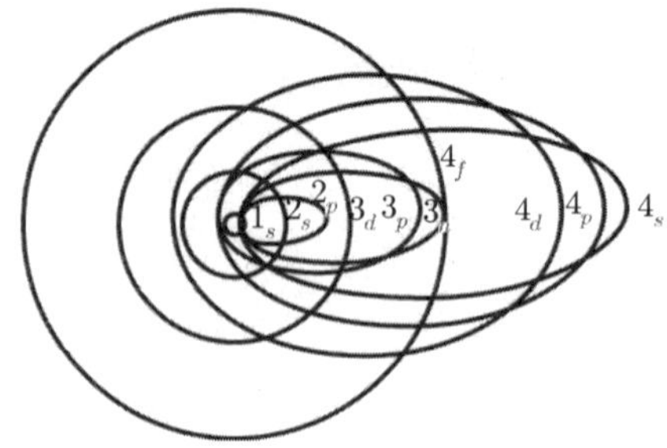

그림 1-2 수소원자의 핵외전자궤도

궤도번호(주양자수와 같다) n이 큰 궤도를 운동하는 전자는 운동 에너지는 작은 반면, 위치 에너지가 크고, 반대로 운동 에너지가 큰 것은 위치 에너지는 작다. 이 사실을 이해하는데 그림 1-3(b)와 같은 그림으로 알 수 있다. 즉, K 및 L각에 있는 전자는 구배가 급하므로 중심으로 구르는 힘이 크나 M 및 N 각에 있는 전자는 비교적 구배는 완만하므로 구르는 힘은 작을 것이다. 이 구르는 힘은 곧 운동 에너지(핵에 의한 인력)에 해당한다.

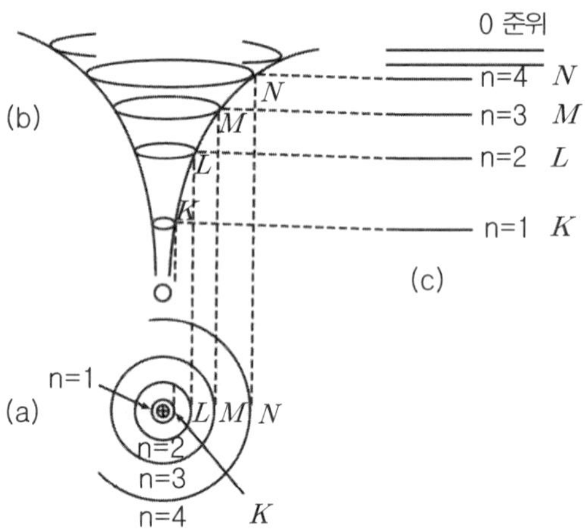

그림 1-3 전자의 에너지 준위

수소 원자의 에너지는 이산적인 값을 가진다. 그래서 그림 1-3(c)와 같이 전자의 에너지를 Y축 상에 잡고 주양자수 n에 따른 에너지 레벨(energy level)을 전자볼트 단위로 표시한 것을 **에너지준위도**라고 한다.

4) 보어의 이론

전술한 실험적 사실을 이론적으로 체계화한 것이 보어(Bohr)의 이론으로서, 보어는 다음과 같은 세 가지 가정 하에 전자의 상태를 규정하였다.

가정 ❶ : 전자와 원자핵 사이에는 고전역학 및 전자기학의 법칙에 의한 쿨롱의 힘이 작용하며, 이 힘은 전자의 회전에 수반하는 원심력과 평형하다.

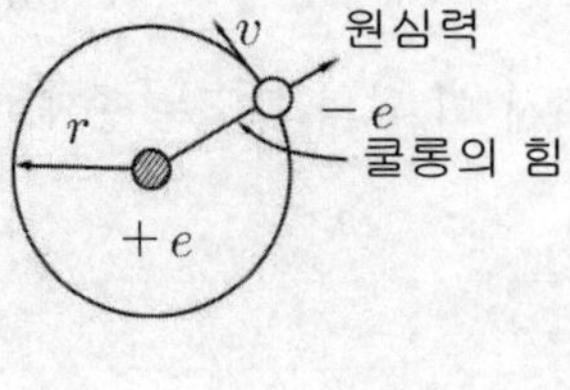

그림 1-4 수소의 전자운동

그림 1-4와 같이 수소의 원자핵 주위를 1개의 전자가 쿨롱의 힘에 끌리면서 반경 r로써 원운동을 한다면 구심력(위치 에너지)과 원심력(운동 에너지)이 평형을 이루는 상태이므로

$$m_e v^2/r = e^2/4\pi\epsilon_0 r^2 \tag{1-10}$$

의 관계가 성립한다.

가정 ❷ : 원자핵의 주위에는 몇 개의 안정한 전자의 궤도가 있으며, 이 궤도에 따라 회전하는 전자는 전자파를 방사하지 않는다.

이러한 상태를 정상상태라고 하며, 안정한 궤도라는 것은 다음 식을 만족하는 경우이다.

$$\oint pdq = nh \quad (n = 1,2,3, \cdots\cdots) \tag{1-11}$$

여기서 p는 전자의 운동량으로서 $p = m_e v$이며, dq는 원주의 미소선요소이다. 이 식은 전자의 운동량을 1 주기에 걸쳐 적분한 것이 플랭크의 정수 (Plank's constant) h의 정수배가 되는 궤도를 말한다.

전자가 원운동할 때 p는 일정하므로 식(1-11)은

$$p \cdot 2\pi r = m_e v \cdot 2\pi r = nh \tag{1-12}$$

이를 보어의 양자화조건이라 하며, n은 주양자수이다.

가정 ❸ : 전자가 하나의 정상상태로부터 다른 하나의 정상 상태로 이행할 때에는 그 에너지차를 광으로 방사 또는 흡수한다. 그 방사 또는 흡수 에너지의 진동수를 ν라 하면 식 (1-13)은 에너지 보존 법칙을 표시한다. 이를 보어의 진동수 조건이라 한다.

$$E_i - E_j = h\nu \tag{1-13}$$

여기서$E_i > E_j$이면 진동수 ν인 빛의 방사가 생기며, $E_i < E_j$이면 흡수가 생긴다.

[예제 7] 전자의 궤도 반경을 구하는 공식을 유도하고, 양자수 $n = 1,2$ 및 3 인 때의 궤도 반경을 나타내어라.

【해설】 식 (1-10)과 (1-12)에서 궤도 반경 r은

$$r = n^2(\varepsilon_o h^2/\pi e^2 m_e) = a_o n^2 \tag{1-14}$$

$$a_o = \varepsilon_o h^2/\pi e^2 m_e \tag{1-15}$$

따라서 전자의 궤도 반경은 $n = 1,2,3$에서 각각 $a_o, 4a_o, 9a_o$로서 이 밖의 궤도는 존재하지 않는다.

[예제 8] n번째 궤도에 있는 전자의 에너지를 구하라.

【해설】 전자의 전 에너지 E는 운동에너지 E_s와 위치에너지 E_p의 합이다. 지금 전자의 원주속도를 v라고 하면

$$E_s = m_e v^2/2$$

원주 속도v는 식 (1-10)에 의하여

$$E_s = \frac{m_e}{2} \times \frac{e}{4\pi\varepsilon_o r m_e} = \frac{e^2}{8\pi\varepsilon_o r} \tag{1-16}$$

와 같이 된다. 또한 전자의 위치에너지는 원자핵에 의한 전계중을 무한원에서 r까지 e전하를 가져오는데 요하는 일이므로

$$E_p = \int_\infty^r \frac{e^2}{4\pi\varepsilon_o r^2} dr = -\frac{e^2}{4\pi\varepsilon_o r},\ E_s = -\frac{1}{2}E_p \tag{1-17}$$

그러므로 전자의 전 에너지는

$$E = E_s + E_p = -e^2/8\pi\varepsilon_o r \tag{1-18}$$

식 (1-14)를 위의 식에 대입하면

$$E = -\frac{m_e e^4}{8\varepsilon_o^2 h^2} \times \frac{1}{n^2} = -13.6\frac{1}{n^2}[\text{eV}] \tag{1-19}$$

에너지가 가장 낮고 안정한 상태는 $n = 1$인 궤도에 있는 경우로서, 이 상태를 **기저상태(ground state)**라고 하며, $n \geqq 2$의 상태에 있을 때에는 **여기상태(excited state)**라고 부른다.

[예제 9] 전자가 $n = i$인 궤도로부터 에너지가 더욱 낮은 $n = j$인 궤도로 이행했을 때 방사하는 빛의 주파수를 구하라.

【해설】 보어의 가설 ③에 의하면 $h\nu = E_i - E_j$

$$\nu = \frac{E_i - E_j}{h} = \frac{m_e e^4}{8\varepsilon_o^2 h^2}\left(\frac{1}{nj^2} - \frac{1}{ni^2}\right) \tag{1-20}$$

[예제 10] 수소원자의 기저상태에 있어서 전자의 궤도반경과 그 궤도에서의 전자에너지를 구하라.

【해설】 보어의 반경 는 $a_o = \varepsilon_o h^2/\pi e^2 m_e$

여기에 $\varepsilon_0 = 10^7/4\pi c^2$ $h = 6.625\times10^{-34}[\mathrm{J\cdot s}]$ $e = 1.602\times10^{-19}[\mathrm{C}]$

$m_e = 9.109\times10^{-31}[\mathrm{kg}]$을 대입하면

$$a_o = 0.53\times10^{-10}[\mathrm{m}] = 0.53[\text{Å}]$$

이 a_o를 보어의 반경이라고 한다.

$E_n = -\dfrac{13.58}{n^2}\mathrm{eV}$에서 기저상태에 있는 전자의 에너지 E_1은 $E_1 = m_e e^4/8\varepsilon_o^2 h^2$ 이를 보어의 반경 a_o로 표시하면 $E_1 = e^2/8\pi\varepsilon_o a_o$이 된다.

여기에 $a_o = 0.53[\text{Å}]$을 대입하면 $E_1 = 13.58[\mathrm{eV}]$

[예제 11] 수소원자에 있어서 기저상태에 있는 전자를 $n=2$인 궤도로 옮기는데 필요한 에너지를 구하라.

【해설】 $n=2$인 궤도에 있는 전자의 에너지 E_2는

$$E_2 = -\frac{E_1}{n^2} = -\frac{E_1}{4}$$

필요로 하는 에너지 ΔE는 $\Delta E = -E_2 - (-E_1) = \dfrac{3}{4}E_1$

$$\therefore \Delta E = \frac{3}{4}\times13.58 = 10.19[\mathrm{eV}]$$

1-3 여기(Excitation)와 전리(Ionization)

원자핵 주위를 회전하고 있는 전자는 일정한 에너지 값을 갖는 궤도의 가장 내측, 즉 에너지가 낮은 쪽에서부터 배열되어 있다. 만일 어떤 형태로 원자에 에너지를 주면 이 전자 중에서 어느 것은 높은 에너지 궤도로 뛰어 옮겨지는 경우가 있다. 이와 같이 외부에서 광, X선(전자파), 전자충돌이 있으면 외각전자는 그 에너지를 받아 정상시 보다 큰 에너지 상태로 되는 현상을 여기(excitation)라 하고, 이때에 필요한 전자볼트 eV를 여기전압(exciting voltage)라 한다.

여기상태는 불안정 상태이므로 어떤 전자는 되돌아오게 된다. 이때 궤도의 에너지 차 만큼 에너지가 남게 되므로 이것은 대부분 빛으로 방출된다.

1) 전리(Ionization)

Bohr의 원자모형에서 원자에 주는 에너지 양이 매우 커서 1개의 전자가 최외각에 옮기는 것보다 더 크면 결국 1개의 전자가 원자에서 완전 분리되는 현상을 전리(Ionization)라 하고 원자는 전자 1개분의 양전하를 가진 양이온이라 한다.

전리되면 양이온과 전자는 떨어져 있으나 양쪽 밀도가 높거나 흡착될 만큼 가까이 있는 경우는 다시 원래의 중성원자로 되돌아와 재결합(Recombination)을 하게 되는 확률이 높다. 전리는 원자상태에서만 일어나지 않고 분자 1개에서 전자 1개를 방출하는 전리도 있다. 전리에너지를 원자나 분자에 가해 주는 방법으로서는 다음의 세 가지 방법이 있다.

(1) 충돌전리

입자를 가속하여 충돌시키는 방법으로서, 입자의 질량이 m이고, 속도가 v라면 충돌로서 주어지는 에너지는 $(1/2)mv^2$가 된다. 이를 식(1-7)에 의하여 전자볼트로 환산한 값이 전리 전압보다 크면 된다.

(2) 열전리

원자가 존재하는 부분의 물질온도를 높여주면 열에너지를 받아 전자가 외측궤도로 뛰어오를 확률이 증가하여 결국은 전리를 일으킨다.

(3) 광전리

빛의 진동수를 ν라고 하면 식 (1-13)에 의하여 $h\nu$에 상당한 에너지를 보유하게 되므로 단파장의 광전리를 일으킨다. 10[eV]정도가 되면 자외선영역에 속한다.

전리작용에 수반하여 생긴 양이온과 전자는 일단 무질서한 방향으로 격리되나, 쌍방 모두 밀도가 높다든가 이들이 흡착될 물질이 가까이 있을 때에는 다시 근접하여 원래의 중성원자로 환원하는데, 이 현상을 재결합(recombination)이라고 한다.

[예제 12] 기저상태에 있는 수소원자에 대한 전리전압을 구하라.

【해설】 원자의 전리는 전자를 원자로부터 무한히 먼 곳으로 방출한다고 생각하면 전리에너지는 식(1-19)에서 $n=\infty$인 때 $E_\infty=0$이 되므로

$$\Delta E=E_\infty-E_1=m_e e^4/8\varepsilon_o^2 h^2=21.78\times10^{-19}[\text{J}]$$

전자볼트로 표시하면

$$\Delta E=\frac{21.78\times10^{-19}}{1.602\times10^{-19}}=13.58[\text{eV}]$$

[예제 13] 어떤 원자가 V[V]로 여기 될 때 방사하는 광의 파장을 계산하라.

【해설】 이 원자가 V[V]로 여기 될 때 전자에 주어지는 에너지는 $\Delta E=\text{eV}=h\nu$

$$\therefore \nu=\text{eV}/h$$

그러므로 파장 λ는

$$\lambda=\frac{c}{\nu}=\frac{ch}{\text{e V}}=\frac{3\times10^8\times6.625\times10^{-34}}{1.602\times10^{-19}\times V}=\frac{12.4}{V}\times10^{-7}[\text{m}]$$

연습문제

[1] 전자가 2.24×10^{8}[m/s]의 속도로서 운동 할 때의 질량은 얼마인가?

[2] 전자가 정지 질량의 2배가 되는 속도 및 에너지의 증가를 구하라.

[3] 운동 전자의 파장이 2.7×10^{-10}[m]인 때 그 전자의 속도를 계산하라.

[4] 도체내를 2.5[A]의 전류가 흐를 때 그 도체의 단면을 0.1초간에 통하는 전자수를 구하라.

[5] 2.5[A]의 전류를 직경 1[㎜]인 동선에 흘렸을 때 전자의 평균속도를 구하라.

[6] 1[eV]의 에너지를 가진 전자 및 양자의 속도를 계산하여라.

[7] 보어의 이론에 의하여 수소원자의 기저상태에서의 전자의 운동에너지, 위치에너지 및 전체에너지를 구하라.

[8] 수소원자에서 전자가 주양자수 $n=2$인 양자상태에서 $n=1$인 기저상태에 이행한다. 이때 방사하는 빛의 진동수는 얼마인가?

[9] 수소원자의 $n=2$인 궤도반경을 구하여라.

[10] 수소원자의 기저상태에서 $n=3$인 궤도에 여기하는 데 필요한 에너지를 구하라

[11] 어떤 원자를 100[V]로 여기 할 때 방사하는 빛의 파장은 얼마나 되는가?

[12] 다음에 대하여 설명하라.

① 파울리(Pauli)의 배타율
② 보어(Bohr)의 이론
③ 여기 및 재결합
④ 최외각전자와 자유전자
⑤ 전리에너지를 가해 주는 방법
⑥ 기저상태(ground state)
⑦ Bohr의 반경(Bohr radius)

[13] 핵자(nucleon)에 포함되지 않은 것은 다음 중 어느 것인가?

① 양자 ② 중성자 ③ 중간자 ④ 전자

[14] 전자의 비전하는 대략 얼마인가?

① 1.759×10^{10}[C/kg] ② 1.759×10^{11}[C/kg]

③ 1.759×10^{12}[C/kg] ④ 1.759×10^{13}[C/kg]

[15] 황은 6족의 원소이다. 황의 가전자수는 얼마인가?

① 3[개] ② 4[개] ③ 6[개] ④ 5[개]

[16] 일함수의 단위는 일반적으로 다음 중 어느 것이 사용되는가?

① [V] ② [eV] ③ [A] ④ [J]

[17] 몰리브덴의 일함수는 2000[° K]에서 4.44[V]이다. 몰리브덴에서 전자를 방출시키는 데 필요한 에너지는 몇 [eV]인가?

① 7.11×10^{-19}[eV] ② 7.11[eV]

③ 4.44×10^{-19}[eV] ④ 4.44[eV]

[18] 열전자 방출용 재료로 적합하지 않은 것은 다음 중 어느 것인가?

① 일함수가 큰 것 ② 융점이 높은 것

③ 방출 효율이 좋은 것 ④ 가공, 공작이 용이한 것

[19] 2차 전자 방출비에 대하여 옳게 설명된 것은 다음 중 어느 것인가?

① 항상 일정하다. ② 비값은 항상 1보다 작다.

③ 1차전자의 가속에너지에 비례한다. ④ 금속의 종류에 따라서 다르다.

[20] 하전입자의 이동도를 잘못 설명한 것은 다음 중 어느 것인가?

① 항상 일정하다. ② 기압에 따라 다르다.

③ 기체분자의 크기에 따라서 다르다. ④ 기체분자의 질량에 따라서 다르다.

[21] 일반적으로 전리전압과 여기전압 사이에는 어떤 관계가 있는가?

① 전리전압이 더 높다. ② 여기전압이 더 높다.

③ 서로 같다. ④ 아무 관계가 없다.

[22] 고체의 전기 전도는 무엇의 이동에 의해서 생기는가?

① 자속 ② 양자 ③ 중성자 ④ 전자(자유전자)

[23] 비대칭형 분자는 양, 음의 전하가 간격을 두고 떨어져서 양, 음의 극을 가진다. 이 극을 무엇이라고 하는가?

① 양, 음극 ② 쌍극자 ③ 분극 ④ 전자각

[24] 결정질이며, 저온에서 전자전도가 작은 결정은?

① 이온결정 ② 공유결합결정 ③ 금속형결정 ④ 반데르바알스결정

[25] 결정은 구성원자를 결합시키고 있는 힘의 성격에 따라서 대개 구분할 수 있다. 이 결합 중 결정의 결합이라고 할 수 없는 것은 어느 것인가?

① 이온결합(ionic bond) ② 공유결합(covalent bond)
③ 금속결합(metallic bond) ④ 정공결합(hole bond)

[26] Si의 에너지 갭(energy gap)은 약 얼마인가?

① 1.1[eV] ② 0.76[eV] ③ 0.1[eV] ④ 7.6[eV]

[27] 빛의 속도로 운동하고 있는 전자의 질량은 얼마인가?

① 0이다 ② 전자의 정지질량보다 작다.
③ 전자의 정지질량과 같다. ④ 무한대이다.

[28] 진공 속의 텅스텐(W)의 표면에서 전자 1개가 방출하는데 몇 주울의 에너지를 필요로 하는가? 단, 텅스텐의 일함수는 4.52[eV]로 한다.

① 4.52[J] ② 8.127×10^{-18}[J]
③ 1.602×10^{-19}[J] ④ 7.24×10^{-19}[J]

[29] 물질의 기저상태와 관계가 깊은 것은 어느 것인가?

① 0[$^{\circ}K$] ② 0[$^{\circ}F$] ③ 0[℃] ④ 100[℃]

[30] 에너지 준위도에서 0준위는 다음의 어느 것인가?

① 페르미[Fermi] 준위 ② 이탈 준위
③ 금속내 준위 ④ 금속외 준위

Chapter 2 고체내의 전자

- 고체의 구조
- 격자결함
- 원자의 결합
- 에너지대
- 금속의 전도

2-1 고체의 구조

천연산의 광물이나 암염이 미려한 외형을 하고 있는 것은 내부의 원자가 규칙적인 배열을 하고 있기 때문이다.

원자의 배열이 규칙적인 것을 결정(crystal)이라고 하며, 결정은 고체구조의 주체이다. 고체와 액체는 분자의 크기나 분자간 거리에 본질적인 차이가 없다는 점에서 기체와 다르고, 액체와 다른 점은 고체에서는 분자의 배열이 자유롭지 못하고 서로의 위치가 분자간에 작용하는 힘에 의하여 속박되어 있다는 것이다. 액체를 비점 이상의 온도로 기화시키면 그 체적은 크게 팽창하는데 반하여, 고체를 융점 이상에서 액화시켜도 그 체적에 본질적인 차이가 없다는 사실은 분자간 거리에 차이가 없다는 것을 입증한다.

1) 고체의 분류

격자점을 통하는 평행등거리인 3종의 평면군은 공간을 평행 6면체로 나눌 수 있다. 이 평행 6면체의 모서리에만 격자점이 있는 것을 단순격자(simple lattice)라고 한다. 격자점은 평행 6면체의 여덟 모서리뿐이 아니고, 면의 중심(face center)이나 체심(body center)이나 대향한 두 면의 중심, 즉 저면중심(base center)에도 추가될 때가 있다.

브라비스(Bravais)는 공간격자의 대칭성에 따라 결정을 다음의 그림 2-1과 같은 14종류의 기본형으로 분류하였다. 이 그림에서 결정계에 따른 교각의 크기를 표 2-1에 표시하였다.

표 2-1 결정계

<table>
<tr><th>결정계</th><th>Bravais</th><th colspan="2">단순격자</th><th>결정계</th><th>Bravais</th><th colspan="2">단순격자</th></tr>
<tr><td>삼사정계
(triclinic)</td><td>단순삼사</td><td>$a \neq b \neq c$</td><td>$\alpha \neq \beta \neq \gamma$</td><td>삼방위정계
(능면체정계)
(trigonal or rhombohedral)</td><td>능면체</td><td>$a = b = c$</td><td>$\alpha = \beta = \gamma$
$< 120^o$,
$\neq 90^o$</td></tr>
<tr><td>단사정계
(monoclinic)</td><td>단순단사
저심단사</td><td>$a \neq b \neq c$</td><td>$\alpha = \gamma = 90^o$
$\beta \neq 90^o$</td><td>육방정계
(hexagonal)</td><td>육방</td><td>$a = b \neq c$</td><td>$\alpha = \beta = 90^o$
$\gamma = 120^o$</td></tr>
<tr><td>사방정계
(orthorhombic)</td><td>단순사방
저심사방
면심사방
체심사방</td><td>$a \neq b \neq c$</td><td>$\alpha = \beta = \gamma$
$= 90^o$</td><td rowspan="2">입방정계
(cubic)</td><td rowspan="2">단순입방
체심입방
면심입방</td><td rowspan="2">$a = b = c$</td><td rowspan="2">$\alpha = \beta = \gamma$
$= 90^o$</td></tr>
<tr><td>정방정계
(tetragonal)</td><td>단순정방
체심정방</td><td>$a = b \neq c$</td><td>$\alpha = \beta = \gamma$
$= 90^o$</td></tr>
</table>

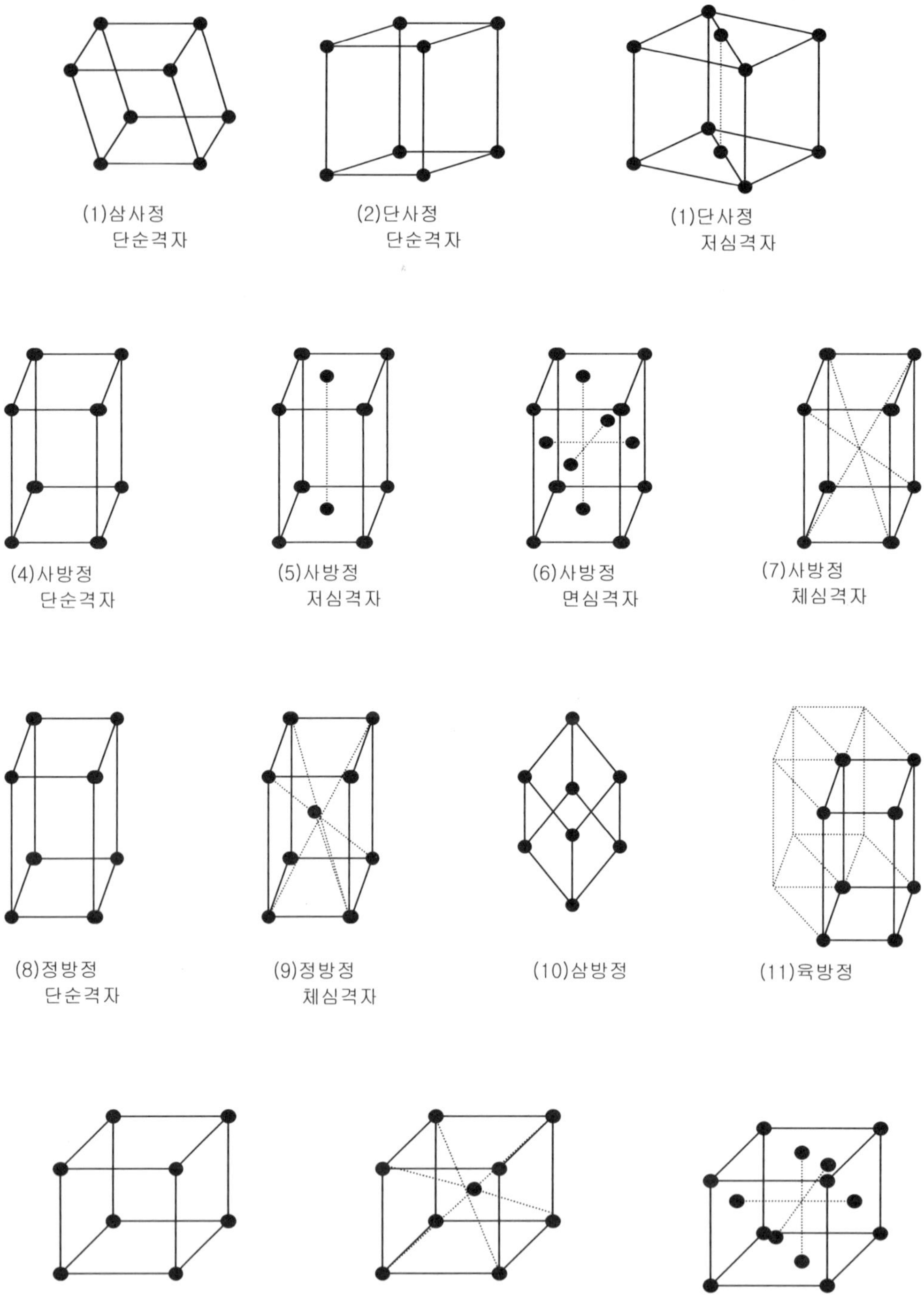

그림 2-1 Bravais의 공간격자

2-2 격자결함(Lattice defect)

어떤 물질의 격자배열이 정연하다 할지라도 이는 극히 한정된 범위 내에서의 질서를 말하는 것이고, 물질 전체로 볼 때 완전무결할 수는 없는 것이다. 보통 물질의 결정 하나의 크기는 $10^{-3} \sim 10^{-5}$[㎜] 정도인데, 제조방식에 따라 다소 차이가 있다.

1) 결함의 종류

실재의 결정은 여러 가지 격자의 결함을 가지고 있는데, 이를 격자결함이라고 하며, 다음에 몇 가지 결함의 종류를 든다.

(1) 원자공공(atomic vacancy) : 본래 원자가 위치해야 할 곳에 원자가 없이 비어있는 격자점으로 점결함이며, 쇼트키결함(schottky defect)이라 한다.

(2) 격자간원자(interstitial atom) : 격자점의 중간에 끼어든 원자로서 이것 역시 점결함이며, 프렌켈결함(Frenkel defect)라고도 한다.

(3) 불순물원자(impurity atom) : 결정 중에 그 모체를 구성하는 원자 이외의 원자가 혼입되었을 때 이를 불순물원자라고 한다.

(4) 전위(dislocation) : 결정격자의 배열이 선상 또는 면상으로 일그러진 결함을 전위라고 한다.

(5) 결정입계(crystal grain boundary) : 두 개의 규칙적인 배열을 하고 있는 결정이 어떤 경사각도로 밀착된 경계를 결정입계라고 하며, 이는 면상결함이다.

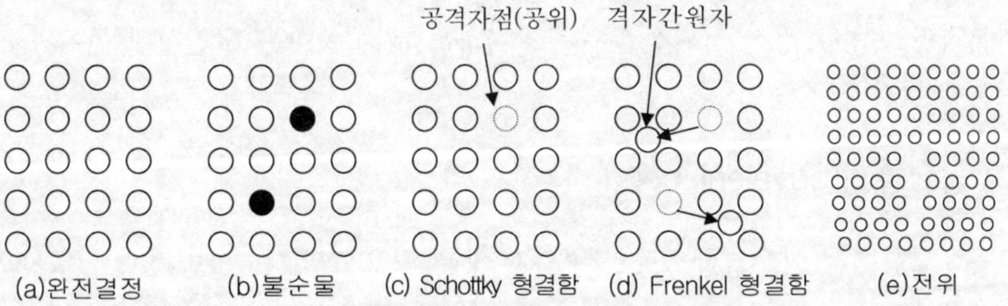

이들 점상, 선상, 면상결함을 총칭하여 격자결함이라고 한다. 격자결함의 연구는 금속의 탄성이나 기계적 강도가 이론치보다 낮은 원인을 알아내기 위하여 비롯한 것이다. 이들이 발전하여 결정의 착색, 형광, 인광, 사진의 감광현상, 반도체의 전기전도, 고체 내 원자의 확산 및 결정성장 등 이른바 구조에 민감한 성질이 점차 해명된 것이다. 현재의 Ge나 Si과 같은 반도체 기술의 눈부신 발전의 원동력은 격자결함을 제어하는 기술의 향상에 수반된 것이라고 말할 수도 있다.

2-3 원자의 결합

천연적인 원자로서는 원자번호 92인 U까지 92종인데 여기에 인공적으로 만들어진 원자까지 합하면 103종에 이른다. 원자 사이에는 인력이 작용하며 이 힘에 의하여 두 개 이상의 같은 종 또는 다른 종 원자가 분자 또는 결정을 이루고 있다. 즉 원자 단독으로는 불안정한 상태를 유지하며, 원자간 결합에 의하여 비로소 안정한 상태를 유지하게 되는 것이다.

1) 원자의 결합 분류

원자의 결합상태를 분류하면 다음의 다섯 가지를 들 수 있는데, 그 중에는 복합적인 결합상태를 나타내는 것도 있다.

(1) 이온결합

희유가스 원자인 He, Ne, Ar, Kr 등의 원자는 화학적으로 안정하고 다른 원자와 화합치 않는 불활성 가스이다. 그러나 할로겐원소인 F, Cl, Br, I 등의 원자는 외부에서 전자 하나를 얻으므로 희유가스와 비슷한 전자배치가 되고 1개의 전자를 얻음으로써 1개의 음이온(F^-, Cl^-, Br^-, I^-)이 되려는 경향이 강하다. 또한 알칼리금속인 Li, Na, K와 같은 원자는 반대로 1개의 전자를 잃음으로 1개의 양이온(Li^+, Na^+, K^+)이 되려는 경향이 강하다. 이와 같이 한쪽은 부이온이 되고 다른 한쪽은 정이온이 되어 두 이온 간의 쿠울롱 인력으로 안정한 NaCl이 생기는 결합을 이온결합이라 한다.

NaCl, LiF 등이 그 대표적인 예이고 결정에너지는 180~240[kcal/mol]정도가 된다. 기본적인 특징은 강한 적외선흡수를 표시하고, 저온에서는 절연성이 높지만 고온이 되면 이온 때문에 도전성이 증가한다.

(2) 공유결합(Covalent bond)

공유결합에는 이온결합으로 설명되지 않는 경우도 있다. 일반적으로 원자의 전자각에는 채울 수 있는 전자수를 채우려는 화학적 성질을 가진다. 수소원자가 가지는 전자는 1개이나 2개를 가질 수 있다. 수소원자 1개로써는 불안정하여 단독으로 존재할 수 없으므로 2개의 수소원자가 각각 1개의 전자를 내어 한 쌍의 전자를 공유하여 원자 또는 원자단체간에 화학적으로 결합하여 안정 상태로 되는 결합을 공유결합이라고 한다. 공유결합에 의한 결정을 공유결합결정이라 한다. H_2, O_2, N_2, Cl_2는 동일원소에 의한 공유결합분자이며 CO_2, CCl_4는 탄소족과 다른 비금속과의 공유결합분자이고, 다이아몬드, Si 및 Ge

등은 공유결합의 예로서 각 원자는 주위에 있는 4개의 원자와 결합하여 최외각의 전자 8개를 공유하여 안정한 전자배치를 하고 있다.

SiC와 같은 서로 다른 전자간의 결합상태는 이온결합과 공유결합이 복합된 형태로 되어 있다. 다이아몬드의 결합에너지는 170[kcal/mol] 정도이며 그 결합이 견고한 반면, 수소의 결합에너지는 5~12[kcal/mol]이며 공유결합의 특징은 간단하고 순수한 물질은 저온에서 절연물이 된다는 것이다.

(3) 금속결합(Metalic bond)

금속은 원자간 거리가 가까우므로 비교적 강한 구속력을 받으므로 금속원자의 가전자는 근접한 모든 다른 원자에 의하여 강한 영향을 받아 가전자가 원자로부터 분리되어 모든 원자간에 자유롭게 운동한다. 이와 같이 금속은 공유결합과 같이 가까운 원자간의 결합이 아니고 상호작용을 받는 전체 원자들이 이들 사이의 쿠울롱의 흡인력에 의해 단단하게 결합을 하는 것을 금속결합이라고 하고 금속결합에 의한 결정체를 금속결정체라 한다. 금속결정은 거의가 면심입방격자, 체심입방격자, 최밀입방격자 등의 구조로 되어 있다. 철은 저온과 고온에서는 체심입방격자로 되고 중온에서는 면심입방격자로 되며 결합에너지는 94[kcal/mol], 금속 Na의 결합에너지는 25[kcal/mol]이다. 특징은 높은 전기전도도, 금속광택, 연성과전성을 갖고 있다.

(4) 분자결합(molecular bond)

불활성가스와 포화분자는 고체가 되면 Van der Waals의 힘이라 불리어지는 약한 정전적인 힘으로 결합하고 있다. 이를 분자결합이라고 한다. 결합에너지는 아주 작아서 아르곤은 1.8[kcal/mol]이고 CH_4는 2.4[kcal/mol]이다. 이 결합의 특징은 저융점, 저비점, 압축용이 등이다.

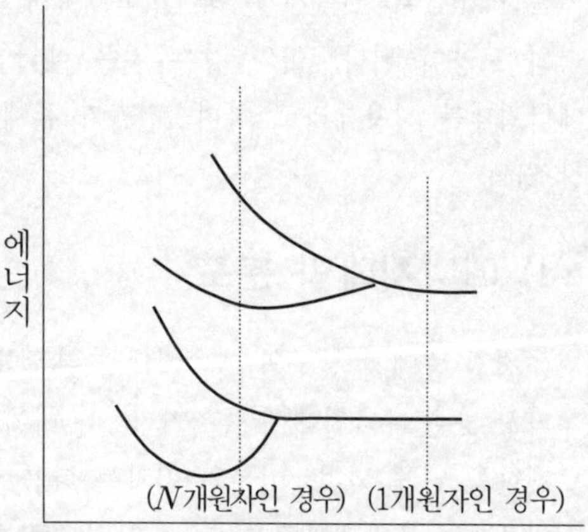

그림 2-3 전자의 에너지와 원자간 거리

(5) 수소결합(Hydrogen bond)

정(+)의 수소이온은 나 프로톤으로 주위에 1개의 전자각도 갖고 있지 않으므로 그의 크기가 0에 가깝고 2개의 부(-)이온 X^-반경과 같은 평균거리에 까지 끌어들여 안정된 화합물을 만든다.

이와 같이 수소원자를 중립화하는 결합을 수소결합이라 한다. 수소결합은 강한 결합은 아니고, 결합에너지는 5~12[kcal/mol] 정도이고, KH_2PO_4의 강유전성에는 수소결합이 큰 역할을 한다.

2-4 에너지대(energy band)

다른 원자의 영향을 받지 않는 독립된 원자에서는 전자궤도가 일정한 준위에 속하며, 1개의 전자가 가지는 에너지준위는 몇 개의 불연속적인 값을 가진다고 설명하였다.

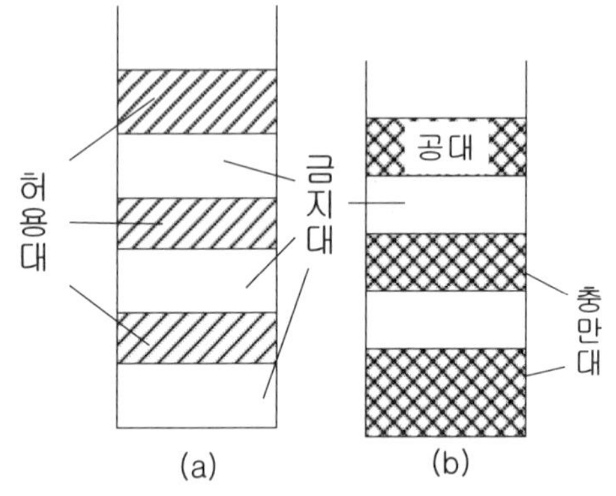

그림 2-4 에너지대(energy band)

고체원자와 같이 원자간 거리가 극히 작을 때에는 전자는 자신이 속해 있는 원자핵만이 아니고 인접한 핵의 영향도 동시에 받는다. 이러한 상호작용에 의하여 다수의 준위가 나타나게 되어 그림 2-3과 같은 에너지 분포를 하게 된다. 2개의 원자가 근접한 경우 각 원자의 에너지 준위 E_1, E_2,…는 각각 $E_1 \pm \Delta E_1$, $E_2 \pm \Delta E_2$ ......와 같이 분리된다. 그래서 이들은 조금씩 에너지가 달라지고, 극히 근접해 있으므로 E_1이라는 선이 어떤 폭을 가진 띠의 모양이 된다. 이와 같은 것을 에너지대라고 한다. 결정 중에 전자의 존재가 가능한 에너지대를 허용대라고 하며, 전자가 존재할 수 없는 영역을 금지대라고 한다(그림 2-4(a) 참조).

1) 에너지대의 분포

결정 중에서 전자의 에너지대가 분포하고 있는 상태는 그림 2-4(b)와 같다. 먼저 전자는 가장 낮은 에너지대에 들어가나, 이 대에 수용할 수 있는 전자수는 파울리의 배타율에 의한 제한을 받게 되며, 여분의 전자는 다음 에너지대에 들어가게 된다. 전자가 완전히 채워진 허용대는 충만대라고 하며, 부분적으로 채워진 허용대는 전도대, 전연 전자가 존재하지 않는 허용대를 공대라고 한다. 이를 요약하면 다음과 같다.

(1) **전도대(conduction band)** : 전자가 부분적으로 채워진 허용대로서, 전자가 들어갈 여지가 있으므로 전류를 흘리는 데 기여한다.

(2) **금지대(forbidden band)** : 전자가 존재할 수 없는 영역으로서, 전도대와 충만대의 경계가 되며, 이 폭은 반도체는 좁고 절연체는 넓다.

(3) 충만대(valance band) : 전자가 충만 된 허용대로서, 전자가 더 들어갈 자리는 없으나 열에너지 등에 의하여 전자가 전도대로 뛰어오를 수 있다.

(4) 공 대(empty band) : 전자가 전연 없는 에너지대이나, 전자가 금지대를 뛰어 넘어 왔을 때에는 전도대가 된다.

아래 표 2-2는 전자 재료로서 주요한 도체, 절연체 및 반도체를 에너지대구조에 의하여 설명한 것이다.

표 2-2 에너지대 구조에 의한 설명

구분	개요	설명도
도체	고유 저항이 작은 금속의 에너지대 구조로서, 전자가 부분적으로 채워져 있는 허용대가 있으며, 전자가 더 들어갈 자리는 남아 있는 구조이다. 채워진 전자에 의한 최고에너지를 페르미준위(Fermi level)라고 한다. 외부에서 전계가 가해지면 이 전계에 의하여 에너지를 얻은 전자는 전도대의 빈자리에 이행하여 전류가 흐르게 된다.	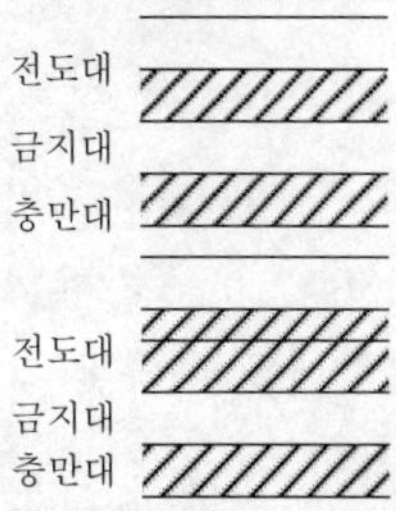
절연체	금지대의 폭이 넓으므로 보통의 전계강도로서는 전자는 이 폭을 넘어서 전도대에 오를 수 없으므로 전류를 흘릴 수 없다. 그러나 대단히 강한 전계(10^5V/m 정도)를 가하면 전자는 이 금지대의 폭(10eV이상)을 뛰어 넘어 전류가 흐르게 된다. 이는 하나의 절연파괴현상이다.	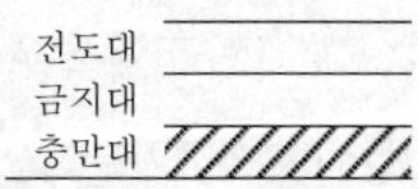
반도체	반도체의 에너지대 구조는 절연체와 같으나 금지대의 폭이 절연체보다 좁다(1eV정도). 충만대에 있는 전자는 0° K에서는 움직이지 않으므로 절연성을 나타내나, 온도를 높여주면 열에너지를 얻어 이 금지대의 폭은 쉽게 넘어 전류가 흐른다. 반도체의 고유 저항은 도체와 반도체의 중간쯤으로 $10^{-4} \sim 10^{7}$[Ωm]정도이다.	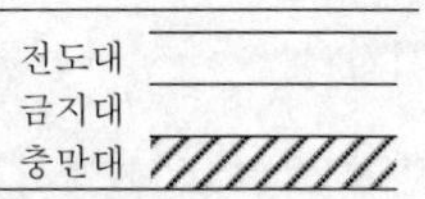 금지대의 폭(E_g) 다이아모드 약 6eV Ge 약 0.72eV Si 약 1.10eV InSb 약 0.18eV GaAs 약 1.4eV

[예제 1] 어떤 절연물 금지대의 폭이 $E_g = 500kT$라고 한다. 이 절연물이 도전상태가 되려면 에너지가 얼마나 필요한가? 이때의 온도는 27[℃], 즉 상온이다.

【해설】 금지대의 폭을 넘는데 필요한 에너지 W는

$$W = 500kT = 500 \times 1.38 \times 10^{-23} \times 300 = 2.07 \times 10^{-18}[\mathrm{J}]$$

$$\therefore W = 2.07 \times 10^{-18} / 1.6 \times 10^{-19} \fallingdotseq 13[\mathrm{eV}]$$

2) 전자의 페르미분포(Fermi distribution)

도체내의 전자는 파울리의 배타율에 따라 허용대의 하위로부터 차례로 페르미준위까지 채워진다. 그러나 이는 0° K에서의 상태이고, 상온에서는 0° K에서 페르미 준위까지 채워져 있는 전자의 일부분은 보다 상위의 비어 있는 준위에 이행하여 온도 상승에 따라 전자의 에너지는 커지며, 보다 높은 에너지 준위에 도달한다. 그래서 이들 전자가 어떤 에너지 상태로 분포되고 있는가를 페르미는 통계적으로 연구하여 다음과 같은 결과를 얻었다.

즉 $T\,^\circ K$에서 전자가 에너지 E의 상태에 있는 확률$f(E)$는 E_F를 페르미 준위의 에너지라고 하면

$$f(E) = 1/[1 + \exp(E - E_F)/kT] \tag{2-1}$$

와 같이 된다. 여기서 ε는 자연대수의 밑수로서 2.718, k는 Boltzmann의 정수 $(1.380 \times 10^{-23}$J/deg)이다. 이를 Fermi-Dirac의 분포법칙이라 한다. 그림 2-5는 이 식의 분포상태를 나타낸 것이다.

$$T = 0\,^\circ K\text{에서 } f(E) = 1 \qquad E < E_F$$
$$f(E) = 0 \qquad E > E_F$$

로서 그림 (2-5)에서 A와 같은 모양이 된다.

이는 0° K에서는 E_f보다 하위는 모두 전자로서 충만되고, 이보다 상위는 비어있다는 것을 표시한다.

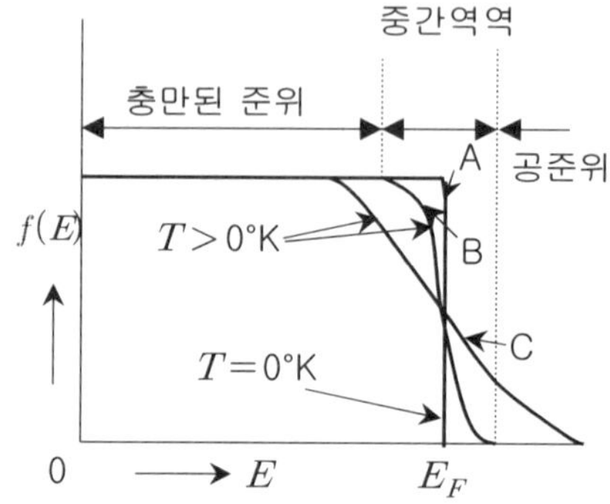

그림 2-5 0°K 및 저온에서의 Fermi-Dirac의 분포함수

한편 $T > 0°$ K에서는 그림의 B, C곡선과 같이 온도가 상승하면 전자의 일부는 열운동 때문에 상위의 준위에 올라가며, E_F보다 하위인 곳도 부분적으로 비게 된다는 것을 알 수 있다. 더욱이 전자가 페르미준위보다 훨씬 큰 에너지를 가지는 경우에는

$$E - E_F \gg 1\text{이라고 하면 } \exp(E - E_F)/kT \gg 1$$

이므로 식 (2-1)에서 분모의 1은 생략되며, 따라서

$$f(E) = A\exp(E/kT),\ \text{여기서 } A = \exp(E_F/kT) \tag{2-2}$$

이 식은 Maxwell-Boltzmann의 분포를 나타낸다.

[예제 2] 27[℃]인 금속도체에서 페르미준위보다 0.1[eV] 상위 및 하위에서 전자가 점유하는 확률을 계산하라.

【해설】 $E > E_F$인 경우 $f(E) = 1/[1+\exp(E-E_F)/kT]$

여기서 $T=27+273=300[{}^\circ K]$이고, $E-E_F=\pm 0.1[\text{eV}]$이므로

$$f(0.1) = \frac{1}{1+\exp\left(\dfrac{0.1\times 1.602\times 10^{-19}}{1.380\times 10^{-23}\times 300}\right)} = \frac{1}{1+\exp 3.87} \fallingdotseq 0.02$$

$E < E_F$인 경우에는

$$f(-0.1) = 1/1+\exp(-3.87) \fallingdotseq 0.98$$

[예제 3] 어떤 도체에서 에너지준위가 페르미준위보다 0.5[eV] 상위인 때 20℃와 40℃에 대한 전자수를 비교하라.

【해설】 이 도체의 에너지 레벨은 $E = E_F + 0.5[\text{eV}]$이고, 전자수를 N이라고 하면

$$\frac{N_{20^\circ C}}{N_{40^\circ C}} = \frac{1/[1+\exp 0.5\text{ eV}/(8.63\times 10^{-5}\text{ eV}/^\circ\text{K})(293^\circ\text{K}]}{1/[1+\exp 0.5\text{ eV}/(8.63\times 10^{-5}\text{ eV}/^\circ\text{K})(313^\circ\text{K})]}$$

$$= \frac{1+\exp(0.5/0.0270)}{1+\exp(0.5/0.0253)} \fallingdotseq \frac{\exp 18.5}{\exp 19.75} = \frac{1}{3.5}$$

[주] 경우에 따라서는 $k = 8.63\times 10^{-5}[\text{eV}/{}^\circ K]$로 사용하는 것이 편리한 때도 있다.

2-5 금속의 전도

전류는 전계의 작용에 따른 자유전자의 이동에 의하여 생긴다.

금속 중의 자유전자는 전계 E에 의하여 전계와 반대방향으로 운동한다. 이때 전자는 많은 다른 전자와 충돌하든가 열진동하고 있는 원자와 충돌하면서 운동하므로 이 운동은 극히 무질서하다. 따라서 이때의 전자속도를 나타내는 방법으로 평균속도를 사용한다. 이 평균속도는 전계강도에 비례한다고 생각할 수 있다. 지금 비례정수를 μ라고 하면

$$v = \mu E \tag{2-3}$$

라고 쓸 수 있으며, 여기서 μ는 전자운동의 난이도를 표시하며, 이를 이동도(mobility)라고 한다. 이 관계는 금속뿐 아니고 일반적으로 고체에서도 성립하는 관계식이다. 전류밀도 i는

$$i = env = en\mu E \tag{2-4}$$

와 같이 표시된다.

위의 식 (2-3)은 다음과 같이 유도할 수 있다. 지금 전자가 전계 E에 의하여 운동할 때의 가속도를 α라고 하면

$$\alpha = eE/m_e \tag{2-5}$$

가 되며, 한편 전자가 처음 충돌에서 다음 충돌까지의 평균시간을 2τ라고 하면, 다음 충돌하는 순간의 전자속도 v_m은

$$v_m = \alpha \times 2\tau = 2e\tau E/m_e \tag{2-6}$$

가 되어, 이 사이의 평균속도 v는

$$v = \frac{1}{2}(0 + v_m) = e\tau E/m_e = \mu E \tag{2-7}$$

여기서 $\mu = e\tau/m_e$이다. 따라서 전류 i는

$$i = e^2 n\tau E/m_e \tag{2-8}$$

한편 전기전도도를 σ라고 하면

$$\sigma = e^2 n\tau/m_e \tag{2-9}$$

[예제 4] 어떤 도체 내 전자의 이동도가 $\mu = 5\times10^4[\mathrm{m^2/V{\cdot}s}]$라고 한다. 전계 $E=1$ [V/m]를 가한 때 흐르는 전류밀도 및 도체의 고유저항을 구하라. 전자밀도는 8.5×10^{28}[개/$\mathrm{m^3}$]이다

【해설】 식 (2-4)에 의하여 전류밀도는

$$i = en\mu E = 1.6\times10^{-19}\times8.5\times10^{28}\times5\times10^{-4}\times1 = 68\times10^5[\mathrm{A/m^2}]$$

다음에 고유저항 ρ는

$$\rho = \frac{E}{i} = \frac{1}{en\mu} = 1/1.6\times10^{-19}\times8.5\times10^{28}\times5\times10^{-4} = 1/68\times10^5$$

$$= 1.47\times10^{-7}[\Omega{\cdot}\mathrm{m}]$$

[예제 5] 상온에서 전기전도도 $\sigma = 6.4\times10^7[\Omega/\mathrm{m}]$인 동선에 5[V/m] 전계를 가한 때 전자의 평균속도, 이동도 및 평균 자유 시간을 구하라. 자 유 전자의 밀도는 8.5×10^{28}[개/$\mathrm{m^3}$]이다.

【해설】 전자의 평균 자유 시간 τ는 식 (2-9)에 의하여

$$\tau = \sigma m_e/e^2 n = 6.4\times10^7\times9.109\times10^{-31}/(1.602\times10^{-19})^2\times8.5\times10^{28}$$

$$\fallingdotseq 2.67\times10^{-14}[\mathrm{S}]$$

이동도 μ는 식 (2-7)에 의하여

$$\mu = e\tau/m_e = 1.759\times10^{11}\times2.67\times10^{-14} \fallingdotseq 4.7\times10^{-3}[\mathrm{m^2/V{\cdot}s}]$$

전자의 평균속도 v는 $v = \mu E = 4.7\times10^{-3}\times5 = 23.5\times10^{-3}[\mathrm{m/s}]$

연습문제

[1] 어떤 도체에서 페르미준위보다 0.2[eV] 상하에서 전자가 점유하는 확률을 구하라. 단, 온도는 27[℃]이다.

[2] 단면적 S[m^2], 길이 l[m]인 균일한 도체 내의 전계가 E[V/m]인 때 도체에 흐르는 전류 밀도는 $i=\delta E$[A/m^2]로 표시됨을 증명하라. 단, 고체의 전도도는 $\sigma=10^7$ [V/m]이다.

[3] 자유 전자 밀도가 $10^{28}[개/m^3]$인 금속 도체에 $10[V/m]$의 전계를 가할 때 전자의 평균 속도, 이동도 및 평균 자유 시간을 구하라. 단, 도체의 전도도는 $\sigma=10^7[V/m]$이다.

[4] 동의 밀도가 8.93[g/㎤], 원자량 63.54, 고유 저항 1.72×10^{-6}[Ω·cm] 및 전자의 이동도를 28[㎠/V·s]라 하면 동의 원자 1개당 몇 개의 전자를 전도대에 공급하게 되겠는가?

[5] 100[V], 100[W]의 백열전구에서는 필라멘트 중을 1초간 몇 개의 전자가 이동한 셈이 되겠는가?

[6] 직경 3[㎜]이 동선에 30[A]의 전류가 흐른다. 동선 중의 전자의 평균 이동 속도를 구하라. 단, 도선 중의 자유 전자 밀도는 5×10^{28}[개/m^3]이다.

[7] 원자의 결합에 대하여 설명하라.

[8] 격자결함에 대하여 설명하라.

[9] Fermi-Dirac의 분포법칙을 설명하라.

[10] 열전자 방출에 의하여 금속 표면의 단위 면적에 흐르는 전류밀도 I_s[A/㎡]를 옳게 나타낸 식은 다음 중 어느 것인가? 단, 여기서 ϕ는 금속의 일함수, k는 볼쯔만(Boltzmann) 상수, T는 절대온도이고, A는 물질의 종류와 표면 상태에 따라 결정되는 값이다.

① $I_s=AT^2\epsilon^{-\frac{\phi}{kT}}$ ② $I_s=AT^2\epsilon^{-\frac{kT}{\phi}}$

③ $I_s=AT^2\epsilon^{-\frac{\phi T}{k}}$ ④ $I_s=AT^2\epsilon^{-\frac{T}{k\phi}}$

[11] 플레싱(flashing)과 가장 관계가 깊은 물질은 다음 중 어느 것인가?

① 텅스텐 ② 토륨 텅스텐
③ 산화물 피복 음극 ④ 코날

[12] 열전자 방출재료 중에서 가장 방출 효율이 좋은 것은 어느 것인가?

① 텅스텐 ② 토륨 텅스텐
③ 산화물 피복 음극 ④ 백금

[13] 광전자가 가지는 에너지의 크기에 대한 설명 중 옳은 것은 어느 것인가?

① 일정하다 ② 주파수에 비례 한다
③ 주파수에 반비례 한다 ④ 주파수의 제곱근에 비례 한다.

[14] 2차 전자 방출비를 증가시키는 방법 중 옳은 것은 다음의 어느 것인가?

① 2차 전자 방출 재료를 순금속으로 한다.
② 1차 전자의 에너지를 가급적 크게 한다.
③ 1차 전자의 충돌 방향을 금속면에 수직으로 한다.
④ 1차 전자의 충돌 방향을 금속면에 비스듬히 한다.

[15] 전계에 의하여 가속된 전자가 기체 분자에 충돌하여 일어날 수 없는 상태는 다음 중 어느 것인가?

① 중성 분자에 부착해서 (-)이온을 만든다.
② 중성 분자에 부착해서 (+)이온을 만든다.
③ 반발한다.
④ 분자에 에너지를 준다.

[16] 가장 많은 방전 전류가 흐르는 방전영역은 다음 중 어느 것인가?

① 타운젠트(Townsent) 방전영역 ② 정상 글로우(glow) 방전영역
③ 이상 글로우 방전영역 ④ 아아크(arc) 방전영역

Chapter 3 기체중의 전자

- 기체의 운동
- 기체의 절연파괴

3-1 기체의 운동

기체는 분자 또는 원자의 집합으로 주어진 온도에 상당한 평균에너지로서 무질서하게 또한 격렬하게 운동하고 있다. 이 때 분자는 서로 충돌하여 에너지를 주고받는 것이다. 기체분자의 속도는 대단히 넓은 범위에 걸쳐 분포하여 어떤 일정 온도 $T[^\circ K]$에서 맥스웰분포(Maxwell distribution)에 따른다. 이 여러 속도 성분 중에서도 어떤 속도 v_p를 가지는 분자의 수가 가장 많을 것이다. 이 속도를 최대확률속도라고 부른다.

지금 분자의 질량을 M라고 하면

$$\frac{1}{2}Mv_p^2 = kT \qquad \therefore v_p = \sqrt{\frac{2kT}{M}} \tag{3-1}$$

기체분자는 용기 안에서 각각 상이한 속도로 용기벽에 충돌한다. 이러한 충돌현상이 결국 용기벽에 대해서는 하나의 압력으로 작용한다. 따라서 이 압력은 단위면적당 단위시간에 충돌하는 분자의 운동량 변화가 용기벽에 작용한다고 간주하고, 그 결과는

$$P = \frac{2}{3}nw \tag{3-2}$$

여기서 w는1[㎥]안에 들어 있는 n개의 기체분자가 가지는 운동에너지의 평균으로서

$$w = \frac{3}{2}kT[\mathrm{J}] \tag{3-3}$$

그런데 위에서 설명한 바와 같이 용기 내에 있는 기체분자는 서로 다른 속도로 운동하고 있으므로, 이 속도를 나타내기 위하여 각 분자의 속도총합의 평균속도를 v_a, n개의 각 분자 속도를 v라고 하면

$$v_a = \frac{1}{n}\sum v \tag{3-4}$$

기체분자의 실효치를 v_e 라고 하면

$$v_e = \sqrt{\frac{1}{n}\sum v^2} \tag{3-5}$$

기체분자의 에너지 W를 각 분자의 운동에너지의 합이라고 하면

$$W = \frac{1}{2}M\sum v^2 = \frac{1}{2}M\left(nv_e^2\right) \tag{3-6}$$

이 식은 식 (3-3)에 의하여

$$\frac{1}{2}M(nv_e^2) = n \times \frac{3}{2}kT$$

$$\therefore v_e = \sqrt{\frac{3kT}{M}} \quad (3\text{-}7)$$

와 같이 된다. 이를 최대확률속도 v_p로 표시하면, 식 (3-1)에 의하여

$$v_e = \sqrt{\frac{3}{2}v_p} \quad (3\text{-}8)$$

한편 평균속도 v_a는

$$v_a = \frac{2}{\sqrt{\pi}}v_p \quad (3\text{-}9)$$

와 같이 표시된다.

[예제 1] 기체분자의 최대 확률속도 $v_p = 5 \times 10^2$[m/s]인 때 이 기체분자의 평균속도 및 실효속도는 얼마인가?

【해설】 기체분자의 평균속도는

$$v_a = 2v_p/\sqrt{\pi} = (2/\sqrt{\pi}) \times 5 \times 10^2 = 565[\text{m/s}]$$

실효속도는

$$v_a = \sqrt{\frac{3}{2}v_p} = \sqrt{\frac{3}{2} \times 5 \times 10^2} = 612[\text{m/s}]$$

[예제 2] 용기 내에 분자밀도 n개의 기체분자가 절대온도 T로서 열운동 할 때 용기벽에 작용하는 압력은 $P = knT$임을 증명하라.

【해설】 용기벽에 작용하는 압력은 식(3-2)에서 $P = 2nw/3$이다. 온도 T인 때 n개의 기체분자가 가지는 운동에너지의 평균 w는 식(3-3)에 의하여 $w = 3kT/2$

$$\therefore P = \frac{2}{3}n \times \frac{3}{2}kT = knT \quad (3\text{-}10)$$

[예제 3] 온도 0[℃], 기압 760[mmHg]에 있어서의 기체 분자 밀도를 구하라.

【해설】 $P = knT$이므로 $n = P/kT$

문제에서 $T = 273[^\circ \text{K}]$, $P = 760[\text{mmHg}] = 1013 \times 10^4[\text{kg/m}^2]$이므로 분자밀도 n은

$$n = 1013 \times 10^4 / 1.38 \times 10^{-23} \times 273 = 2.69 \times 10^{27}[\text{개/m}^3]$$

[참고] $n = 2.69 \times 10^{27}$을 Loschmidt의 수라고 한다.

[예제 4] 온도 $T[^\circ K]$, 기압 $P[\text{mmHg}]$에 있어서 분자밀도는 $n = 2.69\times 10^{25}(P/760)(273/T) = 9.68\times 10^{24}(P/T)$[개/㎥]와 같이 표시된다. 이를 증명하라

【해설】 $P = knT$이므로 분자밀도 n은 P/T에 비례한다.

$P = 760[\text{mmHg}]$, $T = 273[^\circ K]$에서 $n = 2.69\times 10^{25}$이므로

$$n : 2.69\times 10^{23} = (P/kT) : (760/k\times 273)$$
$$\therefore n = 9.68\times 10^{24}(P/T)$$

1) 평균자유행정(mean free path)

기체 중에는 일반적으로 많은 분자가 존재하며, 각각 다른 속도로 불규칙적인 열운동을 하고 있다. 이 때 어떤 분자가 한 번 충돌한 후 다시 충돌할 때까지의 주행거리를 분자의 자유행정(free path)이라고 한다.

분자의 운동이 불규칙적이므로 물론 주행 거리의 장단은 있으나 통계적으로 보면 어떤 일정치가 있다. 이를 평균자유행정이라고 한다.

지금 어떤 분자가 일정한 평균상대속도 v_r로서 운동하고 있으며, 다른 분자는 모두 정지하고 있다고 하자. 분자수 밀도 n[개/㎥] 라고 하면 단위시간 에 직경 $\delta[\text{m}]$인 분자가 통과하는 체적 중의 분자수는

$$n\pi\delta^2 v_r \quad (n\text{: 단위 체적당 분자수}) \tag{3-11}$$

로서 이는 곧 단위시간 중의 충돌횟수 z이다. v_r와 평균속도 v_a사이에는

$$v_r = \sqrt{2}\, v_a \tag{3-12}$$

의 관계가 있으므로

$$z = n\pi\delta^2 \sqrt{2}\, v_a$$

그러므로 평균 자유 행정 λ는

$$\lambda = \frac{v_a}{z} = \frac{1}{\sqrt{2}\, n\pi\delta^2} = \frac{0.025}{n\delta^2}[\text{m}] \tag{3-13}$$

식 (3-10)에서

$$\lambda = kT/\sqrt{2}\,\pi p\delta^2[\text{m}] \tag{3-14}$$

윗식에서 평균 자유 행정은 압력에 반비례한다는 것을 알 수 있다. 이 λ는 대단히 중요한 량으로 기체의 전기 전도는 물론 절연파괴, 금속의 전기전도 열전도 및 진공공학 등에

널리 응용되고 있다.

주요한 기체의 평균 자유 행정 및 분자의 직경을 다음 표에 표시한다.

표 3-1 기체의 평균자유행정

기체	평균자유행정		분자직경
	1기압 0℃	1mmHg 0℃	
He	1765[ ]	1340[ ]	2.18[ ]
Ne	1252	952	2.59
A	630	480	3.64
H_2	1110	844	2.74
공기	606	461	3.72
N_2	595	452	3.75
O_2	644	490	3.61
CO_2	397	302	4.59
C_2H_6	299	227	4.95
Hg(219.4℃)	832	632	4.26

이번에는 기체 중에서 전자가 기체 분자와 충돌할 때의 평균 자유 행정에 대하여 생각하자.

전자의 질량은 기체 분자의 그것에 비하여 매우 작으므로 분자의 열운동에 의한 속도는 전자의 운동 속도와 상대적으로 거의 정지 상태에 있다고 볼 수 있다. 이와 같은 조건하에서 전자의 평균 자유 행정 λ_e를 구하면

$$\lambda_e = 4/\pi n\delta^2 = 5.66\lambda[\mathrm{m}] \tag{3-15}$$

또는

$$\lambda_e = 4kT/\pi p\delta^2 \tag{3-16}$$

와 같이 된다.

[예제 5] 진공관 내의 기압이 10^{-6}[mmHg]인 때 잔류기체가 N_2라고 하면, 그 분자 밀도와 전자의 평균 자유 행정은 얼마나 되는가? 이 때 온도는 27[℃], N_2의 분자 반경은 1.6×10^{-10}[m]이다.

【해설】 N_2의 분자 밀도는 식(3.11)에 의하여

$$n = 9.68\times10^{24}(P/T) = 9.68\times10^{24}(10^{-6}/300) = 3.23\times10^{16}[\text{개}/\mathrm{m}^3]$$

이 기체 중에서 전자의 평균 자유 행정 λ_e는 식 (3.15)에서

$$\lambda_e = \frac{4}{\pi\delta^2 n} = \frac{4}{\pi\times(3.2\times10^{-10})^2\times3.23\times10^{16}} = 3.9\times10^2[\mathrm{m}]$$

[예제 6] 온도가 27[℃], 기압이 1기압인 때 질소분자의 밀도와 평균 자유 행정 및 1[m] 당 충돌회수를 계산하라.

【해설】 N_2의 분자밀도는

$$n = 9.68 \times 10^{24}(P/T) = 9.68 \times (760/300) \fallingdotseq 24.49 \times 10^{24} [\text{개}/\text{m}^3]$$

평균 자유 행정 λ는

$$\lambda = \frac{1}{\sqrt{2}\,\pi n \delta^2} = \frac{1}{\sqrt{2}\,\pi \times 24.49 \times 10^{24} \times (3.2 \times 10^{-10})^2} \fallingdotseq 9 \times 10^{-8} [\text{m}]$$

따라서 분자가 1[m] 운동하는 동안에 충돌하는 평균 회수

$$1/\lambda = 1/9 \times 10^{-8} = 1.11 \times 10^7$$

2) 전자의 충돌

기체분자는 보통 상태에서는 전기적으로 중성이나 어떠한 원인으로 다른 원자 또는 전자와 충돌할 때에는 여기 또는 전리현상이 일어난다. 이와 같이 전자와 이온이 혼합한 것을 전리기체라고 한다.

전자가 원자와 충돌할 때 전자의 에너지의 일부가 원자의 운동에너지가 되어 여기 또는 전리하게 되는 충돌을 비탄성충돌이라 하고, 전자가 충돌해도 원자의 내부 상태에 어떠한 변화도 생기지 않을 때에는 탄성충돌이라고 한다. 이 충돌하는 전자를 1차전자라고 부른다.

예를 들어 Ne 원자가 전자와 충돌하는 경우를 생각하면 Ne 원자의 에너지 준위는 그림 3-1에 표시한 바와 같다. 이 그림에서 알 수 있듯이 여기하는 가장 낮은 준위는 16.54[eV]로서, 이를 최저여기전압이라고 한다. 따라서 1차전자의 에너지가 이보다 작을 때에는 탄성충돌, 클 때에는 비탄성충돌이 된다.

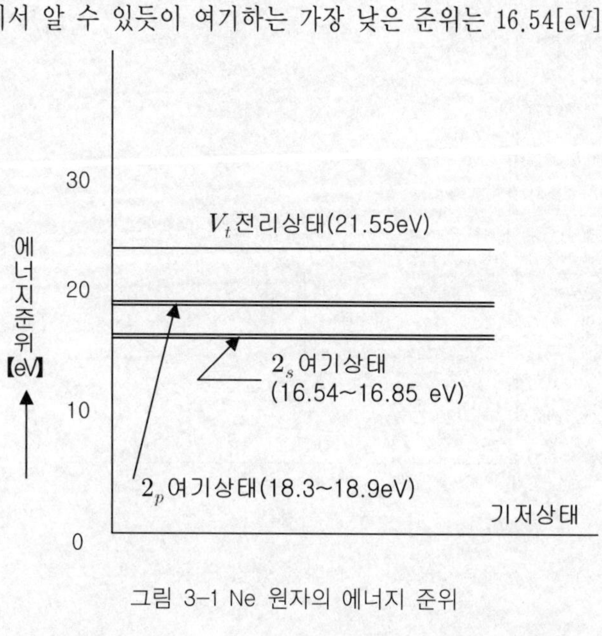

그림 3-1 Ne 원자의 에너지 준위

3-2 기체의 절연파괴

기체는 원래 절연체이나, 전리하면 도체가 된다. 이와 같이 절연체가 도체가 되는 현상을 절연파괴라고 한다. 절연파괴 현상은 곧 방전현상이기도 하다. 이 절연파괴의 연구는 Townsend에 의하여 그 기초가 확립되었다. 오늘에 이르기까지도 이 결과는 기체뿐이 아니고 액체 및 고체의 절연파괴 연구에도 응용되고 있는 것이다.

1) Townsend방전

공기 중에 두 개의 평행판을 대향시켜놓고 높은 직류전압을 가하여 이 사이에 강한 전계를 작용시키면 전류가 흐르게 된다. 일반적으로 대기 중에는 우주선에 의한 전리, 지각 또는 대기 중에 포함되어 있는 방사성물질에서 나오는 방사선에 의한 전리 및 광전효과 등에 기인하여 양이온, 음이온 및 자유전자 등이 생긴다. 이 혼합되어 있는 이온 중에서 전자의 운동은 끊임없이 이온을 생성 또는 소멸시킨다. 이러한 이유로서 여기에 전계를 가하면 이온이나 전자는 전계의 작용을 받아 결국 전류를 흘리게 되는 것이다. 따라서 전압을 크게 하면 이온이나 전자의 이동속도가 커지며, 그림 3-2에 표시된 곡선의 A와 같이 전류는 증가한다. 전압이 더 커지면 전극사이의 전하는 모두 재결합되기 전에 전극에 흡인되므로 전류는 곡선 B와 같이 일정치가 된다. 더욱더 전압을 높여 전계강도를 크게 하면 전자는 가속되어 큰 운동에너지를 얻게 되므로 분자에 충돌하여 전리현상이 생기기 때문에 전자와 양이온을 발생시킨다. 이때 발생한 전자는 양극으로 향하고 양이온은 음극을 향하여 가속된다. 그러나 이때 양이온은 전자의 질량에 비하여 매우 크기 때문에 속도는 작고, 기체분자를 전리하기는 어려우나, 전자는 충분히 가속되어 분자를 전리하여 전자와 양이온을 발생시킨다. 따라서 전자는 기체 중을 진행하는 동안 차례로 분자를 전리하며, 많은 전자와 음이온을 발생시키는 결과 전류가 급격히 증가한다. 이는 그림의 C영역에 해당하며, 하나의 방전과정으로 Townsend방전이라 하고, 이때 흐르는 전류를 암류라고 한다. 다음에 전압을 더욱

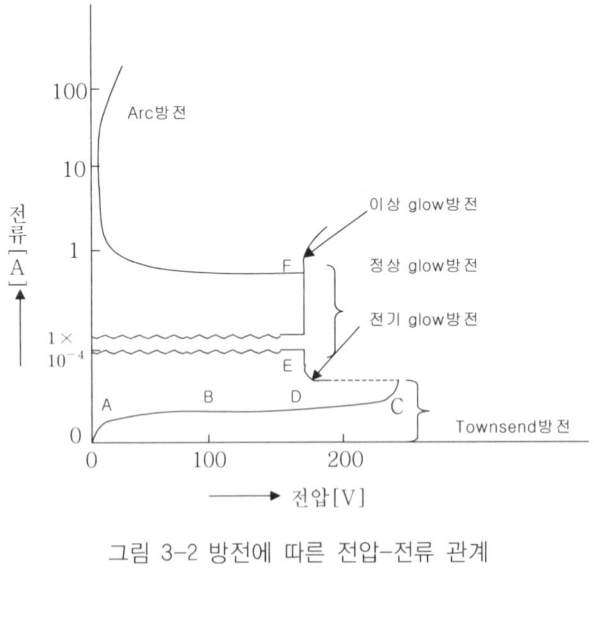

그림 3-2 방전에 따른 전압-전류 관계

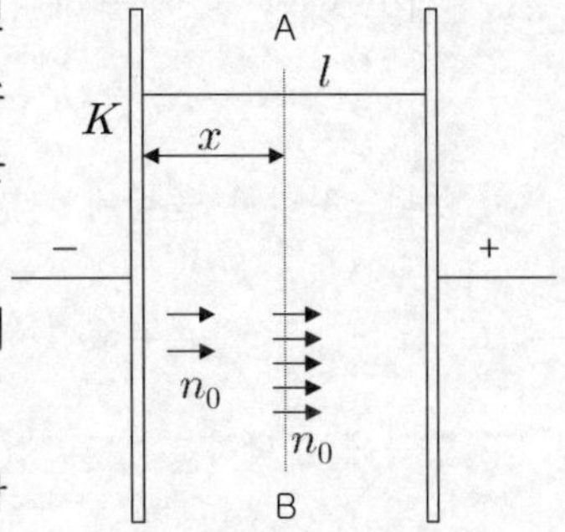

그림 3-3 전극간의 전자운동

증가시켜 음극 k에 도달하면 양이온이 음극에 충돌하여 전자를 방출시키므로 외부에서 초기전자가 없어도 방전은 스스로 계속된다. 이 방전이 시작되는 전압을 파괴전압 또는 방전개시전압이라고 한다.

다음은 Townsend 방전에서 전자가 증가하는 과정에 대해서 알아보자.

그림 3-3에서 부(-)측의 전극면에서 n_0개의 전자가 방출하여 양극을 향하여 운동하는 도중 중성분자에 충돌하여 전리시키고, 전자를 증가하면서 양극을 향한다.

양극에서 거리 x만큼 떨어진 AB면에 도달하는 전자의 수를 n_x라 하면 n_x의 전자가 미소거리 dx사이에 충돌 전리하는 회수 dn_x는

$$dn_x = an_x dx \tag{3-17}$$

여기서 a는 1개의 전자가 1[㎝] 운동하는 동안 분자와 충돌하여 이를 전리하는 회수로서 충돌이온화계수라고 한다. 위의 식을 풀면

$$n_x = n_0 \varepsilon^{ax} \tag{3-18}$$

즉, 음극에서 방출된 전자 n_0가 음극에서 x[㎝]인 점까지 운동했을 때의 전자수로서 x에 대하여 지수함수적으로 증가한다. 전극간 거리를 l[㎝]라고 하면, 양극에 도달하는 전자수 n은

$$n = n_0 \varepsilon^{al} \tag{3-19}$$

이 식을 전류로 고쳐 쓰면

$$i = i_0 \varepsilon^{al} \tag{3-20}$$

지금까지는 전자의 충돌 전리만을 생각했으나 양이온은 동일한 에너지를 가지는 전자에 비하여 전리를 일으키기 어렵다는 사실은 잘 알려져 있다. 전자라면 수[eV] 내지 수 10[eV]의 에너지를 가지면 전리를 일으킬 수 있으나, 양이온은 100~150[eV]의 에너지가 못되면 전리를 일으킬 수 없다. 그러나 양이온은 음극에 충돌하면 전자를 방출한다. 이 현상을 γ작용이라 한다. 1개의 양이온이 음극에 충돌하여 γ개의 전자를 방출한다는 것이다.

지금 단위시간에 n_0개의 전자가 방출되었다고 하자. 그래서 이들 전자의 양극을 향하여 진행하는 도중 충돌 전리하면서 양극에 도달하기까지 증가한 양이온은 음극에 충돌하여 γ의 비율로 전자를 방출한다. 이것이 다시 양이온을 만들어 결국 음극에서 n_1개의 전자가

방출된다고 하면, 이에 의하여 발생하는 양이온은

$$n_1\varepsilon^{al} - n_1 = n_1(\varepsilon^{al} - 1) \qquad (3\text{-}21)$$

이 된다. 따라서 음극에서 방출된 전자수는 $\gamma n_1(\varepsilon^{al}-1)$로서 이는 $n_1 - n_0$와 같다. 즉

$$n_1 - n_0 = \gamma n_1(\varepsilon^{al} - 1) \quad \therefore n_1 = \frac{n_0}{1-\gamma(\exp al - 1)} \qquad (3\text{-}22)$$

또 양극에 도달하는 모든 전체 전자수 n은 $n_1 \exp al$이므로

$$n = n_1 \exp al = n_0 \exp al / [1 - \gamma(\exp al - 1)] \qquad (3\text{-}23)$$

절연파괴현상은 위의 식에서 전자류 i가 급격히 증가하는 현상이라고 생각하면, 분모는 0에 가까워져야 한다. $\gamma(\varepsilon^{al}-1)=1$인 조건이 성립하면 $i = i_0 \times \infty$가 된다. 이와 같은 상태에서는 i는 이미 i_0에 의한 영향을 받지 않으며, 방전 전류가 흐르게 된다. 즉 스스로의 힘으로 방전이 계속되므로 이를 **자속방전**이라고 한다.

2) 방전과 Paschen의 법칙(Paschen's law)

대기중에 놓인 전극간의 전압을 점차 높여주면 전극표면의 전계가 차차 커지면서 전리작용이 생기고, 절연파괴 현상이 수반된다. 이 절연파괴 과정에서는 미광이 생기는데, 이것이 코로나방전(corona discharge)이다.

Paschen의 법칙은 이 방전에 대한 전압을 다음 식과 같이 규정하고 있다. 즉 전자가 전계 E[V/m]에 의하여 얻는 에너지는 기체의 압력 P[mmHg]에 따르며, 거의 E/P에 비례한다. 방전이 시작되는 전압을 V_s라고 하면

$$V_s = f(Pd) \qquad (3\text{-}24)$$

여기서 d는 전극간 거리이다.

그림 3-4에서 영역(Ⅰ)과 같이 Pd의 감소와 더불어 V_s가 커지는 것은 P가 작고, 진공상태에 접근하면 전자의 충돌회수가 감소하기 때문이다. 또한 d가 작아지면 전자의 평균 자유 행정 이하가 되므로 전리에 필요한 에너지를 얻을 정도로 가속되지 않기 때문에 절연파괴가 생기기 어려운 것이다.

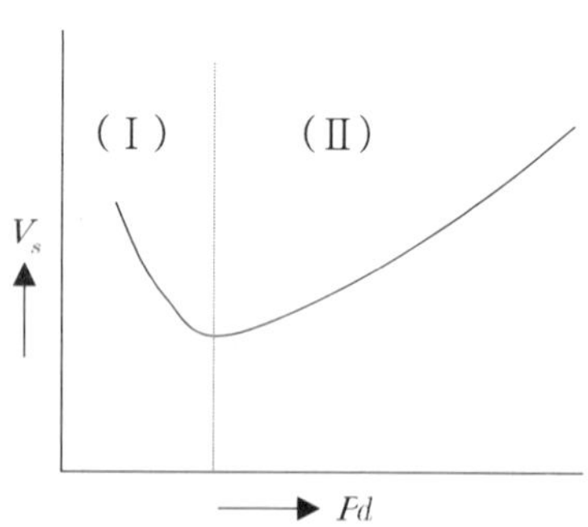

그림 3-4 $V_s - Pd$의 관계

영역(Ⅱ)에서는 d가 커지면 전계 $E = V_s/d$ [V/m]의 관계에서 E가 작아져서 전리하기 어렵기 때문에 어떤 일정치 이상의 전계강도를 유지하기 위해서는 d에 비례하여 V_s를 크게 하지 않으면 안 된다.

Townsend 방전에서 방전개시전압의 최소치는 물론 기체의 종류에 따라 다르다.

표 3-2 주요한 기체의 방전개시전압

기체	음극	V_{smin}[v]	$(Pd)_{min}$[mmHg·cm]
He	Fe	150	2.5
Ne	Fe	244	3
A	Fe	265	1.5
N_2	Fe	275	0.75
O_2	Fe	450	0.7
공기	Fe	350	0.57

[예제 7] 대기중에서 최저전압으로 방전하기 위해서는 양전극간 거리는 얼마이면 되겠는가?

【해설】 표 3-2에서 $(Pd)_{\min} = 0.57$

$P = 760$[mmHg]에서 전극간 거리 d는

$d = 0.57/760 = 7.5 \times 10^{-4}$[cm]

[예제 8] 어떤 가스봉입광전관에서 양전극은 평행판이고, 거리는 0.5[cm]라고 한다. 지금 양극에 직류 전압 100[V]를 가하고 조사광을 0.1[lm]로 했을 때 5[μA]의 전류가 흘렀다. 음극의 광전자전류를 0.2[μA]로 하기 위한 충돌계수 α를 구하라. 단, r작용은 없다고 본다.

【해설】 r작용이 없는 경우 회로에 흐르는 전류는

$$i = i_0 \epsilon^{\alpha d}$$

이므로 전리계수 α는

$$\alpha = \frac{\log\frac{i}{i_0}}{d} = \frac{\log\frac{5}{0.2}}{0.5} = 6.44[\text{cm}^{-1}]$$

3) 정상방전

앞에서는 자속적인 Townsend 방전에 대하여 설명했는데, Townsend 방전은 극히 불안정한 과도적인 것으로 곧 글로우(glow)방전에 이행한다. 더욱 전류가 증가하여 음극을 가열하고 열전자방출이 생기게 되면 다시 아크(arc) 방전과정으로 이행한다.

(1) 글로우 방전

관내의 공기를 배기하고 기압을 0.1~10[mmHg] 정도로 유지하고, 전극간 전압을 높여

주면 어떤 전압에서 전극간 전압이 급격히 하강하여 관내에는 봉입기체 특유한 색을 가진 빛을 발생한다. 이 과정이 glow방전이다.

이 glow 방전은 부성특성을 나타내므로 그림 3-5와 같이 반드시 직열저항을 이어 주어야 한다. 이 과정을 전기 glow방전이라고 한다. 이 뒤를 잇는 방전은 정상 glow방전이라고 부르며, 이 때 방전 전압은 거의 일정하다. 여기서 다시 전류가 증가하면 전류에 의하여 전압이 높아지는 범위로 이행한다. 이를 이상 glow방전이라고 부른다.

(2) 아크방전

glow방전을 하고 있는 방전관의 저항을 작게 하고, 방전 전류를 증가시키면 방전 전압이 갑자기 10수[V]로 저하하여 대전류의 방전이 시작된다. 이를 arc방전이라고 한다. glow방전의 전류가 점점 증가하게 되면 많은 에너지가 음극에 주입하기 때문에 음극의 온도가 높아진다. 음극에 용해점이 높은 금속, 즉 W(3400℃)나 C(3800℃)를 사용하면 음극은 백열상태가 되어 열전자방출이 일어나므로 arc 방전이 유지된다.

한편 음극면에서의 전자 방출에는 열전자 방출 외에 음극면 부근에 정이온 밀도가 극히 커져서 강한 전계가 생기기 때문에 이 전기력에 의하여 전극에서 전자가 방출된다. 이것이 곧 전계방출이다.

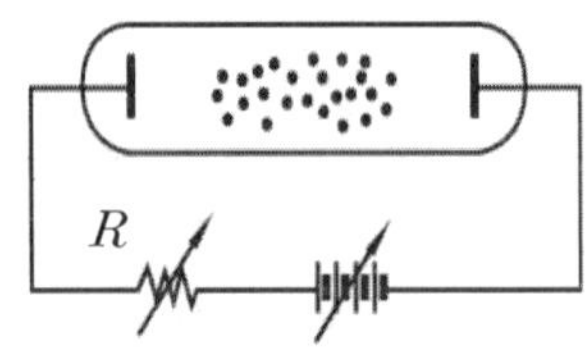

그림 3-5 기체봉입방전관

(3) 플라즈마진동

많은 전자와 양이온이 거의 비슷한 밀도로 분포되어 전기적으로 중성을 유지할 때 이러한 공간을 plasma라고 한다. plasma를 형성하는 양이온이나 전자는 서로 전기적인 힘을 미치고 있을 뿐아니라 자유로이 움직일 수 있으므로 진동현상을 일으킨다.

이 때 전자의 진동만을 생각하면 그 주파수 f_{pe}는

$$f_{pe} = 8.98 \times 10^3 \sqrt{n}\,[\mathrm{Hz/s}] \tag{3-25}$$

와 같이 표시된다. 여기서 n은 전자 밀도[개/m^3]

지금 이와 같은 진동 상태의 plasma 중을 주파수 f인 전파가 전반할 때 생기는 현상은 다음과 같다.

a. $f > f_{pe}$인 경우 plasma중의 전자는 전파의 변화에 따를 수 없으므로 plasma는 전파의 영향을 받지 않는다.

b. $f = f_{pe}$ 인 경우 전자는 전파와 공진하여 전파의 에너지를 흡수하기 때문에 전파는 전반하지 못하고 감쇠한다.

c. $f < f_{pe}$ 인 경우 전자는 전파의 변화에 따르며, plasma중에는 전자계를 없앨 만한 전계가 발생하여 전파는 감쇠한다.

[예제 9] 전자 밀도가 10^{12}[개/㎥]인 plasma 중에 생기는 plasma 진동 주파수는 얼마인가?

【해설】 식 (3.25)에 의하여 plasma 진동 주파수는?

$$f_{pe} = 8.98 \times 10^3 \times \sqrt{10^{12}} = 8.98 \times 10^3 [\text{MHz/s}]$$

연습문제

[1] 기체 분자의 최대 확률 속도 v_p=1000[m/s]일 때 이 기체 분자의 평균 속도 및 실효 속도를 계산하라.

[2] 온도 27[℃], 기압 760[mmHg]에서 기체 분자의 밀도를 구하라.

[3] 진공관 내의 기압은 10^{-5}[mmHg]이다. 잔류기체는 N_2라 하고, 관내의 분자 밀도와 전자의 평균 자유 행정을 구하라. 단, N_2분자의 반경은 1.6×10^{-10}[m], 온도는 27[℃]이다.

[4] He가 0[℃] 1[mmHg]의 기압으로 관내에 봉입되어 있을 때 분자밀도와 전자의 자유 행정을 구하라. 단, 온도는 27[℃]이고, He의 분자 반경은 2.18×10^{-10}[m]이다.

[5] 평행평판전극의 방전 개시 전압 V와 기압 P와의 관계를 전극간 간격 l_1및 l_2의 경우에 대하여 측정한 결과는 그림과 같았다. 전극간 간격 l_1과 l_2는 어느 쪽이 더 큰가?

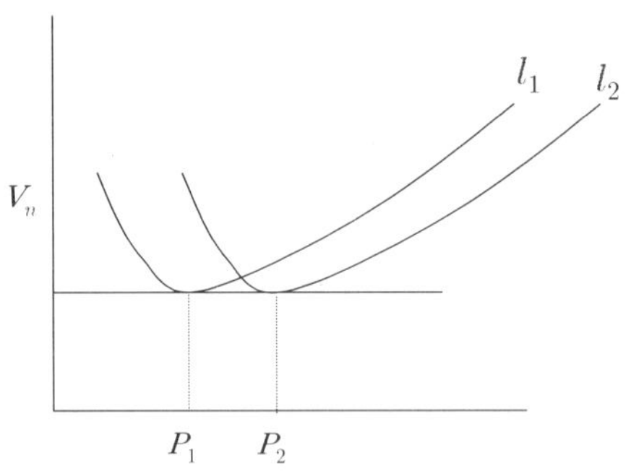

그림 3-6

[6] 어떤 가스입광전관의 양극 및 음극은 평행평판으로서 그 거리는 0.4[㎝]이다. 양극 전압이 80[V]인 때 입사광 0.1[lm]에 대하여 3.8[μA]의 양극 전류가 흘렀다. 음극에서 나오는 광전자를 0.1[lm]에 대하여 0.2[μA]로 하여 이때의 충돌 전리계수 α를 구하라.

[7] 전자밀도가 10^{11}[개/㎥]인 plasma 중에 생기는 plasma 진동 주파수를 구하라.

[8] 기체의 방전과정에 대하여 간단히 설명하라.

[9] 다음에 대하여 설명하라.

① γ작용 ② 평균 자유 행정 ③ 최대 확률 속도
④ 절연파괴 ⑤ Paschen의 법칙

[10] 기체가 전기를 전도하는 현상은 무엇인가?

① 자유 전자의 이동 ② 방전 ③ 전리 작용 ④ 전자 유도 작용

[11] 액체 전기 전도의 원인은 무엇인가?

① 불순물 ② 암류 ③ 정전력 ④ 물

[12] 융점이 낮고 전기 전도가 작은 결정은 어느 결정인가?

① 이온결정 ② 공유 결합 결정
③ 금속형 결정 ④ 반델 바알스(van der Waals)결정

[13] 체적 고유 저항의 단위는 어느 것인가?

① [Ω·m] ② [MΩ·m] ③ [Ω·cm] ④ [MΩ·km]

[14] Ge, 또는 Si등의 반도체 다이오드(diode)에 역 방향 전압을 주고 그 전압을 높여 가면 어떤 값에서 갑자기 역 방향 전류가 증가한다. 이 항복현상을 무엇이라고 하는가?

① 터널(tunnel) 효과 ② 제너(Zener) 효과
③ 펠티어(Peltier) 효과 ④ 호울(Hall) 효과

[15] 반도체의 특징이 아닌 것은 어느 것인가?

① 음의 온도 계수를 갖는다. ② 호올(Hall) 효과가 좋다.
③ 오옴의 법칙(ohm's law)을 만족한다. ④ 정류성이 있다.

[16] 고체를 conductor, insulator, semicondutor 로 나눌 경우, 무엇을 기준으로 설명 구분하는 것이 적당한가?

① 외부 field ② 외부와 내부의 전계 효과
③ 에너지 갭(gap) ④ free electron model

[17] 진성반도체에서 온도를 올려주면 페르미 준위(Fermi-level)는 어떻게 되는가?

① 상승한다. ② 하강한다. ③ 불변이다. ④ 진동한다.

Chapter 4

유전적 성질

- 유전현상
- 교번전계내의 유전체

4-1 유전현상

1) 유전분극

콘덴서의 극판간에 유전체를 넣으면 정전용량이 증가하는 까닭을 알아보자.

그림 4-1(a)와 같이 진공 중에 놓인 평행판콘덴서의 전기용량을 C_0라 하고, 여기에 전압 V를 인가할 때 극판에 충전되는 전하를 Q라고 하면

$$C_0 = \frac{Q}{V} \tag{4-1}$$

지금 진공의 유전율(permittivity of a vacuum)을 ε_0, 극판의 면적을 $S[\text{m}^2]$, 극판간 거리를 d[m]라고 하면

$$C_0 = \frac{\varepsilon_0 S}{d}[\text{F}] \quad \varepsilon_0 = 10^7/4\pi C^2 = 8.854\times 10^{-12}[\text{F/m}] \tag{4-2}$$

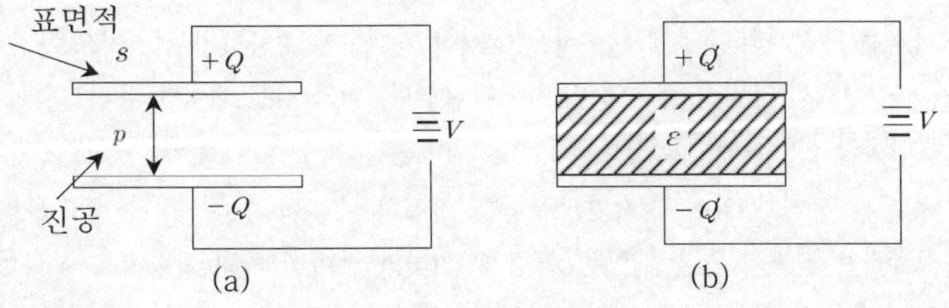

그림 4-1 평행판콘덴서

다음에 이 콘덴서에 그림 4-1(b)와 같이 유전율이 ε인 유전체를 넣어 주면 전하는 증가하기 때문에 정전용량은 C_0보다 커진다. 따라서 유전체를 넣었을 때의 정전용량 C는

$$C = \frac{\varepsilon S}{d} = \frac{\varepsilon_0 \varepsilon_s S}{d} = \varepsilon_s C_0 \tag{4-3}$$

여기서 ε_0는 물질고유의 비유전율(relative permittivity)로서, 물질의 원자구조에 따라 정해지는 수이며, 기체는 대체로 1에 가까운 비유전율을 가지는 한편 기체를 제외한 모든 물질은 2보다 작지 않은 비유전율을 가진다. MKS단위계에서는 물질의 정수로서 절대유전율 ε를 사용하며, 이는 진공에서도 1과는 다른 값 ε_0를 가진다. 물질의 전기적 성질을 나타내는 정수로서의 유전율은 절대 유전율로서는 의미가 없고, $\varepsilon = \varepsilon_0 \varepsilon_s$로 정의할 때의 ε_s비유전율이 물리적으로 의미 있는 양인 것이다. 위의 식이 표시하는 바와 같이 절연물은 정전용

량을 진공인 때의 ε_s배로 하는 성질이 있다.

이와 같이 절연물을 넣으면 극판의 전하가 증가하고, 따라서 정전용량이 증가하는 이유는 다음과 같다.

일반적으로 유전체 내에는 자유전자는 없고 원자, 분자 또는 이온 등으로 구성되어 있으며, 그 구성단위는 양전하를 가진 원자핵과 음전하를 가진 전자의 집단으로 전기적으로 평형상태에 있다. 이금 여기에 전계를 가해 주면 양전하는 전계의 방향으로, 음전하는 반대방향으로 힘을 받아 그림 4-2(a)와 같이 전기 쌍극자가 배열된다.

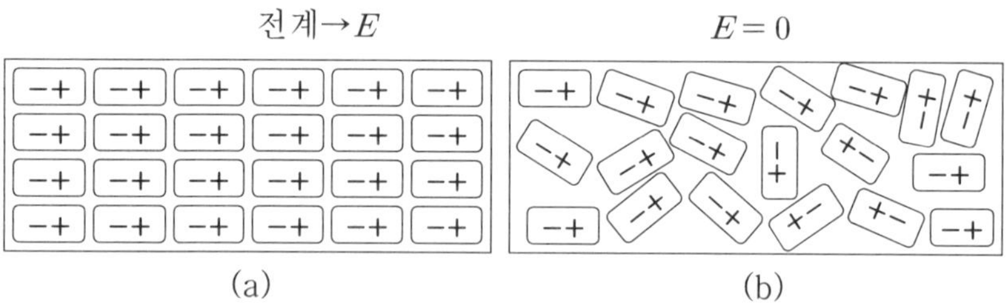

그림 4-2 전기쌍극자의 배열

전기 쌍극자는 유전체의 내부에서는 서로 상쇄하기 때문에 평균하면 전기적으로 중성이 되나, 양단에서는 상쇄하지 않기 때문에 전하가 나타난다. 이와 같은 현상을 유전분극이라고 하며, 양단의 전하를 분극전하라고 부른다.

유전체 중에는 전계가 없어도 전기쌍극자를 형성하는 것이 있다. 이를 유극성분자라고 한다. 이 쌍극자는 전계가 없을 때에는 그림 4-2(b)와 같이 임의의 방향으로 향하며, 전체로서 전하는 상쇄되어 영이 된다. 이에 대하여 전계에 의하여 전기 쌍극자를 형성하는 분자를 무극성분자라고 한다.

분극의 세기 P는 미소체적을 dv, 전기모멘트(moment)를 dM라고 하면

$$P = dM/dv \tag{4-4}$$

로써 표시된다. 지금 양단의 면적이 ds, 거리가 dl인 원통에서 유전분극에 의하여 양단에 나타나는 전하를 dq라고 하면

$$dM = dq \cdot dl \quad dv = ds \cdot dl$$

$$\therefore P = dq/ds\,[\mathrm{coul/m^2}] \tag{4-5}$$

가 되어 이는 분극전하밀도와 같다. 따라서 유전체의 양단면에서 전계방향에 직각인 단위 면적당 전속은 $P(\mathrm{coul/m^2})$이다. 이와 진공에서의 전속 $D_0 = \epsilon_0 E$와의 합이 유전체 내의 전전속 D이므로

$$D = \varepsilon_0 E + P \tag{4-6}$$

한편 $D = \varepsilon_0 \varepsilon_s E$이다. 따라서

$$P = \varepsilon_0 (\varepsilon_s - 1) E \tag{4-7}$$

많은 물질에서 분극 P는 전계의 세기 E에 비례하므로

$$P = xE = x_e \varepsilon_0 E \tag{4-8}$$

여기서 x는 비례정수로서, 이는 전계의 작용을 받아 분극현상이 생기는 난이를 표시하기 때문에 분극율(polarizability)이라고 한다. x_e와 ε_0와의 사이에는 식(4-7)에서 다음 관계가 성립한다.

$$x_e = \varepsilon_s - 1 \tag{4-9}$$

[예제 1] 면적 S[cm^2], 간격 l[cm]인 평행판콘덴서에 전하 Q가 생겼다. 여기에 유전체를 넣었을 때 극판 사이의 전위차 및 유전체 내의 전계는 어떻게 표시되는가?

【해설】 진공인 때의 콘덴서 용량을 C_0, 전위차를 V_0라 하고 유전체를 넣었을 때의 용량을 C, 전위차를 V라고 하면 전하 Q는 일정하므로 $Q = C_0 V_0 = CV$인 관계가 있다. 따라서 $V = C_0 V_0 / C$

$C = \varepsilon_s C_0 \quad V_0 = Q/C_0 = \dfrac{Q}{\varepsilon_0 S/l} = Ql/\varepsilon_0 S$이므로

$$V = V_0/\varepsilon_s = Ql/\varepsilon_0 \varepsilon_s S \text{ [V]}$$

따라서 전계강도 $E = V/l = Q/\varepsilon_0 \varepsilon_s S$ [V/m]

2) 유전분극의 종류

유전체에 전계를 작용시키면 전계의 방향으로 전기쌍극자모멘트가 생기고, 크기 μ는 전계 E에 비례한다. 즉

$$\mu = \alpha \cdot E \tag{4-10}$$

여기서 비례정수 α는 그 원자 또는 분자의 분극률이다. 지금 1[m^3]에 원자 또는 분자가 N개 있다고 하면 1[m^3] 내에 유기되는 쌍극자모멘트는 $N\mu$가 된다. 따라서

$$P = N\mu = N\alpha E \tag{4-11}$$

이상과 같이 전기분극은 원자나 분자의 전계에 의한 쌍극자 모멘트를 생기게 하는데, 그 발생하는 원인에 따라 다음의 세 종류로 나눈다.

(1) 전자분극

원자는 Z_e의 양전하를 가진 원자핵의 주위를 회전하고 있는 Z개의 전자군으로 이루어지고 있으나, 음양 각 전하의 중심이 일치하고 있으므로 쌍극자 모멘트는 생기지 않는다. 여기에 전계 E[V/m]를 인가하면 전계가 없을 때에는 그림 4-3(a)의 상태였던 것이 그림 4-3(b)와 같이 원자핵에 대하여 전자군은 상대적으로 변위하여 쌍극자 모멘트가 생긴다. 이와 같이 전자의 변위에 의하여 생기는 분극을 전자분극이라고 한다. 이때의 쌍극자 모멘트 μ_e는 식 (4-10)에 의하여

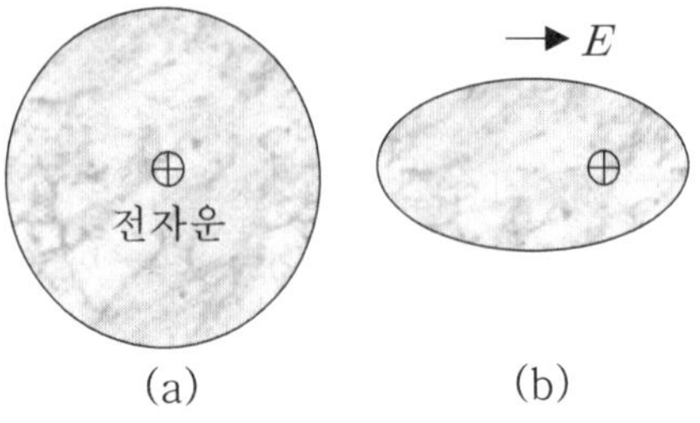

그림 4-3 전계에 의한 전자분극

$$\mu_e = \alpha_e \cdot E \tag{4-12}$$

와 같이 표시될 것은 자명하다.

다음에는 이 전자분극율 α_e를 그림 4-4의 원자 모형에 따라 근사적으로 구해 보자.

원자핵을 중심으로 하여 반경 r[m]인 구내에 Z개의 전자가 균일하게 분포되어 있을 때 여기에 전계 E[V/m]를 가하면 원자핵이 구의 중심에서 d[m]만큼 변위하여 원자핵의 양전하 Z_e는 O'에, 전자운은 O에 집중한다고 생각할 수 있다. 반경이 d[m]인 구내에서 전자운의 전하는 $-Z_e(d/r)^3$이므로 원자핵과의 사이의 정전인력 f는

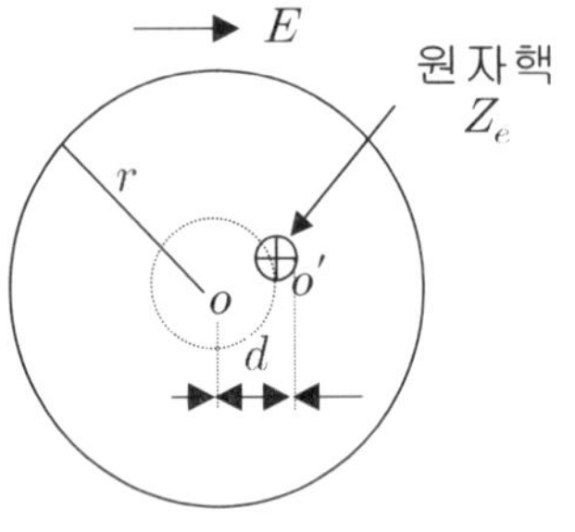

그림 4-4 전계에 의한 원자핵의 변위

$$f = \frac{1}{4\pi\varepsilon_0 d^2} \times Z_e \times Z_e \left(\frac{d}{r}\right)^3 = \frac{Z^2 e^2 d}{4\pi\varepsilon_0 r^3} \tag{4-13}$$

이 힘은 전계 E가 원자핵과 전자운을 떼어 놓으려는 힘과 같아야 한다.

이 힘은 $Z_e E$이므로

$$Z_e E = Z_e^2 e^2 d^2 / 4\pi\varepsilon_0 r^3 \tag{4-14}$$

한편 이 원자의 쌍극자모멘트 μ_e는

$$\mu_e = Z_e \cdot d \tag{4-15}$$

로 표시되므로, 식 (4-14)의 d를 이에 대입하면

$$\mu_e = 4\pi\varepsilon_0 r^3 E \tag{4-16}$$

와 같이 되어 결국 분극율 α_e는

$$\alpha_e = 4\pi\varepsilon_0 r^3 \tag{4-17}$$

이 식에서 분극율은 원자반경의 3승에 비례하여 커진다는 사실을 알 수 있다.

[예제 2] 수소원자의 반경이 $r = 5.3 \times 10^{-11}$[m]인 때 전자분극율을 구하라. 또 여기에 전계 $E = 10^5$[V/m]를 가한 때 원자핵과 전자구의 중심과의 거리 및 쌍극자 모멘트를 구하라.

【해설】 전자분극률 α_e는 식(4-17)에 의하여 $\alpha = 4\pi\varepsilon_0 r^3$

$\varepsilon_0 = 8.854 \times 10^{-12}$, $r = 5.3 \times 10^{-11}$[m]이므로

$\alpha_e = 4\pi \times 8.854 \times 10^{-12} \times (5.3 \times 10^{-11})^3 = 1.7 \times 10^{-41}$[F·m²]

쌍극자 모멘트는 $\mu_e = \alpha_e E = 1.7 \times 10^{-41} \times 10^5 = 1.7 \times 10^{-36}$[C·m]

전자구의 중심으로부터의 거리 d는 $Z = 1$에서

$d = \mu_e / Z_e = 1.7 \times 10^{-36} / 1.6 \times 10^{-19} = 1.06 \times 10^{-17}$[m]

(2) 이온분극

이온결정과 같이 음양의 이온을 포함하는 유전체에 전계를 가해주면 음양의 이온은 서로 반대되는 방향으로 힘을 받아 변위하여 분극현상이 생긴다. 이를 이온분극(또는 원자분극)이라고 한다. 이온 1쌍당 쌍극자모멘트 μ_i는 전자분극인 때와 마찬가지로

$$\mu_i = \alpha_i E \tag{4-18}$$

여기서 비례계수 α_i를 이온분극율이라고 한다.

이온분극을 모형적으로 생각하면 예를 들어 NaCl에서는 양이온의 전체격자가 음이온의 전체격자에 대하여 변위한다. 이는 그림 4-5(a)와 같이 Na^+ 및 Cl^-가 스프링으로 연결한 질점과 마찬가지로 평형점을 중심으로 미소한 열진동을 하고 있다고 생각할 수 있

다. 여기에 전계 E가 가해지면 그림 4-5(b)와 같이 상대적으로 d만큼 변위하게 되는 결과 분극현상이 생긴다. 이 경우 쌍극자 모멘트는 전계에 비례하며, 분극률은 각 이온의 결합력에 반비례한다는 것을 알 수 있다.

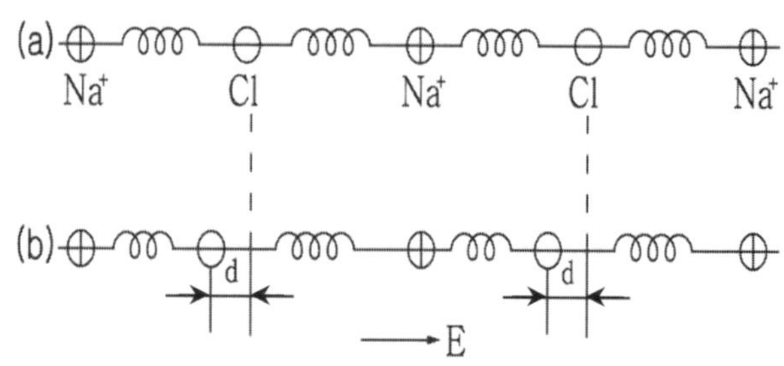

그림 4-5 이온분극의 설명도

(3) 배향분극(또는 쌍극자분극)

분자 중에는 전기적으로 중성이 아니고 음양의 전하중심이 일치하지 않는 것이 있다. 즉 처음부터 전계 없이 쌍극자가 되어 있다. 이를 영구쌍극자라고 한다. 그림 4-6과 같이 H_2O 및 HCl 등의 분자는 영구쌍극자로서 이와 같은 분자를 유극성분자라고 부른다. 개개의 분자는 쌍극자가 되어있으나, 고체 내에서 각 분자는 열에너지의 작용으로 그림 4-7(a)와 같이 임의의 방향으로 향하고 있으므로 평균하면 분극은 0이 된다.

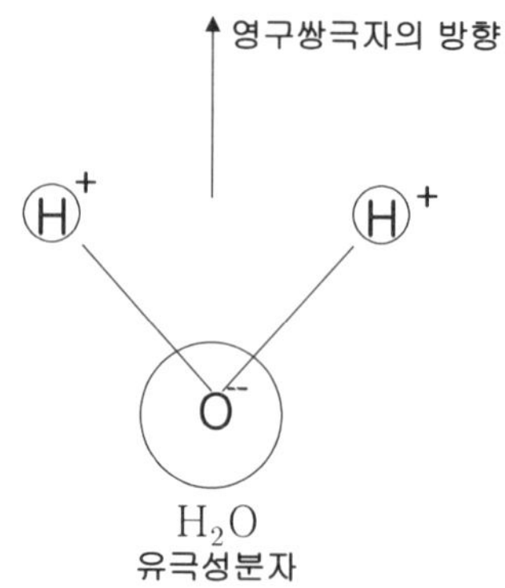

그림 4-6 유극성분자

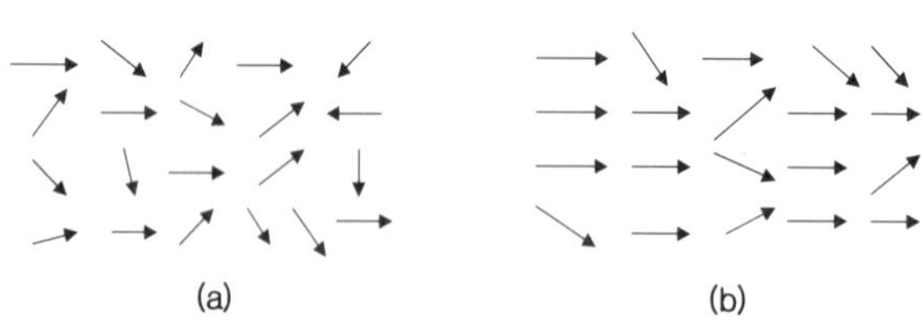

그림 4-7 배향분극

외부에서 전계를 가하면 각 분자는 전계 방향으로 회전하려는 힘을 받는다. 그 결과 전계 방향으로 향하는 것이 많아지고, 평균하여 전계 방향으로 분극이 나타난다. 이 분극을 배향분극이라고 한다.

예를 들면 니트로벤젠($C_6H_5NO_2$)과 같이 이온은 아니나 영구쌍극자모멘트를 가진 분자는 전계가 걸리면 그림 4-8과 같이 전계(E)와 쌍극자모멘트(m)가 이루는 각(θ)에 의하여 $E \cdot m \cdot \sin\theta$에 비례하는 회전력을 받아 전계가 작용하지 않을 때에는 전체로서 분극이 없었던 물질에 분극이 나타난다. 이 분극은 쌍극자의 회전에 의한 것으로 쌍극자분극

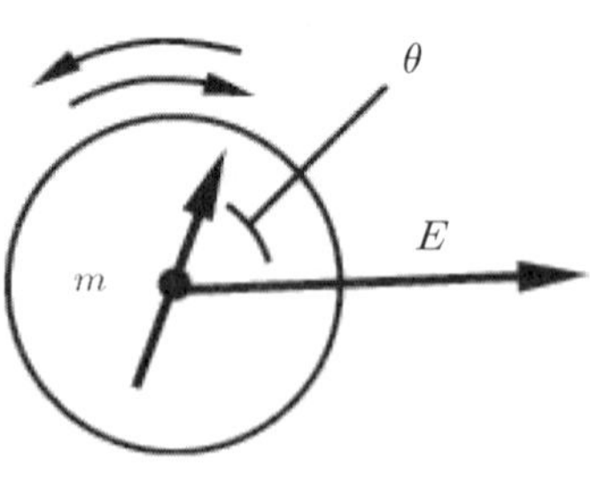

그림 4-8 쌍극자의 회전

이라고 한다.

쌍극자의 회전에 대한 P. Debye의 계산에 따르면 1[m³]중의 영구쌍극자수를 N, 전계를 E[V/m], 온도를 T[°K], μ를 영구쌍극자모멘트라고 하면 유전분극 P는 근사적으로

$$P = N\mu^2 E/3kT \text{ [coul·meter]} \tag{4-19}$$

와 같이 표시된다. 따라서 분극률 α_{0r}은

$$\alpha_{0r} = \mu^2/3kT \text{ [F·m}^2\text{]} \tag{4-20}$$

[예제 3] 영구쌍극자모멘트가 3.3×10^{-30}[C·m]인 물질의 배향분극에 대한 분극률을 구하라. 단, 온도는 27[℃]이다.

【해설】 배향분극에 대한 분극률은 $\alpha_{0r} = \mu^2/3kT$

$\mu = 3.3\times10^{-30}$[C·m], $T = 27$[℃]이므로

$$\alpha_{0r} = \frac{(3.3\times10^{-30})^2}{3\times1.38\times10^{-23}\times300} = 0.88\times10^{-39} \text{ [F·m}^2\text{]}$$

[예제 4] 2[Å]의 거리만큼 떨어진 1가의 음이온과 양이온의 유극성분자가 있다. 이 분자의 분극률을 구하라. 단, 온도는 27[℃]이다.

【해설】 유극성분자의 쌍극자모멘트 μ는 $\mu = \text{ed} = 1.6\times10^{-19}\times2\times10^{-10}$

$= 3.2\times10^{-29}$ [C·m]

분극률은 $\alpha_{0r} = \mu^2/3kT = (3.2\times10^{-29})^2/3\times1.38\times10^{-23}\times300$

$= 0.82\times10^{-37}$ [F·m²]

4-2 교번전계내의 유전체

그림 4-9(a)와 같이 평행판전극 사이에 유전체를 삽입한 콘덴서에 교류전압(V)을 인가했을 때 여기에 흐르는 전류는 그림 4-9(b)에 표시한 백터도와 같이 된다. 즉, 유전체가 손실이 없는 이상적인 절연물인 경우에는 교류전압(V)과 전류(I)와의 위상차는 90° 이나 일반적으로 90° 보다는 δ만큼 작아서 결국 위상차는 (90° $-\delta$) 만큼 된다.

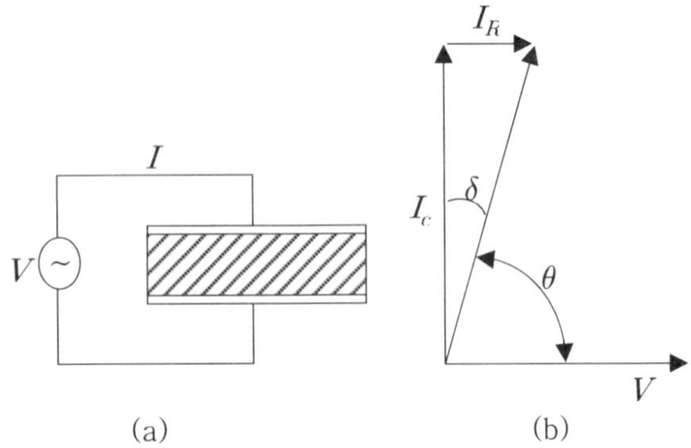

그림 4-9 유전체에 의한 전압과 전류의 위상차

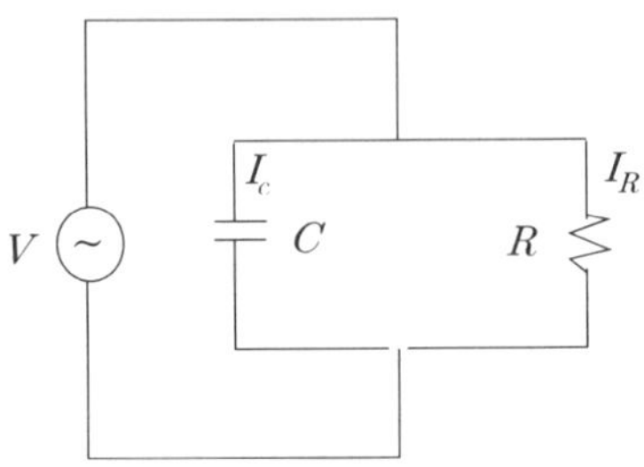

그림 4-10 그림 4-9의 등가회로

이때 전류 I는 전압 V에 대하여 동상인 성분 I_R와 직각성분 I_c로 나누어 생각할 수 있다. 따라서 이의 등가회로는 그림 4-10과 같이 된다. 여기서 등가저항 R 및 등가용량 C는 각각

$$R = V/I_R, \quad C = I_c/\omega V \tag{4-21}$$

와 같이 된다. 저항 R의 소비전력 P는 $P = I_R V$가 되어 이 전력은 유전체 내에서 발생한 열량에 상당하며, 이를 유전체손실이라고 한다. 또한 I_R는

$$I_R = I_c \tan V\delta = \omega C V \tan\delta \tag{4-22}$$

$$\therefore P = \omega C V^2 \tan\delta \tag{4-23}$$

지금 유전체의 비유전율을 ε_s, 유전체가 진공인 때의 정전용량을 C_0라고 하면, 위의 식은

$$P = \omega C_0 V^2 \varepsilon_s \ \tan\delta \tag{4-24}$$

이 식에서 ε_s, $\tan\delta$를 손실계수라고 부른다. 이 값은 유전체의 종류에 따라 결정될 뿐만 아니라 주파수나 온도에 따라서도 변화한다. 다음에 C, R을 흐르는 전류의 합성을 구하면

$$I = I_R + I_c = \left(\frac{1}{R} + j\omega\varepsilon_s C_0\right)\dot{V} = j\omega C_0\left(\epsilon_s - j\frac{1}{\omega C_0 R}\right)\dot{V} \tag{4-25}$$

와 같이 된다. $\varepsilon_s = \varepsilon'$, $1/\omega C_0 R = \varepsilon''$라고 하면

$$\dot{I} = j\omega C_0(\varepsilon' - j\varepsilon'')\dot{V} = j\omega C_0 \dot{\varepsilon} \dot{V} \qquad \dot{\varepsilon} = \varepsilon' - j\varepsilon'' \tag{4-26}$$

이 $\dot{\varepsilon}$을 복수비유전율이라고 하며, ε'를 실효비유전율, ε''는 $\varepsilon_s \tan\delta$와 일치하며, 손실항이므로 손실계수가 된다.

[예 5] 전극면적 10^{-3}[㎡], 전극간 거리 10^{-4}[m]인 평행판콘덴서가 있다. 이 콘덴서에 주파수 1[MHz]인 전압을 가한 때 이 유전체에서 비유전율의 실효부를 2, tan δ를 2×10^{-4}이라 하고, 콘덴서의 등가저항 및 등가용량을 구하라.

【해설】 인가전압 V와 동상인 전류 I_R은

$$I_R = \omega C_0 \epsilon_s V \tan\delta$$

이므로 등가저항 R은

$$R = V/I_R = 1/\omega C_0 \epsilon_s \tan\delta$$

와 같이 된다. 또한 C_0은

$$C_0 = \epsilon_0 A/d = 8.854\times10^{-12}\times10^{-3}/10^{-4} = 8.854\times10^{-11}[\mathrm{F}]$$

따라서 $R = 1/2\pi\times10^6\times8.854\times10^{-11}\times2\times10^{-4} = 9\times10^6[\Omega]$

등가용량 C는

$$C = \epsilon_s C_0 = 2\times8.854\times10^{-11} = 17.7\times10^{-11}[\mathrm{F}]$$

1) 교번전계내의 분극현상

정전계에서의 원자 또는 분자의 분극현상은 전술한 바와 같으며, 이번에는 교번전계에서의 분극현상에 대하여 고찰하기로 한다.

일반적으로 쌍극자의 회전에 있어서 질량이 크다든가 회전을 방해하는 저항이 크다든가 또는 열운동 때문에 당초의 상태에 복귀하는 힘이 큰 것은 분극이 빨리 소멸한다. 따라서 마이크로파영역에 있어서 배향분극은 곧 소멸하고 더욱 주파수가 높은 적외선영역이 되면 이온의 움직임이 불완전해져서 이온분극은 없어지고, 분자분극만 남는다. 주파수가 다시 높아져서 자외선영역이 되면 전자분극마저 없어져서 결국 분극현상은 모두 소멸하게 된다. 이 과정은 그림 4-4에서 알 수 있다. 적외선영역에서 분극치가 증대하고 자외선영역에서 급히 감소하는 현상이 생기는 것은 이온분극 및 전자분극을 하나의 진동자라고 생각할 때 그 고유진동수가 외부의 전계와 공명하여 공명흡수현상이 발생하기 때문이다. 비유전율 ε_s도 이와 같이 변화한다.

(1) 전자분극

교번전계 $E_0\cos\omega t$[V/m]를 인가했을 때 전자분극률 $\alpha_e(\omega)$는 다음과 같이 된다.

그림 4-11에 있어서 원자핵과 원자구의 간격 d는

$$d = \frac{e}{m_e}\cdot\frac{E_0}{\omega_e^2-\omega^2}\cos\omega t[\mathrm{m}],$$

여기서 $\omega_e^2 = \dfrac{Z_e^2}{4\pi\epsilon_0 m_e r^3}$ (4-27)

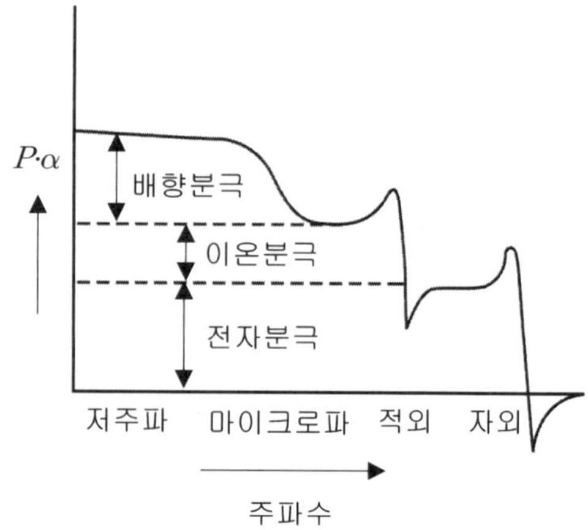

그림 4-11 분극현상과 주파수의 관계

따라서

$$\alpha_e(\omega) = \frac{4\pi\varepsilon_0 r^3}{1-\left(\dfrac{\omega}{\omega_e}\right)^2} = \frac{\alpha_e(0)}{1-\left(\dfrac{\omega}{\omega_e}\right)^2}\ [\mathrm{F\cdot m^2}]\ \ \alpha_e(0) = 4\pi\varepsilon_0 r^3 \qquad (4\text{-}28)$$

[예 6] 수소원자의 공명흡수가 생기는 주파수를 구하라.

【해설】 공명흡수가 생기는 주파수 ω_e는

$$\omega_e^2 = Z_e^2/4\pi\varepsilon_0 m_e r^3 = Z_e^2/\alpha_e(0)m_e$$

따라서 수소원자에서는 $Z=1$, α_e는 예제 2에서

$$\alpha_e(0) = 1.7\times10^{-41}[\mathrm{F\cdot m}]$$

이므로 공명흡수가 생기는 주파수 ω_e는

$$\omega_e^2 = (1.6\times10^{-19})^2/1.7\times10^{-41}\times9.1\times10^{-31} = 16.5\times10^{32}$$

$$\therefore f = \omega_e/2\pi = 0.65\times10^{-16}\ [\mathrm{Hz/s}]$$

(2) 이온분극

교번전극에서의 이온분극률은 전자분극에서의 식과 같이

$$\alpha_i(\omega) = \frac{\alpha_i(0)}{1-\left(\frac{\omega}{\omega_i}\right)^2} \ [\mathrm{F \cdot m^2}] \tag{4-29}$$

으로서 여기서 ω_i는 적외선진동수의 영역 내에 있으므로 여기까지는 α_i는 일정하다고 생각한다. $\omega = \omega_i$에서는 적외선의 흡수현상이 생긴다.

(3) 배향분극

고체의 쌍극자모멘트는 전계를 인가한 순간에 생기고 분극이 생기는 것은 아니며, 어느 정도의 시간을 필요로 한다. 그 까닭은 분자간의 상호작용에 의한 저항이 있기 때문이다. 또한 전계를 제거한 경우에도 순간적으로 분극이 소멸하는 것은 아니다. 이 현상은 $R-C$직렬회로에서 축적전하 q를 분극으로 전기저항 R을 쌍극자모멘트의 회전에 대한 저항으로 대응시킬 수 있다.

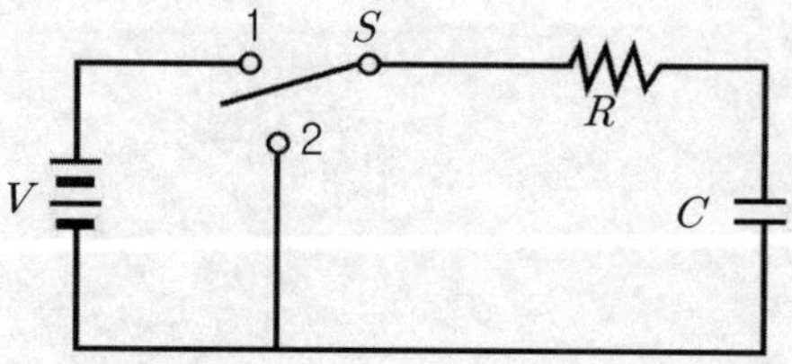

그림 4-12 $R-C$회로의 분극현상

그림 4-12의 회로에서 전압 V인 때의 콘덴서 C의 축적전하 q는

$$q = q_\infty\left(1 - \varepsilon^{-\frac{t}{CR}}\right) \tag{4-30}$$

다음에 스위치 S를 단자 2에 접속했을 때 C는 방전한다. 이 때 C의 전하는

$$q = q_0 \exp\left(-\frac{t}{CR}\right) \tag{4-31}$$

여기서 q_∞에서는 $t=\infty$, q_0는 $t=0$에 있어서 C의 축적전하이다. 이에 따라 분극의 시간적 변화는

$$P = P_\infty\left[1 - \exp(-\frac{t}{\tau})\right] \tag{4-32}$$

한편 전압을 제거한 때에는

$$P = P_0 \exp\left(-\frac{t}{\tau}\right) \tag{4-33}$$

이 식에서 P_∞ 및 P_0은 각각 $t=\infty$ 및 $t=0$에서의 분극값이다. τ를 완화시간이라고 하며, 전계가 작용하는 시간이 이 완화시간보다 충분히 길면 분극은 완전히 나타난다. 전계가 작용하는 시간이 완화시간에 접근할수록 분극은 생기기 어렵고, 결국은 생기지 않게 된다. 따라서 교번전계에서는 주파수가 낮은 동안에는 쌍극자의 회전이 전계방향으로 추종할 수 있으므로 분극값은 변화하지 않으나 주파수가 높아지면 쌍극자의 회전이 전계방향에 추종할 수 없기 때문에 결국 위상이 늦어지게 된다. 각주파수 ω에 있어서의 분극 $P_{(\omega)}$는

$$P_{(\omega)} = P(0)/1 + j\omega\tau \qquad (4\text{-}34)$$

$P(0)$는 정전계에서의 분극이다. 즉 식 (4-19)에서

$$P(0) = \frac{N\mu^2 E}{3kT} \qquad (4\text{-}35)$$

따라서 분극률 $\alpha(\omega)$도 같은 형식으로

$$\alpha(\omega) = \alpha(0)/1 + j\omega\tau \qquad (4\text{-}36)$$

식 (4-34)를 변형하면

$$P(\omega) = \frac{P(0)}{1+\omega^2\tau^2} - j\frac{\omega\tau}{1+\omega^2\tau^2}P(0) = P' - jP'' \qquad (4\text{-}37)$$

여기서 $P' = P(0)/1+\omega^2\tau^2$, $P'' = \omega\tau P(0)/1+\omega^2\tau^2$

이 식으로 보아 전계나 동위상인 분극 P'는 그림 4-13과 같이 변화하며, 어떤 주파수 이상이 되면 쌍극자 방향을 바꾸려는 순간에 전계의 방향이 달라지므로 쌍극자는 결국 움직일 수 없게 된다.

따라서 분극은 0이 된다.

이와 같이 전계의 주파수가 높아지면 분극이 작아지는 것을 이상분산이라고 한다. 이 이상분산이 생기는 곳에 분극 P''의 허수부가 나타난다.

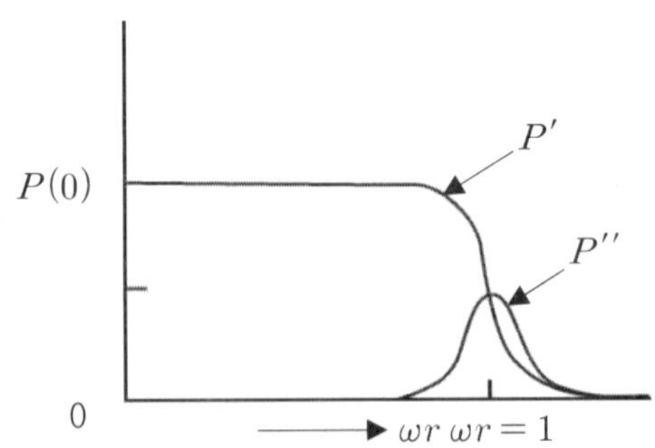

그림 4-13 이상분극현상

2) 강유전체

일반적으로 유전체의 분극은 $P = x_e \varepsilon_0 E$와 같이 표시된다. 여기서 비례계수 x_e는 전계 E에는 관계없는 계수이나, 어떤 유전체에서는 x_e가 E에 의하여 변화하며, 그 변화하는 모양이 히스테리시스곡선을 나타내는 것이 있다. 이와 같은 유전체를 강유전체라고 한다. 대표적인 강유전체로서는 티탄산바륨($BaTiO_3$)을 들 수 있다. 강유전체의 x_e는 보통의 유전체의 그것보다 훨씬 크다.

(1) 히스테리시스현상

강유전체에 전계가 가해지면 분극은 그림 4-14의 0→1→2→3의 곡선에 따라 증가하며, 전계가 감소할 때에는 $E=0$이 되어도 분극은 0이 되지 않고 잔류분극 P_r이 남게 된다. 즉 물질은 자발적으로 분극하고 있다. 이 잔류분극을 없애기 위해서는 반대방향의 전계를 가해야 한다. 이 전계를 항전계라고 부른다. 다음에 히스테리시스 곡선을 그리게 되는 원인에 대하여 살펴보자.

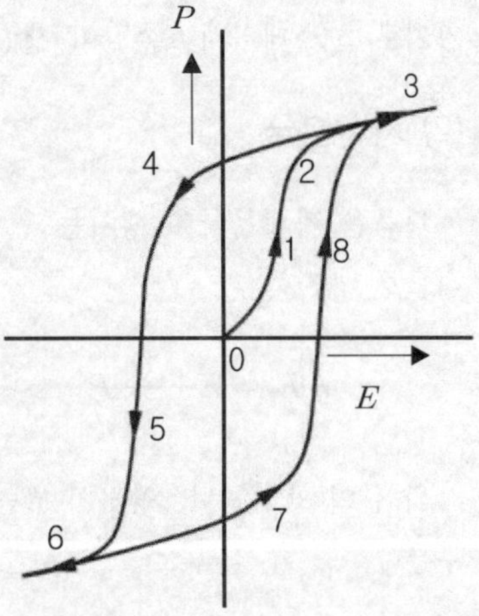

그림 4-14 전계에 의한 분극의 변화

강유전체의 결정은 그림 4-15(a)와 같이 유전분역이라고 불리는 작은 영역으로 분할되어 있다. 이들 분역 내에서 분자의 쌍극자는 전계를 가하지 않아도 처음부터 같은 방향을 향하고 있다. 따라서 분극 전체로서는 정해진 방향으로도 분극현상이 생긴다.

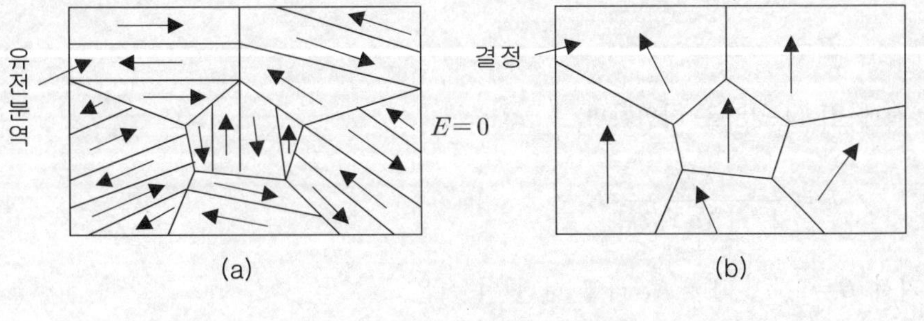

그림 4-15 유전분역 및 분극

이 분극은 자연적으로 생긴 분극이므로 자발분극이라고 부른다. 그러나 전계를 한 번도 가한 적이 없는 시편에서는 개개 분역의 분극의 합은 상쇄되어 전체로서 0인 상태가 되어 있다. 한편 전계를 가하게 되면 그림 4-15(b)와 같이 분극이 전계방향을 향하고 있는 분역이 넓어지도록 분역의 경계가 이동하며, 다른 방향을 향하고 있는 분역은 감소한다. 이 과정은 히스테리시스곡선의 1→2에 상당한다. 여기서 다시 전계를 강하게 하면 분역벽의 이동에서 분극의 회전이 생겨 3에 이른다. 다음에는 전계를 0으로 해도 분극은 0이 되지 않고 잔류분극이 남게 된다. 그 까닭은 분극이 일단 어떤 방향을 향하게 되면 마찰저항이 분역벽의 이동을 방해하기 때문이다. 그러므로 분극을 0이 되도록 하기 위해서는 반대방향의 전계를 가해야 하는 것이다. 이하 같은 이치로서 7→8→3으로 분극이 변화한다. 이와 같은 강유전계의 결정을 교번전계 내에 놓으면 강자성체의 경우와 마찬가지로 히스테리시스손실이 생긴다.

(2) 자발분극

다음은 자발분극이 생기는 원인에 대하여 고찰한다. 고체유전체에서 내부전계는 일반적으로

$$E_i = E + \frac{r}{\varepsilon_0} P \tag{4-38}$$

와 같이 표시된다. 여기서 E는 외부에서 가한 전계, P는 분극, r는 내부전계정수라고 부른다.

이 전계에 의하여 각 원자는 분극을 발생시킨다. 분극률을 α라고 하면 이 때의 쌍극자 모멘트 μ는

$$\mu = \alpha E_i \tag{4-39}$$

1[m³]에 N개의 원자가 있다면

$$P = N\alpha E_i \tag{4-40}$$

이 식에 식 (4-38)을 대입하면

$$P = \frac{N\alpha}{1-(N\alpha\Upsilon/\varepsilon_0)} E \tag{4-41}$$

여기서 $\beta = \Upsilon/\varepsilon_0$, $A = N\alpha$라고 하면 이 식은

$$P = \frac{A}{1-A\beta} \tag{4-42}$$

와 같이 된다. 이 식은 바로 증폭도 A, 귀환율 β를 가진 증폭기의 이득을 표시한다.

$A\beta=1$이면 P는 무한대가 되어 발진현상이 생기는 것과 같이 외부전계 E가없어도 유한한 분극, 즉 자발분극이 생기게 된다.

강유전체는 쌍극자가 1열로 배열된 상태이므로 온도가 높아지면 열에너지가 커져서 쌍극자가 배열하려는 것을 방해하며, 자발분극은 작아진다. 온도를 더욱 높여주면 자발분극은 모두 없어진다. 이때의 온도를 큐리온도(Curie temperature)라고 한다. 이 이상의 온도에서는 쌍극자는 모두 흩어지게 되므로 상유전체가 된다. 상유전체영역에서는 영구쌍극자를 가진 유극성분자에 전계를 가해 준 것과 같으므로 이 경우 원자의 분극률 α를 배향분극에 대한 분극률 $\alpha_{0\Upsilon}$와 같다고 하면

$$\alpha=\mu^2/3kT \tag{4-43}$$

이 의 값을 식 (4-41)에 대입하면

$$P=\frac{N\mu^2/3kT}{1-\left(N\Upsilon\mu^2/3kT\varepsilon_0\right)}E=\frac{T_e/\Upsilon}{T-T_e}\varepsilon_0 E \tag{4-45}$$

여기서 $T_e=N\mu^2\Upsilon/3k\varepsilon_0$이며, 따라서 전기감수율 x_e는

$$x_e=\frac{T_e/\Upsilon}{T-T_e} \tag{4-45}$$

이 식에서 $T=T_e$에 있어서는 $x_e\to\infty$가 되어 전계가 없어도 유전분극은 생긴다. $T\le T_e$인 때에는 강유전체가 되며, $T>T_e$인 때에는 상유전체가 된다. 이 관계를 그림에 표시하였다.

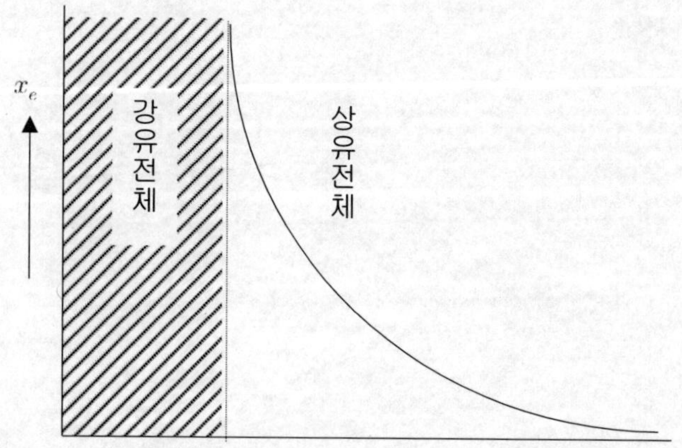

그림 4-16 유전체와 온도의 관계

[예 7] 고체유전체의 원자수 밀도를 N[개/m^3], 원자의 분극률을 α, 내부전계정수 Υ를 1/3로 할 때 $\varepsilon_s - 1/\varepsilon_s + 2 = N_\alpha/3\varepsilon_0$이다. 이를 증명하라.

【해설】 식 (4-41)과 $P = \varepsilon_0(\varepsilon_s - 1)$에 따라

$$\varepsilon_0(\varepsilon_s - 1) = N_\alpha/1 - (\alpha N\Upsilon/\varepsilon_0)$$

$\Upsilon = 1/3$을 대입하면

$$\varepsilon_0(\varepsilon_s - 1) = N_\alpha/1 - (N_\alpha/3\varepsilon_0)$$

$$(\varepsilon_s - 1)\left(1 - \frac{N_\alpha}{3\varepsilon_0}\right) = \frac{3N_\alpha}{3\varepsilon_0} \qquad (\varepsilon_s - 1) = (\varepsilon_s + 2)\frac{N_\alpha}{3\varepsilon_0}$$

$$\therefore \frac{\varepsilon_s - 1}{\varepsilon_s + 2} = \frac{N_\alpha}{3\varepsilon_0} \tag{4-46}$$

이 식은 Clausius-Mosotti의 식이라고 부른다.

[예 8] 어떤 유전체의 원자수 밀도 $N = 5\times10^{28}$[개/m^3], 비유전율 $\varepsilon_s = 6$인 때 이 유전체 원자의 분극률을 구하라.

【해설】 예제 7에서 $\varepsilon_s - 1/\varepsilon_s + 2 = N_\alpha/3\varepsilon_0$

$$\text{여기서 } \alpha = \frac{3\varepsilon_0}{N}\times\frac{\varepsilon_s - 1}{\varepsilon_s + 2} = \frac{3\times8.854\times10^{-12}}{5\times10^{28}}\times\frac{6-1}{6+2}$$

$$= \frac{26.56\times10^{-12}}{8\times10^{28}} = 2.6\times10^{-40}[\mathrm{F\cdot m^2}]$$

연습문제

[1] 전자와 같은 음양의 전하를 가지고 3[ ]의 거리를 두고 있는 유극성분자가 있다. 이 분자의 분극률은 얼마인가? 단, 온도는 27[℃]이다.

[2] 4000[cm^2]의 산화된 알루미늄판으로 된 콘덴서가 8[μF]의 용량을 가지고 Al_2O_3의 비유전율은 $\varepsilon_s = 8$이다. 이 콘덴서에 10[V]의 전압을 가한 때 전계강도 및 산화물층에 생기는 전쌍극자능률을 구하라.

[3] 영구쌍극자모멘트가 6×10^{-30}[C·m]인 분자의 배향분극에 대한 분극률을 구하라. 단 온도는 27[℃]이다.

[4] He 원자의 반경 $\Upsilon = 0.93 \times 10^{-30}$[m]인 때 분자분극률은 얼마인가? 또 여기에 전계 $E = 10^6$[V/m]를 가한 때의 쌍극자모멘트를 구하라.

[5] 전극의 면적이 10^2[cm^2], 전극간의 간격이 10^{-4}[m]인 평행판콘덴서에 주파수 2[MHz]인 전압을 가한 때 콘덴서의 등가저항은 얼마인가? 단, 유전체의 비유전율의 실수부를 2.5, $\tan\delta$를 10^{-4}이라고 한다.

[6] Q[C]의 전하를 가진 입자가 $f(N)$의 힘으로 어떤 계에 탄성적으로 결합되어 있다. 이 계의 분극률을 구하라.

[7] Ar 원자의 분극률이 1.43×10^{-40}[F·m^2]이라 하고 0[℃], 1기압에서의 아르곤의 비유전율을 구하라. 단, 0[℃], 1기압에서의 아르곤의 원자수는 $N = 2.7 \times 10^{25}$[개/m^3]이다.

[8] Ar 원자의 원자운의 반경을 1.18×10^{-10}[m]라고 할 때 이 원자의 원자분극률을 구하라. 또, 2×10^8[V/m]의 전계를 가할 때 전자운의 중심은 핵에서 얼마나 이탈하는가?

[9] 다음에 대하여 설명하라.

(1) 유전분극 (2) 유극성분자 및 무극성분자 (3) 강유전체의 성질

Chapter 5

자기적 성질

- 자기현상
- 강자성체
- 페리자성
- 전자스핀공명

5-1 자기현상

1) 자기분극

어떤 물질이라 할지라도 강한 자계 안에서는 다소의 자기모멘트를 가지므로 모든 물질은 하나의 자성체이기도 하다. 다만 외부자계에 대한 자기모멘트의 방향이나 강도가 물질에 따라 현저하게 다를 뿐이다. 예를 들어 철편을 자석에 접근시키면 흡인되는 것은 자성체 내부의 구성단위가 자계방향의 자기분극을 일으킨 때문이다. 자계 중의 자성체 내부에는 자화된 구성단위가 배열되므로 NS극이 서로 상쇄되어 자하는 그 양단의 표면에만 나타낸다. 이와 같이 자성체가 자계에 의하여 자석이 되는 것을 자기분극이라고 한다.

지금 그림 5-1과 같이 철심을 코일에 넣었을 때 철심의 양단에 나타나는 자기분극의 세기를 J [Wb/m^2]라고 하자. 코일의 내부가 진공일 때 자계의 세기를 H라고 하면 자속밀도 B_0는 $\mu_0 H$이나 철심을 넣었기 때문에 단위면적당 J개의 자속이 더해진 결과가 되므로, 결국 자속밀도 B는

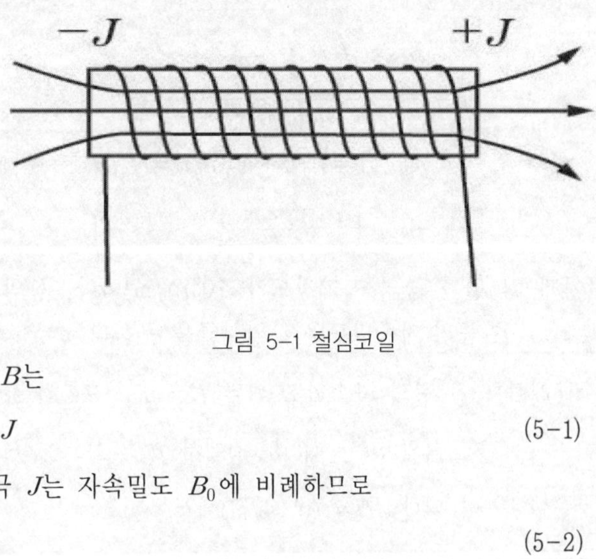

그림 5-1 철심코일

$$B = B_0 + J = \mu_0 H + J \qquad (5\text{-}1)$$

와 같이 증가한다. 또한 자기분극 J는 자속밀도 B_0에 비례하므로

$$J = x_m B_0 = x_m \mu_0 H \qquad (5\text{-}2)$$

여기서 x_m은 물질의 고유한 비례정수로서 비자화율이라고 한다.

자기분극이 생기는 현상은 자성체의 종류에 따라 다르며, 철, 니켈, 코발트와 같이 자계방향으로 강하게 자화되어 자계를 제거해도 자기분극이 남는 것이 강자성체이고, 어느 온도 이상이 되면 강자성을 잃는다. 강자성체의 비자화율은 대단히 크며, 10^5에 가까운 값을 가진다. 나트륨, 칼륨 및 몰리브덴 등은 자화하는 정도가 대단히 약하며, 비자화율은 $10^{-3} \sim 10^{-4}$정도로서 온도에 따라 변화한다. 이와 같은 자성체를 상자성체라고 한다. 동, 은, 금, 안티몬 및 비스머스 등은 대단히 미약하며, 자화되는 방향이 앞서와는 반대가 되어 반발력을 받는다. 이 경우 x_m는 부로서 $(-10^{-4}) \sim (-10^{-5})$정도이다. 이와 같은 자성체

를 반자성체라고 부른다.

표 5-1 물질의 비자화율

물질	x_m	물질	x_m
액체산소	3.46×10^{-3}	물	-0.88×10^{-5}
백　금	2.93×10^{-4}	은	-2.64×10^{-5}
알루미늄	2.14×10^{-4}	동	-0.94×10^{-5}
산　소	1.79×10^{-4}	아 르 곤	-0.945×10^{-8}
공　기	3.65×10^{-7}	수　소	-0.208×10^{-8}
수　은	-3.23×10^{-5}	연	-1.69×10^{-5}

[예제 1] 자성체의 비투자율 μ_s와 비자화율 x_m와의 관계식을 유도하라.

【해설】 자성체에 자계 H를 가한 때 자속밀도는 식 (5-1)에서

$$B = \mu_0 H + J$$

한편 $J = x_m \mu_0 H$이므로, 윗식은

$$\mu_0 \mu_s H = \mu_0 H + x_m \mu_0 H = \mu_0 H(1 + x_m)$$

$$\therefore \mu_s = 1 + x_m \tag{5-3}$$

[예제 2] 철편 중의 자계강도가 10^6[A/m]이다. 동의 비투자율을 -0.5×10^{-5}이라 하고, 동 중의 자속밀도와 자기분극을 구하라

【해설】 동 중의 자속밀도 B는 $B = \mu_0 \mu_s H$로써 표시된다.

이 식의 μ_s는 식 (5-3)에서 $\mu_s = 1 + x_m \fallingdotseq 1$

이 된다. $H = 10^6$[A/m]에서

$$B = \mu_0 H = 4\pi \times 10^{-7} \times 10^6 = 1257[\mathrm{Wb/m^2}]$$

자기분극 J는 $J = x_m \mu_0 H = -0.5 \times 10^{-5} \times 4\pi \times 10^{-7} \times 10^6$

$$= -6.29 \times 10^{-6}[\mathrm{Wb/m^2}]$$

2) 자화의 기구

모든 물질은 하나의 자성체인데, 나타나는 자성이 물질의 종류에 따라 다를 뿐이다. 자성이 어떤 원인에 의하여 생기는가 하는 문제에 대하여 생각해 보자.

물질은 원자의 집단이고, 자성을 나타내는 것은 원자핵의 자기모멘트와 전자의 자기모멘

트의 합으로 이루어지는 원자의 자기모멘트로서, 이것이 곧 자성의 원인인 것이다. 그런데 원자핵의 자기모멘트는 전자의 자기모멘트의 수 1000분의 1 정도이므로, 여기서는 자성의 주원인인 전자의 자기모멘트에 대하여 고찰해 보자.

(1) 전자의 자기모멘트

원자핵의 주위를 전자가 회전 운동하는 경우 그 면에 수직한 방향으로 자기모멘트가 발생한다. 지금 어떤 원자가 전하 Z_e를 가진 원자핵을 중심으로 반경 r인 원운동을 하며, 그 각속도를 ω라고 하면 1초간에 $\omega/2\pi$회 회전하게 되므로 원궤도 상의 임의의 점을 단위시간에 통과하는 전기량은 $e\omega/2\pi$가 된다.

따라서 전류 I는

$$I = e\omega/2\pi\,[\mathrm{A}] \tag{5-4}$$

가 된다. 원의 전류 I에 의한 자기모멘트 M_e는

$$M_e = \mu_0 SI,\ \text{여기서}\ S = \pi r^2 \tag{5-5}$$

으로 표시되므로, 이 궤도전자에 의한 자기모멘트는

$$M_e = \mu_0(\mu r^2)(e\omega/2\pi) = \mu_0 e\omega r^2\mu/2\pi \tag{5-6}$$

이 된다. 한편 이 궤도운동의 각운동량 P_e는

$$P_e = m_e\omega r^2\,[\mathrm{rad/s}] \tag{5-7}$$

이므로 식 (5-6) 및 (5-7)에서 ωr^2을 소거하면

$$M_e = \mu_0 eP_e/2m_e\,[\mathrm{Wb\cdot m}] \tag{5-8}$$

전자의 궤도운동이 정상상태를 유지하는 경우 P_e는 $h/2\pi$의 정수배이므로, 즉

$$P_e = lh/2\pi = l\hbar \tag{5-9}$$

여기서 $\hbar = h/2\pi$, l은 방위양자수로서 $l = 0, 1, 2, \cdots (n-1)$의 값을 가진다. 따라서 자기모멘트는

$$M_e = \mu_0 el\hbar/2m_e = \mu_B l \tag{5-10}$$

이 식에서 $\mu_B(= e\mu_0\hbar/2m_e)$는 $l = 1$인 때의 자기모멘트로서 자연계에 존재하는 가장 작은 자기모멘트이다. 이를 Bohr의 자기자라고 부른다.

[예제 3] Bohr의 자기자의 크기는 얼마나 되는가?

【해설】 Bohr의 자기자 μ_B는 식 (5-10)에서

$$\mu_B = \frac{e\mu_0\hbar}{4\pi m_e} = \frac{1602\times10^{-19}\times4\pi\times10^{-7}\times6624\times10^{-34}}{4\pi\times9.1\times10^{-31}}$$

$$= 1165\times10^{-29}[\text{Wb·m}]$$

[예제 4] 철의 포화자기분극은 2.2[Wb·m^2]이다. 철의 1원자당 평균 몇 Bohr가 자화되어 있는가? 단, 철의 원자수밀도는 8.55×10^{29}[개/m^3]이다.

【해설】 철의 원자수밀도를 N, 1원자당 자화되어 있는 수를 n라고 하면 포화자기분극 J_s는 $J_s = Nn\mu_B$

따라서 $n = J_s/Nn\mu_B$

여기서 $N = 8.55\times10^{29}$[개/m^3], $J_s = 2.2$[Wb·m^2], 또 Bohr의 자기자는 예제 5-3에서 $\mu_B = 1165\times10^{-29}$[Wb·m]이므로

$$n = 2.2/8.55\times10^{29}\times1165\times10^{-29} = 2.2$$

(2) 전자스핀(spin)의 자기모멘트

전자는 궤도운동만이 아니고 전자 자신이 자전하고 있으므로 스핀에 의한 자기모멘트를 발생한다. 전자의 형태를 구라고 생각하고, 그 표면이 균일하게 대전되어 있다고 하면 스핀의 각운동량 P_s와 스핀 자기모멘트 M_s사이에는

$$M_s = -\mu_0 e P_s/m_e \tag{5-11}$$

인 관계가 있다. 윗식과 식 (5-8)을 비교하여 이들의 관계를 일반적으로 표시하기 위하여

$$M = -h(\mu_0 e/2m_e)P \tag{5-12}$$

라고 놓는다. 궤도운동에 대해서는 $g=1$, 스핀에 대해서는 $g=2$가 되며, 양자에 대해서는 $1 < g < 2$인 값을 가진다. 이 g를 란데의 g계수(Land g-factor)라고 한다. g계수가 1인가 2인가를 실험적으로 확인할 수 있으면 자성에 기여하는 것이 궤도운동에 의한 것인가 또는 스핀에 의한 것인가를 판별할 수 있다.

원자나 이온은 몇 개의 전자를 가지고 있으므로 원자의 자기모멘트는 각각의 전자의

자기모멘트를 합성한 것이 된다. 따라서 전자의 상태에 따라 각 전자의 궤도와 스핀에 의한 자기모멘트를 원자 전체로서 보면 서로 상쇄되어 0이 되는 물질도 존재한다. 예를 들면 희유가스 원자, 알칼리 원자의 양이온 또는 할로겐 원자의 음이온 등은 전체로서 0이 되어 있다. 이와 같은 물질에 자계를 가하면 자계와 역방향의 자기모멘트가 생긴다. 이것이 반자성의 원인이 되는 것이다.

3) 반자성과 상자성

부의 자화율을 가진 물질은 반자성체인데, 이는 전자의 궤도운동과 렌쯔의 법칙(Lenz's Law)에 의하여 설명할 수 있다. 한 개의 전자가 원자핵을 중심으로 원운동을 하고 있는 상태는 전류는 흐르면서 저항이 없는 폐회로라고 생각할 수 있다.

그림 5-2와 같이 자계 B를 전자의 궤도운동에 의한 자기모멘트와 같은 방향으로 가해 주면 궤도에 기전력이 발생하여 전류가 흐르고, 이 유도전류에 의하여 자계와 반대방향의 자속이 된다.

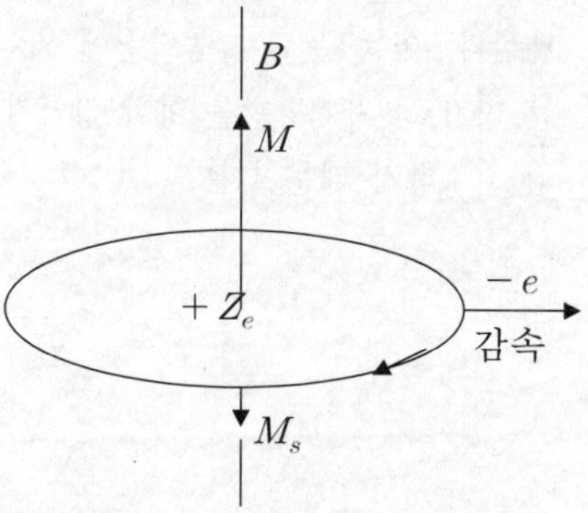

그림 5-2 자계와 전자의 궤도운동

유도전류를 ΔI라고 하면 유도자기모멘트는 $\mu_m = \mu_0 \Delta IS$

여기서 계산 결과

$$\Delta I = -e^2B/4\pi m_e \tag{5-13}$$

$$\mu_m = -\mu_0 e^2 r^2 B/4m_e \tag{5-14}$$

이와 같은 원자가 N개 있다고 하면 유도 자기모멘트 M_i는 $M_i = N\mu_m$이므로 비자화율 x_m는 $M_i = x_m B$에 의하여

$$x_m = -\mu_0 e^2 r^2 N/4m_e \tag{5-15}$$

여기서 부부호는 유도 자기모멘트가 외부자계가 작용하는 방향과 반대임을 표시한다. 이는 모든 원자에 있어서 생기는 현상으로, 처음부터 자기모멘트를 가지고 있지 않은 원자는 유도 자기모멘트가 생기므로 반자성체가 된다. 자기모멘트를 가지고 있는 경우에는 유도 자기모멘트가 클 때 반자성체가 된다.

다음에는 당초부터 자기모멘트를 가지고 있는 원자 또는 분자인 경우에는 자기쌍극자는 그림 5-3(a)와 같이 열에너지에

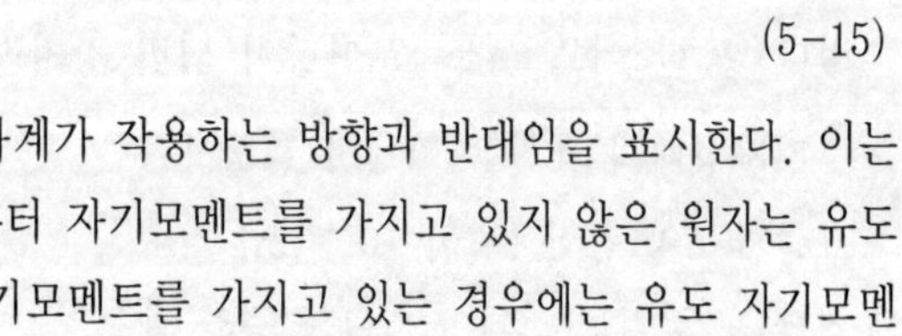

그림 5-3 자기쌍극자의 방향

의하여 제멋대로의 방향을 향하고 있으며, 전체로서 자기모멘트는 상쇄되어 0이 되고, 자성은 나타나지 않는다. 그런데 여기에 자계를 가하면 그림 5-3(b)와 같이 자기쌍극자는 열에너지에 대항하여 자계가 작용하는 방향으로 향하는 것이 많아지므로, 전체로서는 자성을 표시하게 되는 것이다. 자화율이 정으로서 $10^{-3} \sim 10^{-4}$ 정도인 자성체는 상자성체라고 부른다.

상자성체에서는

$$x_m = C/T \tag{5-16}$$

와 같이 표시된다. 즉 자화율은 온도에 반비례한다. 이는 온도가 높아짐에 따라 열에너지는 커지고, 자계방향을 향한 쌍극자의 수는 점점 감소하기 때문이다.

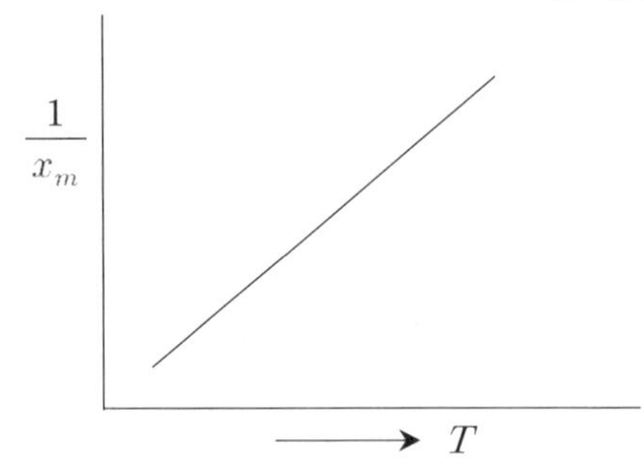

그림 5-4 상자성체에서 자화율과 온도의 관계

5-2 강자성체

강자성체는 상자성체와는 달리 독특한 성질을 가진다.

1) 자기분역

강자성체의 비자화율 x_m은 정으로 보통 1보다 매우 크며, 상자성체와는 다른 독특한 성질을 가지고 있다. 예를 들면 철, 니켈 및 코발트 등의 금속에 자계를 가하면 대단히 큰 자기분극 J가 발생한다. 이 결과 J와 H가 히스테리시스 곡선을 그린다는 사실은 잘 알려져 있다. 또한 어느 온도 T_c이상이 되면 강자성을 잃고 상자성체가 되는 것이다.

강자성체의 표면을 자세히 관찰하면 그림 5-5와 같이 1변이 10^{-5}[m] 정도인 작은 영역으로 되어 있다는 것을 알 수 있다. 이들의 영역 안에서는 외부자계를 가하지 않아도 원자의 자기모멘트는 평행한 방향으로 배열되어 있다. 이 작은 영역을 자기분역(또는 자구)이라

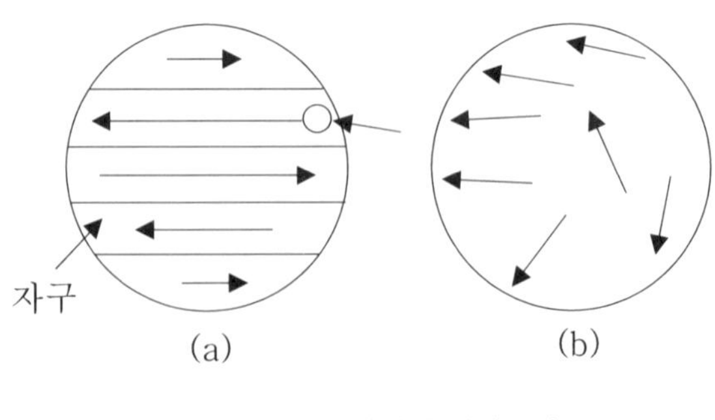

그림 5-5 강자성체의 자기분역

고 부른다. 자구는 그림 5-5(b)와 같이 여러 개의 원자의 자기모멘트가 열진동에 의하여 방향이 제멋대로 되어 있다. 그러나 전체로 보면 어느 한 방향의 자기모멘트를 가지고 있다. 이것이 자발자화이다.

자구에 자계를 작용시켜 자화가 진행하는 과정을 살펴보면 자구의 모양이 불연속적으로 변화하는 것을 알 수 있다.

지금 자계를 전연 가한 적이 없는 강자성체를 보면 그림 5-6(a)와 같이 각 자구의 자기모멘트는 서로 상쇄되어 전체로서 0이 된다. 여기에 자계를 가하면 각 자구의 자기모멘트는 자계방향의 힘을 받게 되어 외부자계와 일치한 방향의 자기모멘트를 가진 자구는 점점 그림 5-6(b)와 같이 그 범위가 넓어져 간다. 즉 이 현상은 자계와 같은 방향의 자발자화를 가진 자구가 그 분역을 성장시켜 다른 방향으로 자화된 자구를 병합하여 점점 커지기 때문이다. 인가자계가 강해지면 이번에는 자기모멘트가 그림 5-6(c)와 같이 자계 방향으로 회전하기 시작하여 자계방향과 평행한 곳에서 포화한다. 다음은 자계를 감소시켜 0이 되어도 잔류자기가 존재하는데 이것은 자계방향으로 향해버린 분역벽의 이동 또는 회전이 당초의 상태로 복귀하려고 하여도 이에 저항력이 작용하여 쉽게 원상태로 되돌아갈 수 없기 때문이다.

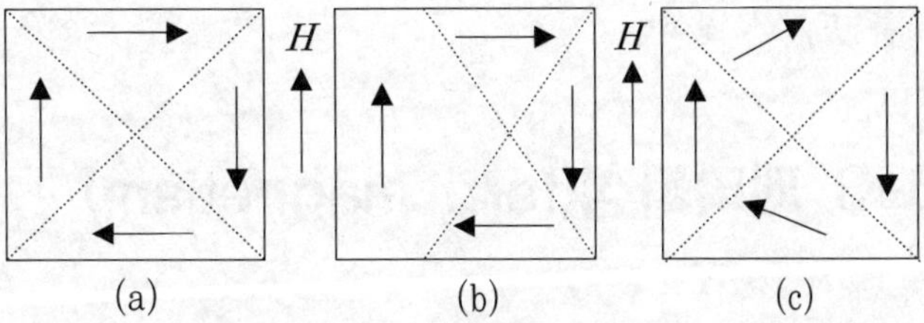

그림 5-6 자계 안에서의 자기모멘트의 방향

2) 자발분극

자발분극이 생기는 이유는 다음과 같다. 강자성체 내에서 원자의 쌍극자모멘트는 상호작용하여 자계 H_m가 발생한다. 이것을 분자자계라고 불린다.

지금 외부자계 H가 가해진 경우 자기쌍극자에 작용하는 자계는

$$H_i = H + H_m \tag{5-17}$$

분자자계 H_m은 자기분극을 J라고 하면

$$H_m = rJ/\mu_0 \tag{5-18}$$

와 같이 표시된다. 이 식에서 r은 비례정수로서 내부자계정수라고 부른다. 지금 그림 5-7과 같이 일부분의 쌍극자가 배열되었을 때 H_m라는 내부자계는 쌍극자모멘트를 평행하게 발생시킨다. 따라서 그 부분의 쌍극자도 다른 쌍극자와 동일 방향으로

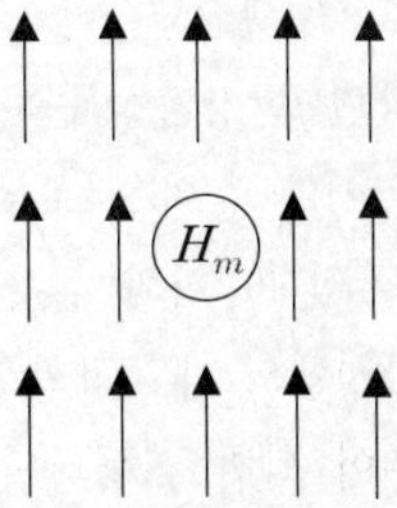

그림 5-7 내부자계와 쌍극자모멘트

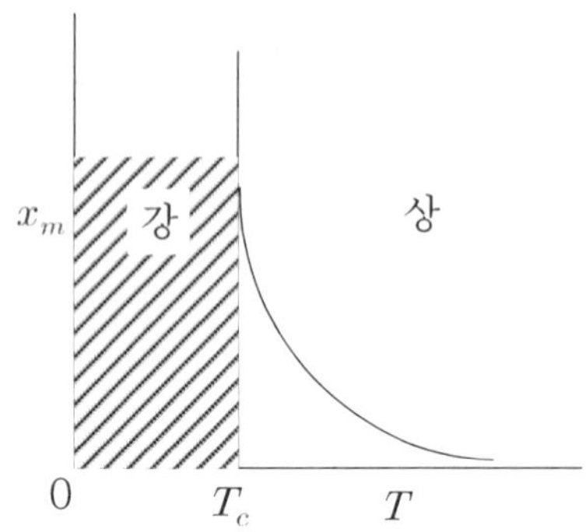

그림 5-8 비자화율과 온도의 관계

정렬한다. 즉 외부자계가 없어도 일부의 쌍극자가 정렬되면 이들이 차차 다른 쌍극자에 영향을 미쳐서 결국 쌍극자의 방향이 정렬하게 된다. 이와 같은 과정을 거쳐서 자발분극이 발생한다.

그러나 반대로 열에너지가 작용하면 쌍극자의 방향을 흐트러지게 한다. 따라서 온도가 높아지면 자발분극은 감소하여 결국 0이 된다. 이때의 온도 T_c를 강자성의 큐리온도라고 한다. 이 온도 이상이 되면 자발분극은 없어져서 상자성체가 된다. 비자화율 x_m은

$$x_m = C/(T_c - T) \qquad (5\text{-}19)$$

이 식을 큐리-바이스(Curie-Weiss)법칙이라고 한다.

표 5-2는 몇 개의 대표적인 강자성체에 대한 큐리온도를 표시한 것이다.

표 5-2 강자성체의 큐리온도

물질명	T_c[°K]
Fe	1042
Co	1393
Ni	631

5-3 페리자성(ferri magnetism)

최근에는 페리자성체라고 불리는 화합물이 개발되어 그 응용이 활발하다. 페리자성체는 종래 강자성재료의 주체였던 금속강자성재료와는 달리 Fe_2O_3를 주성분으로 한 금속산화물 강자성체에 대하여 붙여진 이름이다. 페리자성은 프랑스의 네르(Ne l)에 의하여 해명되었다. 페리자성체 중에는 강자성을 나타내지 않는 것도 있으나, 이들은 반강자성체에 속하는 경우가 많다.

반강자성체는 그림 5-9(c)와 같이 자구내에서 쌍극자가 정과 역의 방향으로 평행하게 배열되어 있으므로 자기모멘트는 서로 상쇄되어 전체로서 자발분극은 0이다. MnO 및 FeO 등이 그 예이다.

한편 반강자성체의 특별한 경우로서 쌍극자에 크고 작은 2종이 있어서 이들은 그림 5-9(d)와 같이 서로 반대로 배열되어 있으므로 전체로서 어느 정도의 자발분극을 가지는 것도 있다. 이와 같은 자성체를 페리자성체라고 한다. 페라이트(ferrite : $MoFe_2O_3$)는 페리자성체의 대표적인 것이다. 이들의 자성체는 어느 것이나 강자성체의 경우와 마찬가지로 고온이 되면 열에너지에 의하여 자발분극의 각 성분 J_1 및 J_2는 그림 5-10과 같이 점차 감소하여 결국은 자기에너지와 열에너지가 같아지는 온도 T_n에 있어서 0이 된다. 온도 T_n

이상이 되면 상자성체로 변화한다. 강자성체의 큐리온도에 대하여 이 온도를 네르온도라고 부른다. 예를 들면 MnO에서는 $T_n = 122[°K]$, 페라이트의 일종인 $MnFe_2O_4$에서는 $T_n = 510[°K]$이다.

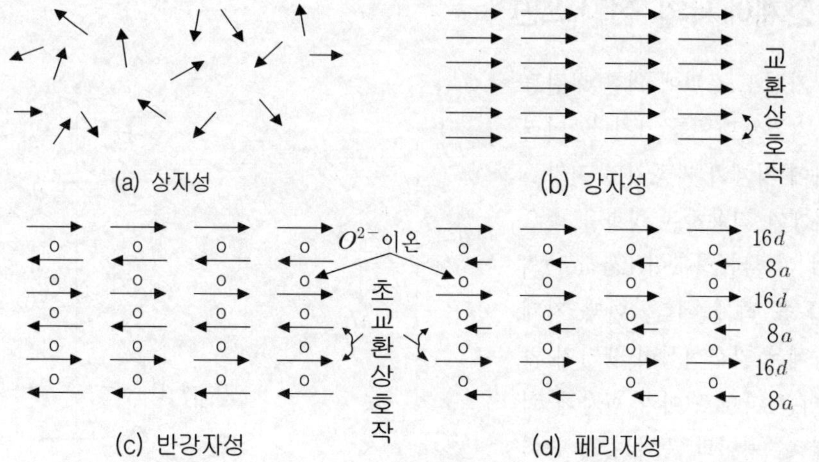

그림 5-9 자성체의 설명도

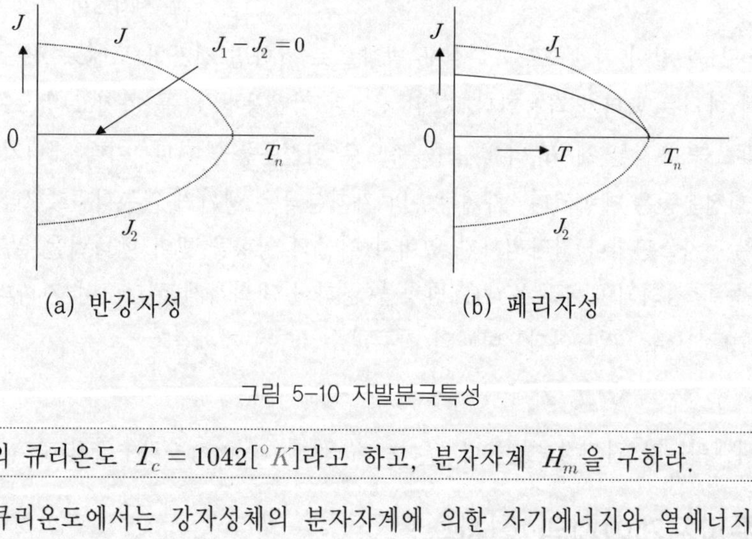

그림 5-10 자발분극특성

[예제 5] 철의 큐리온도 $T_c = 1042[°K]$라고 하고, 분자자계 H_m을 구하라.

【해설】 큐리온도에서는 강자성체의 분자자계에 의한 자기에너지와 열에너지는 같아지므로 $\mu_B H_m = kT_c$

여기서 μ_B는 Bohr의 자기자로서 식 (5-10)에서 $\mu_B = 1165 \times 10^{-29}$[Wb·m]

따라서 $H_m = \dfrac{kT_c}{\mu_B} = \dfrac{1380 \times 10^{-23} \times 1042}{1165 \times 10^{-29}} = 1.23 \times 10^9$[AT/m]

5-4 전자스핀공명

1) 정전계에서의 전자스핀

전자 자신도 스핀에 의한 회전모멘트와 자기모멘트를 가진다. 이러한 전자에 자계가 가해지면 전자스핀은 자계가 작용하는 방향을 축으로 하여 이른바 라모어(Larmor)의 세차운동을 하게 된다. 이때 자계의 방향에는 자화현상이 생기지 않는다. 이는 마치 팽이가 힘차게 회전할 때 이 팽이의 축이 쉽게 중력방향을 향하지 않는 것과 흡사하다.

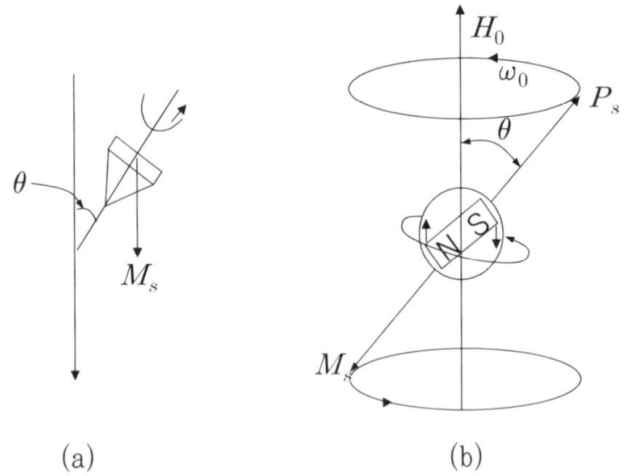

그림 5-11 전자스핀

그림 5-11과 같이 자계 H_0를 화살표 방향으로 가하면 전자의 모멘트 M_s를 자계방향으로 향하게 하려는 백터가 작용한다. 한편 전자는 각운동량 P_s를 가지고 있으므로 전자는 θ의 경사각도를 유지한 채 H_0의 방향을 축으로 회전운동을 한다. 이때 에너지의 소비가 없다면 이 회전운동은 계속되며, 자계방향의 자기분극은 생기지 않는다. 그러나 실제로는 주위에 많은 전자스핀이나 격자원자가 있어서 이들의 영향을 받아 에너지를 잃게 되며, 따라서 이 운동은 감쇠되어 결국은 자계방향을 향하여 자화하게 된다. 이 자화의 완화시간은 $10^{-6} \sim 10^{-11}$[sec] 정도이다. 이때의 각주파수 w_0는 계산결과

$$\omega_0 = M_s H_0 / P_s = r H_0 \tag{5-20}$$

이 된다. 이 r을 자기각운동량비, $f_0 = \omega_0 / 2\pi$를 Larmor주파수라고 한다.

2) 고주파자계에서의 전자스핀

앞서 설명한 바와 같이 정자계 내에서 전자의 스핀운동은 에너지의 방출이 없다면 감속하지 않을 것이다. 그래서 이 스핀운동과 같은 주기를 가진 고주파자계를 H_0에 직각으로 작용시키면 이 세차운동을 가속시키거나 또는 감속시킬 수 있다. 즉 세차운동과 동위상으로 같은 주기를 가진 고주파자계를 작용시키는 경우에는 세차운동은 활발해져서 고주파자계에서 에너지를 흡수하나 위상이 반대인 때에는 감속되며, 에너지를 방출한다. 세차운동

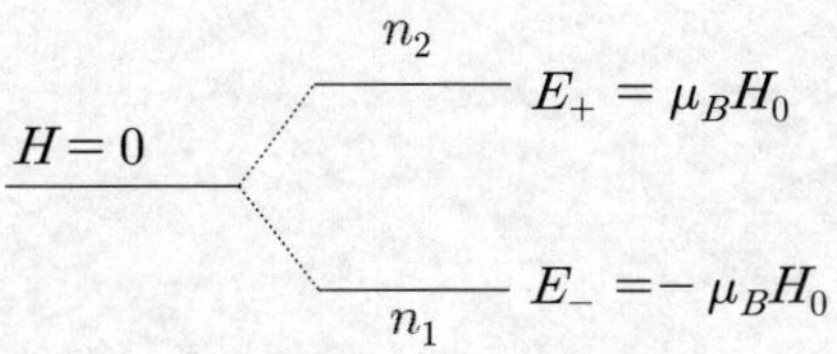

그림 5-12 스핀에 의한 전자의 에너지준위

의 주파수 f_r와 고주파자계의 주파수 f가 같을 때 운동은 최대가 되며, 따라서 에너지의 흡수 또는 방출은 최대가 되는 것이다. 이를 전자스핀공명이라고 한다.

다음에 이를 양자론적으로 생각하면 정자계 H_0안에 놓인 전자의 스핀 축이 취하는 방향은 자계방향과 같은 방향이 아니면 역방향이다. 그러므로 스핀에 의한 전자의 에너지 준위는 그림 5-12와 같이 표시된다. 전자가 가지는 에너지는

$$\left.\begin{aligned} E_- &= -\mu_B H_0 \\ E_+ &= +\mu_B H_0 \end{aligned}\right\} \tag{5-21}$$

의 두 개 상태 중의 어느 것이다. 이들 두 개 상태의 에너지차 ΔE는

$$\Delta E = E_+ - E_- = 2\mu_B H_0 \tag{5-22}$$

와 같이 된다. 지금 상자성체에 고주파자계를 가한 경우 광양자에너지가 ΔE와 같을 때 E_-에 있는 전자는 자계의 에너지를 흡수하여 E_+가 된다. 이 현상을 유도흡수라고 한다. 한편 E_+에 있는 전자는 E_-에 떨어지고, ΔE의 에너지를 가진 전자파를 방출한다. 이를 유도방출이라고 한다. 상자성체가 열적으로 평형상태에 있을 때 E_-의 낮은 에너지를 가진 스핀의 수 n_1과 E_+의 높은 에너지를 가진 스핀의 수 n_2는 다음의 Maxwell-Boltmann의 분포식에 따른다. 즉 낮은 에너지 상태의 분자수를 n_1, 높은 쪽의 분자수를 n_2라고 하면

$$n_2 = n_1 \exp\left(-\frac{E_+ - E_-}{kT}\right) \tag{5-23}$$

보통의 온도에서는 n_1이 n_2 보도 훨씬 많다. 따라서 실제로는 흡수만이 관측된다. 이와 같은 에너지 흡수를 전자스핀공명 또는 상자성공명이라고 한다.

연습문제

[1] 어떤 금속의 포화자기분극이 0.64[Wb/m^2]이다. 1원자당 몇 Bohr의 자기자가 자화되고 있는가? 단, 이 금속의 원자수밀도는 0.195×10^{19}[개/m^3]이다.

[2] 동 및 산화철의 비자화율 x_m을 각각 -1.0×10^{-5} 및 1.5×10^{-3}이라 할 때 이들 물질에 $H=10^4$[AT/m]의 자계를 가해서 생긴 자기분극 및 자속밀도 B를 구하라.

[3] 니켈의 큐리온도가 $T_c=631[^\circ K]$이다. 분자자계는 얼마인가?

[4] $T[^\circ K]$에서 1[cm^3]에 대하여 N_p개의 쌍극자가 자계에 평행하고 N_α개가 반평형상태에 있다. 자기분극 J를 구하라.

[5] 코발트의 포화자기분극이 1.7[Wb/m^2]이다. 1원자당 평균 1.7 Bohr 자기자가 자화에 기여하고 있다면 코발트의 원자수 밀도는 얼마인가?

[6] 반자성이 생기는 원인을 들어라.

[7] 전자스핀공명현상은 어떤 것인가?

[8] 다음에 대하여 설명하라.

(1) 강자성체 (2) 자기분극 (3) 페리자성체

Chapter 6 도전재료

- 도체
- 전선의 구조 및 종류
- 접점재료
- 스프링재료
- 퓨우즈
- 열전대

6-1 도체

전류를 잘 흘리는 재료는 표 6-1에 표시한 바와 같이 은, 동, 금, 알루미늄의 순서이다. 이들 재료는 물론 도전재료로서는 우수하나 그 화학적 성질, 기계적 강도, 사용목적, 경제성 등을 고려할 때 다음과 같은 요건을 갖추어야 한다.

(1) 저항율이 작을 것 (2) 화학적으로 안정할 것

(3) 기계적 강도가 클 것 (4) 가공이 쉬울 것

(5) 가격이 저렴할 것

이상과 같은 조건으로 보아, 도체로서 가장 적합한 것은 Cu와 Al이다. 특히 Al은 근래 그 이용도가 더욱 커지고 있다.

표 6-1 각종 금속의 물리적 성질

원소기호	저항율 [$\mu\Omega$cm20℃]	열기전력 [mV]	비중 20℃	선팽창계수 $\times 10^{-6}$	용융점 [℃]
Ag	1.62	+0.75	10.5	18.9	960.5
Cu	1.724	+0.75	8.89	17.0	1083
Au	2.4	+0.7	19.3	14.2	1063
Al	2.827	+0.38	2.7	23.03	660
Mg	4.46	+0.42	1.74	25.6	651
Ca	4.6	—	1.55	25	851
Na	4.6	—0.21	0.97	71	97.5
Mo	5	+1.31	10.2	4	2620
Rh	5.1	+0.65	12.5	84	1966
W	5.48	+0.79	19.3	4	3380
Ir	6	+0.65	22.4	6.5	2450
Zn	6.1	+0.77	7.14	33	419.4
Ni	6.9	—1.43	8.9	12.8	1452
K	7.0	—0.94	0.86	83	62.3
Cd	7.5	+0.92	8.65	29.8	320.9
Os	9.5	—	22.48	4.6	2700
Li	9.3	—	0.53	56	179
Co	5.7	—1.99	8.9	12.3	1480
Fe	10	+1.91	7.86	11.7	1535
Pt	10.5	0	21.45	8.9	1769
Pd	10.3	—0.48	12	11.8	1555
Sn	11.4	+0.45	7.35	20	231.8

6-2 전선의 구조 및 종류

전선은 그 구조로 보아 다음과 같이 분류한다.

구조에 따른 분류

전선은 구조에 따라 분류하면 단선과 연선으로 대별한다. 단선은 한 가닥으로 된 전선이며 규격은 지름과 굵기의 번호로 나타내는 방법이 있고 그 단면은 원형과 평형, 기타 형으로 하고 있다. 지름의 최대를 12[mm], 최소를 0.1[mm]로 하고 그 사이에 42단계로 구분되어 있다. 연선은 여러 가닥의 소선을 꼬은 선으로 규격의 직경과 소선수, 단면적으로 나타내고 있다.

단면적 1000[mm^2]을 최대로 하고, 최소 0.9[mm^2]로 하여 이 사이에 25단계로 구분되어 있다. 많이 쓰이는 규격으로 단선에 있어서는 직경으로 연선은 단면적으로 나타내며 그 예는 표 6-2와 표 6-3과 같다.

표 6-2 전선직경의 42단계

직경 [mm]	직경공차 [mm]	단면적 [mm^2]	직경 [mm]	직경공차 [mm]	단면적 [mm^2]	직경 [mm]	직경공차 [mm]	단면적 [mm^2]
12.00	0.06	113.10	2.60	0.03	5.309	0.50	0.01	0.1964
10.00	0.06	78.54	2.30	0.03	4.155	0.45	0.01	0.1590
9.00	0.06	63.62	2.00	0.03	3.142	0.40	0.01	0.1257
8.00	0.06	50.27	1.83	0.03	2.545	0.35	0.01	0.09621
7.00	0.06	38.48	5.60	0.03	2.011	0.32	0.01	0.08042
6.50	0.06	33.18	1.40	0.03	1.539	0.29	0.01	0.06605
6.00	0.06	28.27	1.20	0.03	1.131	0.26	0.01	0.05309
5.50	0.04	23.76	1.00	0.03	0.7854	0.23	0.008	0.04155
5.00	0.04	19.64	0.90	0.02	0.6362	0.20	0.008	0.03142
4.50	0.04	15.90	0.80	0.02	0.5027	0.18	0.008	0.2545
4.00	0.04	12.57	0.70	0.02	0.3848	0.16	0.008	0.02011
3.50	0.04	9.621	0.65	0.02	0.3318	0.14	0.008	0.01539
3.20	0.04	8.042	0.60	0.02	0.2827	0.12	0.008	0.01131
2.90	0.03	6.605	0.55	0.02	0.2376	0.10	0.008	0.007854

표 6-3 연선단면적의 25단계

공칭절단면적 [mm^2]	연선구성 [수/직경]	계산단면적 [mm^2]	공칭절단면적 [mm^2]	연선구성 [수/직경]	계산단면적 [mm^2]
1000	127/3.20	1021.3	80	19/2.30	78.95
850	127/2.90	838.3	60	19/2.00	59.70
725	91/3.20	731.8	50	19/2.80	58.36
600	91/2.00	601.1	38	7/2.60	37.16
500	61/3.20	490.6	30	7/2.30	29.09
400	61/2.90	402.9	22	7/2.00	21.99
325	61/2.60	323.8	14	7/1.60	14.08
250	61/2.30	253.5	8	7/1.20	7.917
200	37/2.60	196.4	5.5	7/1.00	5.498
150	37/2.30	153.7	3.5	7/0.80	3.519
125	19/2.90	125.5	2.0	7/0.60	1.979
100	19/2.60	100.9	1.4	7/0.50	1.375
			0.9	7/0.40	0.8799

연선에는 꼬아 합친 방법에 의하여 다음과 같이 구분된다.

① **동심연선(Concentric Stranded Conductor)** : 한 개 또는 몇 개의 소선을 중심으로 하여 그 주위에 여러 층으로 소선을 꼬아 만든 것으로 송전선이 그 예이다.

소선의 총 수를 N, 연선의 층수를 n, 소선의 직경을 d, 외경을 D라고 하면 다음 관계가 있다. 중심선이 1개의 경우

$$N = 3n(1+n)+1$$

$$D = (1+2n)d$$

중심선이 m개의 경우

$$N = 3n(1+n)+m(1+n)$$

$$D = (k+2n)d$$

연선의 연입률 K는 연선의 꼰 정도(pitch)를 l, 소선의 실제 길이를 l'로 하면

$$K = \frac{l'-l}{l} \times 100[\%]$$

여기서 K를 연입률이라 하며 보통 2[%] 정도 이다.

② **집합연선(Bunch Stranded Conductor)** : 몇 개의 가는 소선을 뭉쳐서 동일방향으로 꼬아 합한 것으로 가소성이 크며 코드선이 그 예이다.

③ **평형연선** : 소선을 꼬아 합쳐서 평형으로 구성한 것으로 전기기구의 권선이 그 예이다.

④ **복합연선(Rope ray Stranded Conductor)** : 여러 개의 연선을 다시 꼬아서 합친 것으로 전기기기의 인출선이 그 예이다.

⑤ **편조선(Braided Annealed Conductor)** : 가는 소선을 여러 조 이상 연합한 것으로 원형과 평형의 2종류가 있으며 전기기기에서 가소성을 요하는 곳의 접속용 도체와 고주파 동축코드의 외부도체가 그 예이다.

구성재료에 따른 분류

① **단선금속** : 한 종류의 금속으로 된 것(예; 동선, 알루미늄선)

② **합금선** : 두 가지 이상의 금속의 합금으로 된 것(예; 동합금선, 알루미늄합금선)

③ **쌍금속선** : 두 가지 이상의 금속을 융착해서 만든 것(예; 동복강선, 알루미늄복강선)

④ **합성연선** : 두 가지 이상의 금속선을 꼬아서 만든 것(예; 동심알루미늄선, 동심동연선)

1) 도선재료

(1) 동선

동은 은 다음으로 도전율이 높고 다량 생산되는 금속으로 도전재료로서 가장 많이 사용되며 이것은 주로 연동선과 경동선으로 사용된다. 전선재료로 쓰이는 동은 황동광($CuFeS_2$)을 용광로에서 순도 97~99[%]의 원조 동을 만들어 이것을 전해정련한 순도 99.97~99.98[%]의 전기동으로서 이에 포함되는 불순물로서는 극히 소량의 Au, Al, Ag, Fe, Pb, As, P, S, O 등을 함유하며 이것들의 함량에 따라 영향이 심해 도전율을 감소시키거나 소량의 산소는 오히려 도전율을 좋게 하지만 너무 많으면 해롭다. 순동은 가공과 풀림으로 제품되는데 상온에서 압연 또는 연신하면 경질로 된다. 이 가공정도에 따라 반경동 또는 경동이 된다. 이것을 다시 450~600[℃] 정도로 풀림하면 연동이 되어 저항율은 감소한다. 표 1-4는 이것들의 성질을 비교한 것이다.

동중의 산소를 제거하기 위해 탈산제를 쓰거나 진공용해에 의해 제거하고 그 함유량을 0.01[%] 이하로 한 것은 무산소동 또는 탈산동(O.F.H.C)라 한다.

산소량이 0.5[%] 이하의 적은 양의 산소를 함유하면 산화제일동의 모양으로 되고, 이것을 가스로 가열하면 포함된 수소에 의해 산화제일동으로 환원되며 수증기를 발생시켜 체적이 팽창균열함으로써 도전율 및 기계적 강도가 나빠진다. 이것을 수소병이라 한다.

무산소동은 이것을 막기 위해 만들어진 것으로 화학적으로 안정하며 내식성이 있고 인장강도나 신장이 개선된다.

경동은 송배전선, 정류자편, 트롤리(trolly)선, 개폐기 등에 사용되고 연동선은 전력케이블, 전기기기구용, 옥내배선, 코오드(cord)선 등에 사용된다.

(2) 동합금선

동 중에 카드뮴이나 규소, 니켈 등 이종금속을 첨가하여 특성을 개선한 것을 동합금이라고 하며, 도전율도 크게 저하하지 않으면서 일반적으로 강도가 크고 내식성이 강하다. 동합금선의 종류는 다음 표 6-4와 같다.

표 6-4 동합금선의 종류

종류	특성	용도
규소-동합금선 (Cu-Si)	동에 규소 0.02~0.5%, 규석 1% 정도를 첨가한 합금으로, 도전율은 규소의 양에 따라 다르며, 40~50% 정도이다. 인장강도는 40~70kg/mm^2 정도	통신용 가공선, 장거리 송전선, 전차선
카드뮴-동합금선 (Cu-Cd)	동에 0.5~1% 정도의 카드뮴을 첨가한 합금이며, 도전율은 75~90%이다. 인장강도는 50~60kg/mm^2 정도	장거리가공통신선, 송전선, 전차선, 안테나선
인-청동합금선	동에 규석 3~9%를 첨가하고 인으로 탈산한 합금으로, 도전율은 30%정도이며, 탄성 및 내마멸성이 우수함. 인장강도는 30~80kg/mm^2 정도	계기용 스위치재료, 바인드선(Bind)
은-동합금선 (Cu-Ag)	동에 은을 3~5%를 첨가한 합금으로, 도전율을 크게 저하시키지 않고 강도를 증가시킬 수 있다. 도전율은 70~90%이고, 인장강도는 열처리에 따라 다르며, 대체로 70~100kg/mm^2 정도	송전선, 전차선, 정류자편, 전극, 접촉편접점
Corson 합금선 ($CuNi_2Si$)	동에 규화니켈(Ni_2Si)을 3~4% 첨가한 것으로 도전율은 25~45%이며, 인장강도는 75~95kg/mm^2 정도	가공통신선, 전차선, 송전선, 접촉편(M. G. Corson에 의하여 발명된 것임)
베릴륨-동합금선 Cu-Be	동에 2~2.5%의 베릴륨을 첨가한 합금으로 도전율은 약 25%로서 기계적 성질이 우수하며, 300[℃]까지 탄성이 변화하지 않음, 인장강도는 100~120kg/mm^2 정도	전화선, 전차선, 접촉편, 용접용전극, 각종 계기의 축받침
크롬-동합금속 (Cu-Cr)	동에 0.5% 정도의 크롬을 첨가한 합금으로 내열성이 우수함. 도전율은 약 65%이고, 인장강도는 50kg/mm^2 정도	용접용전극

(3) 알루미늄 및 알루미늄합금선

알루미늄은 동 다음으로 도전율이 큰 금속이고, 경량, 내식성, 내약품성 및 저온특성 등이 양호하여 도체로서 예부터 사용되어 왔으며, 특히 근래에 들어서는 부족한 동자원의 대용으로 그 수요는 급증하고 있다.

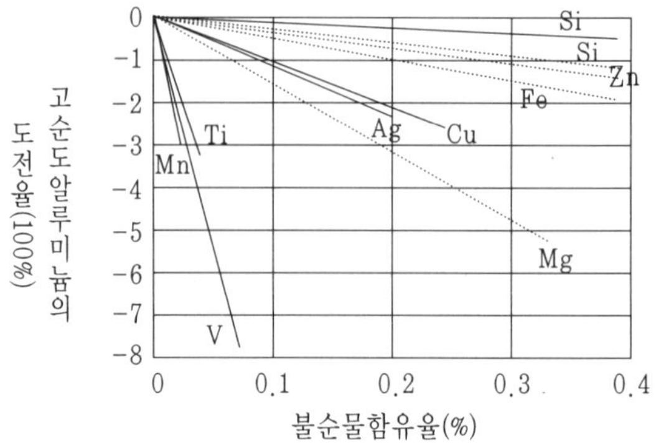

그림 6-1 알루미늄의 도전율에 미치는 불순물의 영향

알루미늄의 도전율은 동의 약 60%인데, 불순물이 첨가되면 도전율은 저하하는 반면, 인장강도는 커지고 내식성은 감소한다. 한편, 그 비중은 2.7로서 동의 1/3 정도이며, 저항치가 동과 같은 알루미늄의 직경은 동의 1.27배이나 중량은 동의 1/2이다. 기계적 강도는 작은 편이어서 동의 약 45% 정도이다.

순도가 99.9% 이상인 알루미늄은 내식성이 우수하고 유연하므로 전해콘덴서의 전극으로 사용한다.

알루미늄의 인장강도, 탄성계수 등의 기계적 강도는 불순물을 첨가함으로써 보강된다. 도전율을 저하시키지 않고 인장강도를 크게 하기 위하여 상온과 고온에서 용해도가 상이한 금속을 혼합한 것이 알루미늄 합금이다. 특히 Si(0.5~0.6%), Mg(0.4%), Fe(0.25~0.3)를 함유한 것은 알루미늄 합금의 대표적인 것으로, 이를 알드레이(aldrey)라고 부른다. 알루미늄계의 합금은 전화선 및 단거리송전선으로 사용한다. 이들의 특성을 다음 표 6-5에 표시하였다.

표 6-5 동선 및 알루미늄계합금선의 특성 비교

재료명	비중	도전율 [%]	저항온도계수 [1/℃]	고장계수 [$\times 10^{-4}$/℃]	인장강도 [kg/mm^2]	탄성계수 [kg/mm^2]
경 동 선	8.89	96~98	0.00381	0.17	34~45	9000~12500
경인 Al선	2.7	61.5	0.0040	0.23	15~18	6300
알드레이선	2.7	52	0.0040	0.23	32	6500
내열 Al선	2.7	58	0.0040	0.23	16.2~17.2	6300
Al 피동선	5.8	20	—	0.13	140	—

2) 나전선

보호피복 없이 심선으로만 되어 있는 전선을 나전선이라고 하며, 그 구성소재에 따라 다음과 같이 분류한다.

단금속선	단금속으로 되어 있는 선으로 동선, 알루미늄선 등이 이에 속한다.
합 금 선	2종 이상의 금속을 합금한 선으로 동합금선, 알루미늄합금선 등.
쌍금속선	2종의 금속을 융착시킨 선으로써 동복동선 등이 있다.
합성연선	2종의 금속선을 연합하거나 또는 다른 방법으로 합성한 선으로 동심알루미늄선, 동심동연선 등이 있다.

(1) 철선 및 동선

다음에 나전선으로 사용하는 철, 강철을 주재로 한 철선 및 강철선의 구조 및 성질에 대하여 설명한다.

철의 저항율은 10[$\mu\Omega$·cm), 연강철의 경우는 13[$\mu\Omega$·cm) 정도로서 동에 비하면 크나, 경제성 또는 기계적 강도 등의 이유로 전선이나 장거리 가공통신선 등의 도체로서 사용한다. 그런데 철선 및 강선은 단일금속보다는 오히려 강철이나 알루미늄을 입혀서 사용할 때가 많다.

탄소량이 많은 강선은 강도가 크므로 도체의 보강이나 케이블의 외장, 바인드선, 지선 등으로 사용한다. 이들 선은 방식처리 등의 목적으로 필요에 따라 선표면에 용접아연도금 또는 전기도금한다.

① **강심알루미늄선** : 알루미늄선의 강도를 증가시키기 위하여 그림 6-2와 같이 단선 또는 연선으로 된 강선을 중심으로 그 주위에 알루미늄연선을 조합한 것으로, 고압송전선 등에 사용된다. 이 선은 강도면에서는 강심이 유효하게 작용하므로 장거리에 적합하며, 더욱 외경이 크므로 코로나에 의한 전력손실을 방지할 수 있다는 이점이 있다.

동심알루미늄선의 인장하중은 동의 약 1.3배이면서 동 보다는 경량이다.

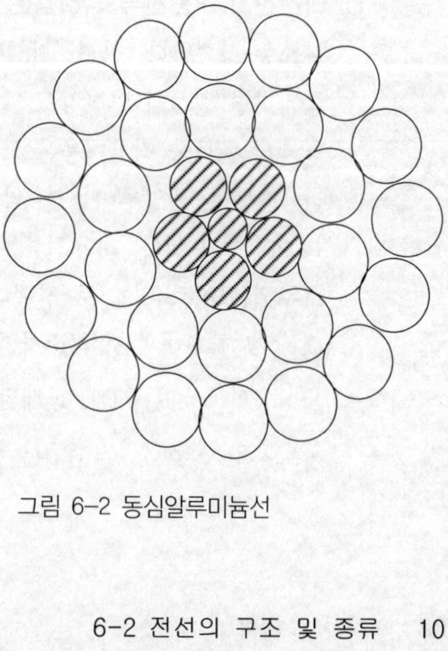

그림 6-2 동심알루미늄선

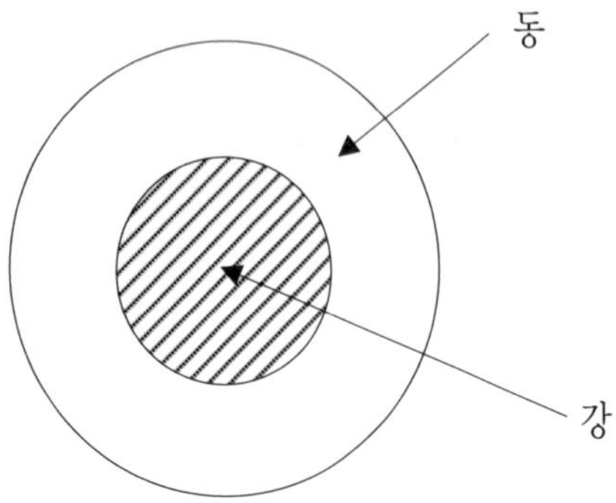

그림 6-3 동복강선

② **동복강선** : 그림 6-3에 표시한 바와 같이 강표면을 동으로 융착피복한 쌍금속선이다.

강으로는 인장강도가 80~120[kg/mm^2] 정도의 것을 사용하고, 선의 단면은 강이 전체의 30~60[%]를 점유하므로 선의 강도는 표 1-6과 같이 크다. 장거리간 또는 풍설이 많은 지방의 옥외통신선, 가공전화선, 고주파케이블 및 송배전선 등으로 사용한다.

표 6-6 동복강선의 특성

특성 / 특성실용공칭치	도전율[%]	저항온도계수	비중	인장강도[kg/mm^2]
	30~40	0.003~0.0039	8.1~8.2	8.~93
공칭단면적[mm^2]	소선수 / 소선경		전기저항[Ω/km]	인장강도[kg]
	알루미늄	강		
520	54/3.5	7/3.5	0.0559	15600 이상
330	26/4.0	7/3.1	0.0888	10930 이상
200	30/2.9	7/2.9	0.147	8620 이상
110	26/2.3	7/1.79	0.269	3960 이상
50	12/2.3	7/2.3	0.589	4340 이상
19	6/2.0	1/2.0	1.52	698 이상

③ **나전선의 허용전류와 허용온도** : 전선에 전류가 흐르면 쥬울열에 의하여 전선자신의 온도는 상승한다. 한편, 전선에서 외부로 발산하는 열량도 따라서 증가한다. 온도가 증가하면 전선의 인장강도, 탄성한계 등의 성능이 저하한다. 전선의 사용에 견디는 한계의 온도를 최고허용온도라 한다. 그 온도에 대한 전류를 전선의 허용전류라 한다. 경동선, 경알루미늄선, 알루미늄합금선의 최고허용온도는 100[℃], 연속사용온도는 90[℃]가 된다. 허용전류는 재료, 크기, 구조와 환경에 의해 결정된다. 그 경우 최고주위온도는 40[℃]로 정했다. 전선에 영향을 주지 않는 한도(2~3초)의 온도를 규정해 그 한계내의 전류(순시값)용량은 다음 식으로 주어진다. 여기서 전류 : I [A] 온도상승한도 : θ_0 [℃], 도체단면적 : S [mm^2], 전류를 흘려준 시간 : t [초]라 하면

경동선의 경우 $\theta_0 = 160$[℃]로 해서

$$I = 152.1 \times s / \sqrt{t}$$

경알루미늄선의 경우 $\theta_0 = 140$[℃]로 해서

$$I = 93.26 \times s / \sqrt{t}$$

로 계산된다.

3) 절연전선

절연전선은 절연물로서 도체표면 또는 각 도체간을 절연시킨 것인데, 도체, 절연물 및 보호피복 등으로 구성된다. 절연물과 보호피복 재료는 동일 재료일 수도 있고, 별개 재료일 수도 있다.

절연재료로서는 섬유질을 비롯하여 천연고무, 합성고무, 수지 및 합성수지 증을 사용한다.

전선의 사용조건으로 보면 절연재료로서는 절연저항 및 절연내력 외에 내열선, 내연성, 내마멸성, 내유성, 내식성 및 내후성 등의 성질을 구비한 것이 바람직하다.

(1) 고무절연전선

도선을 고무 또는 합성고무로 절연한 전선으로, 강도를 크게 하기 위하여 고무 위에 면사 등으로 편조하든가 또는 납으로 피복한 것이 있다.

최근에는 내유성, 점적율 등으로 사용목적에 따라서는 비닐전선이 많이 사용되고 있다. 그러나 고무전선은 내열성에 있어서는 비닐선보다 우수하다.

고무전선은 발전기, 전동기 및 그 밖의 전기기기 등 비교적 열을 많이 받는 부분에 사용된다.

① **600[V]고무절연전선** : 이 전선은 600[V] 이하에 일반적으로 사용되는 도체를 고무로 피복한 다음 고무를 입힌 면테이프, 또는 종이테이프를 감고 유황을 첨가한 후 그 위에 면사, 마사 또는 석면사 등으로 편조 피복한 것으로 용도에 따라 이것에 내수성, 내유성, 또는 난연성의 혼합물(적색컴파운드)을 침투한 것이다. 그 대표적인 것은 그림 6-4와 같이 제3종, 제4종 절연전선으로 실내배선에 널리 사용된다.

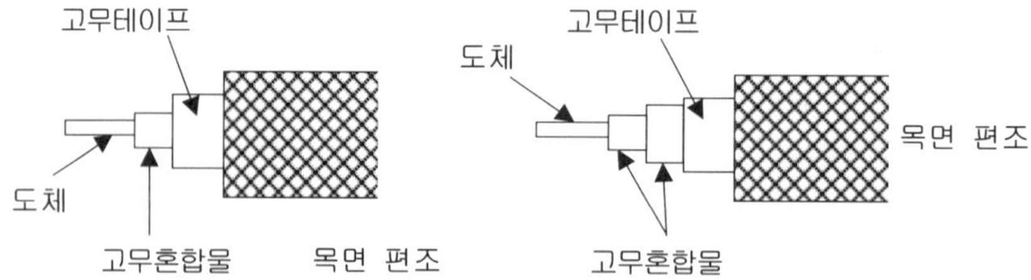

그림 6-4 고무 절연전선

② **캡타이어케이블(Captire cable)** : 주석도금 연동연선에 면테이프, 면사, 견사를 감고 그 위에 고무탄화수소를 30[%]이상 함유한 고무 혼합물을 똑같은 두께로 피복하고 가황한 것이 강력하다. 이것은 용도에 따라 단심 또는 이심 이상의 다심에 사용된다. 그림 6-5에 나타낸 구조로 제1종부터 제4종까지 있으며 가소성, 내수성, 내충격성, 내마모성 및 강도가 크므로 제1, 2종은 이동용 전기기기나 공장, 광산 등에서 사용하고 제3, 4종은 광산 탄갱구의 이동기기에 사용하기 적당하다. 이 켑타이어케이블은 AC600[V], DC800[V] 이하의 전압에 사용한다.

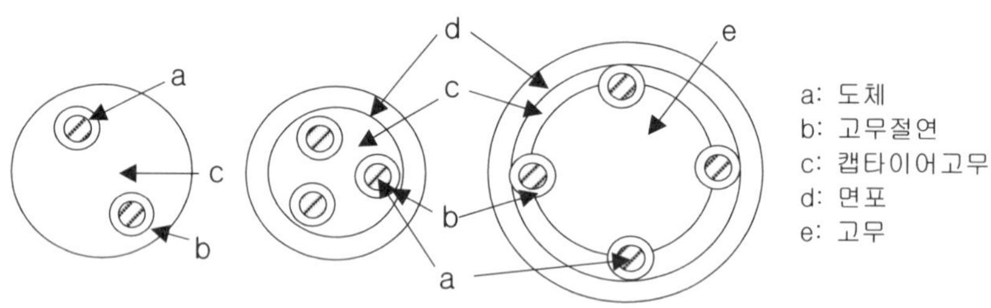

그림 6-5 캡타이어케이블의 구조

③ **옥내 코오드선** : 옥내의 전등, 스탠드 및 소형전기기구에 사용되는 것으로 가소성을 좋게 하기 위하여 도체의 지름 0.18~0.32[mm]의 가는 소선을 같은 방향으로 연합한 것이다. 이에는 단심, 이심, 편조코오드 등 여러 종류가 있으며 이것들은 위에 종이테이프를 감고 고무절연과 면사로 편조한 것이다.

표 6-7 고무절연전선과 비닐절연전선의 비교

특성	고무절연전선	비닐절연전선	특성	고무절연전선	비닐절연전선
내연성	연소함	불연소	비유전율	3.5	5.0
내유성	늘어남	불연소	유전정접	$60 \sim 260 \times 10^{-4}$	$150 \sim 200 \times 10^{-4}$
내산성	약간 약함	강	인장강도	1.0kg/mm^2	2.0kg/mm^2

내알칼리성	상당히 강함	강	신장	300%	200%
내수성	상당히 좋음	좋음	마모량의 비	10	1
내오존성	약	강	사용온도	-50~+50℃	-20~+60℃
내노화성	노화함	불노함	외경중량	크다	작다
착색성	불선명	선명	외관	불량	아름다움
절연내력	20KV/mm	30KV/mm	동의 부식	황화동을 만듬	부식하지 않음
저항율	$10^{13}\Omega\cdot$m	$10^{12}\Omega\cdot$m	가공의 난이	가황조작 요함	가황할 필요가 없음
온도계수	작다	크다	납땜	안전	용해가 되기 쉽다 (75℃이상에서 연화)

(2) 고무절연연피복전선

고무절연선에 납을 피복한 것으로, 고무절연전선에 비하여 내습성이 강하고, 화학약품이 침투하기 어려운 이점이 있다. 따라서 지하매설공사나 옥외배선공사, 즉 교량, 가로등, 옥내외입선 등으로 사용된다.

(3) 비닐전선

염화비닐(polyvinyl chroride, PVC)전선을 간단히 비닐선 또는 PVC선이라고 하는데, 다음과 같은 특징으로 고무계절연전선보다 광범위하게 사용되고 있다. 용도는 전자·전기기용 배선, 제어케이블, 옥외전선, 통신용케이블, 전력용케이블 및 기구용 코오드 등의 절연체 또는 보호피복으로 사용한다.

[비닐전선의 특징]

a. 내유성, 내후성, 내노화성, 내연선, 내약품성 및 내마멸성이 우수하다.

b. 착색이 자유롭다.

c. 점적율이 적다.

d. 고무절연선과 같이 동선에 주석을 도금할 필요가 없으므로 도전율을 저하시키지 않고 유연성을 보존한다. 그러나 내열성은 좋지 않다.

(4) 에나멜전선

도선에 에나멜도료를 도포, 소부한 것으로 유성에나멜동선을 비롯하여 그 종류도 많고, 특성도 각각 다르다. 특히 합성수지에나멜전선은 우수한 특성을 가지며, 그 대표적인 것으로는 폴말동선, 폴리에스테르동선, 폴리우레탄에나멜동선 등을 들 수 있다.

① **유성에나멜동선** : 연동선의 표면에 에나멜동선용 와니스를 도포, 소부한 것으로, 값이 싸고 내전압성, 내수성은 우수하나 내마멸성, 밀착성, 내열성 및 내와니스성이 좋지 않다.

용도는 저전압소용량의 통신기기용 소형코일이나 전원변압기, 변성기의 권선으로 사용된다.

② **폴말동선(P.V.F선)** : 연동선에 폴리비닐 폴말을 주체로 하여 절연도료를 소부한 것으로, 현재 많이 사용되고 있다. 내마멸성, 내유성, 내와니스성 등이 우수하다.

각종 회전기나 코일의 권선 등에 사용된다.

③ **폴리에스테르 에나멜동선** : 연동선에 폴리에스테르계의 수지도료를 소부한 것으로, 기계적 특성, 전기적 특성, 내열성, 내유성, 내용제성은 우수하나 내마멸성은 폴말동선만큼 우수하지 못하다.

④ **폴리우레탄 에나멜동선** : 폴리우레탄수지를 피막으로 한 에나멜선으로 내열성 및 내약품성은 폴말동선보다는 못하나 유성에나멜선보다는 우수한 편이며, 또한 고주파특성도 우수하다. 따라서 각종 전자통신기기의 배선으로 많이 사용되고 있다.

(5) 면 또는 견 절연전선

원형 또는 평각도선상에 면 또는 견 또는 견사를 한 겹 또는 두 겹으로 감아서 절연시킨 것이다. 폴말면권동선과 같이 에나멜선에 감은 것도 있다.

이 면권은 값이 싸며, 전동기, 변압기 및 마그넷 등의 코일로 사용한다. 한편 견권은 면권에 비하여 외경이 작고 와니스함침시의 특성도 양호하므로, 전자·통신기기, 주상변압기, 전자측정기 및 전기계측기용 코일로서 많이 사용한다.

4) 케이블

케이블의 종류도 전선의 종류와 마찬가지로 상당히 많으나, 그 사용 목적에 따라 전자통신용 케이블과 전력수송용 케이블로 크게 나누어진다.

(1) 통신케이블

시내케이블, 시외케이블, 고주파동축케이블 및 국내(局內)케이블 등이 이에 속하는데, 주로 많이 사용되는 케이블의 구조 및 용도는 다음과 같다.

① **시내(市內)케이블(exchange area cable)** : 종래에는 종이절연의 납피복케이블

(sheath cable)을 사용해 왔으나, 근래에는 절연재료로서 PE, PEF(발포폴리에틸렌), PVC 피복재료로서는 PE 및 PVC 등이 사용되고 있다.

또한 종래에는 2400쌍이었으나 요즈음은 PEF(Formed PE)로서 도장절연하여 PE피복으로 되어 있으므로 3600쌍으로 해도 중량은 종래의 1/2이하로 줄어들었다. 이 시내케이블은 쌍의 수가 많으므로 그 접속이 틀리지 않도록 400쌍 이상인 것에서는 100 또는 200쌍씩 연합하여 유닛(unit)단위로 하고, 이 유닛이 다시 연합되어 케이블을 이룬다. 이런 케이블을 유닛형케이블이라고 한다.

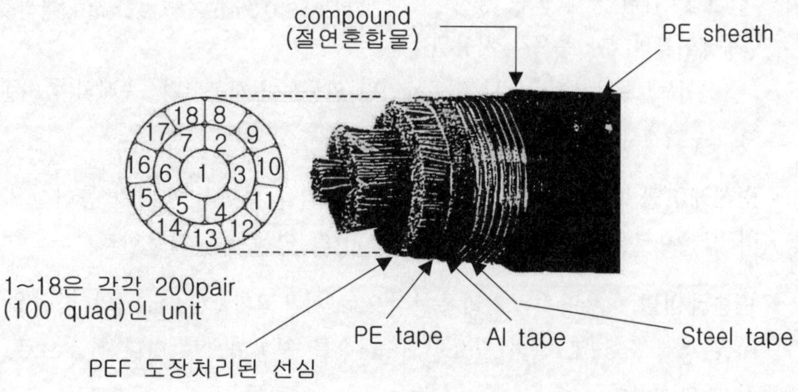

그림 6-6 0.32mm 3600쌍 시내 PEF 절연케이블

이 밖에 같은 유닛형케이블이기는 하지만 심선이 굵은 반면 대수가 적은 케이블로서 그림 6-7과 같은 시내 CCP케이블(color coated polyethylene insulated cable)이 있다. 이것은 400쌍 이하인 경우에도 10쌍(5 quad)을 색별유닛으로 하고 있다.

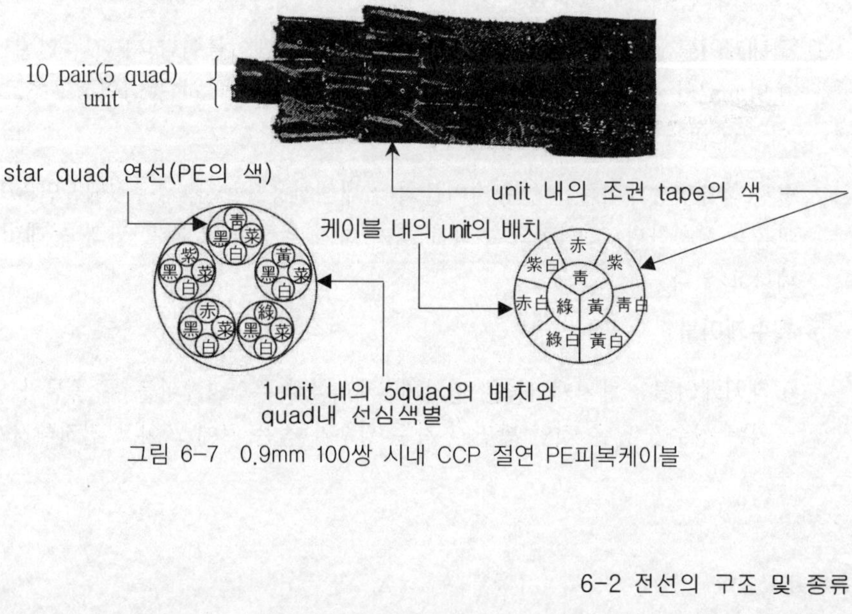

그림 6-7 0.9mm 100쌍 시내 CCP 절연 PE피복케이블

② **시외케이블(toll cable)** : 시내케이블에는 시내성형케이블, 중신케이블 및 반송케이블 등이 있으나 그 구조면에서 다소 다를 뿐 시외케이블과 근본적인 차이는 없다.

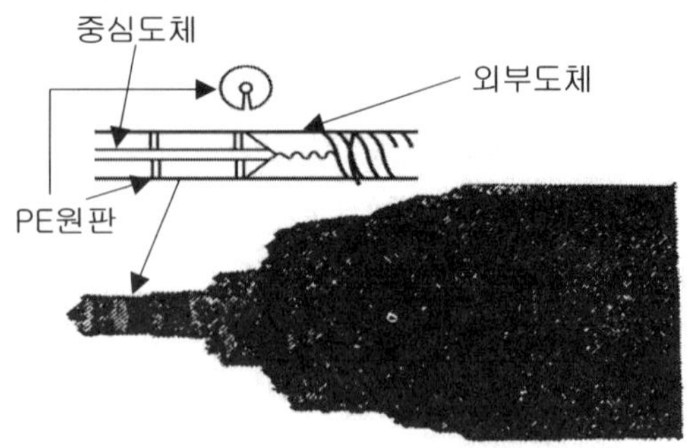

그림 6-8 0.9mm 24쌍 9.5mm 12동심축케이블

- **시외성형케이블** : 대도시교환국과 근접국과의 중계 또는 장거리 반송케이블의 분기용으로 사용된다. 심선으로는 0.65[mm]나 0.9[mm]인 연동선이 사용되며, 종래의 종이절연에 비하여 고주파에서의 감쇄성과 누화가 적다.
- **중신케이블** : 약 2[km] 간격으로 장하코일을 넣어서 장거리 통신선으로 사용하여 심선으로는 0.9[mm] 또는 1.8[mm]의 연동선을 사용한다.
- **반송케이블** : 무장하장거리통신선으로 사용되며, 1.2[mm]의 심선을 절연시켜 이를 성형 quad로 하여 필요한 quad수를 원통형으로 연합한 것으로, 고주파특성이 양호하다.

③ **고주파동축케이블(H. F. co-axial cable)** : 동축케이블의 도체는 중심도체와 외부도체로 되어있고, 보통 2~12선의 동축심과 시외케이블용 quad를 조합하여 경제성을 높이고 있다.

이 동축심은 60[kHz/S] ~12[MHz/s]의 주파수대역으로 전화 2700회선 또는 TV 2회선의 전송이 가능하다.

④ **국내케이블** : 전화국내 및 국내교환설비배선용케이블이다. PVC절연된 0.65 ~ 0.9[mm]의 심선을 2선 또는 3선 연합하고, 이들을 다시 동심연선구조로 종합하여 PVC피복한 것이다.

한편 국내반송케이블은 반송케이블의 국내배선용으로서, 주로 PE절연PVC피복케이블을 사용하며, 회선간의 누화를 적게 하기 위하여 각 쌍을 납과 동테이프로 차폐하고 있다.

⑤ **특수케이블**

ⓐ **해저케이블** : 해저케이블은 건지해저케이블과 무연피케이블 두 종류가 있다. 전자는 쌍수가 많은 것인 반면 후자는 쌍수가 적은 것에 쓰이고 건지해저케이블은

구조가 보통 케이블과 같다. 누화방지를 위해 회선간 차폐용으로 알루미늄금속을 넣어 케이블 양단 가까운 곳에 동강대로써 전자 차폐를 한다. 방수를 위해 2중 연피나 한 겹 연피 위에 고무피복을 한다.

침수를 막기 위해 컴파운드 방화벽을 만들고 내수압을 보강하기 위해 철띠 1호, Al 합금을 연피 밑에 나선형으로 감든가 철선외장을 실시하고 폴리염화비닐로 피복하든가 한다. 무연피케이블의 도체는 연동 단선, 연선 또는 단선 주위에 평각 동테이프를 감은 것이다. 절연물은 구타베르카, 바라타 또는 2가지 혼합물(바라카타) 등이 사용되나 최근에는 폴리에틸렌 등이 많이 사용된다.

ⓑ **보안통신케이블** : 통신선에 첨가 또는 병행하여 가설해 송배전의 연락과 급전지령용으로 쓰이는 케이블이다. 이것은 송전선에서의 큰 유도전압이 발생하기 때문에 절연지의 매수를 증가하여 절연내력을 증가시키고, 송전선과의 접촉을 막기 위해 합성고무, 염화비닐, 폴리에틸렌 등의 보호피막을 시설해야 한다. 그 심선의 절연에는 건지, 유지, 폴리에틸렌 등이 쓰인다.

ⓒ **유도차폐케이블** : 전력선, 전기철도선에서의 유도를 방지하기 위한 케이블로 차폐는 연피 또는 알루미늄피에 의한 것, 동과 철의 복합차폐층을 가진 것이 있다. 알루미늄피는 연피에 비해 차폐효과가 크다.

(2) 전력케이블

주로 사용되는 것은 벨트케이블, SL케이블 및 OF케이블로서 용도는 사용전압, 사용장소 또는 경제적인 조건 등에 의하여 결정된다.

① **벨트케이블(belt cable) :**

0.6~11[KV]용의 전력케이블로서, 그림 6-9와 같이 도체를 절연지로서 절연하고, 단심인 경우에는 그대로, 3심의 경우에는 2조를 개재물과 같이 연합하여 그 위에 절연지를 감고 고점도의 절연혼합물을 함침시켜 연피복하고 보호물로써 외장한 것이다.

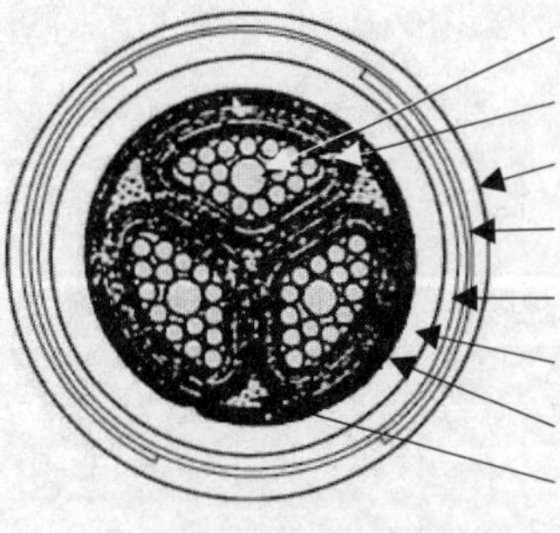

그림 6-9 벨트케이블의 단면

② **SL케이블(seperately leaded cable) :**

22~33[KV]의 지하송전선로 등에 사용되는 전력케이블로서 도체에 절연지를 감고, 이에 연피복한 심선을 3조 연합하여 외장한 것이다.

③ **OF케이블(oil filled cable) :**

이 케이블의 구조는 케이블 내에 중공부(가운데 빈 공간)를 두고 여기에 절연유를 언제나 대기압 이상으로 충만시켜 케이블의 고장, 수축에 따른 공극의 발생을 방지하도록 마련된 것으로, 다음과 같은 특성이 있으나 유압을 언제나 대기압 이상으로 유지하기 위해서는 급유장치나 유조 같은 부수장치가 필요하다. 고압용 케이블로서 단심에서 400[KV] 이하, 3심에서 60~70[KV] 정도로 사용할 수 있다. 이 케이블은 고저차가 있는 장소에서 사용하는 것이 유리하다.

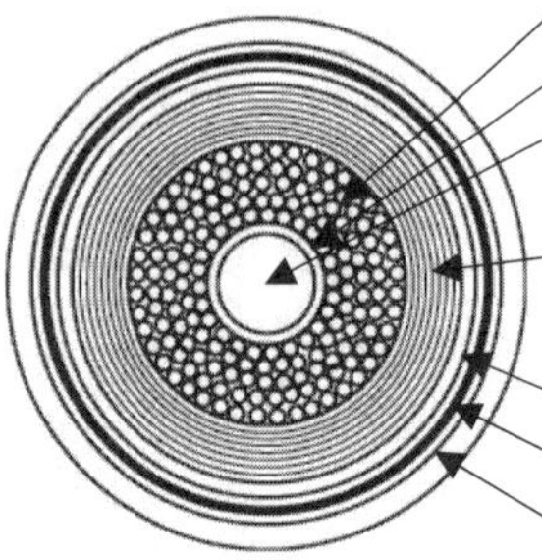

그림 6-10 OF케이블의 단면

[OF 케이블의 특징]

(i) 전이현상에 따른 절연체의 열화가 없다.

(ii) 전류용량을 크게 할 수 있다.

(iii) 유압을 높이면 절연의 두께가 얇아도 된다.

④ **압력케이블(gas 압 cable) :**

도체에 절연컴파운드를 함침시킨 절연지를 감고 케이블 내에 질소, 또는 수소가스를 12~15기압의 압력으로 삽입하여 간격 발생을 막음으로서 절연물의 열화를 방지하는 케이블로 66~138[KV]까지 사용된다.

⑤ **합성수지케이블**

ⓐ **폴리에틸렌 전력케이블** : 도체의 절연층에 폴리에틸렌을 사용하고 외장에는 연피를 사용하지 않고 폴리염화비닐을 사용한 비닐이다. 절연내력, 절연저항이 높고 흡수성이 없으며 경량이며 접속 및 말단처리가 쉽고 전식의 우려가 없다. 20[KV]까지 사용한다.

ⓑ **부틸고무 전력케이블** : 도체 절연은 부틸고무 보호피막에는 틀로르푸렌을 사용한다. 이 케이블은 전기적 특성이 우수하고 또 내오존, 내코로나, 내열성, 내유성, 내마모성이 우수하여 30[KV]까지 사용한다.

형식	전압[KV]	도체단면적[mm^2]	심선수	외장구조	용도
벨트케이블	0.6	50~1000	단심	연피	인입선용
	3	1.0~3.2	2심	쥬우트권	송배전선용
	6		3심	동대외장, 철선외장	
	10	5.5~500	4심	방식	
합성수지케이블	3	5~500	단심	비닐시이스	송배전선용
	6	14~20	3심	비닐시이스	
	10				
	20				
SL 케이블	10	30~400		연피 SL 쥬우트권	고압송배전선용
	20	30~325	3심	동대외장 SL	
압력케이블	30	50~250		철선외장 SL	
				방식층부	
	60			2중 연피방식층부	
OF 케이블	70	100~600	단심	1중 연피쥬우트전	〉 50KV
	100			쥬우트권, 동대외장	
압력케이블	140	50~100	3심	철선외장, 방식층부	송배전선용
	200				

6-3 접점재료

차단기 및 계전기 등과 같이 회로를 개폐하는 부분의 접촉부에 이용되는 것을 접점재료라고 하며, 이것이 매개체가 되어 전류의 단속이 이루어진다.

1) 접점재료로서 구비할 요건

(1) 전기저항 및 접촉저항이 작을 것
(2) 융점, 비점이 높을 것
(3) 기계적 성질이 우수할 것
(4) 열전도도가 클 것
(5) 접촉면이 용착하지 않을 것
(6) 내산화성, 내식성이 우수할 것
(7) arc에 의한 전위 및 소모가 없을 것
(8) 수명이 길 것

이상의 모든 조건을 동시에 만족시킬 수는 없다. 따라서 사용목적, 기능 및 기계적 요구에 따라 위의 몇 가지 점에 중점을 두어 알맞은 재료를 선택해야 한다.

2) 접촉저항의 경감

접점재료에 있어서 접촉저항을 작게 한다는 것은 가장 중요한 문제이다. 접촉저항의 원인으로서는 집중저항(convergence resistance)과 경계저항(boundary resistance)을 들 수 있다.

(1) 집중저항

전류용량은 크고 접촉면은 작기 때문에 생기는 저항으로 다음 식에 의하여 표시된다.

$$R_c = \frac{\rho}{2}\sqrt{\frac{\pi f}{nF}}$$

여기서 R_c : 집중저항 f : 접점재료의 탄성한계

F : 접촉하중 ρ : 접점재료의 저항율

n : 접촉하고 있는 부분의 수

집중저항을 경감하기 위한 대책으로서는

a. 접촉하중을 크게 할 것

b. 접촉하는 부분의 수를 많이 할 것

c. 저항율이 작은 재료를 선택할 것

(2) 경계저항

접촉면에 존재하는 산화피막 및 절연성피막이 원인이 되어 생기는 전기 저항으로, 다음 식으로 표시된다.

$$R_f = \frac{h^2 d}{\sqrt{2m\phi s}} \cdot \exp\left(\frac{\pi d}{h}\sqrt{2m\phi}\right)$$

R_f : 경계저항 h : Planck의 정수

d : 절연피막의 두께 m : 전자의 질량

ϕ : 재료의 함수 s : 접촉면적

3) 접점재료의 종류

(1) 백금 및 그 합금

내식성, 내산화성이 우수하고 접촉저항도 안정하나 고가이므로 용도에 제약이 따른다. 합금으로서는 Pt-Ir, Pt-Ru, Pt-Au 등이 있으며, 경부하용 접점 또는 측정기용 계전기의 접점재료로 사용된다.

(2) 금 및 금합금

순금은 내식성이 좋고 황화물에 대해서도 안정하나, 내마멸성이 좋지 않고, 용착하기 쉬우므로 합금이 주로 사용된다. 합금으로서는 Au-Ag-Pt, Au-Co, A-Ag 등이 있으며, 경부하용 접점 및 통신용 계전기의 접점재료로 사용되고 있다.

(3) 은 및 은합금

도전율은 크나 내마멸성이 좋지 않으며, 황화물에 약하므로 은합금이 사용된다. 합금으로는 Ag-Cu, Ag-Cd, Ag-Pd, Ag-CdO 및 Ag-Ni 등이 있으며, 경·중부하용 계전기의 접점으로 사용된다.

(4) 동

보통 경동 또는 반경동이 사용된다. 값이 싸기는 하나 산화하기 쉽고, 접촉 저항이 증가하기 쉬운 결점이 있다. 개폐기 및 그 밖의 접촉자에 많이 사용되고 있다.

(5) 텅스텐

융점도 높고 경도도 크나 산화하기 쉽고, 가공이 어렵다는 결점이 있다. 그러나 텅스텐과 동 또는 텅스텐과 은의 분말을 가압 형성하여 고온에서 소결한 소결합금은 소모도 적고 가공도 쉬우므로 대전류스위치, 유중차단기 등으로 많이 사용하고 있다.

6-4 스프링재료

전자부품으로 사용하는 스프링의 기능을 종합하면 다음과 같다.

(1) 진동을 억제하한다.

(3) 접촉력을 크게고 복귀력을 준다.

(2) 반복운동을 한다.

스프링은 주로 탄성을 이용한 것이기는 하나, 도전성을 겸해야 할 때도 있다.

1) 스프링재료로서 필요한 성질

스프링의 사용목적에 따라 구비할 성질도 다소 다르기는 하나, 일반적으로 다음과 같은 성질이 바람직하다.

(1) 탄성율, 탄성한도 및 인장강도가 클 것, (2) 전기저항이 작을 것

(3) 특성의 경년변화가 작을 것, (4) 동에 대한 열기전력이 작을 것

(5) 자성이 없을 것, (6) 내식성이 우수할 것, (7) 가공이 쉬울 것

2) 스프링재료의 종류

전자기기재료로서는 주로 양은 및 스테인레스강이 사용되고, 전력용으로 사용되는 것은 주로 인-청동이다. 다음 표 1-9에 이들의 특징을 표시한다.

이 밖에 베릴륨강은 고급이고 우수한 스프링재이나, 인-청동에 비하여 고가이므로 특수한 부분에 사용되고 있다.

표 6-9 스프링재료의 종류

종별 및 성분	특징 및 용도
양은 (Ni-Zn-Cu)	전화교환기, 인쇄전신기 및 그 밖의 전자기기에 사용한다. Ni함유량이 20% 정도면 특성이 좋아진다.
스테인레스강 (Cr-Ni-Fe)	내식성 및 스프링 특성은 우수하나 단점으로는 도전율이 작고, 가공에 의하여 자성을 가지게 된다는 것이다. 통신기기용 스프링 및 전화기용 다이얼 스프링 등에 사용한다.
인-청동 (Sn-P-Cu)	스프링 특성은 Sn의 양과 가공도 및 열처리에 의하여 결정된 각종 전자측정기용 스프링 등에 사용한다.
베릴륨동 (Be-Ni-Co-Cu)	Be의 양에 따라 고강도합금과 고전도도합금으로 나누어진다. 각종 스프링재료, 계기용 축받침 및 전극 등에 사용한다.

6-5 퓨우즈(Fuse)

퓨우즈는 전자기기 및 장치 또는 전기기계에서 단락 또는 과부하에 따른 과전류 때문에 발생한 열에 의하여 용단되어 전류를 자동적으로 차단함으로써 회로 및 부품을 보호하기 위하여 사용되는 것이다.

전자기기용 퓨우즈로서는 주로 원통형의 것이 사용되고 있다.

1) 금속선의 직경과 용단(허용차단)전류

금속선과 용단전류와의 관계는 다음과 같다.

$$I = ad^{3/2}$$

a는 금속에 따른 비례정수로서 연 10.8, 석 12.8, 철 24.6, 백금 40.4, 양은 40.8, 알루미늄 59.2, 동 80 등이며, 이 식에 의하여 이들 금속을 사용한 퓨우즈의 규격을 설계할 수 있다. 그러나 용단전류는 선의 길이, 주위 온도, 취부상태, 통풍상태 및 산화정도에 따라서도 크게 영향을 받게 되므로 이 점에 주의해야 한다.

2) 퓨우즈의 재료 및 성질

퓨우즈의 가용체로서는 언제나 정격전류를 흘리게 되므로 저항이 작은 금속재료가 적당하다. 저압소전류용으로는 보통 용융온도가 낮은 재료를 사용한다. 다음 표 6-10에 저융점의 퓨우즈용 합금성분과 융점을 표시하였다.

표 6-10 퓨우즈용 저융점합금

합금명	성분[%]				용융온도[℃]
	Sn	Bi	Cd	Pb	
Wood 합금	12.5	50.0	12.5	25.0	68
Lipomitz 합금	13.3	50.0	10.0	26.7	70
D'Arccet 합금	25.0	50.0		25.0	93
Newton 합금	15.0	52.5		32.0	96
Ross 합금	22.0	50.0		28.0	100
thermo-fuse	58.0	30.0		12.0	100~120

텅스텐은 용융점은 높으나 치수의 정도가 큰 선으로서, 소전류로서 정밀한 제한이 필요한 전화 및 측정기용 세(직경이 작은)선퓨우즈 재료로서 널리 사용된다. 한편 통신 및 전력용으로서는 퓨우즈가용체의 용단이 정확 신속하도록 가용체에 언제나 장력을 가하는 방식을 택하고 있다.

3) 전자기기용 원통퓨우즈

위에서 설명한 외에 주로 전자기기용으로는 원통형으로 된 것이 사용되고, 교류, 직류, 각각 250[V], 100~120[V] 또는 31.5[V]에서 정격전류 31.5[A] 이하인 회로에 사용되는 포장형인데, 그 특성별로 분류하면 다음과 같다.

(1) **용단형퓨우즈** : 규정된 과전류에 대하여 용단하는 시간을 특히 증감하지 않는 용단 특성을 가진 것

(2) **time lag 용단형퓨우즈** : 규정된 과전류에 대하여 용단하는 시간을 특히 증가시킨 용단 특성을 가진 것

(3) **연동용단형퓨우즈** : 규정된 과전류에 대하여 용단하는 시간을 특히 감속시킨 용단 특성을 가진 것

이러한 퓨우즈의 재료로서는 위의 표 6-10에 표시한 외에 아연, 은, 동, 니켈 및 백금 등을 주성분으로 한 합금이 사용되고 있다.

6-6 열전대(thermo-couple)

이종금속의 접합점에 온도차가 주어진 경우에 발생하는 열기전력을 이용하여 역으로 온도차를 측정하는 것이 열전대이다.

열전대로서 구비해야 할 성질은 다음과 같다.

(1) 내열성이 클 것
(2) 온도와 열기전력의 관계가 적정할 것
(3) 경년변화가 작을 것
(4) 계기에의 호환성이 있을 것

1) 열전대재료

열전대에 주로 사용되는 재료는 다음과 같다.

(1) 백금-백금·로듐
(2) 아르멜-크로멜
(3) 동-콘스탄탄
(4) 철-콘스탄탄

같은 재료라 할지라도 함유하는 불순물의 종류 및 분량 또는 재료의 열처리 방식에 따라 열기전력은 달라진다.

다음의 표 6-11은 일반적인 온도차와 열기전력의 관계를 표시한 것이다.

온도차 [℃]	열기전력[mV]				
	백금 백금 · 로듐(Rh) (90%) (10%)	백금 백금 · 로듐(Rh) (87%) (13%)	아르멜 크로멜	동 콘스탄탄	철 콘스탄탄
0	0.000	0.000	0.00	0.000	0.00
100	0.646	0.646	4.10	4.276	5.40
200	1.436	1.462	8.13	9.285	10.99
300	2.315	2.394	12.21	14.859	16.56
400	3.250	3.398	16.39	20.865	22.07
500	4.219	4.454	20.64		27.58
600	5.222	5.561	27.90		33.27
700	6.260	6.720	29.14		39.30
800	7.330	7.927	33.31		45.72
900	8.434	9.177	37.36		52.29
1000	9.569	10.470	41.31		58.22
1100	10.736	11.811	45.14		
1200	11.924	13.181	43.85		
1300	13.120	14.562	52.41		
1400	14.312	15.940	55.81		
1500	15.498	17.316			
1600	16.674	18.679			

2) 전자냉동

열전대에 전류를 흘려서 발열 또는 흡수가 생기는 현상을 이용하여 저온을 얻으려는 것이 전자냉동이다.

그러나 종래에는 저온을 얻기 위해서는 전류에 의한 주울(joule)열이 더 커지든가 온접점에서 냉접점으로 열이 전도하게 되는 것이 해결하기 어려운 문제였다. 전자냉동을 실용화하기 위해서는 열전도도 η가 적고, 저항율 ρ도 작아야 한다. 그러나 금속 중에는 $\eta\rho$의 적이 언제나 일정하고, 냉동목적에 적합한 재료는 아직 발견되지 않았다.

최근 반도체 기술이 발전함에 따라 이 목적에 알맞은 재료가 개발되었다. 현재 실용되고 있는 재료성능 정수를 표 6-12에 나타내었다. 이 표에서 성능정수(figure of merit) z는

$$z = \alpha^2/\eta\rho$$

이 식에서 η: 열전도도, ρ: 저항율, α: 열기전력계수

이 성능정수가 클수록 냉동재료로서는 적합하고, 최근에는 최대 능률 25[%], 최대온도차 70[℃]에까지 이르고 있다. 전자냉동은 한정된 국부의 냉각 등 특수한 응용에 적합하다.

표 6-12 전자냉동재료

	$\alpha[\mu V/deg]$ 18℃	$\eta[W/m\cdot deg]$	$\rho[\Omega\cdot m]$ $\times 10^{-6}$	$z[deg]$ $\times 10^{-3}$	융점	측정온도
pBi_2Te_3	236	2	12	2.3	573	18
nBi_2Te_3	−173	2.8	5.8	1.9	573	18
$(BiSb)_2Te_3$	+171	1.4	7.3	2.9	~550	18
$Bi_2(TeSb)_3$	−192	1.5	8.6	2.9	~550	18

연습문제

[1] 다음 중 저항율이 작은 것으로부터 나열하라.

① 금 ② 은 ③ 동 ④ 알루미늄

[2] 도전재료의 구비요건을 들어라.

[3] 연선의 종류를 들고, 이를 설명하라.

[4] 다음 도선을 기계적 강도가 큰 것으로부터 나열하라.

① 경동선 ② 연동선 ③ Al선 ④ Al-동합금선

[5] 비닐전선의 특징을 들어라.

[6] 에나멜전선의 대표적인 것 4종을 들어라.

[7] 시외케이블의 종류를 들고 설명하라.

[8] 접점재료로서의 구비요건

[9] 접촉 저항에는 집중저항과 경계저항이 있다. 집중저항을 경감하기 위한 방법을 설명하라.

Chapter 7

반도체재료

- 반도체
- 반도체의 접촉
- 고체발광재료

7-1 반도체

반도체는 절연체와 도체 중간의 도전율을 가지고 있다. 즉 그 비저항은 $10^{-3} \sim 10^{8}[\Omega \cdot \text{cm}]$ 정도이고, 저항은 일반적으로 온도 상승과 더불어 감소하는데, 이런 이유만으로 반도체라고 하는 것은 아니고, 금속이나 절연체와는 다른 성질을 가지고 있다는 것이 그 특징이다. 트랜지스터를 비롯하여 전자공학분야는 물론 다른 응용분야에 이르기까지 널리 이용하게 된 것도 이런 특이성 때문인 것이다.

1) 반도체의 도전작용

(1) 진성반도체의 도전작용

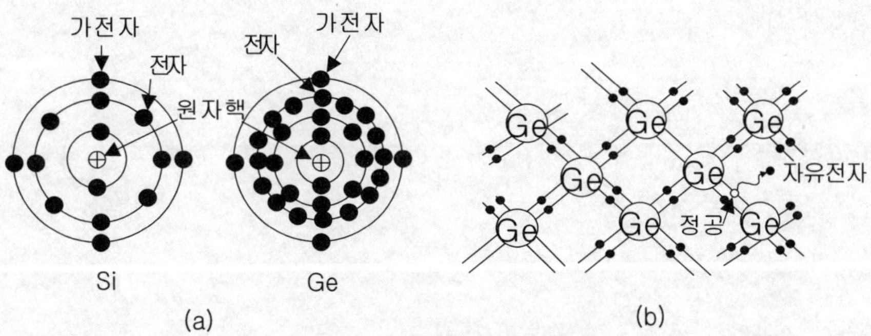

그림 7-1 Si과 Ge의 원자구조 및 결합상태

그림 7-1(a)는 실리콘(Si)과 게르마늄(Ge)의 원자구조를 표시한다. 이들의 결합 형태는 공유결합으로서 이를 평면상에 나타낸 것이 그림 7-1(b)의 그림이다. 최외각의 가전자와 원자핵과의 결합력은 다른 어느 궤도전자보다도 약하여 상온에서도 열에너지에 의하여 가전자의 소수는 원자에서 이탈하여 자유전자가 된다. 한편 가전자가 이탈한 빈자리를 정공(positive hole)이라고 한다.

여기에 전계를 가하면 원자에서 이탈한 자유전자는 이것이 다시 정공에 자리할 때까지는 어느 원자에도 속하지 않고, 전계와 반대 방향으로 이동하며, 이런 운동이 차례로 거듭되면 결국 도전상태가 되어 전류를 흘리게 된다. 한편 정공은 전계와 같은 방향으로 이동한다. 이런 방법으로 전류를 생기게 하는 전자나 정공을 캐리어(carrier)라고 한다.

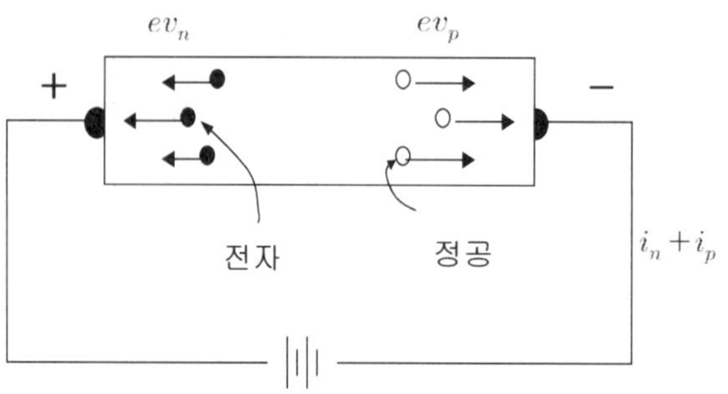

그림 7-2 전자 및 정공의 이동

진성 반도체에 그림 7-2와 같이 직류전압을 걸어 준 경우 전자는 정전위 쪽으로, 정공은 부전위쪽으로 이동하여 전류가 흐른다. 지금 n_n을 전자밀도, v_n을 전자속도라고 하면 전자에 의한 전류밀도 i_n은

$$i_n = n_n e v_n \tag{7-1}$$

와 같이 된다. 또 정공에 의한 전류를 i_p라 하고, n_p를 정공밀도, v_p를 정공속도라고 하면

$$i_p = n_p e v_p \tag{7-2}$$

따라서 전자와 정공에 의한 전류밀도 i는

$$i = e(n_n v_n + n_p v_p) \tag{7-3}$$

여기서 정공의 이동도를 μ_p, 전자의 이동도를 μ_n, 반도체의 인가전계를 E라 하면, 윗식은

$$i = e(n_n \mu_n + n_p \mu_p)E \tag{7-4}$$

지금 진성 반도체에서는 전자와 정공은 동수로서 이를 n_i라고 하면, 윗식은

$$i = n_i e(\mu_n + \mu_p)E = \sigma E \tag{7-5}$$

이 식에서 n_i는 열에너지에 의하여 생긴 전자수로서, 금지대를 뛰어 넘어 전도대에 들어가는 전자수이다. 이는 Maxwell-Boltmann의 분포에 따른다. 따라서 n_i는 이론적으로

$$n_i = A T^{3/2} \exp\left(\frac{E_g}{2kT}\right) \ [\text{개}/\text{m}^3] \tag{7-6}$$

여기서 A는 비례정수이다. 이동도는 반도체에서는 $T^{-3/2}$에 비례하므로

$$i = \sigma_0 \exp\left(-\frac{E_g}{2kT}\right)E = \sigma E \tag{7-7}$$

여기서 σ_0; 비례정수, σ; 전도도, 따라서 고유 저항 ρ는

$$\rho = 1/\sigma = \frac{1}{\sigma_0}\exp\frac{E_g}{2kT} = \rho_\infty \exp\frac{E_g}{2kT} \tag{7-8}$$

로서 이 식은 온도에 의한 저항의 변화를 나타낸다. ρ_∞는 Ge에서는 0.03, Si에서는 10^{-4}이다.

[예제 1] 27[℃]에 있어서 Ge의 고유 저항은 47[Ω·cm]이다. 전자 및 정공의 이동도를 각각 $\mu_n = 3600$[cm^2/V·s], $\mu_p = 1700$[cm^2/V·s]라고 할 때 캐리어의 밀도를 구하라.

【해설】 고유 저항 ρ는 식 (7-5)에서

$$\rho = 1/n_i e(\mu_n + \mu_p)$$

$$\therefore n_i = 1/\rho e(\mu_n + \mu_p) = 1/47 \times 1.602 \times 10^{-19}(3600 + 1700)$$

$$= 2.5 \times 10^{13}[\text{개}/\text{cm}^3]$$

[예제 2] 순수한 Ge 및 Si의 300[° k]에서의 전자밀도를 구하라. 단, Ge에서는 $A = 9.7 \times 10^{21}$, Si에서는 $A = 2.8 \times 10^{22}$, 또 금지대의 폭은 Ge에서는 $E_g = 0.75$[eV], Si에서는 $E_g = 1.114$[eV]라 한다.

【해설】 E_g를 joule로 표시하면 $E_g = 0.75 \times 1.6 \times 10^{-19}$[J]이므로 Ge의 전자밀도 n_i는 식 (7-6)에 의하여

$$n_i = AT^{3/2}\exp\left(-\frac{E_g}{2kT}\right) = 9.7 \times 10^{21} \times 300^{3/2}\exp$$

$$\left(-\frac{0.75 \times 1.6 \times 10^{-19}}{2 \times 1.38 \times 10^{-23} \times 300}\right) = 9.7 \times 10^{21} \times 300^{3/2} \times \exp(-14.5)$$

$$= 2.56 \times 10^{19}[\text{개}/\text{m}^3]$$

Si에 대해서는

$$n_i = 2.8 \times 10^{22} \times 300^{3/2} \times \exp\left(-\frac{1.114 \times 1.6 \times 10^{-19}}{2 \times 1.38 \times 10^{-23} \times 300}\right)$$

$$= 2.8 \times 10^{22} \times 300^{3/2} \times \exp(-21.5) = 6.8 \times 10^{16}[\text{개}/\text{m}^3]$$

[예제 3] Ge의 전도도 σ를 온도를 변화하여 측정한 다음 Y축에 $\log_e\sigma$, X축에 절대온도의 역수 $1/T$의 값을 잡아 주었더니 -4.35×10^3인 구배를 가진 직선이 되었다. 이 Ge의 금지대의 에너지 폭은 얼마나 되는가?

【해설】 진성 반도체의 전도도 σ는 식 (7-7)에서 $\sigma = \sigma_0 \exp\left(-\dfrac{E_g}{2kT}\right)$

윗식 양변에 대수를 취하면 $\log_e\sigma = \log_e\sigma_0 - \dfrac{E_g}{2kT}$

와 같이 된다. 이 식은 Y축에 $\log_e\sigma$, X축에 $1/T$을 취하면 직선이 된다. 이 직선의 구배는 $-E_g/2k$이다.

따라서 $E_g/2k = 4.35\times10^3 \quad \therefore E_g = 4.35\times10^3\times2k = 12\times10^{20}$[J]

이를 [eV]로 표시하면 $E_g = 12\times10^{20}/1.602\times10^{-19} = 0.75$[eV]

(2) 불순물반도체의 도전작용

진성반도체에 불순물이 첨가된 것을 분순물반도체라고 한다. 진성반도체에 미량의 불순물이 첨가되면 도전율이 커진다.

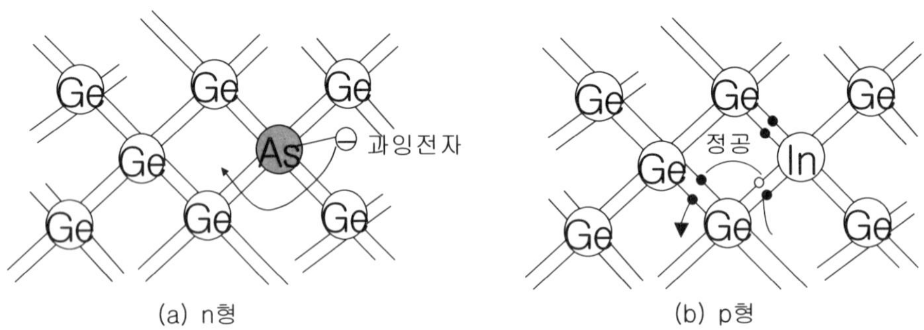

그림 7-3 불순물반도체의 공유결합

Ge에 불순물로서 5가인 As를 첨가하면 5가의 가전자 중 4개가 Ge의 4개의 가전자와 공유결합한다. 따라서 As의 1개 가전자는 남게 되어 이것이 자유전자가 되는 것이다. 이와 같은 반도체를 n형 반도체라고 부르며, 이 때 첨가한 불순물을 도우너(donor)라고 한다.

이번에는 Ge에 3가인 원소 In을 첨가하면 In 원자가 Ge 원자 안에 들어가 3개의 가전자와 공유결합하므로 다른 한 개의 가전자는 결합할 상대가 없는 상태가 된다. 이와 같은 불순물반도체를 p형 반도체라 하고, p형으로 하기 위해 첨가한 불순물을 액셉터(acceptor)라고 부른다.

그런데 실제로는 위에 설명한 바와 같이 자유전자와 정공의 어느 한 가지만 있는 것이 아니고 양자가 공존한다. 단지 p형에서는 정공이 많고 n형에서는 정공보다 자유전자가 많다는 것이 다른 점이다. 이 때 그 수가 많은 쪽을 다수캐리어(majority carrier), 적은 쪽을 소수캐리어(minority carrier)라고 한다.

상온에서 n형 반도체에서는 $n_n \rangle\ n_p$, p형 반도체에서는 $n_p \rangle\ n_n$이므로 각각 전도도 σ_n 및 σ_p

$$\sigma_n \fallingdotseq e\mu_n n_n, \quad \sigma_p = e\mu_p n_p \tag{7-9}$$

와 같이 된다.

다음에 이들 불순물반도체의 에너지대 구조를 보면 p형 반도체에서는 불순물준위가 충만대의 바로 위에 있게 된다. 0[° K]에서는 이 준위에 들어갈 전자가 없으므로 비어 있는 상태이나, 온도가 오르면 충만대의 전자는 열에너지를 얻어 바로 위의 준위에 올라가고, 충만대에는 정공이 생긴다.

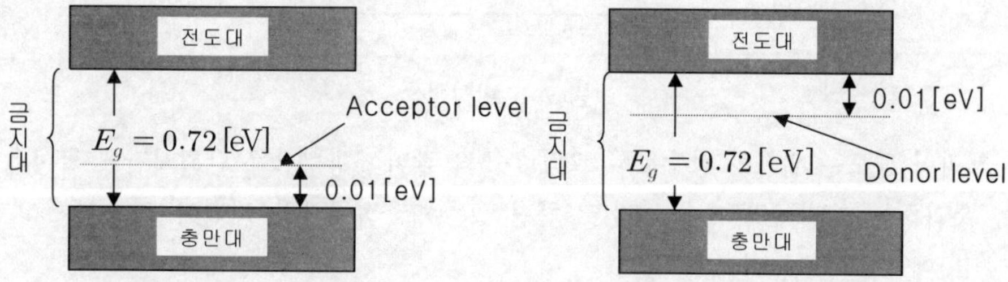

(a) P형 (b) n형

그림 7-4 불순물반도체의 에너지대 구조

이 정공은 전계에 의하여 가속되어 전류가 흐르게 되는데, 이 불순물 준위를 액셉터준위(acceptor level)라고 한다.

한편 n형 반도체에서는 전도대의 바로 밑에 불순물 준위가 생긴다. 이때도 마찬가지로 0[° K]에서는 전자는 상위의 전도대에 올라갈 수 없으나 온도가 높아지면 열에너지를 얻어 전도대에 올라가 자유전자가 된다. 이 불순물 준위를 도우너준위(donor level)라고 한다.

[예제 4] 27[℃]에서 n형 Ge의 고유저항이 $3 \times 10^{-2}[\Omega\cdot\text{m}]$이다. 이때의 전자밀도를 구하라. 단, 전자의 이동도 $\mu_n = 0.36[\text{m}^2/\text{V}\cdot\text{s}]$

【해설】 n형 Ge는 전도도 σ_n은 식 (7-9)에서 $\sigma_n \fallingdotseq e\mu_n n_n$

따라서 전자밀도는

$$n_n = \frac{\sigma_n}{e\mu_n} = \frac{1}{1.6\times10^{-19}\times0.36}\times\frac{1}{3\times10^{-2}} = 5.78\times10^{20}[\text{개}/\text{m}^3]$$

(3) 반도체의 확산전류

반도체 중의 캐리어 밀도가 장소에 따라 다른 경우에는 캐리어의 이동이 생기며, 결국은 그 밀도가 균일하게 된다. 이것이 반도체에서의 확산 현상으로서, 이때의 캐리어 밀도에 의하여 생긴 전류를 확산전류라고 한다.

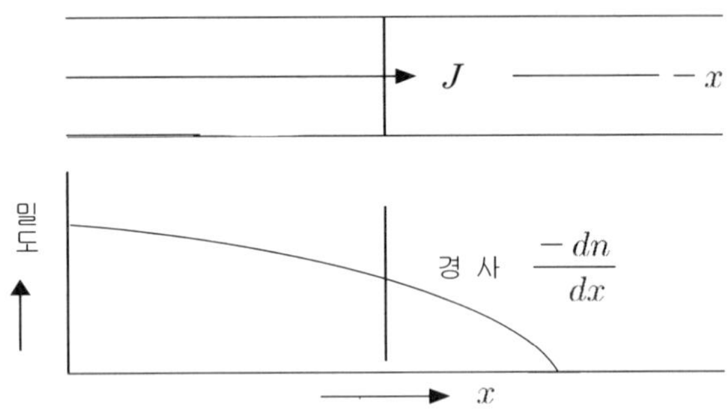

그림 7-5 확산현상

캐리어 밀도는 위치의 함수로서 그림 7-5와 같이 x방향으로 단위시간에 확산에 의하여 통과하는 캐리어의 수를 J라고 하면 J는 그 점에서의 캐리어 밀도인 n의 구배 dn/dx에 비례한다. 따라서

$$J = -D\frac{dn}{dx} \tag{7-10}$$

와 같이 표시할 수 있다.

여기서 D는 캐리어의 종류 및 매질에 따른 정수로서, 확산계수라고 한다. 캐리어의 전하를 e라고 하면 확산전류 i_d는 식 (7-10)에서

$$i_d = eJ = -eD\frac{dn}{dx} \tag{7-11}$$

따라서 전계를 가했을 때 흐르는 전류가 동시에 존재하는 경우에는

$$i = nev - eD\frac{dn}{dx} \tag{7-12}$$

인 전류가 흐르게 된다. 확산계수 D는 다음과 같이 표시되는데, 이를 아인슈타인의 관계식이라고 한다.

$$\mu/D = e/kT \tag{7-13}$$

[예제 5] $T = 300[°K]$인 Ge의 캐리어이동도가 각각 $\mu_n = 0.39[m^2/V{\cdot}s]$, $\mu_p = 0.19[m^2/V{\cdot}s]$ 라고 한다. 캐리어의 확산계수를 구하라.

【해설】 전자의 확산계수는 식 (7-13)에 의하여 $D_n = \frac{k}{e}\mu_n T$

$\mu_n = 0.39[m^2/V{\cdot}s]$, $T = 300[°K]$이므로

$$D_n = \frac{1.38 \times 10^{-23}}{1.6 \times 10^{-19}} \times 0.39 \times 300 \fallingdotseq 0.01[m^2/S]$$

또한 정공의 확산계수 D_p는 $\mu_p = 0.19[m^2/V{\cdot}s]$이므로

$$D_p = \frac{1.38 \times 10^{-23}}{1.6 \times 10^{-19}} \times 0.19 \times 300 \fallingdotseq 0.0049[m^2/V{\cdot}s]$$

(4) 호올효과

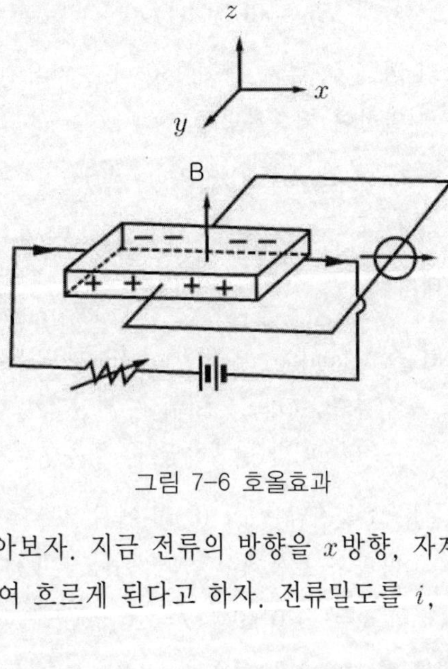

그림 7-6 호올효과

전기전도가 자유전자에 의한 것인가 정공에 의한 것인가 하는 문제는 물론 실험에 의하여 알 수 있다. 지금 반도체에 그림 7-6과 같이 전류를 흘리고, 이 전류에 직각으로 자계를 가하면 이들 양방향에 직각으로 놓인 전극 사이에 기전력이 생긴다. 이를 호올효과(Hall effect)라고 하며, 이때의 전압을 호올전압(Hall voltage)이라고 한다. 다음에 호올효과가 왜 생기며, 호올전압은 어떻게 표시되는가를 알아보자. 지금 전류의 방향을 x방향, 자계의 방향을 z방향이라 하고, 전류는 정공에 의하여 흐르게 된다고 하자. 전류밀도를 i, 정공의 평균속도를 v라고 하면

$$i = nev \tag{7-14}$$

가 된다. 한편 정공은 자계 중을 운동하고 있기 때문에 자계에 의한 힘을 받게 된다. 이 힘의 방향은 y 방향으로 크기는

$$F_y = evB \tag{7-15}$$

이다. 정공은 이 힘에 의하여 +y 방향으로 이동하며, +y 축에 양전하가 축적된다. 정상상태에서는 이 양전하에 의하여 생긴 전계 E_y에 의하여 정공은 -y 방향으로 밀어내는 힘을 받게 된다. 이 힘과 E_y는 평형을 이루게 되므로

$$eE_y = evB \qquad \therefore E_y = vB \tag{7-16}$$

인 관계가 성립한다. 따라서 식 (7-14) 및 (7-15)에서

$$E_y = iB/ne \tag{3-17}$$

다음에 시료의 B방향의 두께를 t, y 방향의 폭을 S, 호올전압을 V_H라고 하면

$$i = I/ts \qquad E_y = V_H/S \tag{7-18}$$

따라서 $V_H = \dfrac{1}{ne} \cdot \dfrac{IB}{t} = R\dfrac{IB}{t}$ (7-19)

이 식에서 $R_H = 1/ne$인데, 이 계수 R_H을 호올(Hall)계수라고 한다.

윗식은 정공이 모두 같은 속도로 운동한다고 가정할 때의 결과이나, 실제는 그렇지 않으므로 이 사실을 고려하여 계산하면 상온에서는

$$R_H = (3\pi/8)(1/ne) \tag{7-20}$$

이 된다. 전류가 정공이 아니고 자유전자에 의한 경우에는 $+e$대신 $-e$, v 대신 $-v$를 대입하여 계산하면

$$R_H = -(3\pi/8)(1/ne) \tag{7-21}$$

이 된다. 결국 전도가 전자에 의한 경우와 정공에 의한 경우에서는 호올전압의 부호가 반대이다.

[예제 6] 폭 2[mm], 두께 0.2[mm]인 Ge의 시료가 있다. 지금 이 시료의 x방향에 10[mA]의 전류를 통하고, 이에 수직인 z방향에 0.1[Wb/m^2]의 자계를 가한 때 호올전압 -1.0[mV]가 발생하였다. 호올계수와 1[cm^2]당 전자수를 구하라.

【해설】 호올전압은 식 (3.19)에서 $V_H = RIB/t$

따라서 호올계수 R_H은 $R_H = V_H t/IB$

$V_H = -1.0$[mV], $I = 10$[mA], $B = 0.1$[Wb/m^2], $t = 0.2$[mm]이므로

$R_H = -1.0\times10^{-3}\times0.2\times10^{-3}/10\times10^{-3}\times0.1 = -2\times10^{-4}$[m^3/C]

이 경우 호올계수는 부의 값이므로 캐리어는 전자이다. 또한 전자수 n은

$$R_H = \left(\frac{3\pi}{8}\times\frac{1}{ne}\right) \qquad \therefore n = \left(\frac{3\pi}{8}\times\frac{1}{R_H e}\right)$$

$R_H = 2\times10^{-4}$[m^3/C]

$$n = \frac{3\pi}{8}\cdot\frac{1}{2\times10^{-4}\times1602\times10^{-19}} \fallingdotseq 3.7\times10^{16}[\text{개}/\text{m}^3]$$

[예제 6] 동이 원자당 2개의 전자를 전도대에 공급한다고 하고, 호올계수를 구하라. 단, 동의 원자량, 밀도를 각각 63.5, 8.93[gr/cm^3]라고 한다.

【해설】 동의 전자농도 n은 63.5[gr]의 원자수가 6.02×10^{23}개이므로 자유전자 수는 $2\times6.02\times10^{23}$, 또 동 63.05[gr]의 체적 V는

$$V = 63.5/8.93 = 7.11[\mathrm{cm}^3] \qquad n = 2\times6.02\times10^{23}/7.11$$

$$= 1.69\times10^{23}[개/\mathrm{cm}^3]$$

그러므로 호올계수는 식 (7-20)에 의하여

$$R_H = 3\pi/8en = 3\pi/8\times(-1.6\times10^{-19})\times1.69\times10^{23}$$

$$\fallingdotseq -4.36\times10^{-5}[\mathrm{m}^3/\mathrm{C}]$$

7-2 반도체의 접촉

1) 금속과 반도체의 접촉

반도체에 금속을 접촉시키면 접촉부분에 정류작용이 생긴다. 이 정류작용이 생기는 이유를 알아보기 위하여 먼저 n형 반도체를 금속에 접촉시킨 경우 그 에너지대 구조가 어떻게 되는가를 조사해 보자.

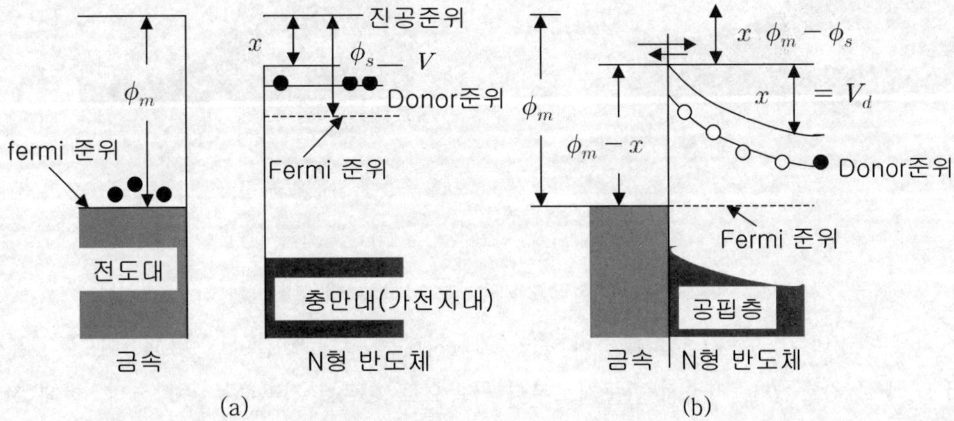

그림 7-7 금속과 반도체의 에너지대 구조

그림 7-7(a)는 금속과 반도체 각각의 에너지대를 표시하고 있다. 금속의 사선이 그어져 있는 부분은 전자가 페르미준위까지 충만 되어있는 부분으로서, ϕ_m은 1개의 전자를 외부에 끄집어내는 데 요하는 에너지, 즉 일함수, ϕ_s는 반도체의 일함수이다. $\phi_m \rangle \phi_s$인 때에는 반도체의 페르미 준위는 금속의 그것보다 높다. 지금 이들을 접촉시키면 반도체의 접촉부 부근의 도우너준위에 있는 전자는 금속 쪽으로 흐르므로 금속은 음, 반도체는 양으로 대전한다. 즉, 반도체의 접촉 부근에는 전자가 없고 이온화 된 도우너만 남게 된다. 이 부분을 공핍층이라고 한다. 이 공핍층의 전계는 다시 이동하려고 하는 전자를 방해하여 평형상태에 이르며, 두 물질 중의 페르미 준위는 같은 높이가 된다. 이리하여 공핍층의 전계에 의한 전위차만큼 반도체 내부의 전도대의 하단이 내려간다. 따라서 이 에너지대는 그림 7-7(b)와 같이 되어 반도체 표면에 $\phi_m - \phi_s$인 전위장벽이 생긴다. 금속 측에서 본 장벽의 높이는 $\phi_m - x$이다. 그러나 열운동에 의하여 금속의 전자 중에는 전위 장벽을 넘어서 반도체에 들어가는 데 충분한 에너지를 가진 전자가 되었고, 또한 반도체의 전자 중 어떤 것은 장벽을 통하여 금속에 들어가는 데 충분한 에너지를 가진 것도 있으나, 평형상태에서는 이들의 전자수는 같으므로 전류는 흐르지 않는다.

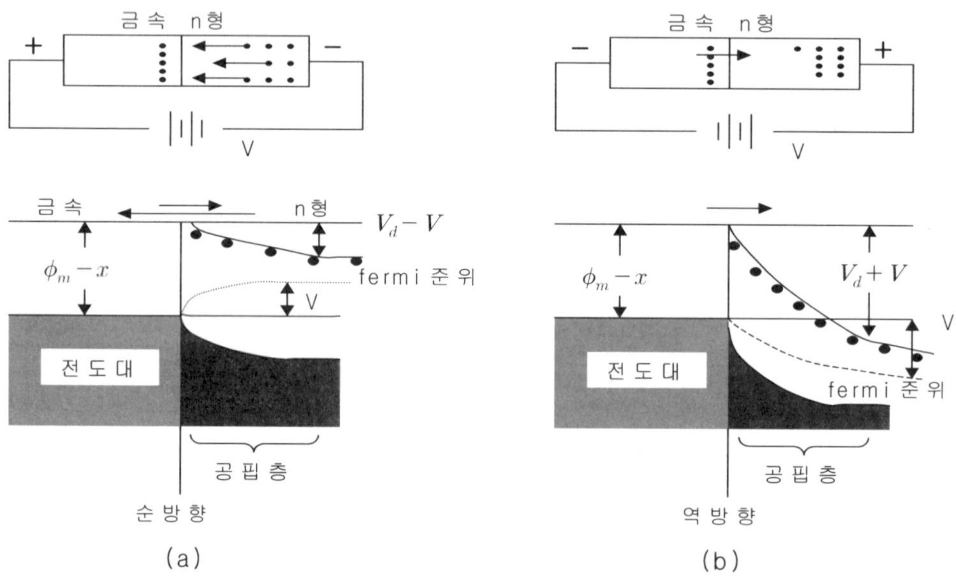

그림 7-8 전압을 가한 때의 에너지대 구조

그림 7-8(a)와 같이 전압을 가해 주면 에너지대는 그림과 같이 전위장벽이 V_d로부터 $V_d - V$로 감소한다. 따라서 반도체로부터 금속으로 흐르는 전자수는 증가한다. 이때 전압이 가해진 방식을 순방향으로 바이어스(bias)되었다고 한다. 다음에 금속이 부, 반도체가 정이 되도록 전압 V를 걸어 주면 에너지대 구조는 그림 7-8(b)와 같이 되며, 전위장벽의

높이는 $V_d + V$로 커지므로 반도체로부터 금속으로 흐르는 전자수는 감소한다. 이때는 전압이 역방향으로 바이어스되었다고 한다.

반도체를 n형 대신 p형으로 했을 때에는 전자가 이동하는 방향이 반대가 될 뿐이고, 그 작용은 역시 마찬가지이다.

2) 금속정류기

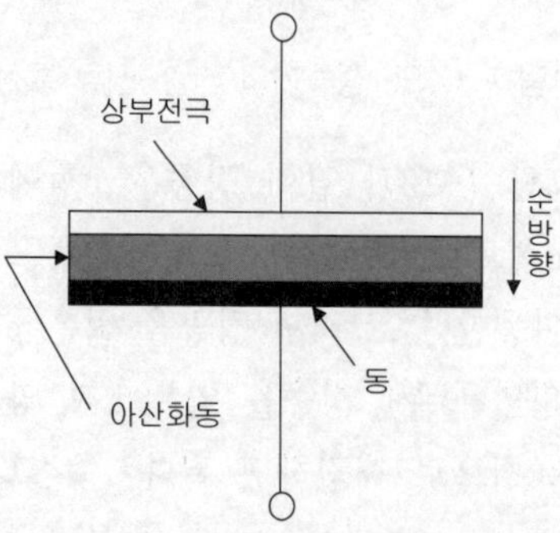

그림 7-9 아산화동정류기

(1) 아산화동정류기

이 정류기는 그림 7-9와 같이 동판의 표면을 열처리하여 아산화동을 만들고, 그 위에 연판을 부착시켜 타면의 동표면을 전극으로 만든 것으로서, 정류작용은 아산화동과 동 사이에서 이루어진다. 아산화동은 p형 반도체이므로 아산화동에 정, 동판에 부전압을 가한 때가 순방향이다.

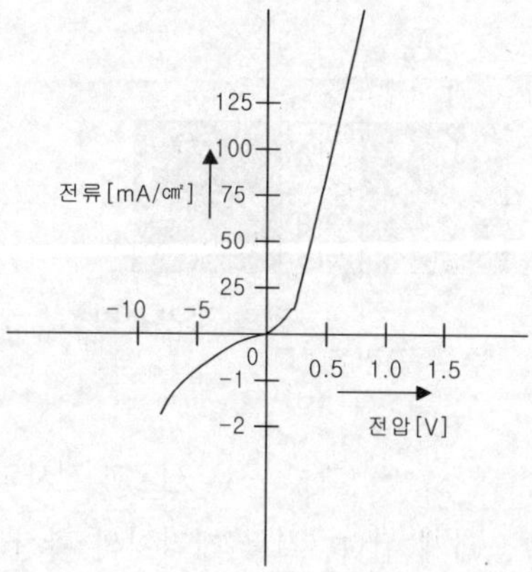

그림 7-10 아산화동정류기의 전압-전류 특성

정류특성은 그림 7-10에 표시한 바와 같이 순방향의 저항은 역방향의 그것에 비하여 1/1000 정도이다. 온도에 의한 특성 변화는 크며, 사용 중의 허용 온도는 60[℃] 이하이다. 이 정류기는 1 소자당 내전압이 낮으므로 대형의 전원정류기로서는 적당치 못하다. 따라서 이 정류기는 점차 Ge 정류기로 치환되고 있다.

(2) 세렌(Se)정류기

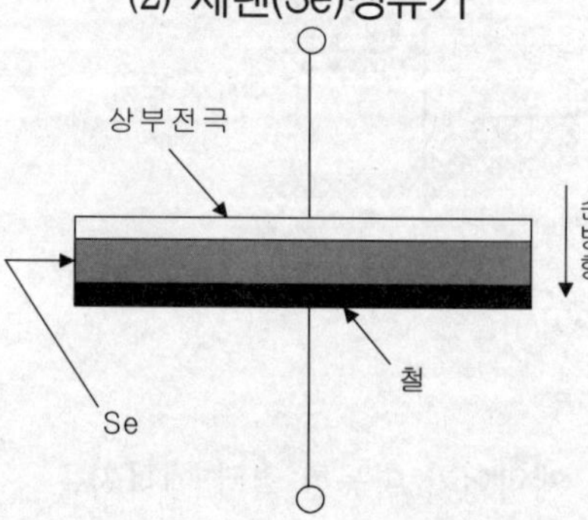

그림 7-11 Se 정류기

이 정류기는 그림 7-11과 같이 철판 또는 알루미늄판 등을 기판으로 하여 그 위에 Se을 도포하여 소부한 것으로, 상부전극에는 연, 카드뮴 또는 석 등으로 만든 합금이 용착되어 있다. Se은 p형 반도체이므로 순방향은 Se에서 상부전극으로 향하는 방향이다.

정특성은 그림 7-12에 표시한 바와 같이 아산화동에 비하여 순방향 고전압이고, 또한 역내전압이 높다. 면적을 크게 하면 대전류가 쉽게 얻어지므로 전력용 정류기로서 널리 사용되고 있다.

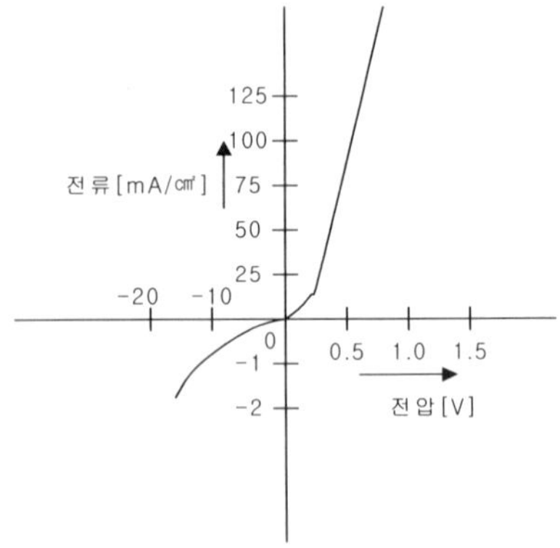

그림 7-12 Se 정류기의 전압-전류 특성

3) p-n접합(p-n Junction)

p형과 n형 영역이 공존하는 반도체를 p-n 접합반도체라고 하며, 이 경계면을 p-n 접합면이라고 한다. p-n 접합에서 반도체의 캐리어는 확산 현상에 의하여 밀도가 큰 곳으로부터 작은 곳으로 이동한다.

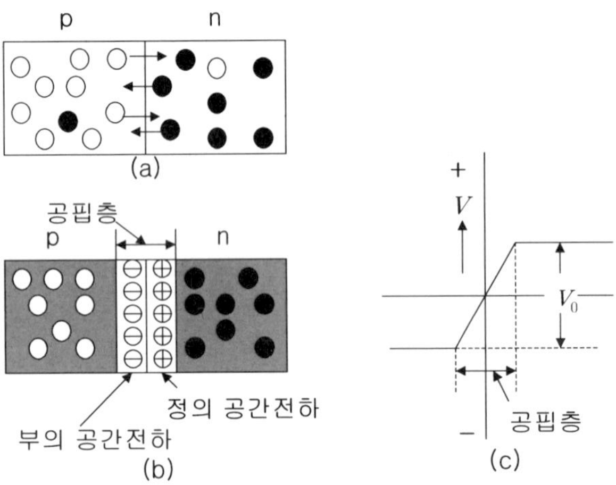

그림 7-13 정공과 전자의 확산현상

그림 7-13과 같이 정공은 p형에서 n형으로, 전자는 n형에서 p형으로 이동한다. 그러면 정공을 잃은 p형 영역은 부, 정공을 얻은 n형 영역은 정으로 대전하게 된다. 즉 그림 7-13(b)와 같이 p-n접합 부근에는 자유롭게 움직일 수 있는 캐리어는 없고, 이온화한 도우너나 액셉터가 남게 된다. 이 때문에 계속하여 확산하려고 하는 캐리어의 이동은 방해를 받아 이른바 전위장벽이 생기게 된다. 결국 캐리어의 확산과 이를 방해하려는 전계가 균형을 이루었을 때 평형상태가 된다. 이 접합면 부근의 영역은 공핍층으로서 절연체와 같이 된다.

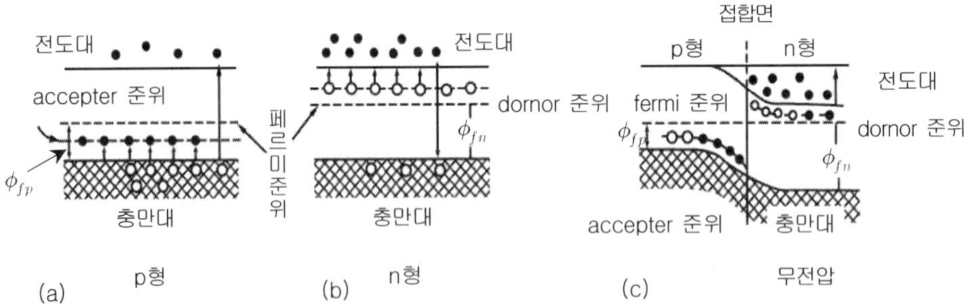

그림 7-14 p-n 접합의 에너지대구조

이 관계를 에너지대로 표시하면 그림 7-14와 같이 된다. 캐리어가 이동한 결과 에너지준위는 일치하여 안정한 상태가 된다. p형 접합 부근의 액셉터준위는 전자에 의하여 충만되고, n형 접합면 부근은 p형에서 이동해 온 정공과 n형의 전자가 재결합하므로 n형의 도우너 준위는 없어진다. 따라서 접합면 부근에는 이온화한 도우너와 액셉터가 움직일 수 없는 영역이 생기므로 여기에 준위차 $V_0 = \phi_{fp} - \phi_{fn}$($\phi_{fp}$, ϕ_{fn}은 각각 p형, n형의 페르미 준위가)가 생긴다. 이 전위차를 접촉전위차(확산전위차)라고 하며, Ge에서는 0.5[V] 정도이다. 이 전위장벽 때문에 특별히 높은 에너지를 가진 전자가 아니면 이동할 수 없게 된다.

다음에는 이와 같은 p-n 접합에 외부에서 전압을 가한 경우에 대하여 살펴보자.

지금 그림 7-15와 같이 p형에 정, n형에 부전압을 가하면 이 전압과 공핍층 안에 생긴 전압은 서로 역방향이므로 접합면 전위차는 $V_0 - V$로 감소한다. 따라서 페르미 준위는 p형보다 n형이 V만큼 높아진다. 이때 정공은 n형으로 전자는 p형으로 이동한다. 이들 정공 및 전자는 각각의 영역에서 재결합하여 소멸한다. 가해진 전압만큼의 전자와 정공이 공급되므로 전류는 언제나 흐른다. 이와 같이 큰 전류가 흐르는 방향이 순방향이며, 이때 가해진 전압을 순방향 전압이라고 한다.

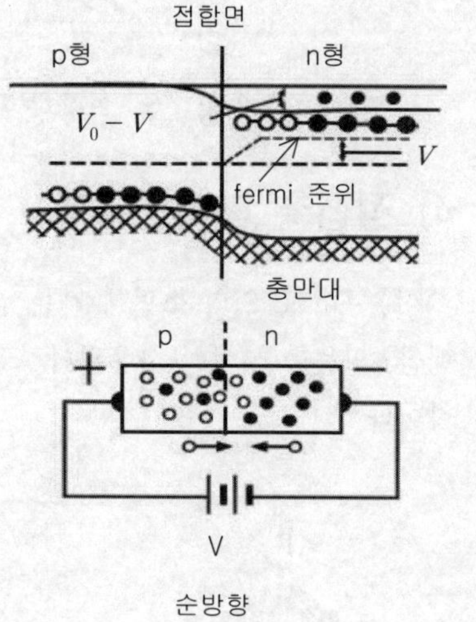

그림 7-15 순방향 전압이 가해진 p-n 접합반도체

다음에 그림 7-16(a)와 같이 p형에 부, n형에 정전압을 가하면 접합면의 전위차는 $V_0 + V$로 증가하고, 페르미 준위는 p형보다 n형이 V만큼 낮아진다.

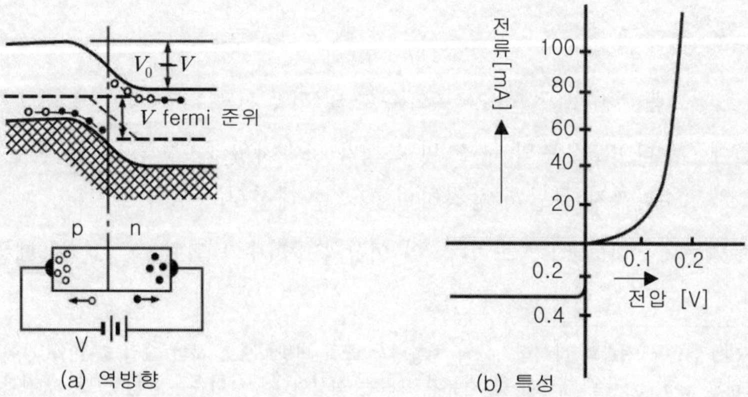

그림 7-16 역방향전압이 가해진 p-n 접합반도체

따라서 n형의 전자는 p형으로 이동하기 어려워지므로 전류는 거의 흐르지 않는다. 이와 같이 전류가 흐르기 어려운 방향을 역방향이라고 하며, 이때 가해진 전압을 역방향전압이라고 한다. 그러나 실제로 역방향이라 해도 약간의 전류는 흐른다. 이 까닭은 열에너지 때문에 접합면 부근의 공유결합이 무너져 약간의 전자와 정공이 생기기 때문이다. 그림 7-16(b)에 전압전류특성을 표시한다. 이를 이론적으로 구하면

$$i = I_s[\exp\frac{eV}{kT} - 1] \qquad (7\text{-}22)$$

이 된다. 여기서 I_s는 역방향으로 포화하는 전류이다.

4) 점접촉 다이오우드

이는 Ge 또 Si의 소편에 가는 금속선을 점접촉시킨 것으로, 금속선으로는 텅스텐선 또는 백금, 인듐합금 등이 사용된다. Ge은 보통 n형이 사용되므로 순방향은 금속선 → Ge의 방향이다.

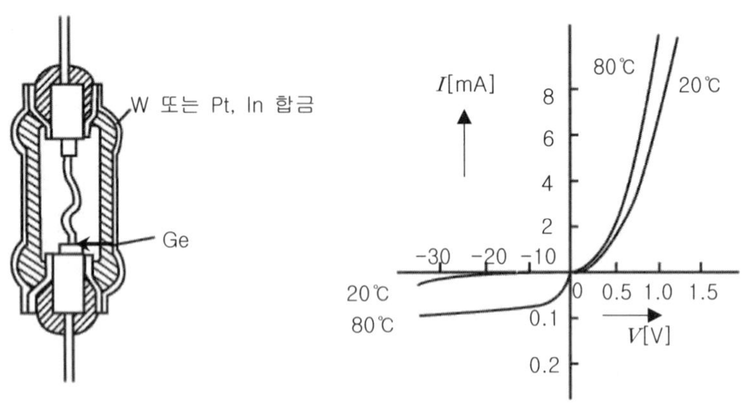

(a) 구조 (b) 구조

그림 7-17 Ge 다이오우드의 구조 및 전압 전류 특성

그림 7-17에 Ge 다이오우드의 구조 및 특성을 표시하였다. 정류특성은 금속의 가는 침을 사용하므로 고주파까지 무난히 동작하며, 2극관 대신 사용된다.

사용주파수대는 수 10[MHz] 정도이다. 이 이상의 주파수가 되면 축적효과* 때문에 능률이

* **축적효과(蓄積效果)** : p-n 접합의 바이어스를 순방향에서 급히 역방향으로 하며 그림 7-19와 같이 곧 역방향의 소전류가 되지 않고 2-3[μs]간은 대단히 큰 전류가 흐르는 현상이다. 그 이유는 순방향으로 동작할 때에는 다량의 정공이 n형에 주입된다. 이때 급히 바이어스 방향을 역전시키면 축적된 정공을 급히 소멸시키게 되므로 역방향의 큰 전류가 흐르는 것이다

저하하므로 Si 다이오우드를 사용한다. Si는 p형으로서 마이크로파의 검파에 사용된다. 그 구조는 도파관용에 편리하도록 그림 7-18과 같이 되어 있다.

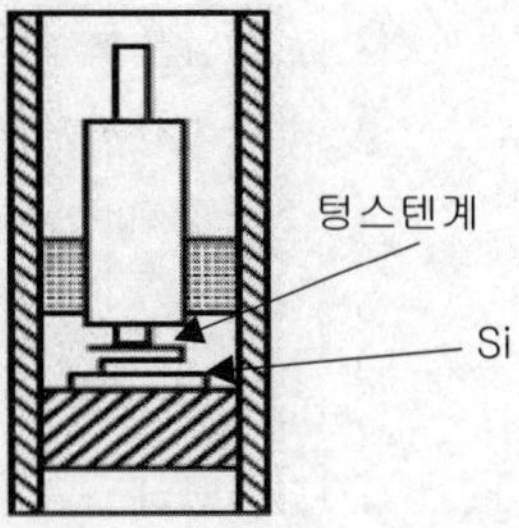

그림 7-18 Si다이오우드의 구조

5) p-n 접합정류기

p-n 접합의 정류작용을 이용한 것이 Ge 및 Si의 p-n 접합정류기로서 고압정류기 및 대전류정류기로서 사용되고 있다. 이 정류기의 특성은 아산화동정류기, 세렌정류기 등에 비하여 우수한 특성을 가지고 있다.

표 7-1은 각종 정류기의 특성을 비교한 것이다. 이 표에서 알 수 있는 바와 같이 금속정류기에 비하여 전류용량은 1000배 정도, 내전압은 10배 정도 이다.

Ge와 Si 정류기를 비교하면 Si의 경우가 훨씬 고온까지 사용할 수 있고, 또한 역전류와 온도변화가 작으므로 더욱 우수한 편이다.

표 7-1 각종 정류기의 특성

종류	순방향허용전류[A/㎠]	전압강하[V]	역방향내전압[V]	역전류[mA/㎠]	정류능률[%]	허용온도[℃]
Cu_2O	0.1	~1	20	1.0	80	60
Se	0.2	〃	40	2.2	90	80
Ge	300	〃	120	0.1	98.5	80
Si	200	〃	300	10^{-6}	99.6	200

6) 트랜지스터

트랜지스터는 p형 반도체(또는 n형 반도체) 사이에 n형(또는 p형)의 엷은 결정을 만들어 pnp(또는 npn)로 하여 각 전극을 붙인 것으로, 3극 진공관과 같은 작용을 하는 반도체이다. 이 트랜지스터는 진공관에 비하여 다음과 같은 장단점을 가지고 있다.

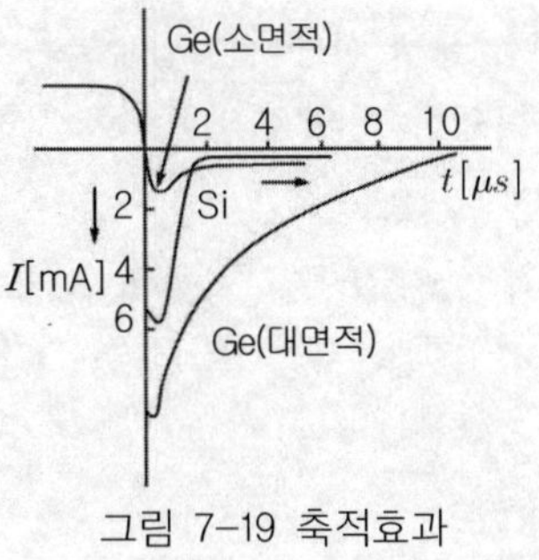

그림 7-19 축적효과

〈장점〉 ① 히이터(heater)가 필요치 않다.
② 저전압으로 동작한다.
③ 소비전력이 작다(진공관의 1/1000 정도)
④ 충격에 강하다.
⑤ 소형이고, 경량이다.
⑥ 수명이 길다.

〈단점〉 ① 고온이나 온도변화에 약하다.
② 대전력에는 적당치 않다.

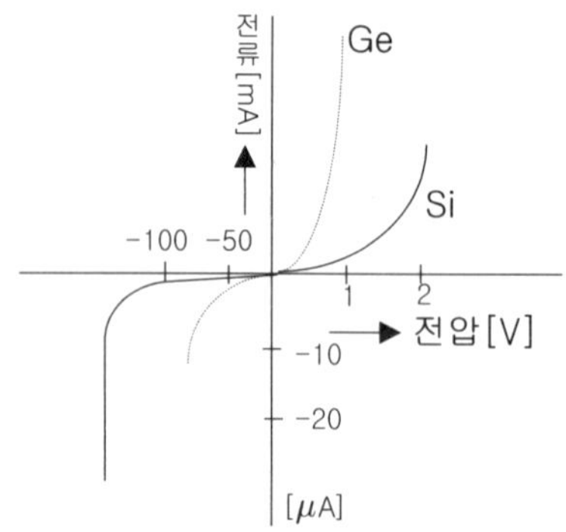

그림 7-20 Ge 및 Si의 정류특성

트랜지스터에 사용되는 반도체로서는 Ge 및 Si이 주로 사용되나, 이 밖에 GaAs 등의 화합물반도체도 있다. 구조로 보면 점접촉형과 면접촉형이 있는데, 현재 많이 사용되는 것은 면접합형이다.

트랜지스터의 제조공정은 다음과 같다.

(1) 아연광이나 석탄가스연진 중에서 GeO_2를 추출한다.
(2) GeO_2를 H_2가스 중에서 환원하여 금속 Ge을 만든다.
(3) Ge을 조온정제법(zone refining)*에 의하여 순도를 10nine으로 한다.
(4) 가열용기에 Ge을 넣어 955~960[℃]로 가열하여 용융시킨다. 용융 상태의 Ge을 인상시키면서 단결정으로 성장시킨다.
(5) 이 단결정을 다이아몬드절단기로 절단하고 초음파가공기로 가공하여 ×4×0.1[mm] 이하의 소편으로 만든다.
(6) 기계적으로 가공한 소편의 표면에는 전위가 생길 수 있으므로 이를 제거하기 위하여 불화수소(HF), 질산(HNO_3) 등의 약품으로 씻는다. 이 과정을 에칭(etching)이라고 한다.
(7) 이온교환수지를 통하여 정제된 증류수를 사용하여 수세척처리하고 불순물을 제거한다. 초음파세척도 유효한 방법이다.
(8) 합금법, 인상법 또는 확산법에 의하여 p-n 접합을 만든다. 흔히 사용되는 합금법은 n형 Ge 상에 In(융점 160℃]의 미립자를 놓고 550[℃]로 가열한 다음 이원합금의 성질

---

* **조온정제법(zone refining)** : 용융된 액상의 불순물을 함유한 Ge를 냉각시킬 때 고체중의 불순물농도 C_s는 액체중의 불순물농도 C_l보다 적으므로 봉상의 Ge을 고주파 가열코일로 일부만을 용융하고, 축차코일을 이동시켜 불순물을 한 쪽 끝으로 모으는 방법이다.

$$K = C_s / C_l \tag{7-23}$$

이 K를 편석계수(segregation constant)라고 한다.

을 이용하여 In 중에 Ge의 일부만 용해되어 침투하도록 하고, 다시 10~15분간 냉각시키면 In 중의 Ge가 재결정하게 되는데, 이 재결정 부분은 In 때문에 p형이 되어 있으므로 결국 p-n 접합이 되는 것이다.

(9) Ge 소편의 양면에 합금법으로 In을 접합시키면 p-n-p 접합이 된다. In 부분은 에밋터와 콜렉터로 하여 백금선을 부착시키고, Ge 부분은 베이스로 하면 p-n-p 트랜지스터가 된다.

7-3 고체발광재료

고체발광소자의 재료로서 주로 실용되고 있는 것은 원소주기율표의 3족과 5족을 화합한 화합물반도체이다.

다음 표 7-2에 주요 3 및 5족 화합물반도체의 특성을 표시하였다. 이들 재료를 이용한 발광소자로서 대표적인 것은 발광다이오우드이다.

표 7-2 주요 3 및 5족화합물반도체의 특성

	GaAs	AlAs	GaP	InP
밀도[g/㎤]	5.32	3.73	4.13	4.787
격자정수[Å]	5.6535	5.6605	5.4506	5.869
융점[℃]	1238	1740	1467	1058
열팽창계수[℃$^{-1}$]	6.86×10^{-6}	5.20×10^{-6}	5.81×10^{-6}	4.5×10^{-6}
굴절율	3.6	—	2.9	3.3
유전율	2.90	12.04	10.2	15.0

1) 발광다이오우드의 특징 및 응용

(1) 램프로서의 특징

종래의 소형백열전구나 네온램프와 같은 용도 외에 발광다이오우드에는 백열전구나 네온램프에서는 볼 수 없는 다음과 같은 특징이 있다.

a. **직류점등이 가능하다** — 발광다이오우드는 정격치의 직류순방향전류를 흘리면 발광한다.

b. **단색광이다** — 발광스펙트럼이 좁다.

c. **고신뢰도이다** — 백열전구에서는 텅스텐 필라멘트의 소모가 있으나 발광다이오우드는 다른 반도체 소자와 마찬가지로 본질적인 소모가 없이 수명이 길다. 따라서

신뢰성으로 보면 초기고장과 우발고장만이 문제가 된다.

d. **점등시 과전류가 흐르지 않는다** — 백열전구는 점등 직후에는 아직 필라멘트가 고온이 아니므로 저항치가 낮아 정격치의 수배의 과전류가 흐르나, 발광 다이오우드는 그렇지 않다.

(2) 파일롯 램프로서의 특징

종래 대부분의 전자기에는 AC 6.3[V]의 백열램프가 사용되었으나 대형장치로서 먼 곳에서도 확인해야 할 경우를 제외하고는 발광 다이오우드로 치환되고 있다.

a. **소비전력이 적다** — AC 6.3[V]의 백열구는 약 1[W]의 전력을 소모하는 외에 전원트랜스의 전용권선이 필요하나, 발광 다이오우드는 DC전원으로 사용할 수 있고, 전력 소모는 100~300[mW] 정도이다.

b. **수명이 길다.**

c. **발광지향성이 있다** — 발광색은 적색인 것이 보통이고, 제품의 용도에 따라 정면은 측면보다 휘도를 크게 하든가 작게 할 수 있다.

(3) 그 밖의 표식용 램프로서의 응용

전원의 단속을 표시하는 외에 각종 집중감시 장치의 콘트롤 판넬, 각종 검사기의 GO/NOGO표시, 스테레오의 샐렉터 스위치 및 형형색색의 정보표시 등의 목적으로 다소 고가이기는 하나 전술한 특징이 있으므로 그 용도가 광범위 하다.

(4) photo-coupler로서의 응용

발광소자와 수광소자를 조합하여 광을 통하여 신호의 수수를 행하는 것을 photo-coupler라고 하며, 전산기에서 흔히 사용되는 card reader가 이의 대표적인 응용 예이다.

photo-coupler로서 요구되는 사항은 아래와 같다.

a. 발광소자의 발광스펙트럼과 수광소자의 흡수스펙트럼이 일치할 것

b. 입력신호와의 직선성이 양호할 것

c. 응답속도가 빠를 것

d. 입력측과 출력측의 절연저항이 클 것

photo-coupler에서는 발광색이 반드시 가시선일 필요는 없다.

(5) 광기전소자(광전지)

광전지로서는 아산화동전지나 세렌(Se) 광전지가 사용되어 왔으나 소자 특성의 온도 변화나 경시변화 등의 문제가 많으므로 최근에는 거의 사용되지 않고, 이 때신 Si 태양전지가 사용되게 되었다. Si 태양전지는 첨두감도파장이 7000~8000[Å]으로서 적외선영역에 있으며, 백열필라멘트전구의 첨두발광파장과 대체로 비슷하다. 또한 전극간의 개방전압은 약 0.4[V]로서 단격전류와 입사광량의 직선성이 양호하다. 그림 7-21은 Si 태양전지의 특성 예이다.

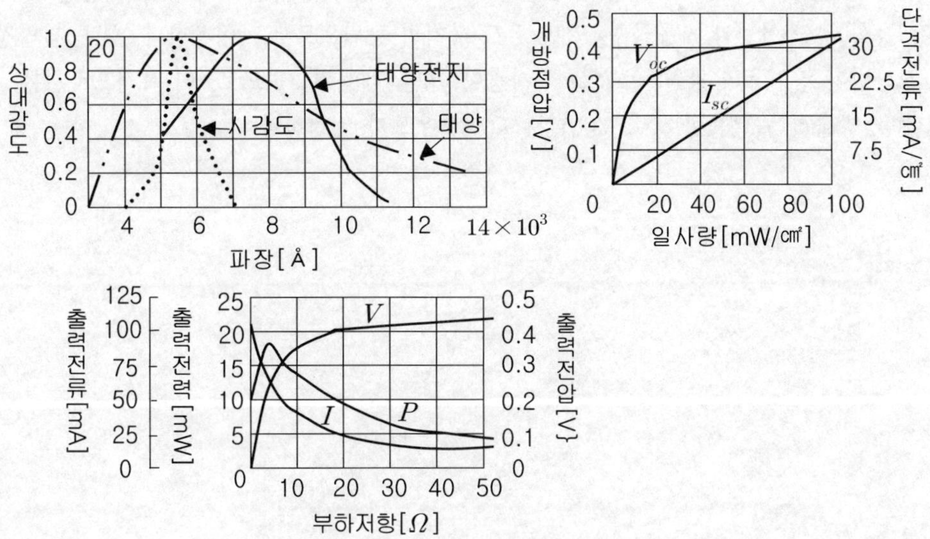

그림 7-21 Si 태양전지의 특성의 예

(6) photo-diode와 photo-transistor

반도체의 p-n 접합부에 광이 조사되면 그 진동수(ν)와 플랭크의 정수(h)와의 적($E=h\nu$)인 에너지가 주어지며, 이 에너지가 금지대의 폭(energy gap)을 넘으면 전자—정공의 쌍(pair)이 되어 광의 강도에 비례하는 전류를 흘린다. 이 감도는 30[μA/m-lm] 정도로서 응답 속도는 약 10[kHz]이다. 첨두감도파장은 Ge에서는 1400[Å], Si에서는 7000[Å] 정도로서 Si에서는 적색 발광하는 발광 다이오우드의 첨두발광파장과 대체로 일치한다.

(7) 광전자방출소자(광전관)

금속에 광은 조사하면 금속 중의 전자가 광전자로서 방출되는 외부광전효과를 이용한 진공광전관이다. 옛날부터 이런 광전관으로는 광전자증배관이 실용되어 왔다. 광전자증배관은 저잡음으로 증폭률이 높으며, 응답 속도도 수 10 [ns] 정도로서 빠르므로, 미약한 광의 검출측정이나 고주파의 검출기로서 사용되고 있다.

(8) 검지기

광원과 수광소자와의 사이에 물체가 있을 때 이를 검출하는 장치(침입경보장치 등)로서 발광 다이오우드를 사용한다.

같은 원리로서 역, 극장 등의 입장자 수의 계수에 사용되는 계수장치의 광원으로서도 이용할 뿐만 아니라 자동급수, 액면 감시 장치의 광원으로서도 이용한다. 한편 침입경보, 도난방지 장치용의 광원으로서는 가시광이 아닌 것이 편리하므로, 이 목적으로서는 적외선을 방출하는 갈륨비소(GaAs) 발광 다이오우드가 적합하다.

연습문제

[1] 호올효과(hall effect)에 대하여 설명하라.

[2] 전자관에 대한 트랜지스터의 장단점을 들어라.

[3] 트랜지스터의 제조 공정을 간단히 설명하라.

[4] photo-coupler로서 요구되는 사항을 들어라.

[5] 합금법에 대하여 설명하라.

[6] 27[℃]에서 Si의 고유 저항은 635[Ω·m]이다. 전자의 이동도를 0.12[m^2/V·s], 정공의 이동도를 0.05[m^2/V·s]라고 할 때 캐리어의 밀도를 구하라.

[7] Ge의 27[℃]에서의 고유 저항을 구하라. 단, Ge의 전자 밀도는 2.5×10^{19}[개/m^3], 전자의 이동도를 0.37[m^2/V·s], 정공의 이동도를 0.19[m^2/V·s]라고 한다.

[8] 27[℃]에서 고유저항이 10^{-2}[Ω·m]인 n형 Ge가 있다. 이 반도체의 전자밀도를 구하라. 단, 전자의 이동도는 0.36[m^2/V·s]이다.

[9] Ge의 도전율을 1[Ω/m]로 하기 위해서는 액셉터의 농도는 얼마면 되는가? 단, 정공의 이동도는 0.17[m^2/V·s]이다.

[10] 고유 저항이 45[Ω·cm]인 n 및 p가 공존하는 Ge가 있다. 정공농도를 4.5×10^{13}[개/cm^3]라 하고, 전자농도를 구하라.

[11] 다음 p-n 접합정류기 중 가장 고온에서 사용할 수 있는 것은?

① 아산화동정류기　　② 세렌정류기
③ 게르마늄정류기　　④ 실리콘정류기

[12] 발광재료가 아닌 것은?

① GaAs　　② CuO　　③ GaP　　④ InP

[13] 에피텍셜 성장에 대한 설명 중 옳지 않는 것은 어느 것인가?

① 동일 원소를 성장시킨다.　　② 동일 구조의 결정을 성장시킨다.
③ 다른 조성에서 성장시킨다.　　④ 같은 상에서 성장시킨다.

[14] 다음 물질 중 온도 상승에 따라 비저항이 떨어지는 물질은 어느 것인가?

① 텅스텐(W) ② 규소(Si) ③ 금(Au) ④ 알루미늄(Al)

[15] 아산화구리 정류소자에서 정류성을 주는 부분은 어느 것인가?

① 합금 접합 트랜지스터 ② 캐리어 확산형 트랜지스터
③ 합금 확산 트랜지스터 ④ 플레이너형 트랜지스터

[16] 트랜지스터의 동작상 필요한 공핍층이 퍼지는 두께는 얼마인가?

① 10[μ] 미만 ② 1[μ]~수[μ]
③ 수[μ]~수 10[μ] ④ 수 10[μ]~100[μ]

[17] MOS 형 FET의 절연막의 두께는 어느 정도 인가?

① 0.01[μ] 정도 ② 0.05[μ] 정도 ③ 0.1[μ] 정도 ④ 0.5[μ] 정도

[18] 반도체 IC의 기판의 크기는 얼마인가?

① 0.1~0.7[mm^2] ② 0.7~1[mm^2] ③ 1~7[mm^2] ④ 7~10[mm^2]

[19] MOS형 IC는 어떤 종류의 IC인가?

① 혼성 IC ② 막 IC
③ 바이포울러 IC ④ 유니포울러 IC

[20] MOS IC에 대한 다음 설명 중 잘못된 것은 어느 것인가?

① 트랜지스터 간의 절연이 필요하다.
② 고밀도로 집적할 수 있다.
③ 탁상계산기, 각종 계측기 중에서 저속 기기를 중심으로 실용화 되었다.
④ 바이포울러 IC에는 특징이 있다.

[21] 2극 포토 다이오드에 비하여 PNP나 NPN 구조인 포토 트랜지스터의 출력 전류는 몇 배나 되는가?

① 7~35[배] ② 35~70[배] ③ 70~130[배] ④ 130~200[배]

[22] 플래이너(또는 mesa) 트랜지스터의 단점을 해결하기 위하여 특별히 쓰는 결정 성장법은 어느 법인가?

① epitaxial method ② pulling method
③ floating zone method ④ zone refining method

[23] 제조되고 있는 LSI의 한 칩 내의 최대 소자수는 얼마인가?

① 100[개] 정도 ② 1,000[개] 정도
③ 5,000[개] 정도 ④ 10,000[개] 정도

[24] SSS에 대한 다음 설명 중 잘못된 것은 어느 것인가?

① 교류회로의 제어에 사용된다.
② 게이트(gate)가 있다.
③ PNPN의 4층 다이오드 2개가 역병렬로 연결된 것과 같이 생각할 수 있다.
④ 브레이크 오우버 전압 이상의 펄스를 가하여 통전시킬 수 있다.

[25] 다이액에 대한 다음 설명 중 옳지 않은 것은 어느 것인가?

① NPN의 3층 구조이다. ② 쌍방향성 다이오드이다.
③ 음성저항 특성이 있다. ④ 유리로 봉한 미니형 다이오드보다 외형 치수가 적다.

[26] SCR의 설명 중 틀린 것은 어느 것인가?

① 다이라트론(thyratron)과 기능이 닮았다.
② 전류제어 장치이다.
③ 이온(ion)소멸시간이 길다.
④ 통전시키는 데 게이트(gate)가 큰 역할을 한다.

[27] 태양전지 소자 1개의 출력전압은 얼마 정도인가?

① 0.1[V] ② 0.5[V] ③ 1[V] ④ 1.5[V]

[28] 다음 중 발광표시 소자의 특징이 아닌 것은 어느 것인가?

① 전기적 구동 ② 고속 응답
③ 읽기 쉬운 점 ④ 전력 소비가 많다.

[29] 발광소자와 수광소자를 조합해서 한 케이스에 넣어 광을 매체로 하여 신호를 주고받는 것은 어느 것인가?

① 발광표시 소자 ② 호올 소자
③ 포토 커플러 ④ 포토 아이솔레이터(photo isolator)

[30] 다음 중 포토 아이솔레이터의 응용과 거리가 먼 것은 어느 것인가?

① 도난방지장치 ② 위치검출장치
③ 편위검출장치 ④ 연기탐지장치

[31] 포토 애칭법에 대한 설명 중 옳지 않은 것은 어느 것인가?

① 포토 레지스터가 사용한다.
② 적외선을 쬐어 현상액에 작용시킨다.
③ 폭, 간격 모두 1[μm] 정도까지 실용적으로 만들 수 있다.
④ 마스크 얼라이너가 사용된다.

[32] 이온 주입법에 대한 설명 중 옳지 않은 것은 어느 것인가?

① 불순물 원소를 이온화 한다.
② 전계에 의하여 고에너지로 가속된다.
③ 큰 가속기가 필요하다.
④ 불순물 농도의 제어가 어렵다.

[33] 에사키 다이오드(Esaki diode)의 특징은 무엇인가?

① 불순물이 많다. ② N^+층이 있어야 한다.
③ 자기 회복능력이 강하다. ④ 오옴(ohm)법칙을 만족한다.

[34] 터널 다이오드(tunnel diode)는 negative resistance를 갖는다. 그 이유는 무엇인가?

① P-N 양단에 성질이 전혀 다른 물질 때문에
② P-N 양단에 온도에 따라 팽창이 다르므로
③ P-N의 doping 차
④ P-N 양단의 capacitance 변화

[35] 바리스터(varistor)의 재료로 적합한 것은 어느 것인가?

① MN_2O_3 ② SiC ③ ZnC ④ $C_{14}H_{10}$

[36] 바리스터에 대한 다음 설명 중 옳지 않은 것은 어느 것인가?

① 인가전압에 따라 현저히 저항 값이 변화한다.
② 열에 안정하다.
③ 시간 지연의 결점이 있다.
④ 비교적 고전압에도 쓸 수 있고 값이 싸다.

[37] 바리스터의 설명 중 가장 맞지 않는 것은 어느 것인가?

① 제법은 SiC(탄화수소)와 점토로서 성형되며 1,200~1,300[℃]로 가열한 것
② 일반적으로 방향성이 없고 서로 대칭적인 특성을 갖는다.
③ CuO, Se, Ge 등도 똑같은 특성이 있다.
④ 불꽃 방지용, 피뢰침, 이상전압보호용 등으로 사용된다.

[38] 합금 접합계의 캐리어 드리프트(drift)형 트랜지스터로서 고주파 특성이 좋은 것은 어느 것인가?

① 합금 접합 트랜지스터 ② 캐리어 확산형 트랜지스터
③ 합금 확산 트랜지스터 ④ 플레이너형 트랜지스터

Chapter 8 절연재료

- 절연재료
- 고체절연재료
- 유기고체절연재료
- 수지계절연재료
- 고무계재료
- 기체절연재료

8-1 절연재료

1) 절연재료의 분류

현재 사용되고 있는 절연재료의 종류는 대단히 많다. 그 분류방법에는 형태와 조성에 따는 분류방법과 내열성에 따라 분류하는 방법이 있다.

(1) 형태와 조성에 의한 분류

절연재료를 형태로 보아 기체, 액체, 고체, 반고체로 분류할 수 있고 조성에 의한 상태에서 보면 천연물, 인조물로 나눌 수 있는데 여기에는 각각 그 재료의 성질에 따라 무기질과 유기질로 나누어진다. 절연재료를 형태에 따라 분류하면 표 8-1과 같고, 조성에 따라 분류하면 표 8-2와 같다.

표 8-1 절연재료의 형태상의 분류

분류		예
기체절연재료		공기, 질소, 프레온 탄산
액체절연재료	절 연 유	광유, 합성유
	절 연 바 니 쉬	주정바니쉬, 유성바니쉬, 합성수지바니쉬
반고체절연재료	절 연 콤 파 운 드	함침용유, 충진용콤파운드, 잡유
	탄 성 체	천연고무, 합성고무
고체절연재료	사상, 관상절연물	천연섬류, 합성섬유, 적층관, 바니쉬테이프
	박 막 절 연 물	산화피막, 바니쉬피막, 마이카편
	적 층 품	합성수지적판
	형 조 품	합성수지형조품, 마이카렉스
	도 업 품	도자기, 유리, 스테아타이트

표 8-2 절연재료의 조성에 따른 분류

재료		무기재료	유기재료
기체재료	천연재료	공기, 질소	—
	합성재료	6물화유황	프레온
액체재료	천연재료	—	천연광유, 어유, 경유, 아마유, 등유
	합성재료	—	염소화합성유, 실리콘유
고체재료	천연재료	운모, 석면, 대리석	목재, 종이, 생사, 펄프, 마, 고무 아스베스트, 피치
	합성재료	자기, 인조운모	각종 프라스틱, 합성고무

(2) 내열성에 의한 분류

절연재료의 내열성은 표 8-3과 같이 분류한다. 절연재료의 내열구분에 따라서 각각 기기의 최고허용온도가 한정된다.

표 8-3 절연재료의 내열구분

종별	최고허용온도(℃)	주요 재료의 예
Y	90	면, 견, 종이 등 천연동식물섬유, 재생셀루로우즈, 아니린수지, 요소수지, 견화이버, 목재
A	105	바니쉬 또는 기름을 함침한 천연동식물섬유, 바니쉬페이퍼, 바니쉬클로즈, 에나멜선용, 비닐폴말수지, 견화이버, 목재, 프레스보오드
E	120	에나멜선용, epoxi 수지, 셀루로우즈, triacetate
B	130	유리섬유, 석면, 운모를 셀락 asphalt 합성수지와 조합한 재료
F	155	유리섬유, 석면, 운모를 특히 내열성이 좋은 합성수지와 조합한 재료
H	180	유리섬유, 석면, 운모를 실리콘수지와 조합한 재료, 실리콘고무
C	180 이상	운모, 도자기, 석영, 유리 등을 그대로 cement와 같은 무기접착제와 조합한 재료

2) 절연재료의 제특성(필요조건)

절연재료에 요구되는 제특성에는 제일 먼저 요구되는 것이 전기적 특성이나 그 외에도 기계적 특성, 열적 특성, 물리, 화학적 특성 등이 있다. 고체, 액체, 기체에 따라 사용목적에 의해서 사정이 다르므로 일반적으로 다음과 같은 성질이 요구된다.

(1) 전기적 특성

절연재료에는 다음과 같은 전기적 특성이 필요하다.

ⓐ 절연저항이 클 것(체적저항율이 클 것)
ⓑ 절연파괴의 세기가 클 것
ⓒ 비유전율과 유전정접(유전전력율)의 값이 적을 것(콘덴서 유전체에 대해서는 비유전율이 크고 안정)
ⓓ 내 arc성과 내 corona성이 있을 것
ⓔ 전기적 성질의 온도계수가 적을 것

(2) 기계적 특성

절연재료에는 다음과 같은 기계적 특성이 필요하다.

ⓐ 인장강도, 압축강도, 굴곡강도가 클 것
ⓑ 내충격성, 내마모성이 좋을 것
ⓒ 탄성한도가 적당할 것
ⓓ 가공이 용이할 것
ⓔ 점도(액화의 경우)가 적당할 것
ⓕ 경도가 적당할 것

(3) 열적 특성

전기기기는 많고 적은 발열현상을 수반하므로 다음과 같은 열적 특성이 요구된다.

ⓐ 내열성이 좋을 것
ⓑ 용융점 또는 연화점이 높을 것(고체)
ⓒ 열전도도가 좋을 것
ⓓ 열팽창계수가 적을 것(고체) 또는 적당히 클 것(기체, 액체)
ⓔ 비열이 크고 비점이 높을 것(액체)
ⓕ 응고점이 낮을 것(액체)

(4) 물리·화학적 특성

절연재료의 물리·화학적 특성은 재료에 따라 다르나 보통 특성은 다음과 같이 요구된다.

ⓐ 화학적으로 안정할 것(가열에 의해 쉽게 분해되지 않을 것, 내약품성이 클 것, 공기 중에서 산화되기 어려울 것)
ⓑ 수, 산, 알칼리, 유에 녹지 않을 것
ⓒ 탄화온도가 높고 금속을 부식시키지 않을 것
ⓓ 흡습성, 흡수성이 적을 것
ⓔ 내수, 내후성이 좋을 것
ⓕ 난연성이며, 폭발, 독성이 없을 것

3) 절연재료의 수명과 허용온도

(1) 절연재료의 수명

오랜 시간동안 각종 기계를 사용하면 절연재료는 점차 열화 되어 처음의 성능을 유지하지 못하고 감퇴되어 일정 값으로 될 때까지의 시간을 그 재료의 수명이라 한다. 수명은 재료의 놓여진 상태에 따라서도 변화하나 정상 운전시의 경우 20~30년을 표준으로 삼는다. 기기의 수명에 주는 가장 큰 영향은 물리적·화학적 변화인데 그 중에서도 온도가 높게 되면 수명이 급속히 짧게 된다.

절연재료의 수명과 온도와의 관계가 정확하다고는 할 수 없으나 다음과 같은 몬진가(montsinger)식으로 나타낸다.

수명을 y년, 사용온도를 θ[℃]라면

$$y = A\varepsilon^{-m\theta}$$

여기서 A, m은 재료의 특유상수 윗 식에서 온도를 몇 도 높이면 수명이 반이 되는가의 값은 다음과 같이 택해진다.

$$\Delta\theta = \log e \frac{2}{m} = 0.69/m$$

몬진가식에 의하면 $\Delta\theta$는 대개 A종(면, 종이)는 8[℃], B종(마이카, 유리)은 10[℃] 정도의 값이 된다고 보고 있다.

사용온도와 수명과의 관계는 그림 8-1과 같다.

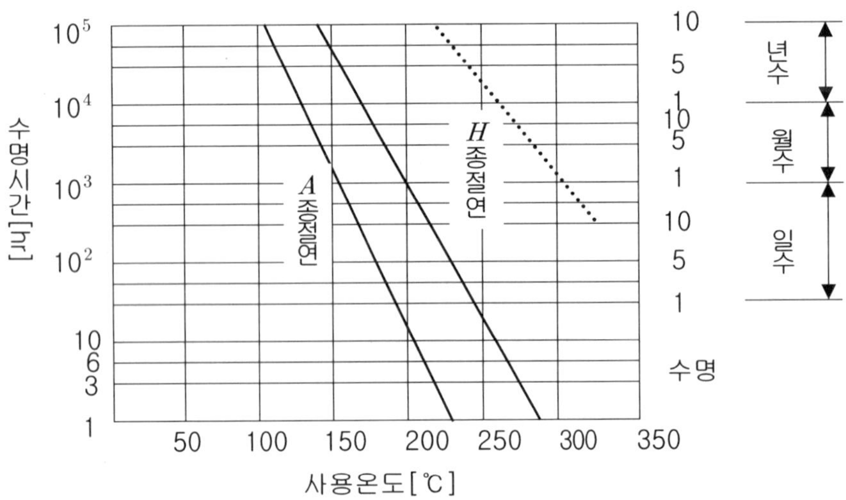

그림 8-1 절연재료의 사용온도와 수명과의 관계

(2) 온도상승한도와 최고 허용온도

대부분의 전기기계는 그 도체에 저항손 또는 철손에 의한 주울열에 의하여 열이 생기며 동시에 절연물에도 누설전류 또는 유전체손에 의한 발열이 생긴다. 이로 인하여 절연재료의 온도가 상승하게 되므로 재료가 열화 되어 절연성을 상실하게 된다. 그러므로 기계 기구의 설계나 보수에 있어서는 이와 같은 열화의 원인에 대한 대책을 강구하여 수명이 단축되는 것을 방지하지 않으면 안 된다. 다시 말하면, 그 절연물에 허용되는 최고온도 즉 최고허용온도를 알고 이것을 지켜야 한다.

그런데 규격에서는 이 최고허용온도 보다는 온도상승한도를 흔히 사용한다.

이것은 주위온도에 비하여 얼마만큼 온도가 상승해도 좋은가를 나타내는 것으로 주위온도의 최고치는 보통 40[℃]로 생각하므로 원칙적으로는

최고허용온도 = 40 + 온도상승한도[℃]가 된다.

따라서 최고허용온도가 90[℃]가 되는 절연물은 온도상승한도를 50[℃]로 설계하면 된다. 특히 고온 부근에서와 같이 주위온도가 넘는 특별한 장소에 대하여는 온도상승한도를 적게 설계해야 한다. 여기서 주의해야 할 것은 실내의 기구에서는 절연부분의 온도는 고르게 상승하지 않는다는 점이다. 즉 발열부(도체부분)에 가까운 부분의 온도는 높고 외기에 접하는 부분의 온도는 비교적 낮다. 그러나 최고허용온도는 최고온의 부분의 온도에 대해서만 생각되므로 어느 부분에서 온도를 측정하는가에 따라 실용상 온도상승한도의 수치도 달라진다. 온도계에 의해 측정하는 경우는 비교적 외부온도를 측정하고 있으므로 온도상승한도는 비교적 그 수치가 작아진다. 이에 대해서 저항법, 또는 매입온도계법으로 측정하는 경우는 온도상승의 수치는 커진다. 앞에서 절연재료의 내열온도에 따라 Y. A. E. B. E. H. C종으로 구분되었다. 이것들의 현재 정해져있는 온도상승한도를 나타내면 표 8-4와 같다.

표 8-4 온도상승한도

<table>
<tr><th>종별
측정법</th><th>A</th><th>E</th><th>B</th><th>F</th><th>H</th><th>C</th></tr>
<tr><td>온도계법</td><td>50</td><td>65</td><td>70</td><td>85</td><td>105</td><td rowspan="3">특별규정은 없고 물질에 따라 결정</td></tr>
<tr><td>저 항 법</td><td rowspan="2">60</td><td rowspan="2">75</td><td rowspan="2">80</td><td rowspan="2">100</td><td rowspan="2">125</td></tr>
<tr><td>매입온도계법</td></tr>
</table>

8-2 고체절연재료

고체절연재료는 기체나 액체절연재료보다 절연성이 우수한 편이다. 고체절연재료의 도전현상에 대해서는 앞장에서 설명하였다. 고체절연재료는 무기재료(운모, 석면, 유리, 자기, 대리석 등의 광물질재료)와 유기재료(종이, 목재, 면, 포, 고무, 플라스틱 등의 고분자화합물)로 대별된다.

유기질과 무기질과의 차이점을 들어보면 유기질은 비결정성이며 탄소분자의 연쇄결합으로 형성되어 있고 온도가 100[℃]를 초과하면 분해되어 탄소가 석출되어 가공이 쉽고 착색성이 좋은 성질을 가진다. 이에 반해서 무기질은 결정성인 것이 많고 온도가 300[℃] 이상의 내열성을 가지며 화학적으로 안정하나 단단하여 가공이 곤란하여 비착색성인 점도 있다. 이와 같이 무기재료와 무기재료는 장단이 있으나 절연재료로써 유용한 것이다.

1) 운모(mica)

운모는 무기질절연재료의 대표적인 것으로서, 외관은 투명 또는 반투명인 결정체이며 성분은 SiO_2, Al_2O_3, K_2O와 결정수를 함유하며 또는 종류에 따라 Mg, Fe, Na, Li 등을 함유하는 종류가 많지만 오래 전부터 절연재, 내열재, 유전체로서 사용되었으며 그 특징은 다음과 같다.

ⓐ 엷게 벗겨지고 비교적 유연하다. ⓑ 열에 강하다.
ⓒ 절연성, 내코로나성이 우수하다. ⓓ 유전손실이 작다(백운모의 경우).

운모는 천연운모와 합성운모로 나누어지며, 천연운모에는 백운모와 금운모가 있다.

(1) 백운모(카리마이카)

경질운모라고 하는 것으로, 무색투명하며 결정수를 4~6[%] 함유하며 금운모에 비하여 경질이며 내약품성이 강하다. 그러나 내열성은 금운모보다 좋지 못하며, 최고사용온도는 550[℃] 정도이다. 이 운모의 화학조성은 $KAl_3Si_3O_{10}(OH)_2$이다. 백운모는 전기적 특성이 좋고 비유전율은 6~8, 유전손$(2 \sim 8 \times 10^{-4})$은 작고 절연내력(90~120KV/mm)은 크기 때문에 콘덴서의 유전체나 전자관 및 각종 전자 기기의 절연에 사용된다.

(2) 금운모(마그네시아 마이카)

연질운모라고 부르며 내열성이 우수하고 연속사용온도는 800[℃] 정도이다. 이것은 결정수를 3% 이하를 포함하며 전기적 특성은 좋지 못한 편이다. 이것은 백운모에 비해 tan δ는 크며 이 운모의 화학조성은 $KMg_3AlSi_3O_{10}(OH)_2$이다. 내열성이 우수하므로 전자통신기기, 전기기기 등의 절연, 전열기구의 열절연 등에 사용된다.

(3) 합성운모(인조운모)

천연운모는 결정수를 함유하기 때문에 고온가열로 결정수를 잃게 되면 사용할 수 없게 되므로 이 결점을 보완하기 위하여 금운모의 수산기(OH)를 불소로 치환하여 $KMg_3AlSi_3O_{10}F_2$로 한 것을 합성운모라고 한다. 내열성이 우수하고 최고사용온도는 1,100[℃]로서, 다른 운모에 비하여 높은 편이다. 결정구조와 외관은 금운모와 같으나 경도는 약간 크고 가공성이 우수하다.

① **운모판** : 종이 혹은 포 중에 소편의 운모를 접착제(셀락, 물유리, 실리콘유)로 한 면 혹은 양면에 붙여 사용한다. 이것을 micanite라 하며, 얇은 절연지를 붙인 것을 마이카지(mica paper)라 하고 유리나 천에 규소수지로 붙인 것을 마이카 클로즈(mica cloth)라 한다. 사용목적에 따라 경질용, 조형용, 가소성용, 내열용으로 나눈다.

② **운모조형물(micalex)** : 각종 운모의 분말과 붕산연(PbH_3BO_2)과 같은 낮은 융점의 유리를 2:1로 혼합하여 약 700[℃]로 가열, 가압, 형성한 것으로 외관이 도자기와 같이 단단한 절연물로 내열성(400~450[℃]), 절연성이 우수하고 유전체손이 적고 기계가공도 가능하여 고주파 절연, 내열절연, 전철용 전동기의 브러쉬 고정기에 쓰인다.

표 8-5 대표적인 운모의 특성

	백운모 (경질운모)	금운모 (연질운모)	합성운모
비중	2.7~3.1	2.6~3.0	2.85
사용온도 [℃]	550	800	1100
체적저항율[Ωcm]	$10^{14} \sim 10^{17}$	$10^{13} \sim 10^{16}$	10^{15}
비유전율	6~8	5~7	6
절연파괴강도[kV/mm]	90~120	80~100	
유전정접 [1MHz]	0.0002	0.0065	0.0008

2) 석면(asbestos)

석면은 무기절연재료(천연)중 유일한 섬유상 광물로 목면과 같이 방적이 가능하다. 일반적으로 유연하고 가소성, 불연성, 내열·내아크성이 좋으므로 각종 가공품을 만드는데 사용되어 왔으나 최근에는 초자섬유로 점차 치환되고 있다.

(1) 석면의 종류

석면에는 여러 가지 종류가 있으나 전기 절연재료로 쓰이는 것에는 온석면과 청석면이 있다.

① **사문석계의 온석면(crysotile)** : 이 석면은 [3MgO, SiO_2, $2H_2O$]로 조성되었으며, 1 μ 이하의 백견사상의 광택을 가지고, 유연하며, 내열성 450[℃]이 뛰어나고 화학적으로 안정하여 각종 전기재료로 많이 쓰인다.

② **각내석계의 청석면(crocidolite)** : 이 석면은 [Na_2O, Fe_2O_3, 3FeO, $8SiO_2$, $2H_2O$]로 조성되었으며, 섬유가 굳어지고 짙은 청색으로 되어 광택이 적다. 화학적으로 약하여, 내열성(300[℃])도 온석면보다 낮고 600[℃] 전후에서 결정수를 잃고 부스러진다.

표 8-6 석면의 특성

	비중	용융점	연속사용온도 [℃]	강열감량 [%]	흡습성 24hr[%]	내산성	철분 [%]
온석면	2.2~2.8	1200~1600	400	13~15	1~3	약	4.5 이하
청석면	3.2~3.3	1150	200	3~4	1~3	강	3.5 이하

(2) 석면제품

① **석면계** : 장섬유의 석면에 10% 정도의 목면섬유를 가하여 실로 만든 것으로, 내열성 전선 및 전열용 코오드 등의 피복에 사용된다. 석면포, 석면테이프 등은 내열절연재료 및 적층판용 게재로서 사용되는데, 최근에는 이들 용도에 초자섬유도 사용한다.

② **석면지** : 석면섬유에 약 10%의 목재펄프를 혼합하여 두께를 0.12~0.5[mm] 정도의 종이모양으로 만든 것으로 내열성을 요하는 절연에 사용되고 또한 권선·적층재료에도 쓰인다.

③ **석면판(milboard)** : 석면지나 석면섬유를 무기접착제(물유리)로 서로 맞붙여 압축한 것으로 내열, 내아크 차단을 요하는 곳이나 배전반재료로 쓰인다.

④ **석면형조품(파이브론 시멘트)** : 석면과 석탄 또는 시멘트를 물과 혼합하여 소요형에 넣어 압축시켜 각종 형상을 만든다. 절연내력이 적으나 500[℃]의 온도에 견디므로 기중차단기, 고속도차단기 등의 소고질벽으로 쓰인다.

⑤ **석면외의 무기질절연재료**

ⓐ **대리석** : 절연성이 우수하고 불연성이며, 가공이 쉬우므로 배전반이나 개폐기대 또는 소형변압기의 단자반 등에 사용된다. 결점으로는 흡습성이 있고 산에 약하다는 것이다.

ⓑ **석판석** : 흡습성이 있고 절연내력도 낮으므로 저전압배전판이나 스위치에 사용한다.

ⓒ **수정(quartz)** : 절연성이 극히 우수하나 고가이고, 소형이기 때문에 가공이 곤란하여 고급 측정기용 절연물 및 고주파 절연물로서 사용되는 정도이다.

ⓓ **유황(sulphur)** : 절연성은 양호하나, 물러서 단독 절연물로서는 사용되지 않고 접착용 절연물로서 사용된다.

3) 세라믹(ceramic)

1종 또는 2종 이상의 산화물 또는 이들의 화합물로써 이루어지며, 도자기를 합한 것을 말하며, 전자 재료로서는 자기가 더 중요하고 이들은 모두 요업제품의 대표적인 것이다.

일반적으로 SiO_2(70~75%), Al_2O_3(20~50%), 그 밖에 Fe_2O_3, CaO_2, MgO 등을 포함하는데 이들의 분말을 혼합, 형성하여 1,300~1,500[℃] 정도로 소성하여 만든다.

전자재료로서 이들 산화물은 절연재료, 유전재료, 외에 반도체, 자성체, 저항체 및 내열재로서 많이 사용된다.

(1) 세라믹의 특징

a. 절연성이 좋다.
b. 기계적, 화학적으로 강하다.
c. 고주파 손실이 작다.
d. 내열성이 좋다.
e. 유전율이 크다.
f. 열팽창계수가 작다.
g. 내후성이 우수하다.
h. 금속과의 봉착성이 좋다.

세라믹은 사용 주파수, 전압·전류의 대소, 직류의 교류 및 온도와 습도에 따라 특성이 달라지므로 용도에 적합한 재료를 선택해야 한다. 세라믹 재료에는 여러 가지가 있으나 전자재료로서 주로 사용되는 것은 다음과 같다.

종류		구성	특징	용도
①마그네시아(MgO)자기	스테아타이트 (steatite)	활석(3MgO, $4SiO_2H_2O$)를 주원료로 하여 여기에 산화연(PbO), 산화바륨(BaO) 등을 첨거하여 압축성형한 다음 1400[℃]의 온도로 노중소성한 것이다.	(장)절연성이 좋다. 기계적으로 강하다. 고주파에서의 유전율이 작다 (단)열팽창계수가 크다. 열충격에 약하다. 오염에 의하여 표면의 절연저항이 저하한다.	고주파용 자기, 콘덴서의 유전체, 진공관의 베이스, 소켓, 고주파 코일용 보오빈, 안테나 애자, 동축케이블의 절연체
	프로스터라이트 (forsterite)	스테아라이트에 비하여 활석에 첨가하는 마그네시아량을 증가시켜 $2MgOSiO_2$에 상당하게 조성한 것이다.	(장)고주파손실이 작다. 마이크로파 영역에서 유정손실이 작다. 고온에서 절연저항이 크다. (단)열팽창계수가 크	콘덴서의 유전체, 세라믹 진공관, 마이크로파 영역용 절연물.

			므로 충격에 약하다.	
②알루미나자기		알루미나(Al_2O_3)를 주성분으로 한 자기로서, 그 특성은 알루미나 함유량에 따라 달라지나, 고온 절연성이 우수하고 융점은 2015[℃]이며, 기계적 강도는 자기 중에서 최고의 부류에 속한다.	(장)절연성이 우수하다. 내열성이 크다. 기계적으로 강하다. 화학적 저항성이 크다. 열전도율이 크므로 열충격에 강하다. (단)열팽창계수가 크다.	대형진공관의 관내 절연물, 소형진공관이나 정류소자의 외형물, 전자부품용 기관, 스페이서
③루칠(금홍석)자기		TiO_2분말(티탄백) 또는 $FeOTiO_2$(티탄철광)분말을 건식압축법으로 성형하고, 약 1400[℃]로 소성하여 얻는 자기로서 유전율은 80 정도이나, 유전율의 온도계수는 부(負)이다.	(장)유전율의 온도계수가 부(負)이다.	유전율의 온도계수를 무시할 수 있을 만큼 정전용량이 적은 콘덴서의 유전체
④티탄산계자기	티탄산마그네슘	루칠자기의 유전율 온도계수가 부(負)인 특성을 개선하기 위하여 마그네시아를 첨가하여 $2MgOTiO_2$로 하여 온도계수를 0에 가깝게 한 것이다.	(장)유전율의 온도계수가 작다.	정전용량의 온도계수가 문제가 되는 콘덴서의 유전체
	티탄산바륨	TiO_2와 BaO를 혼합하여 가압성형한 다음 1400[℃] 정도로 소성한 것인데, $BaTiO_3$를 주결정으로 하는 자기로서 강유전체이다.	(장)유전율이 상온에서 1000~3000이다.	소형, 대용량 콘덴서의 유전체
⑤초자세라믹 (glass ceramic)		유리와 세라믹의 중간 성질을 가진 것이다. 결정핵이 되는 물질을 수종 포함하는 유리를 용해하여 성형한 다음 가열처리한 것이다.	(장)절연성, 내열성 및 기계적 성질이 우수하다.	소형애자, 마이크로오듈(module)용 웨이퍼(wafer)

4) 초자(glass)

무수규산에 알칼리 금속 또는 알칼리 토류금속의 산화물을 혼합하여 가열 용해한 것을 급냉하여 무정형물질로 만든 것이다. 초자는 세라믹과 같이 인조무기고체 절연 재료의 대표적인 것으로 초자의 성질은 아래와 같다.

◇ 초자의 성질

a, 유전율이 크다.
b. 무색투명하다.
c. 인장강도가 크다.
d. 열팽창계수가 작다.
e. 가공이 쉽다.
f. 일반적으로 절연성이 우수하다

초자의 종류로서는 다음과 같은 것이 있다.

(1) 석영초자(quartz glass)

석영 또는 순도의 SiO_2의 분말을 1,800[° C]로 가열, 용융하여 무정형물질로 한 것으로 절연성이 좋고, 유전체손이 적다. 내열성, 기계적 성질(열팽창계수가 적다)이 우수하고 화학적으로 안정하여 연화점(1,500[° C]이 높으므로 특수절연물·전기집진기용 절연, 열전대 보호관, 고압수은등에 쓰인다.

(2) 붕규산초자(boroon-silicate glass)

알칼리 성분을 아주 적게하고 무수붕산(B_2O_3)을 10[%]정도 가한 것으로 연화온도가 550~700[° C]로 높고 가공이 곤란하여 경질유리라고도 한다.

(장) 연화온도가 높다. 절연성이 우수하다. 기계적 강도가 크다. 열팽창계수가 작다. 화학적으로 안정하다. 풍화에 강하다.

(단) 가공이 어렵다.

용도는 전자관재료, 전자기기용 각종 절연물, 고주파용 애자, 초자, 단자 등에 쓰이며 물리화학용 유리 기구로도 쓰이며 Pyrex(미국), Rorex(일본) 등의 상품명이 유명하다.

(3) 소오다 석탄유리(akali glass)

연질유리라고도 하며 염기성분(CaO, NaO, K_2O)을 많이 함유한 유리로 전기적 특성이 좋지 못하므로 전기절연재료로 적당치 않다. 가격이 싸고 연화온도가 낮으며 가공이 용이하므로 창유리, 병유리, 크라운유리로 주로 쓰이며 절연성을 요하지 않는 전구용 유리로 쓰인다. 알칼리분을 많이 포함하면 Na 이온의 전기전도에 의해 감소되고 $\tan\delta$가 증가하여 절연내력이 저하된다.

(4) 연초자(lead glass)

알칼리 성분을 아준 적게 하고 대신 산화연(PbO)을 20[%]이상 가한 것으로 print

glass라고도 한다. 전기적 특성이 양호하며 연화온도(400~600[℃])가 비교적 낮아 가공이 용이하므로 진공관, 전구의 리드 봉인용 및 지지물로 쓰인다. 또 PbO를 많이 포함시키면 비유전율이 크므로 유리콘덴서의 유전체로서 쓰인다.

(5) 초자섬유(glass fiber)

초자 섬유에는 장·단섬유가 있다. 장섬유는 주로 절연재료에 적당하고 단섬유에는 단열, 방열 재료로 쓰인다. 단섬유에는 용융된 원료를 압축공기로 불어 날려서 만들거나 회전판으로 발산시켜 만들고 장섬유는 원료를 인화성 용기에 녹여 그 밑의 구멍으로 빼내서 만든다. 유리섬유는 5~10μ정도 매우 가는 섬유로 하면 대단히 부드러우며 전기절연으로 쓰는 것은 알칼리 함유량이 0.5[%]이하의 것이 사용된다. 유리 섬유는 식물성 섬유에 비해 불연성, 내연성이 크고, 비흡습성 및 내유성, 전기절연이 양호하고, 기계적 강도 및 인장강도가 크며 화학적으로 안정한 특성을 지닌다. 그러나 집속된 상태에서 모세현상에 의해 흡습성을 띄고 또 진동 등 반복응력에 의해 끊어지기 쉬우므로 도료(바니쉬) 또는 혼화물(compound)로 굳혀서 사용해야 한다(B종 절연). 최근 발달한 실리콘 수지와 유리 섬유를 조합하면 우수한 내연성절연물이 얻어진다(H종 절연). H종 절연물을 실시한 것으로 교류발전기의 권선, 전철용 전동기의 권선, 실내용 건식변압기에 사용된다. 장섬유는 실, 포, 테이프로 하여 전선의 피복과 C종 절연에 쓰이고 단섬유는 다른 적당한 유기절연물을 합침하여 B, F, H종 절연이 된다.

표 8-7 유리의 특성

특성 / 종류	소오다석탄유리	연유리	붕규산유리
비 중	2.4~2.8	2.8~3.7	2.2~2.3
흡 수 율(%)	0	0	0
인장강도(kg/㎠)	140~350	210~420	150~2500
압축강도(kg/㎠)	700~1400	420~700	1300~1200
탄성계수(kg/㎟)	6500	6500	6200
경 도	5	5	5
선팽창계수(10^{-6}/℃)	8~9	8~9	3.2~3.6
연화온도(℃)	550~600	400~600	550~700
체적비저항(Ω·㎝)	$\rangle 10^{13}$	$\rangle 10^{13}$	$\rangle 10^{14}$
비유전율(1~10Mc)	6~8	7~10	4.5~5.0
$\tan\delta[\times 10^{-4}]$(1~10Mc)	약 100	5~40	15~35
절연내력(50C/S)(KV/mm)	5~20	5~20	20~35

8-3 유기고체절연재료

이것에는 목재, 종이, 면사, 면포 등의 식물성 섬유가 있고 견사, 견포 등의 동물성 섬유를 쓰고 있는 것이 있다. 또는 천연수지에서는 로진, 셀락이나, 합침재료에서의 파라핀, 아스팔트, 핏치 등이 있다. 또한 연성체 또는 강성체에서는 고무, 구타페르카, 바라타 등의 수액을 가공하여 재료로 널리 쓰이고 있다.

유기재료는 일반적으로 무기질재료에 비해 기계적 강도, 내열성, 수명, 내화학적성질 등의 점에는 불량한 경우도 많지만 인장강도, 박막가능성, 충진성, 탄성, 유연성, 가소성 등이 기계적 성질은 무기질에서는 얻을 수 없는 특성을 가진다.

1) 면계(cotton)

면화에서 얻어지는 백색 혹은 회색의 섬유로 한 줄 섬유의 길이는 15~60[mm] 직경 0.01~0.04[mm]의 편평한 것이다. 흡습성이 6~21[%]의 수분을 함유하고 있으며 내열성이 약하고, 산·알칼리에도 약하며 유기용제나 유에 대해서는 안정하다 가열하면 100[° C]에서 흡수한 수분을 잃고 그 이상의 온도에서는 부스러진다. 160~170[° C]에서는 분해하여 탄소를 유리한다. 따라서 절연재료로서의 최고허용온도는 90[° C]정도이다. 이것은 주로 전선의 피복에 쓰인다.

2) 견계(silk)

누에고치에서 얻는 단백질의 섬유(0.017~0.025[mm])로 선계보다 매우 가늘고 기계적으로 강하며 내산성은 식물성보다 강하나 내알칼리성은 약하다. 그리고 흡습성이 크며 자외선에 의한 첨화가 비교적 크다. 전기적 특성이 천연 섬유 중 가장 좋으므로 전선에 피복(견권선) 또는 바니쉬를 합침시켜 바니쉬 실크(varnish silk)로 하여 사용하며 점적율이 좋으므로 마그네트 와이어(magnet wire)로 쓰인다.

3) 마

사보다는 가늘고 강한 섬유로서 그 종류에는 아마, 마닐라마, 황마 등이 있다. 마닐라마는 남양(필리핀)에서 산출되는 다년생초목의 잎에서 얻는 섬유로 길이는 1.5[m]에 이른다. 내수성, 내구성, 인장강도가 크므로 전기재료로서는 절연지(마닐라지) 원료로 중요하다. 그리고 마닐라로크로도 쓰인다. 황마는 인도나 파키스탄에서 많이 산출되며 섬유의 길이는 1~2[m]이며 주요 용도로는 cable의 개재물이나 보호로 쓰인다. 아마는 목면에 비하여 섬유가 길고 강도가 크다. 그러나 산·알칼리에는 목면보다 약하고 수분을 7~8[%] 함유한다. 절연용 사로 사용된다.

4) 절연지(Insulating paper)

지는 콘덴서의 유전 재료로서는 물론 각종 케이블이나 코일의 절연 재료로서도 광범위하게 사용되고 있으며 지에는 화지와 양지가 있다. 화지에는 그 생산량이 적지 않으나 특수의 것을 제외하고는 양지가 쓰인다. 양지는 목재에서 채취한 펄프를 초조한 것이다.

펄프는 취목한 그대로를 기계적으로 가공한 기계펄프와 화학적으로 처리한 화학펄프가 있는데 절연지는 화학펄프 중 침엽수재를 소오다액 또는 황산소오다로 처리한 황화(sulphate)펄프가 이용되며 이것을 크래프트(Kraft)펄프라고도 한다. 종이는 그 자체 OH기를 갖는 섬유소를 포함하므로 보통 상태에서의 4~12[%]의 수분을 흡착하여 절연저항과 내력이 저하한다. 따라서 이것을 건조후 외기와 차단하여 사용하든가 또는 컴파운드 파라핀유를 합침하여 사용하는 것이 필요하다. 절연내력은 5~20[KV/mm], 비유전율 1.5~4.0 $\tan\delta$=0.002~0.007의 범위이다.

(1) 콘덴서 박지

원료로서는 아마가 가장 좋고, 이외에 마, 면펄프, 크래프트 펄프(kraft pulp)등을 사용하며, 아주 엷고(최고 8μ 정도) 두께의 정도가 커야 할뿐더러 핀 호올(pin hall)이 없어야 하고, 적당한 유연성을 가져야 한다.

(2) 크래프트지(kraft paper)

침엽수를 소오다액 또는 황산소오다로 처리한 황화펄프(sulphate pulp) 두께 0.05 ~ 0.5[mm] 정도의 착색(갈색)한 것으로 강인하고, 비교적 내열성이 크고 절연성[12KV/mm]이 우수해 유입케이블, 고압유입콘덴서, 코일절연지로 널리 쓰인다.

(3) 마닐라지

마닐라마를 배합한 것으로 표면이 거칠어서 절연 와니스의 함침성이 좋으며, 기계적으로도 강하므로 코일의 층간절연에 적합하다. 그러나 고가이므로 점차 크래프트지로 대체되고 있다.

(4) 절연박지

미쯔마다지라고도 한다.

미쯔마다를 주원료로 하고, 마닐라지를 배합한 엷은 종이로 종방향의 인장강도가 크다. 마이카지 및 와니스 페이퍼 등에 사용된다.

(5) 프레스 보오드(press board)

면섬유나 크레프트 펄프를 원료로 한 얇은 종이를 적층한 후 건조가압하여 두껍게 만든 것으로 질기고 연하며 절연성이 좋으나 흡습성이 있다. 이것은 변압기의 코일간, 단간 또는 회전기의 슬로트(slot)절연 등에 쓰인다.

(6) 파이버(fiber)

valcanized fiber 또는 hard fiber의 준말이다. 목면 또는 설페이트 펄프(sulphate pulp)섬유를 염화아연으로 처리하여 수세 건조후 적당한 두께로 강압하여 만든 것으로 기계적으로 강하고 가공이 양호하며 염가이므로 많이 쓰인다. 그러나 흡습성이 있어 고압용으로 부적당하다. 특히 전호에 닿게 되면 소호성 가스를 내므로 퓨우즈 보호용, 회전기쐐기(edge), 절연패킹 등에 쓰인다.

8-4 수지계절연재료

수지계 재료는 플라스틱 또는 유기고분자화합물이라고 불리는 것으로, 전자재료로서 절연, 유전, 구조, 봉지 및 접착재료 등으로 중요한 역할을 다하고 있다.

이들 재료에는 천연물과 합성물의 것이 있고, 어느 것이나 이용 분야가 넓으나, 특히 합성물은 천연물에서 얻을 수 없는 우수한 특성을 가진 것이 많이 개발되고 있다. 내열성을 가진 새로운 합성수지의 개발을 전자기기의 소형화에 크게 기여하고 있다.

전자재료로서의 수지계 재료의 특성은 다음과 같은 것이 바람직하다.

ⓐ 체적저항율이 클 것 ⓑ 절연내력이 클 것
ⓒ 내아아크성, 내코로나성, 내오존성이 우수할 것
ⓓ 온도 및 습도에 따라 전기적 성질이 저하하지 않을 것
ⓔ 기계적 강도가 클 것 ⓕ 내열, 내유, 내약품, 내후성이 우수할 것
ⓖ 성형가공이 쉬울 것 ⓗ 다른 재료를 부식하지 않을 것

1) 수지계재료의 분류

수지계 재료는 다음과 같이 분류한다.

천연수지 : 생목에서 채취한 것과 수지가 화석화된 것이 있다. 천연수지는 shellac을 제외하고는 모두 식물에서 얻는 것이다. 이것들은 절연재료 함침제, 접착제의 원료로 사용된다. 그러나 이것도 합성수지가 생산되면서 그 사용이 적어졌다.

(1) 로진(Rosin)

소나무의 착피에서 분비된 생송진에서 증류에 의해 텔레빈유를 빼낸 수지로 담황색의 송진을 말한다. 알코올, 휘발유와 같은 용제에 녹고 연화점 70[℃], $\varepsilon_s = 2.6 \sim 3.1$, $\tan\delta = 0.004 \sim 0.005$, 절연내력 24[KV/mm]로 전기적 성질은 양호하나 기계적 성질이 좋지 않고 산성이다. 바니쉬, 컴파운드, 도료의 원료로 쓰이며 광유와 섞어 케이블 함침유로도 쓰인다.

(2) 코오펄(Copal)

열대식물에서 분비되는 수지로 생수지에서 채취되는 생코오펄이 있고, 지하에 묻혀 화석상으로 되어진 화석코오펄이 있다. 생코오펄은 용해하기 쉬우므로 주정바니쉬 원료로 쓰이고 화석코오펄은 녹기 어려우므로 유성바니쉬, 컴파운드 원료로 쓰인다.

(3) 담말(dammar)

열대식물에서 채취한 수지로 고급품은 담색, 투명한 덩어리로 되어 있으며 휘발성 바니쉬의 원료로 쓰이고 마이카판, 기타의 바니쉬의 원료로 쓰인다.

(4) 셀락(shellac)

세이론, 인도 지방에 있는 락충(虫)의 분비물에서 정제한 것으로 천연수지중 유일의 열경화성 수지이다. 알코올이나 아세톤에 녹으나 광유에는 녹지 않는다. 연화점 90~100[℃], $\varepsilon_s = 2.8 \sim 3.8$, $\tan\delta 50 \times 10^{-4}$, 절연내력 16~23[KV/mm]로 크고 접착력도 뛰어나므로 알콜에 녹여 바니쉬, 접착제로 쓰인다.

(5) 호박(amfaoid)

나자식물의 수지가 화석이 된 담황색으로 연화점이 70[℃] 체적저항율이 $5 \times 10^{16}[\Omega \cdot m]$, 표면저항율이 $10^{15} \sim 10^{16}[\Omega]$이고 $\tan\delta$가 적다. 이 분말을 아세톤에 넣어 가압 성형한 것이 호박이다. 이것은 정밀측정기, 정전측정의 단자절연에 쓰인다.

합성수지 : 열가소성수지(염화비닐, 폴리에틸렌, 폴리스티롤, 불소 등)와 열경화성수지(페놀, 요소, 규소, 에폭시, 멜라민 등)

천연수지의 대표적인 것은 로진으로, 예부터 와니스나 콤파운드(compound)의 원료로 사용되어 왔고, 셀락도 알코올에 용해시켜 절연 와니스의 원료가 된다.

열가소성수지는 선상고분자물질로서, 가열하면 연해져서 가소성을 나타내나 냉각하면 굳어지고 다시 가열하면 연화하는 수지이며, 일단 고분자로서 완성된 후에도 열을 가하게 되면 연화 또는 유동하여 외력에 따라 변형하는 성질을 가진 것이다. 따라서 전선의 피복은 물론 섬유, 필름, 튜우브 등의 성형이 가능하고 양산에 적합하다.

한편 열경화수지는 강목상고분자물질로서, 가열하면 처음에는 가소성을 나타내나 가열을 계속하면 점점 굳어지고, 다음에는 이와 같은 정도의 열을 가해도 다시 연화하지 않는 수지로서, 그 성형은 압입성형 및 압축성형에 의한다. 이 수지는 기계적으로 강하고, 화학적으로 안정한 수지로서, 온도가 높아져도 연화변형하기 어려운 특징을 가지고 있다.

2) 열가소성수지

종류	구성	특징	용도
(1) 비닐계수지	아세틸렌에서 유도되는 비닐기를 기본으로 한 중합체로서, 염화비닐, 폴리비닐, 폴리비닐폴말 등이 있다. 염화비닐은 아세틸렌과 연화수소를 염화제2수은을 촉매로 하여 반응시키든가, 에틸렌클로리드를 열분해하여 얻은 것이다. 염화 및 작산비닐의 공중합체는 내약품성이 우수하다. 폴리비닐폴말의 도막은 굴곡성, 내유성, 내마멸성이 우수하다.	(염화비닐의 특징) 흡수성이 적다. 내연성, 내유성, 내약품성, 내노화성이 우수하다. 전기적 특성이 양호하며, 착색은 자유로우나 고주파 특성이 좋지 않다.	(염화비닐의 용도) 전선피복, 테이프, 관(염화 및 작산비닐의 공중합체의 용도) 전선, 선박용 도료, 애약품도료(폴리비닐폴말의 용도) 마그넷 와이어
(2) 폴리스틸렌수지	폴리에틸렌의 4개의 수소중 1개를 페닐기로 치환한 것이다. 스티롤수지라고도 부르며, 투명한 수지인데, 내열성은 좋지 않다.	(장)경도가 크고 성형성, 전기적 특성이 우수하다. 고주파에서 유전율이 작다 (단)연화점이 낮다. 내유, 내용제성이 좋지 않다	고주파케이블의 스페이서, 고주파절연물, 고주파용 절연도료
(3) 폴리에틸렌수지	폴리에틸렌은 석유나 천연가스에서 얻는 에틸렌중합에 의하여 생성되는 것으로, 제법에는 고압법, 중압법, 저압법 등이 있으며, 제법에 따라 각각 밀도, 열연화, 성형성 및 기계적 성질이 달라지나, 전기적 성질은 달라지지 않는다. 전자재료로서는 필름, 판, 봉, 관, 테이프 및 섬유상으로 사용된다.	비중이 작고 가공이 쉬우며, 기계적으로 강하고 내수성, 내한성, 내약품성이 우수하다. 고주파에서 유전특성이 좋다.	고주파 절연재료로서 전자기기, 고주파케이블, TV 급전선
(4) 폴리4불화에틸렌	4불화에틸렌을 고압하에서 중압하여 얻은 것으로서, 상품으로는 테프론(Teflon)이라고 알려지고 있다. 이 수지는 폴리마 중에서도 가장 높은 내열성과 내약품성을 가지며, 전기적으로도 우수한 유전 특성을 가지고 있으므로 이상적인 절연재료인데, 가격은 고가이다.	내열성, 내한성, 내약품성이 우수하며, 흡수성이 없으므로 고주파 특성이 좋다.	동축케이블의 절연, 화학장치의 내장

3) 열경화성수지

종류	구성	특징	용도
(1) 페놀(phenol) 수지	흔히 베이클라이트라 부르며, 합성수지 중에서 오래 전부터 사용되어 왔다. 석탄산 또는 크레졸과 같은 페놀류와 알데히드류와의 축합물로서 OH기 때문에 흡습성이 있다.	(장)기계적으로 강하고 내열성, 내유성 및 내용제성이 좋다. (단)내아아크성, 착색성이 나쁘다.	진공관의 베이스, 소켓, 코올 보오빈, 단자반, 개폐기반
(2) 요소(urea) 수지	요소와 포르말린과의 축합반응에 의하여 얻어지는 수지이다. 전기적 및 기계적 성질은 베이클라이트보다 좋지 않다.	(장)내아아크서이 크다. 착색이 자유롭다. (단)흡수성이 크다.	전화기, 조명기구, 배선기구 등 내아아크성을 이용한 분야
(3) 멜라민(melamine) 수지	멜라민과 포르말린의 축합물로서 외관은 미려하며, 요소수지와 비슷하고 내수성 및 내열성이 우수하다.	(장)기계적 강도가 크고 내수성, 내열성, 내약품성, 착색성, 내아아크성이 우수하다.	적층판은 프린트배선용 기판으로 사용, 전기냉장고, 세탁기 등의 도장용
(4) 규소수지	규소, 규석, 코우크스, 염소 등을 원료로 하여 합성한 것으로서, 유기규소화합물의 일종이다.	내열성, 내습성, 내한성, 절연성이 우수하다.	전자부품의 접착제, 가정용 전기·전자 기기의 도장용

8-5 고무계재료

고무는 탄성절연재료로서 최근까지도 많이 사용되었으나, 합성수지의 급격한 개발로 고무가 차지하는 비중은 점점 감소되어 가고 있다.

고무에는 천연고무와 합성고무가 있다.

1) 천연고무(rubber)

고무나무에서 채집하는 라텍스를 정제하여 얻는다.

그림 8-1에 표시한 바와 같이 아이소플랜(CH_2=C·CH_3-CH=CH_2)의 천연중합체이며, 유황을 넣고 140[℃]정도로 가열하면 가교가 생기고, 기계적 강도가 현저히 개선된다. 보통은 유황분이 3%정도이며, 이를 연질고무라고 한다. 여기에 대하여 유황을 30~70%정도 가한 것은 흑색으로서 경질고무가 된다. 이것은 에보나이트라고 부르며, 풍화성 및 흡습성은 있으나 합성수지가 등장

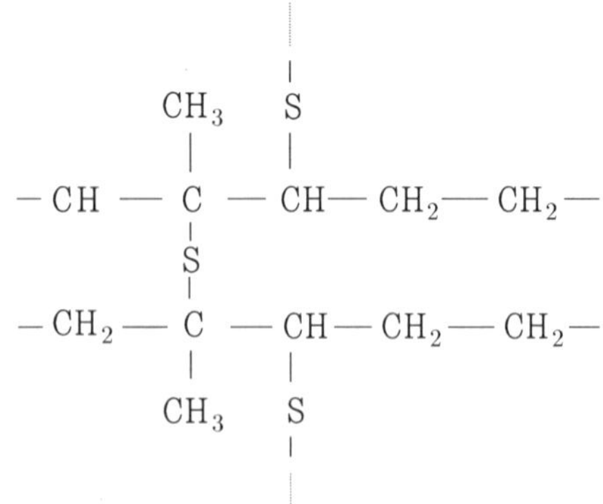

그림 8-1 천연고무의 가교

하기 전에는 많이 사용되었다. 그림 8-2 및 8-3에 가유고무의 tanδ, ε_r' −온도 특성을 표시하였다.

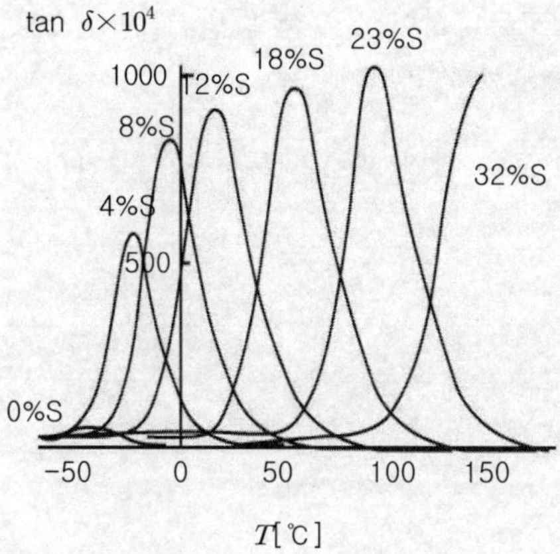

그림 8-2 가황고무의 tan δ−온도 특성

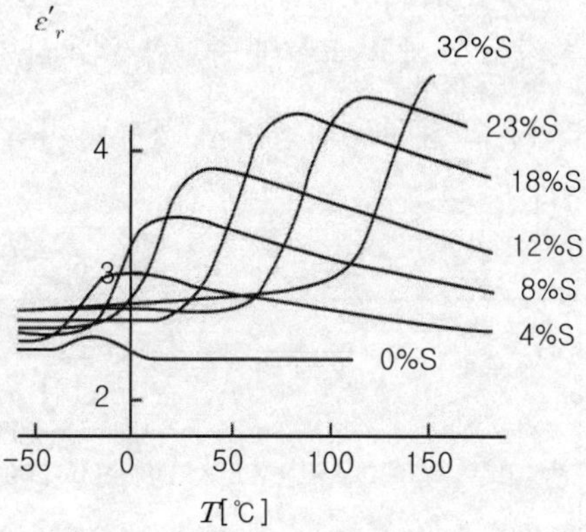

그림 6-3 가황고무의 ε'_r −온도 특성

2) 합성고무

(1) 부타디엔계고무(butadiene rubber)

스틸렌과 공중합시켜 SBR(부타디엔-스틸렌공중합고무)로서 사용한다. 보통 사용하는 SBR은 스틸렌과 부타디엔(CH_2=CH-CH=CH_2)의 공중합비가 (20:80)~(30:70)인 것으로서, 내마멸성 및 내열성이 우수하고, 합성고무로서는 현재 가장 많이 사용되고 있다.

(2) 클로로프렌계고무(choroprene rubber)

클로로플렌(CH_2=C·CI-CH=CH_2)의 중합체로서 염소분자를 포함하기 때문에 내연, 내유, 내산화 및 내오존성이 우수하다. 그러나 흡습성이 있어서 전기적 특성이 다소 좋지 못하므로 절연 재료이기보다는 보호 재료로서 전선 및 케이블 등에 사용된다.

(3) 부틸 고무(butyl rubber)

아이소부틸렌[CH_2=C·$(CH_3)_2$]에 소량의 아이소플랜을 혼합하여 중합시킨 것으로, 전기적 성질, 내열성, 내산성, 내알칼리성 및 내오존성은 우수하나, 내유성과 내연성은 좋지 않다.

(4) 실리콘 고무(silicone rubber)

Si-O를 골격으로 하여 여기에 유기기가 결합한 것으로서, 과산화벤조일을 사용하여 가교시킨다. 내열성, 내한성, 내오존성 및 내코로나성이 우수한 반면, 일반적으로 기계적 강도가 낮고 고온의 증기에 접촉하면 분해하기 쉽다.

다음의 표 8-5에 위에서 설명한 여러 가지 고무 절연 재료의 특성을 일괄하여 표시하였다.

표 8-5 고무절연재료의 특성

재료	비중	인장강도 [kg/mm³]	신장율 [%]	비유전율 (66Hz) (20℃)	유전정접 (60Hz) (20℃)	절연파괴 강도 [kV/mm]	체적저항율 [Ω·cm] (20℃)	허용온도 [℃]
천연고무	1.3~1.6	0.8~1.8	400~600	3~4.5	0.015 ~0.03	20~30	10^{15}	60
SBR	1.3~1.6	0.4~0.8	400~650	4~7	0.02 ~0.05	20~30	10^{13} ~10^{14}	75
클로로프렌고무	1.4~1.6	1.2~1.6	400~600	—	—	—	10^{8} ~10^{10}	70
부틸고무	1.4~1.5	0.4~0.6	450~800	3~4.5	0.01 ~0.03	20~30	10^{14} ~10^{16}	80
실리콘고무	1.1~1.7	0.4~0.6	200~400	3~5	0.02 ~0.04	15~20	10^{14} ~10^{15}	180

※ **고분자의 개념** : 절연 재료로서 사용되는 합성수지, 종이, 고무 등은 모두 고분자물질이다. 고분자란 화학 구조의 어떤 단위가 반복 결합되어 거대한 분자(분자량이 약 10000이상)로 성장한 것으로, 이와 같은 반복과정을 중합(polymerization)이라고 한다.

8-6 기체절연재료

기체를 사용한 절연 방식을 가스 절연이라고 한다.

(1) 천연기체 : 공기, 질소, 수소, 이산화탄소, 네온, 아르곤 등

(2) 합성기체 : 프레온, 6불화유황, 불화탄소 등

기체 절연 재료는 콘덴서 등의 전자 부품을 비롯하여 전파관, 변압기 및 통신, 전력케이블 등에 사용되며, 기체보다는 액체, 액체보다는 고체가 많이 사용되기는 하나, 기체 나름대로 다음과 같은 특징이 있다.

[기체 절연 재료의 특징]

(1) 비중이 작다.
(2) 가압에 의하여 절연내력을 높일 수 있다.
(3) 일반적으로 불연성이다.
(4) 열에 대하여 안정하다.
(5) 열전도율이 작다(단, 수소는 크다).

1) 천연기체재료

(1) 공기

공기를 절연체로서 이용하는 경우 공기 중에서 코로나방전을 일으키게 되면 오존이나 산화질소를 발생시켜 절연물이나 금속을 첨화하든가 금속을 부식시키므로 거의 사용하지 않는다.

그러나 공기 중에서 방전을 발생시키지 않을 정도의 전계강도에서는 절연재료로서 우수하다.

(2) 질소

절연 파괴의 세기는 공기와 같은 정도이나, 불활성이므로 가압봉입하여 케이블이나 유입변압기 등에 사용한다.

(3) 수소

수소의 열전도율은 공기를 1로 할 때 6,7정도로서 열전도성은 우수하므로 냉각가스로 사용된다. 그러나 가연성이 있는 것이 결점이다.

2) 합성기체재료

전자 부품, 전자 기기 및 통신 케이블 등에 주로 사용되는 재료는 위의 천연재료보다는 오히려 합성재료이다. 합성 재료로서 주요한 것을 들면 다음과 같다.

(1) 프레온(freon)

프레온은 염소와 불소로 된 유기 화합물로서, 대표적인 것은 프레온 12라고 하는 $CF_2 CI_2$이다. 이 가스는 화학적으로 안정한 불연성가스이며, 3기압 정도로 압축하면 절연 파괴의 세기가 절연유와 비슷하며, 질소에 비하여 2.4배 정도이다.

보통 상태에서는 불활성이나 이 가스 중에서 코로나 방전을 하게 되면 분해되어 CI_2등의 유독성물질을 발생시킨다.

이 가스는 차단기 케이블 및 변압기 등의 절연용으로 사용되는 외에 냉동기의 냉매로서도 사용된다.

(2) 6불화유황

SF_6의 분자식으로 표시되며, 현재 가장 많이 사용되는 기체 절연물로서, 무색, 무취, 불연성으로 약 2기압이며, 보통의 광유와 비슷한 절연내력을 가진다.

이 가스는 X선관, 전자기기, 동축케이블 및 차단기 등의 절연에 사용되고 있다.

(3) 불화탄소

C_2F_6, C_3F_8, C_4F_8등이 있으며, 열안정성이 우수하므로 변압기와 같이 허용 온도를 높게 할 경우에 유리하다.

참고로 다음의 표 8-6에 각종 기체의 특성을 표시한다.

표 8-6 각종 기체의 특성

종류	분자량	밀도 $g/l(0°)$	용융점 [℃]	비점 [℃]	N_2를 1로 했을 때의 절연내력
공 기	28.95	1.293	—	—	—
질 소(N_2)	28.02	1.251	-209.9	-195.8	1
수 소(H_2)	2.016	0.0899	-252.8	-252.8	—
6불화유황(SF_6)	146.1	6	—	-63.8	2.3
프레온(CF_2Cl_2)	120.9	5.575	-158	-29.8	2.4

연습문제

[1] 절연 재료의 구비 조건을 들어라.

[2] 세라믹(ceramic)의 특징을 들어라.

[3] 페놀수지에 대하여 설명하다.

[4] 마그네시아기기에 대하여 설명하고 용도를 들어라.

[5] 절연재료로서 사용되는 지류에 대하여 설명하라.

[6] 초자의 성질을 들어라.

[7] 프린트배선비판으로 사용되는 수지는?

① 요소수지 ② 멜라민수지 ③ 규소수지 ④ 비닐계수지

[8] 마이크로 모듈로서 사용할 수 있는 재료는?

① 스테아타이트 ② 포르스터라이트
③ 초자 ceramic ④ 알루미나자기

[9] B종 절연물의 온도상승한도는 몇 [℃]인가?

① 65[℃] ② 70[℃] ③ 80[℃] ④ 90[℃]

[10] 자기의 장단점은 다음 중 어느 것인가?

① 비유전율이 매우 크다. ② 절연내력이 낮다.
③ 기계적 강도가 낮다. ④ 구어낸 후에는 가공이 불가능하다.

[11] 다음의 어느 수지를 베이클라이트라고 하는가?

① 스티롤 수지 ② 페놀 수지 ③ 요수 수지 ④ 실리콘 수지

[13] 다음 중 규소유의 특징이 아닌 것은 어느 것인가?

① 온도에 의한 점도의 변화가 작다. ② 산화 변질하기 힘든다.
③ 전기적 성질이 우수하다. ④ tan δ가 크다.

[14] 절연파괴강도의 단위는 무엇인가?

① [KA/mm] ② [KA] ③ [KV/mm] ④ [KV]

[15] 절연재료가 갖추어야 할 성질이 아닌 것은 어느 것인가?

① 절연파괴 강도가 클 것　② 절연 저항이 클 것
③ tan δ가 클 것　④ 비유전율이 작을 것

[16] 전기기기는 사용 중에 온도가 상승하는데, 그 원인이 되지 않는 것은 어느 것인가?

① 주울열　② 유전손　③ 누설 전류　④ 풍손

[17] 다음 사항 중 맞는 것은 어느 것인가?

① 절연재의 최고 허용온도는 기준온도 20[℃]의 전류에 의한 온도상승을 더한 것이다.
② 전동기의 A종 절연재료를 B종으로 교환하면 출력을 증가시킬 수 있다.
③ 퓨우즈는 저항이 비교적 커야하며, 융해점이 낮아야 한다.
④ 인청동은 구리에 주석을 10[%] 가하고 탈산제로 약간의 인을 첨가한 것이다.
⑤ PVF 선은 유성 에나멜선에 비하여 내마멸성이 좋으므로, 와이어로 사용할 경우 검적률도 좋게 할 수 있다.

[18] 단위 두께 당 절연내력이 가장 큰 절연재료는 어느 것인가?

① 에보나이트　② 프레스 보오드　③ 마이카　④ 알루미늄 피막

[19] 절연파괴의 세기에 대하여 틀린 것은 어느 것인가?

① 주파수가 증가하면 감소한다.
② 온도의 영향을 받는다.
③ 재료의 두께와 관계가 없다.
④ 시험 전압의 상승 속도에 영향을 받는다.

[20] 변압기의 시험 중 정수 측정에 필요 없는 것은 어느 것인가?

① 무부하 시험　② 단락 시험　③ 저항측정　④ 절연내력 시험

[21] B종 절연물이란 무엇인가?

① 석면　② 목면　③ 운모　④ 운모와 접착제

[22] A종 절연물의 온도상승 한도는 몇 [℃]인가?

① 40[℃]　② 55[℃]　③ 60[℃]　④ 75[℃]

[23] B종 절연재료에 속하는 것은 다음 중 어느 것인가?

① 마이카지　② 합침지
③ 도자기　④ 마이카를 접착제로 굳힌 것

[24] 절연용 코오드에 적합하지 않은 것은 어느 것인가?

① 비닐 피복을 한다. ② 고무 피복을 한다.
③ 코오드 심선을 석도금 한 것 ④ 석면 실로 보강한다.

[25] 경질유리의 특성은 연질유리의 특성에 비하여 어떠한가? 맞지 않는 것을 골라라.

① 절연성이 좋다. ② 열팽창계수가 적다.
③ tan δ가 크다. ④ 기계적으로 강하다.

[26] 무기절연재료는 유기절연재료에 비하여 일반적으로 무엇이 좋지 않은가?

① 내열성 ② 기밀성 ③ 내습성 ④ 가공성

[27] 비닐계 수지의 단점은 무엇인가?

① 흡습성이 나쁘다. ② 내식성이 나쁘다.
③ 내아아크성이 나쁘다. ④ 저온에서 경화한다.

[28] 고체의 절연파괴에 대하여 잘못 설명한 것은 어느 것인가?

① 마이카—알루미나 피막—에보나이트—프레스보오드
② 알루미나 피막—마이카—프레스보오드—에보나이트
③ 에보나이트—프레스보오드—마이카—알루미나 피막
④ 프레스보오드—마이카—알루미나 피막—에보나이트

[29] 다음 중 무기재료는 어느 것인가?

① 유리 ② 종이 ③ 포 ④ 플라스틱

[30] 다음 중 천연 무기 고체절연재료는 어느 것인가?

① 포오틀랜드 시멘트 ② 황 ③ 유리 ④ 자기

[31] 석면 제품에 대한 다음 설명 중 잘못된 것은 어느 것인가?

① 석면지는 절연내력이 약 3[kV/mm]이다
② 석면판은 내열재, 내아아크제로 쓰인다.
③ 석면사는 내열성 전선이나 코오드 등의 피복에 쓰인다.
④ 석면 시멘트는 내열성, 내호성이 떨어진다.

[32] 석영유리에 대한 다음 설명 중 옳지 않는 것은 어느 것인가?

① 이산화규소(SiO_2)로만 되어 있다.
② 열팽창 계수가 크다.

③ 융점이 높다.
④ 알칼리 성분이 들어가지 융점이 낮아진다.

[33] 다음 중 유리섬유의 결점이 아닌 것은 어느 것인가?

① 열에 약하다. ② 절연성이 나쁘다.
③ 흡습성이 있다 ④ 화학적으로 불안정하다.

[34] 세라믹의 결점은 무엇인가?

① 내열성이 약하다 ② 기계적 강도가 낮다.
③ 정확한 치수로 만들기 어렵다. ④ 화학적으로 불안정하다.

[35] 자기의 소성에 있어서 수축률이 가장 큰 것은 다음 중 어느 것인가?

① 장석 자기 ② 활석 자기
③ 알루미나 자기 ④ 산화티탄 자기

[36] 다음 중 절연내력이 가장 큰 자기는 어느 것인가?

① 장석 자기 ② 알루미나 자기
③ 스티어타이트 자기 ④ 산화티탄 자기

[37] 티탄산바륨 자기에 대한 설명 중 옳지 않은 것은 어느 것인가?

① 비유전율이 온도에 따라 특수한 변화를 한다.
② 강유전체이다.
③ 콘덴서 재료로 적합하다.
④ 비유전율은 수 10,000에까지 이른다.

[38] 전해 콘덴서의 유전체로 쓰이는 것은 어느 금속의 산화피막인가?

① 철 ② 알루미늄 ③ 구리 ④ 납

[39] 다음 중 천연 유기 고체절연재료의 일반적 성질이 아닌 것은 어느 것인가?

① 내열성이 없다.
② 화학적으로는 불안정한 것이 많다.
③ 연소하여 탄화한다.
④ 습기에 의하여 절연성이 나빠진다.

[40] 다음 중 섬유질 재료는 어느 것인가?

① 납유리 ② 인조 운모 ③ 파이버 ④ 로진

[41] 천연 유기섬유에 대한 다음 설명 중 옳지 않는 것은 어느 것인가?

① 아마는 콘덴서지의 원료로 쓰인다.
② 마닐라마는 내수성, 내구성이 약하다.
③ 생사는 흡습성은 크지만, 전선피복에 사용된다.
④ 실, 포, 종이 등으로 가공하여 사용한다.

[42] 다음 중 절연판지가 아닌 것은?

① 앰프로이드 ② 플러 보오드 ③ 프레스 판 ④ 파이버

[43] 고무에 대한 다음 설명 중 옳지 않은 것은 어느 것인가?

① 생고무는 100[℃]에서 연화한다.
② 가황고무는 탄력성이 우수하다.
③ 경질고무는 생고무에 3[%]의 황을 배합한 것이다.
④ 가황고무는 공기 중에서 서서히 산화한다.

[44] 다음 중 열경화성 수지는 어느 것인가?

① 비닐포르말 수지 ② 스티롤 수지 ③ 알킷 수지 ④ 폴리에틸렌

[45] 다음 중 PVC 전선의 피복수지는 어느 것인가?

① 요소수지 ② 플로오르 수지 ③ 염화비닐 수지 ④ 폴리아미드 수지

[46] 다음 중 고주파용으로 가장 많이 쓰이는 수지는 어느 것인가?

① 폴리아미드 수지 ② 스티롤 수지 ③ 염화비닐 수지 ④ 알킷 수지

[47] 다음 중 지하케이블이나 해저케이블에 가장 많이 쓰이는 수지는 어느 것인가?

① 폴리에틸렌 ② 페놀 수지 ③ 실리콘 수지 ④ 비닐 포르말 수지

[48] 실리콘 수지를 잘못 설명한 것은 다음 중 어느 것인가?

① 250[℃]에서 연속 사용이 가능하다. ② 흡수성이 있다.
③ 내유성이 있다. ④ 전기적 특성이 좋다.

[49] 텔레비전용 브라운관의 고압단자커버 등에 사용되는 고무는 무엇인가?

① 부타디엔계 고무 ② 클로로프렌계 고무
③ 실리콘 수지계 고무 ④ 경질 고무

[50] 합성고무 중 가장 저항율이 높은 것은 어느 것인가?

① 부타디엔—스티롤계 고무 ② 클로로프렌계 고무
③ 이소부틸렌계 고무 ④ 실리콘 수지계 고무

[51] 다음 중 인조무기절연재료가 아닌 것은 어느 것인가?

① 도자기 ② 석면 ③ 석영유리 ④ 봉랍

[52] 다음 중 고급 측정기용 절연물, 고주파 절연물 또는 발전기 등에 약간 쓰이는 물질은 어느 것인가?

① 운모 ② 석면 ③ 고무 ④ 수정

[53] 다음 중 콘덴서용 운모의 요구조건은 어느 것인가?

① ε_s가 크고 tan δ가 클 것 ② ε_s가 크고 tan δ가 작을 것
③ ε_s가 작고 tan δ가 클 것 ④ ε_s가 작고 tan δ가 작을 것

[54] 기체절연재료의 성질이 아닌 것은 어느 것인가?

① 부식성 또는 독성의 분해가스를 잘 발생하지 않는다.
② 파센(paschen)의 법칙이 성립한다.
③ 대기압보다는 낮은 기압에서는 절연내력이 높아진다.
④ 단원자 가스는 절연내력이 낮다.

[55] 불꽃 전압과 관계가 있는 것은 다음 중 어느 것인가?

① 압전 효과 ② 파센의 법칙 ③ 펠티어 효과 ④ 지이벡 효과

[56] 6플르오르화황을 잘못 설명한 것은 다음 중 어느 것인가?

① 무색, 무취이다.
② 화학적으로 안정하다.
③ 절연내력이 공기의 3배 정도나 된다.
④ 코로나(corona) 방전시 500[℃] 정도에서 분해한다.

[57] 다음 기체 중 절연내력이 큰 것으로 절연가스로서 많이 사용하고 있는 것은 어느 것인가?

① 염화메탄(CH_3Cl) ② 프레온가스(CCl_2F_2)
③ 프로판가스(C_2H_8) ④ 탄산가스(CO_2)

[58] 다음 중 액체절연재료가 갖출 성질이 아닌 것은 어느 것인가?

① 절연내력, 저항이 클 것　　② 열팽창계수가 작을 것

③ 비열, 열전도율이 작을 것　　④ 인화점이 높고, 응고점이 낮을 것

[59] 다음 중 절연유가 사용되지 않는 것은 어느 것인가?

① 변압기　② 콘덴서　③ 개폐기　④ 전지

[60] 다음 중 절연유에 때한 설명이 잘못된 것은 어느 것인가?

① 공기와 접촉하지 않도록 하여 사용한다.

② 산화방지제를 가하여 사용한다.

③ 일단 열화된 것은 새것으로 바꾸어야 한다.

④ 먼지나 수분을 방지해야 한다.

[61] 다음 절연재료 중 액체절연재료가 아닌 것은 어느 것인가?

① 광유　② 와니스 피막　③ 합성유　④ 합성수지와 니스

[62] 절연유의 도전율은 온도의 상승에 따라 어떻게 변화하는가?

① 서서히 상승한다.　　② 강하한다.

③ 변화하지 않는다.　　④ 급속히 증가한다.

[63] 다음 중 변압기유가 갖추어야 할 성질이 아닌 것은 어느 것인가?

① 절연내력이 높을 것　　② 응고점이 높을 것

③ 냉각작용이 클 것　　④ 인화점이 높을 것

[64] 다음 중 틀린 것을 지적하여라. 실리콘유는 다른 절연유에 비하여 어떠한가?

① 내한성이 좋다.　　② 인화점이 낮다.

③ 절연내력이 높다.　　④ 내열성이 좋다.

[65] 액체절연재료 중 뛰어난 온도 특성, 내열성, 전기적인 특성은 물론 윤활유오서도 이용되는 절연유는 어느 것인가?

① mineral oil　② 불연유　③ alkyl benzene　④ silicone oil

[66] 합성기체에 속하는 것은?

① 네온　② 아르곤　③ 프레온　④ 이산화탄소

[67] 기체절연재료이 특징이 아닌 것은?

① 비중이 크다.
② 불연성이다.
③ 열에 안정하다.
④ 수소 외에는 열전도율이 작다.

Chapter 9

자성재료

- 자성재료
- 자심재료
- 자석재료
- 특수자기재료

9-1 자성재료

물질을 자계 중에 놓으면 자화하는데, 그 자기의 세기는 물질의 종류에 따라 달라진다. 이와 같이 물질의 자기적 성질이나 자기현상을 이용한 재료를 자기재료라고 한다.

이 재료의 용도는 주로 철심 또는 영구 자석 재료 외에 자기 증폭기, 전자계산기의 기억소자 및 녹음재료에 이르기까지 널리 이용되며, 구성 재료로서는 철, 니켈, 코발트 등의 금속 및 그 합금을 비롯하여 산화물 등이 주체를 이루고 있다.

1) 자성재료의 분류

자성재료는 연질재료와 경질재료로 분류한다. 연질 또는 경질이란 자계 중에서 자화의 난이도를 의미하며 항자력의 크고 작음을 뜻한다.

다음에 자성재료를 실용면에서 분류하면 다음과 같다.

- 자기재료
  - 자심재료
    - 고투자율재료
      - 금속자심재료 – 퍼어멀로이, 탄소강, 규소강
      - 압분자심재료 – 카아보닐, 퍼어멀로이, 센더스트
      - 산화물자심재료 – MnZn, CuZn 및 NiZn 페라이트
    - 정투자율재료 – 퍼어먼바아, 아이소퍼엄
  - 자석재료
    - 요입경화형재료 – 탄소강, 텅스텐강, 크롬강, KS강
    - 석출경화형재료 – 알니코, MK강
    - 미립자형재료 – Ba 페라이트, Co 페라이트
    - 규칙격자형재료 – PtCo, PtFe
  - 특수자기재료
    - 정자재료 – 서머멀로이, 서어머퍼엄
    - 자왜재료 – Ni, Ni 페라이트
    - 자기기록재료 – γFe_2O_3, 몰리브덴, 퍼어멀로이

2) 자심재료와 자석재료

그림 9-1은 자화력 (H)과 자속밀도 (B)와의 관계를 표시한 히스테리시스환선($B-H$ curve)인데, d를 잔류자기(B_r), e를 보자력(H_e)이라고 한다. 이 그림에서 알 수 있는 바와 같이 자심재료는 적은 전류로서 크게 자화하기 때문에 투자율이 높고 손실이 작을뿐더러 파형의 왜곡을 작게하기 위하여 이 환선의 면적은 될 수 있는 대로 작은 것이 바람직하나, 자석 재료는 쉽게 감자하지 않는 높은 보자력을 가져야 하므로 이 면적이 커야 한다.

(1) 자심재료의 구비조건

a. 잔류자기 및 보자력이 작을 것
b. 히스테리시스손이 작을 것
c. 저항률이 클 것(와전류손이 작아진다)
d. 자기포화치가 클 것
e. 투자율이 크고 일정할 것
f. 기계적, 전자적으로 안정할 것

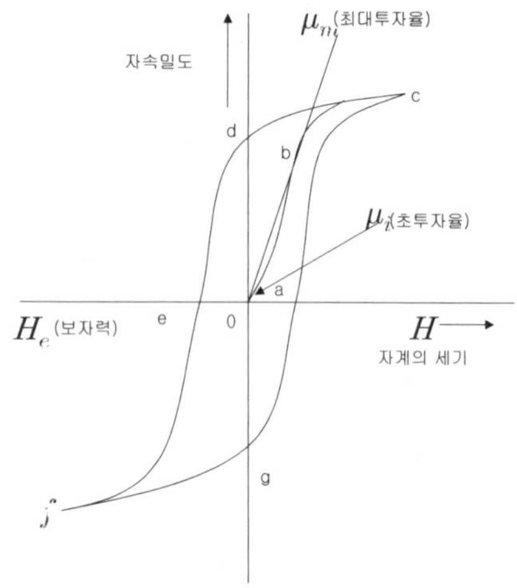

그림 9-1 $B-H$의 세기

(2) 자석재료의 구비조건

a. 잔류자기와 보자력이 클 것
b. 최대에너지적 $B \cdot H_{max}$가 클 것
c. 열, 기계적 진동을 받은 경우 자기적 감쇄가 적을 것

3) 최대에너지적

영구 자석 재료의 성능은 잔류자기 B_r와 보자력 H_e의 크기를 각각 말하는 것보다 이들 자기에너지의 상승적인 $B_r \times H_e$의 최대치를 최대에너지적이라고 부른다. 이 값은 영구 자석에서 중요한 특성으로 그 성능을 표시하는 데 사용한다.

이 최대에너지적을 구하는 방법은 그림 9-2의 히스테리시스환선의 제2상한에 있어서 B_r와 H_e로부터 각각 종축 및 횡축에 대하여 수선을 긋고, 그 교차점 P와 원점을 잇는 직선이 히스테리시스환선과 교차하는 점을 P'라고 하면 이 P'점이 $(B \cdot H)_{max}$에 상당한다. 따라서 영구 자석 재료에서 중요한 것은 히스테리시스환선의 제2상한의 감자곡선 부분으로서 B_r와 H_e를 크게 하여 환선 모양을 각형으로 하는 것이다.

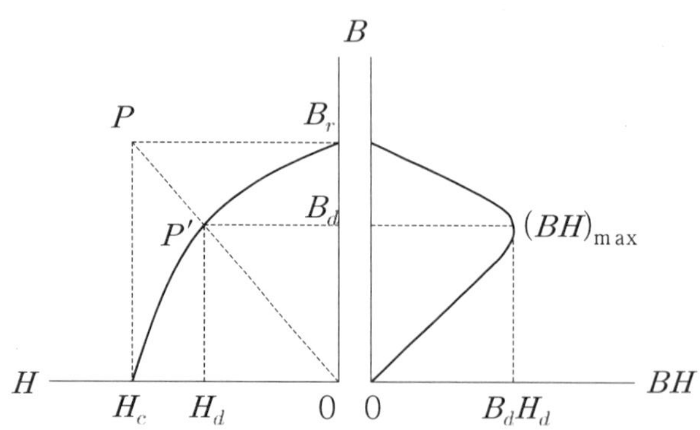

그림 9-2 감자곡선과 에너지적

4) 히스테리시스손과 와전류손

자심재료를 철심으로 하여 교류회로에 사용하게 되면 히스테리시스손과 와전류손이 생기는데, 이들 손실의 합을 철손이라고 한다. 이 철손의 값은 철심의 재질은 물론 자속밀도, 주파수, 파형 등에 따라 달라진다.

(1) 히스테리시스손

히스테리시스손은 다음 식으로 표시된다.

$$W_h = \eta f B_m^{1.6} [\text{W/m}^3] \tag{9-1}$$

여기서 η : 히스테리시스 계수(재료에 따라 다름)

B_m: 최대자속밀도 f: 주파수

히스테리시스손을 적게 하기 위해서는 히스테리시스 계수가 작은 재료를 선택해야 한다. 고주파에서는 박막퍼어멀로나 페라이트가 사용되고, 사용 주파수에서는 규소강판이 사용된다.

(2) 와전류손

와전류손은 다음 식으로 표시된다.

$$W_e = \pi^2 t^2 f^2 B_m^2 / 6\rho [\text{W/m}^3] \tag{9-2}$$

여기서 ρ: 저항률 t: 철심의 두께 f: 주파수 B_m : 최대자속밀도

와전류손을 적게 하기 위해서는 저항률이 큰 재료를 선택할 것과 두께를 엷게 하여 철심을 층간절연할 필요가 있다. 즉 주파수를 높게 하면 저항률이 큰 재료를 사용해야 한다.

9-2 자심재료

자심재료는 고투자율재료와 정투자율재료로 크게 나눈다. 강자성체는 소형 변압기, 초우크 코일을 비롯하여 전동기 및 대형 변압기의 철심으로 사용한다. 이 목적에 사용하는 재료로서는 자화율이 높고 보자력이 작은 재료가 바람직하고, 히스테리시스손 및 와전류손이 적은 재료가 적합하다.

1) 금속자심재료

일반적으로 사용 주파수가 높은 전자소자재료분야에서는 퍼어멀로이(permalloy)나 슈우퍼멀로이(supermalloy)가 주로 사용된다.

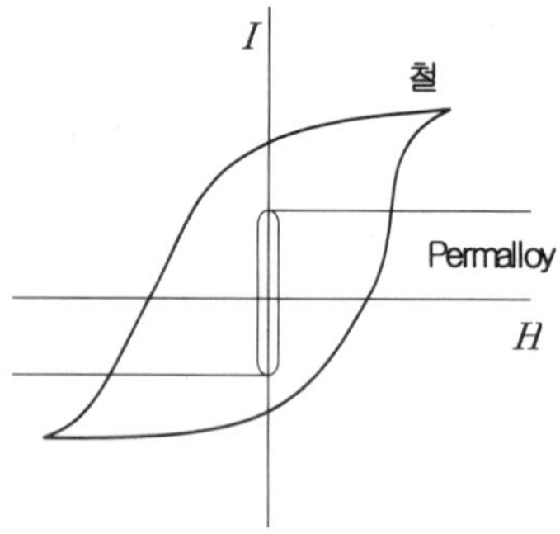

그림 9-3 퍼어멀로이와 철의 비교

(1) 퍼어멀로이(Fe-Ni합금)

니켈을 30~80% 포함하는 철합금으로서 자기적 성질은 니켈의 함유량에 따라 다음과 같이 변화한다. 퍼어멀로이는 고투자율재료의 대표적인 것이다.

Ni 70~80% 합금 : 투자율이 높고 약자계에서 사용
Ni 45~50% 합금 : 포화자화값이 크고 강자계에서 사용
Ni 30~40% 합금 : 저항률이 크고 교번자계에서 사용

이 합금은 불순물이나 열처리의 영향을 크게 받는데, 급냉처리함으로써 투자율이 높아진다.

그림 9-3은 퍼어멀로이와 연철의 히스테리시스곡선을 비교한 것으로, 퍼어멀로이는 히스테리시스손이 적음을 알 수 있다.

이 합금은 투자율이 크므로 보통 0.25~0.35[mm]의 박판으로 가공하여 전자·통신기기용 철심재료로 사용하고 있다.

(2) 슈우퍼멀로이

이 합금은 열처리가 복잡하고, 화학적으로 불안정할뿐더러 저항률이 낮아, 이대로는 고주파용으로 적합하지 않고 여기에 Mo나 Cr을 첨가하여 성능을 개선하고 있다.

(3) 철-알루미늄합금

철에 알루미늄을 가한 것으로, 저항률이 큰 합금이다. 즉 Al 16% 합금에서는 저항률이 약 150[$\mu\Omega$·cm)에 이르므로 고주파용 자심재료로서 아주 적합하다.

대표적인 것으로 알바암(Al 16% 합금) 및 알펠(Al 13% 합금) 등이 있다.

알바암은 철심으로 사용되는 외에 자기 녹음기의 헤드 또는 자왜정수가 크므로 자왜재료로 사용된다. Fe_3Al에서 자왜정수는 $\lambda = 37 \times 10^{-6}$ 정도이다.

(4) 철-코발트합금

코발트를 30~50% 포함하는 철합금으로 자기포화값이 큰 재료이며, 고자속 밀도를 필요로 하는 전자석의 자심재료나 수화기의 진동판 등에 사용한다.

(5) 규소강

철에 규소를 첨가한 합금으로, 이를 판상이나 띠와 모양으로 만들어 규소강판 또는 규소강대로서 사용하고 있다. 이 재료는 자기시효의 감소나 저항률의 증대라는 점에서 순철의 특성을 현저히 개선하고 있다.

저항률은 Si 5%의 합금으로 순철의 약 7배 정도가 되므로 교류용 철심으로 한 경우 와전류손을 적게 할 수 있다.

(6) 자성강

철손이 어느 정도 증가해도 규소강보다 값이 저렴하기 때문에 사용하는 것으로, 규소를 전혀 포함하지 않는 순철계철판이다. 주로 가정용 전기기구의 소형 전동기 철심으로 사용한다.

다음 표 9-1은 순철의 특성을 비교한 것이다.

표 9-1 순철의 특성 비교

	불순물 [%]	열처리온도 [℃]	초비투자율	최대비 투자율	보자력 [A/m]	잔류자기 [Wb/m^2]	저항률 [$\mu\Omega$·cm]
철	0.2 이하	950℃	150	5000	80	2.15	10
순철	0.05 이하	1480℃(H_2) 880℃	100000	200000	4	2.15	10

2) 압분자심재료(dust core)

전자·통신기기용 인덕턴스 코일에 사용하는 철심은 사용 주파수가 높아 고주파 손실이 커지기 때문에 투자율이 높고, 히스테리시스손 및 와전류손이 적은 재료를 사용해야 한다. 그래서 투자율이 높은 금속을 분쇄하여 작은 입자로 만든 다음 그 표면을 절연하여 압분성형한 성형체를 사용하는데, 이를 압분자심이라고 한다.

압분자심의 종류는 다음과 같다.

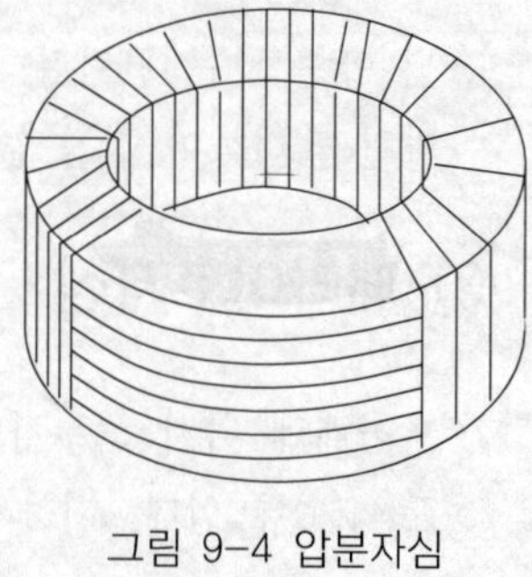

그림 9-4 압분자심

(1) 카아보닐(carbonyl)철압분심

철카아보닐, 즉 $Fe(CO)_6$을 열분해하면 극히 순도가 높은 카아보닐철(carbonyl iron)의 구상미립자를 얻게 되는데, 이를 절연시켜 가압성형한 것으로 고주파용 철심으로 우수하다(실효비투자율 $\mu_{se} = 25 \sim 60$)

sirufer 및 simafer는 이 압분심에 속하며, μ_{se}는 다소 떨어지나 미세입자이므로 손실이 적고, 1~100[MHz]의 고주파용에 적합하다.

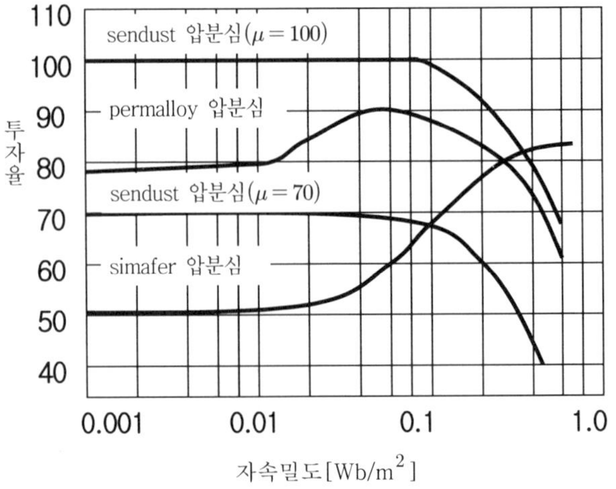

그림 9-5 여러 가지 압분심의 비교

(2) 퍼어멀로이압분심

퍼어멀로이에 소량의 유황을 첨가하여 용해시키고 주조하면 침상결정이 되어 아주 물러진다. 이를 열간 또는 냉간압연하여 200메쉬 이하의 미립자로 분쇄한 다음 성형소성하면 압분자심이 되는데, 저항률이 높아 100[KHz] 정도까지 전류는 거의 0이고, B는 0.01[Wb/m^2] 정도까지 일정하고 순철의 압분심보다 우수하다($\mu_{se} = 70 \sim 80$). 고주파 특성이 카아보닐철심 다음으로 양호하다.

(3) 센더스트(sendust)압분심

Si(6~11%)과 Al(4~8%)을 포함하는 철합금을 분쇄하여 절연한 다음 가압성형한 것으로, Fe-Si-Al 합금환상압분심이라고 한다.

이상은 모두 금속미립자를 사용한 것으로, 저항률은 다음에 설명하는 페라이트에 비하면 아주 낮은 편이다. 그러므로 자기특성이 우수한 페라이트자심의 수요가 페라이트의 발전과 더불어 점점 늘어가고 있다.

3) 페라이트자심

근래에 와서 고투자율산화물재료로서 많이 사용되는 것은 스핀넬형 페라이트(spinel ferrite)류 인데, 이들의 특성을 다음의 표 9-2에 표시한다.

이 구성원자는 각각 이온화하여 그림 9-6과 같은 입방정계의 이온격자를 형성하고 있다.

표 9-2 각종 스핀넬형 페라이트의 특성

종류	포화자기 변형[λ_s]	$4\pi I_s$ [Wb/m^2]	격자정수 [A]	밀도 [g/cm^3]	비초투자율 [μ_{si}]	보자력 H_c[A/m]	큐리온도 T_c[℃]
$MnFe_2O_4$	-5×10^{-6}	0.52	8.50	5.00	250	31.8~79.7	300
$FeFe_2O_4$	$+41\times10^{-6}$	0.60	8.39	5.24	70	238.8	585
$CoFe_2O_4$	$-210\times10^{-}$	0.50	8.38	5.29	1.1	—	520
$NiFe_2O_4$	-26×10^{-6}	0.34	8.34	5.38	30	398~797	590
$CuFe_2O_4$	-10×10^{-6}	0.17	$c=8.68$ $a=8.24$	5.35	90	119.4	455
$MgFe_2O_4$	-6×10^{-6}	0.14	8.36	4.52	60	875.6	440

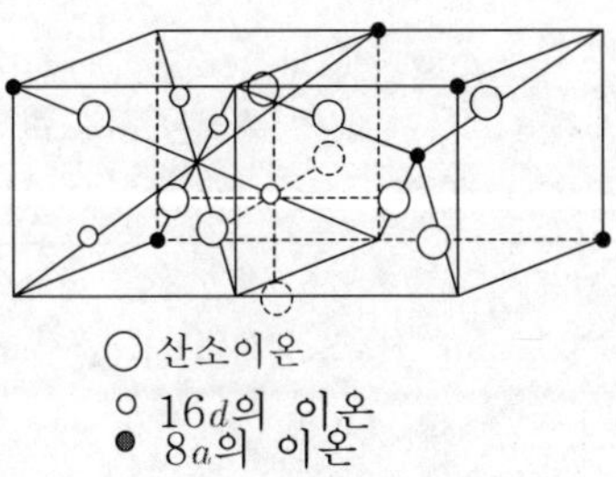

그림 9-6 스핀넬형 페라이트 원자격자 (1/4 단위격자)

단위격자는 8개의 분자로 이루어지며, 그 격자점은 3종류로 나누어진다. 그 하나는 32개의 점으로 이루어지고, 32c인 점이라고 불리며, O^{2-}로서 점유되고, 다른 하나는 16개의 점으로 이루어지며, 16d의 점이라고 불리고, 근접한 6개의 O^{2-}에 의하여 포위되어 있으며, 나머지 하나는 8개의 점으로 이루어지고, 8a의 점이라고 불리며, 근접한 4개의 O^{2-}로써 포위되어 있다. 8a점이 모든 2가의 양이온 M^{2+}, 16d점이 3가의 철이온 Fe^{3+}로서 점유되어 있는 것을 정스핀넬형 페라이트(normal spinel ferrite)라고 부르며, $M^{2+}[Fe_2^{3+}]O_4^{2-}$라고 표시한다. 이러한 상태와는 반대로 Fe^{3+}가 8a점을, 나머지 Fe^{3+}와 M^{2+}가 16d점을 점유하는 것을 역스핀넬 페라이트(inverse spinel ferrite)라고 부르며, $Fe^{3+}[N^{2+}Fe^{3+}]O_4^{2-}$라고 표시한다.

또한 $MgFe_2O_4$와 같이 Fe^{3+}, M^{2+}가 같이 8a점 및 16d점을 점유하는 중간체도 존재한다.

$MnFe_2O_4$와 같은 역스핀넬형에 정스핀넬형의 $ZnFe_2O_4$를 고용하면 그림 9-7과 같이 자기포화치가 증대하고, 또 그림 9-8과 같이 큐리온도가 상온 부근까지 저하하여 투자율이 증대한다. 또한 $FeFe_2O_4$는 포화자왜정수 $\lambda_s > 0$에서 $\lambda_s < 0$인 다른 단원페라이

트와 합해서 사용하면 고투자율성이 기대된다. 이런 성질을 이용하여 $ZnFe_2O_4$를 고용한 복합페라이트가 사용되고 있는데, 이들 대표적 복합페라이트의 자기 특성을 다음의 표 9-3에 표시한다.

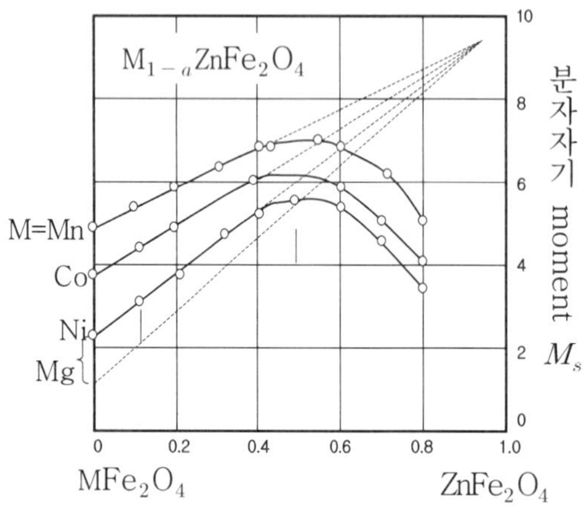

그림 9-7 역스핀넬형 페라이트에 Zn페라이트를 고용한 때의 자기포화치의 변화(0°K)
자기포화치 : Bohr의 자자수로 표시함

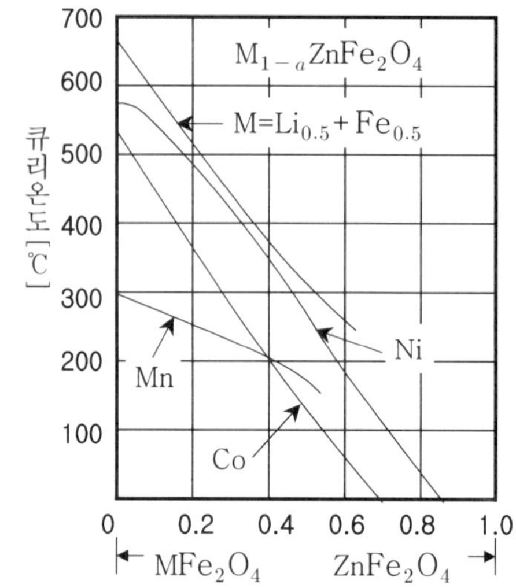

그림 9-8 역스핀넬형 페라이트에 Zn페라이트를 고용한 때의 큐리온도의 변화

표 9-3 각종 복합페라이트의 자기 특성

재료	초비투자율 μ_{si}	자속밀도 B_m [Wb/m²]	자속밀도 H_m [A/m]	항자력 H_m [A/m]	$\tan\delta/\mu_{si}\times10^4$	주파수 f[MHz]	큐리온도 T_c[℃]	저항률 ρ[Ω·cm]
Mn-Zn 페라이트	5000	0.42	1194	8.0	6	0.01	130	20
	2000	0.35	1194	15.9	7	0.1	150	200
	1000	0.35	1194	19.9	30	0.1	200	1000
Cu-Zn 페라이트	500	0.20	1194	39.8	100	0.5	90	10^6
	100	0.30	1194	238.8	100	2.0	350	10^5
Ni-Zn 페라이트	70	0.27	1194	238.8	90	10	350	5×10^4
	15	0.20	1194	557.2	50	20	450	5×10^4

페라이트는 저항률과 비투자율이 크고, 전류손이 적으므로 고주파용으로 각종 코일류, 변성기(고주파변성기, 프라이백 트랜스, 중간 주파 트랜스)의 철심, 전자계산기의 기억소자 및 연산소자 등으로 널리 사용되고 있다.

즉 Mn-Zn 페라이트는 투자율 및 자속밀도가 크고, 저항률이 비교적 작으므로 저주파의 TV용 프라이백트랜스에 사용되고, Cu-Zn 및 Ni-Zn 페라이트는 저항률이 크고 고주파 손실이 작으므로 라디오용 주파수대의 중간 주파 트랜스로 사용한다. 한편 Mg-Zn 페라이트는 각형 히스테리시스를 나타내므로 기억소자로 사용하고, 또한 마이크로파에서의 손실이 작으므로 마이크로파 소자로서도 사용한다.

4) 정투자율재료

위에서 언급한 재료의 비투자율은 자화력에 의하여 변화하나, 장하코일 등의 전자통신기용 코일의 철심 및 그 밖의 통신회로용 철심은 그 성질상 비직선왜곡을 작게 하기 위하여 자화율에 관계하지 않고 일정한 투자율을 가진 것이 필요하게 된다. 이와 같이 투자율이 가해진 자계의 세기에 따라 좌우하지 않고 일정한 값을 나타내는 재료를 정투자율재료라고 하며, 자기적으로는 재료의 단축자기이방성을 이용한 것으로서 다음과 같은 것이 있다.

(1) 퍼어민바아(perminvar)

Ni 45%-Co 25%-Fe 30%의 3원합금으로서 900~1000[℃]로써 가열한 후 로 안에서 서서히 냉각시키고, 다시 24시간 425[℃]로 가열하게 되면 넓은 범위의 자화력에 대하여 정투자율을 나타낸다. 즉 급냉한 것에 비하여 투자율이 보다 일정한데, 그 이유는 열처리에 의한 단축자기이방성이 생겼기 때문이다.

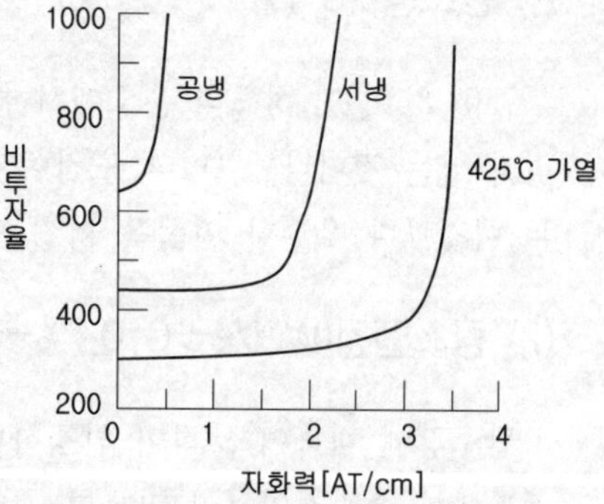

그림 9-9 퍼어민바아의 비투자율

퍼어민바아에는 이 밖에 7—70 퍼어민바아(Co 7%, Ni 70%, Fe 23%), Mo 퍼어민바아 및 초퍼어민바아 등이 있다.

(2) 아이소퍼엄(isoperm)

Ni 30~50%의 철합금에 동 6~11%를 가한 합금으로 적당히 열처리하여 냉간압연한 것으로서, 자화력이 약 16000[A/m]까지 최대투자율과 초투자율의 비가 1.1 정도 유지되는 것이다. 이는 냉간압연에 의하여 단축자기이방성이 생겼기 때문이다.

9-3 자석재료

스피이커, 녹음기, 발전기, 전동기 또는 그 밖의 측정기 등의 영구자석재료로서 전자·통신기기 및 전자기기에 이용된다. 이러한 사용목적에는 ① 잔류자기 및 보자력이 크고, ② 최대에너지적이 크며, ③ 열 또는 기계적 진동을 받았을 때 자기적 감쇄가 적은 특성 등을 구비한 재료가 적합하다.

1) 소입경화형재료

(1) 탄소강 (C 1%—Fe 99%)

750~850[℃] 정도의 온도에서 물 또는 기름에 소입한 것으로 옛날부터 자기강으로 알려져 있는 것이다. 그러나 조직이 불안정하고 자기적 성질의 경년변화가 크므로 근래에는 이것보다 우수한 자성을 가진 영구자석의 출현으로 거의 사용되지 않는다.

(2) 텅스텐강(W 6%—C 0.7%—Mn 0.3%—Fe 93%)

탄소강에 비하여 조직이 안정하며, 경년변화도 적은 특성이 있다. 보통 800~900[℃] 정도에서 수중소입하여 만든다.

(3) 크롬강(Cr 1~3%—Fe 97~99%)

텅스텐강에 비하여 자기적 성질은 떨어지나 가격이 싸다는 이점이 있으며, 경년변화도 텅스텐강과 같이 적다.

(4) KS강(Co 36%—W 7%—Cr 35%—C 0.9%—Fe 13%)

주조후 700[℃] 정도의 온도로 약 1~2시간 가열한 다음 930~970[℃] 정도로 일단 올렸다가 기름에 소입한 것이다. 이 자석은 고온에서 가공할 수 있으며, 경년변화가 적고, 기계적 진동에 대해서도 비교적 안정하고 특히 보자력이 큰 것이 특징이다.

2) 석출경화용재료

자화변화의 주원인이 자벽 이동에 있는 영구자석으로 레멜로이(Remalloy)라고 불리는 재료가 있다. 구성성분은 Co 12%—Mo(또는 W) 17%—Fe 81%로서, 소입경화형과는 달리 급냉한 적당한 온도로 장시간 시효처리하면 체심입방격자가 아닌 비자성상의 미세입자로 석출되어, 이것이 자벽의 이동을 방해한다고 생각된다. 레멜로이의 자성은 $B_r = 1.1$

[Wb/m^2], $H_e = 1 \sim 2 \times 10^4$[A/m] 정도의 값을 가진다.

1931년 三島 씨에 의하여 발명된 MK강(Ni 25%—Al 12%—Fe 63%)은 현재에도 많이 사용되며, 우수한 자성을 가진 알니코(Alnico : 미국 G.E사의 상품명)라고 불리는 일련의 석출경화형 영구자석의 기원이 된 획기적인 영구자석이다.

알니코계재료의 제조과정은 원료를 용해 주조한 후에 1200[℃] 정도의 온도로 용체화 처리하고, 900[℃] 정도에서 공냉 또는 자계 중에서 냉각시킨 다음 550~650[℃]의 온도에서 10여 시간 시효처리한다. 이 과정에서 자성을 향상시킴과 동시에 중요한 것은 냉각과정과 시효처리이다. 900~800[℃]의 온도에서 0.1~1[℃/sec]의 속도로 서서히 냉각하면 이 사이에 금속학적으로 단상인 성분의 편석, 즉 석출물의 핵이 생성하는데, 이 단계에서 공냉하면 등방적인 알니코를 얻는다.

그림 9-10은 각각 구성비를 달리한 알니코 자석의 특성을 표시한 것이며, 이 그림에서 점선은 에너지적이 일정한 궤적을 나타낸다. 알니코보자력의 기구는 당초에는 레멜로이와 같다고 생각하였으나, 현재에는 석출상이 단자구 구조를 이루고 있기 때문에 H_c가 커진다고 해석되고 있다.

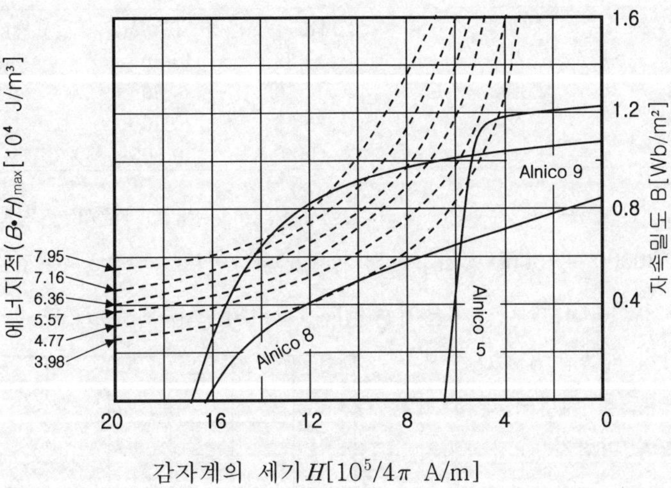

그림 9-10 대표적인 Alnico계 재료의 특성

이와 같은 기구로서 보자력을 높이는 영구자석에는 Cunife, Cunico, Vicalloy 등이 있다. 이들은 모두 Alnico 보다 자성은 떨어지나, Alnico의 결점인 가공성이 나쁜 점을 개선하였기 때문에 가공성 자석이라고도 하며, 자기적 특성은 아래 표와 같다.

표 9-4 가공성 고보자력재료의 자기 특성

재료	성분	H_c [10^4A/m]	B_r [Wb/m^2]	$(B \cdot H)_{max}$ [10^3J/m^3]
Cunife-1	Fe : 20, Cu : 60, Ni : 20	4.7~2.8	0.54~0.60	7.9~14.7
Cunife-2	Fe : 27.5, Co : 2.5, Cu : 50, Ni : 20	2.07	0.73	6.21
Cunico-1	Co : 29, Cu : 50, Ni : 21	5.65	0.34	6.77
Cunico-2	Co : 41, Cu : 35, Ni : 24	3.58	0.53	7.96
Vicalloy-1	Fe : 38.5, Co : 52, V : 9.5	2.39	0.90	7.96
Vicalloy-2	Fe : 35, Co : 52, V : 13	2.95~4.06	0.90~1.05	15.9~27.8

3) 미립자형재료

미립자형재료인 ESD자석(elongated single domain magnet — 미국 GE사에서 개발)은 Fe 또는 Fe—Co를 수은전극을 사용하여 전해석출시켜 다시 가열 성장하여 직경 약 200[Å], 길이 약 1000[Å]의 입자로 만든다. 이를 길이의 방향으로 정렬하여 합성수지와 같은 비자성체에 넣어 자석으로 사용한다. 이 자석은 복잡한 모양으로 성형할 수 있고, 또 온도계수도 Alnico 자석에 비하여 작다는 이점이 있다. 이 자석의 특성을 다음 표에 표시한다.

표 9-5 미립자고보자력재료의 자기 특성

재료	형상	H_c[10^4A/m]	B_r[Wb/m^2]	$(B \cdot H)_{max}$[10^3J/m^3]
Fe	구상	0.38	0.60	0.88
Fe	ESD	0.56	0.90	2.79
Fe—Co	구상	0.28	0.90	1.19
Fe—Co	ESD	0.86	0.905	4.01

페라이트자석은 OP자석, 즉 Co 페라이트($CoFe_2O_4+Fe_3O_4$)로서 소결후 자계중 냉각함으로써 $H_c = 30000 \sim 75000$[A/m]가 된다. Co 페라이트는 스핀넬 구조로서 그 결정이방성정수는 3×10^5[J/m^3]이다. 최근에는 입자 크기의 조정으로 H_c를 $1.5\times10^5 \sim 3\times10^5$[A/m] 정도까지 확대할 수 있다. 이 자석은 세계 최초의 페라이트자석이면서 또 최초의 미립자형 자석이기도 하다.

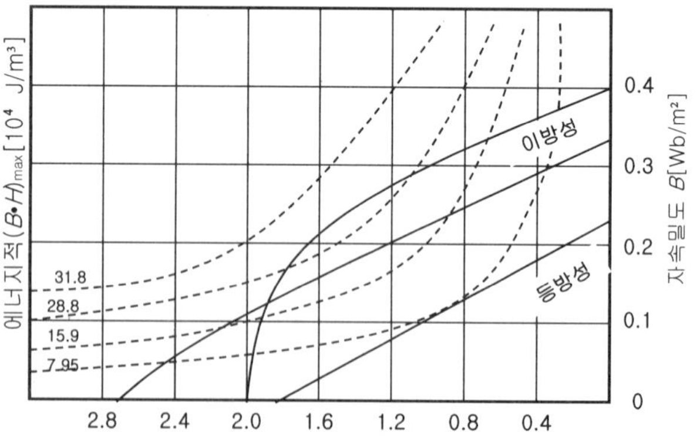

그림 9-11 Ba 페라이트의 대표적인 자기특성

현재 이 계통으로 많이 사용되고 있는 것은 Ba 페라이트($BaO \cdot 6Fe_2O_3$)이다. 이 페라이트는 원료를 혼합한 후 한 번 가소분쇄하고 나서 다시 1100~1400[℃]로 자계를 가하면서 소결성형하여 얻는다. 이 페라이트의 특성을 그림 9-11에 표시한다(이방성정수는 약 3×10^5[J/m^3], $H_c \geq 1.5\times10^5$).

4) 규칙격자형재료

영구자석 중에는 규칙격자가 됨으로써 우수한 자석특성을 나타내는 재료가 있다. Pt—Co 및 Pt—Fe 등이 이에 속하며, 아래 표 5-6에 그 특성을 표시하였다.

이 재료는 박판가공이 용이하므로 여러 가지 형상으로 만들 수 있고, 카트리지, 시계 등에 사용하는 자석재료로서 우수하다.

※ Pt—Co는 고온에서는 f.c.c.(face centered cubic)상 1상인데, 800[℃] 이하에서는 f.c.t.(face centered tetragonal) 규격격자로 변태한다.

표 9-6 규칙격자형재료의 특성

명칭	규칙격자형	성분[%]	밀도	보자력 H_c[A/m×10^3]	잔류자기 B_r[Wb×m^2]	최대에너지적 $(B\cdot H)_{max}$ (MKS)×10^3
Pt—Fe	PtFe	Pt 78, Fe 22	10	125	0.58	22
Pt—Co	PtCo	Pt 77, Co 23	11	342	0.7	93

9-4 특수자기재료

1) 정자재료

정자재료는 온도가 상승하면 자속밀도가 감소하므로 자석이나 자극편이 사용되고 있는 전자기기나 회전계에서는 온도에 따른 오차가 생긴다. 이때 상온에서 자속밀도가 크고 온도구배가 부인 재료를 사용하여 자극간공극에 자기분로를 마련해 주면 오차를 보상할 수 있다. 또한 큰 온도구배는 온도검출기로서 이용할 수도 있다. 이와 같은 목적에 사용되는 재료를 정자재료라고 한다.

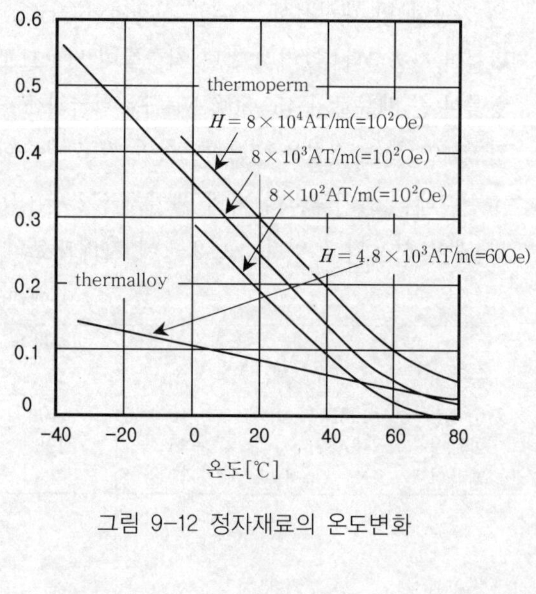

그림 9-12 정자재료의 온도변화

일반적으로 큐리점이 상온보다 다소 높은 곳에 있는 자기재료는 상온 부근에서 자속밀도가 부인 급한 온도구배를 가지게 되는데, 이 성질이 곧 정자재료로서 응용되는 것이다.

정자재료로서 이용되는 것은 서어멀로이(thermalloy ; Ni 70~90%, Cu 30~10%)와 서어머퍼엄(thermoperm ; Ni 60~70%, Cu 30~40%)이며, 이들의 온도에 의한 변화를 그림 9-12에 표시하였다.

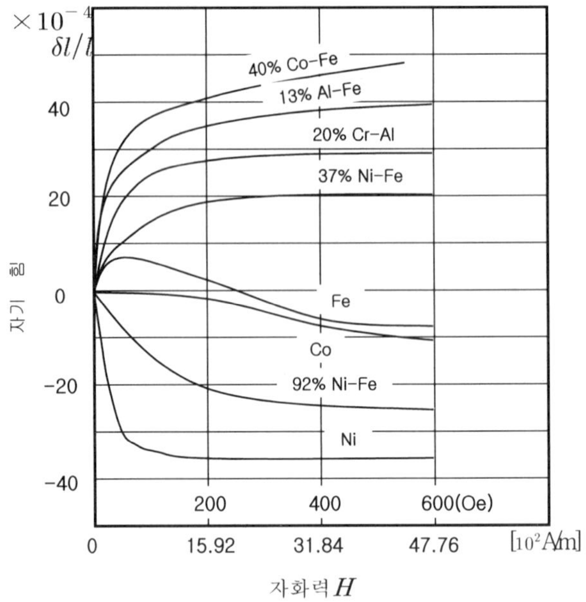

그림 9-13 각종 재료의 자기왜곡 특성

2) 자왜재료

일반적으로 강자성체는 자화하면 자기왜곡이 생기고, 반대로 왜곡이 가해지면 내부자화의 방향이 회전한다. 이 성질을 이용하면 전기 진동과 기계 진동을 서로 변환시킬 수 있다. 이 변환목적으로 사용하는 재료를 자의재료라고 한다. 따라서 자의재료로서는 포화자기왜곡 및 자화에 대한 왜곡의 변화비율이 크고, 자기적, 기계적 손실이 작은 재료를 사용한다.

그림 9-13은 각종 재료의 자의특성을 표시한 것으로, 이 그림에서 Co 강을 제외하면 순 Ni은 가공성 및 내식성이 우수한 실용적인 재료로서 박판을 중합융착시켜 봉상 또는 환상으로 만들어 사용한다. 그러나 반면 저항률이 낮으므로 와전류손이 커지는 결점이 있다. 이 밖에 저항률이 큰 재료로서 45~50% Ni—Fe 합금과 Fe—Al 합금(아르펠)을 들 수 있다. 후자는 열간가공해야 하는 결점은 있으나, 값이 싸고 우수한 자의재료이다.

최근에는 와전류손이 거의 생기지 않는 Ni, Co, Ni—Co, Ni—Zn 및 Ni—Cu 계페라이트가 많이 사용되고 있다. 표 9-7에 자왜재료의 특성을 표시하였다.

표 9-7 자왜재료의 특성

특성 / 종류	조성[%]	포화자기변형 $\lambda_s \times 10^{-6}$	비투자율 μ_s	저항률 $\rho[\mu\Omega \cdot cm]$	밀도 $[g/cm^2]$	음속 [km/s]
순 Ni	100Ni	-40	40	7	8.9	4.8
아르멜	13A87Fe	+35	190	91	6.7	4.7
페라이트	Ni—Cu계	-30	20	400×10^6	5.0	5.5

3) 자기기록재료(자기녹음재료)

자기기록이라는 것은 그림 9-14와 같이 일정 속도로 움직이고 있는 강자성체를 기록대상에 의해 변환된 전류로 자화함으로써 잔류자기로 기록하고, 다시 이 기록 내용을 재생하는 것이다. 따라서 자기기록재료란 자기기록체 및 기록, 재생, 소자를 행하는 기록헤드(head) 재료를 말한다. 자기 기록은 조작이 간단하고, 소자하면 다시 기록할 수 있는 이점이 있으므로 녹화, 측정, 제어를 비롯하여 전자계산기 등 여러 방면에 이용되고 있다.

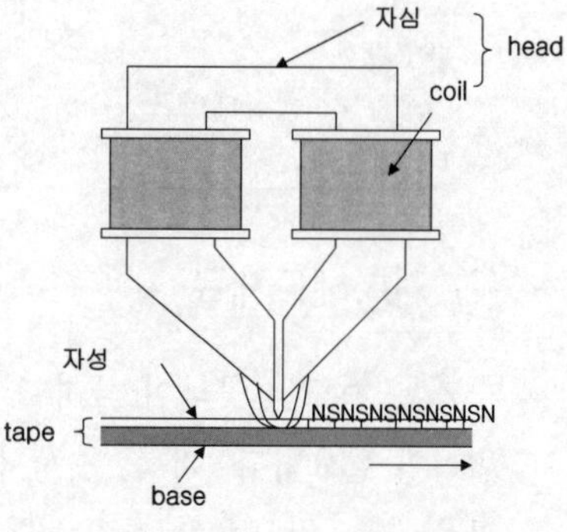

그림 9-14 자기기록의 원리도

(1) 자기기록체

기록체의 재료로서 처음에는 강선, 비컬로이(Vicalloy; Fe 30-52%, Co 20~50%, V6-16%) 등이 사용되었으나, 최근에는 침상결정한 $r-Fe_2O_3$(또는 Fe_3O_4) 분말을 두께 20~40μ의 초산셀룰로오스의 베이스상에 10~15μ의 균일한 두께로 도포하여 사용한다.

기록체(자기테이프)가 구비할 성질은 아래와 같다.

a. 잔유자속밀도(B_r)와 자화력(H)과의 관계가 직선적이고 감도($\Delta B_r/\Delta H$)가 높을 것.

b. 보자력이 적당히 클 것.

c. 인장강도가 크고 자성에 대하여 기계적 외형이 작을 것.

d. 호환성이 좋을 것.

VTR(video tape recorder)용 테이프는 녹음테이프와 같이 만들어지나, 화상은 넓은 주파수대역(0~4MHz)을 가지고 있으므로 테이프의 균일성이 매우 높아야 한다. 기타 전자계산기나 측정 및 제어용으로서는 테이프뿐이 아니고 비교적 값이 싸면서 access time이 빠른 특징을 살려서 드럼형 또는 대용량의 기억에 적합한 디스크형 등이 사용되고 있다.

이들의 기억 재료로서는 $r-Fe_2O_3$외에 드럼형에서는 Ni—Co 합금을 전착한 것이 사용된다. 또한 펄스폭수가 μs단위인 디지털양의 기억이므로 신호탈락의 원인이 되는 자기적 핀 호울(pin hole)의 제거에 제작상 특별히 주의해야 한다.

다름 표 9-8에 자기기록체의 특성을 표시한다.

표 9-8 자기기록재료의 자기 특성

종류 \ 특성	형성 및 크기 [mm]	잔류자속밀도 B_r[Wb/m^2]	보자력 H_c[A/m]	단축녹음파장 $\lambda_{min}[\mu]$
탄소강선	ϕ0.2	1.4	1353	—
Cu Ni Fe 합금테이프	0.5×0.04	0.25	3184	약 60
$r-Fe_2O_3$	6×0.012	0.08	21492	약 8

(2) 기록헤드재료

기록 헤드는 공극이 극히 작은 고주파 전자석인데, 테이프의 접촉 때문에 자심의 내마멸성이 필요하다. 기록, 재생에는 기록 전류와 공극의 자속이 비례 관계를 유지하려고 변환을 높은 감도로 행하기 위하여 잔유자속밀도와 보자력이 작고 저항률과 투자율이 큰 재료가 적합하다. 녹음과 소자에는 포화자속밀도가 큰 것이 소형화하는 데 적합하다.

이런 재료로서는 몰리브덴 퍼어멀로이(Mo 4%—Ni 79%—Fe 17%)를 두께 0.1~0.2[mm]의 박판으로 성층하여 사용하며, 최근에는 페라이트 단결정이 연구 중에 있다.

9-5 기억소자

전자계산기의 기억 장치는 정보를 임의로 넣어 주거나 또는 읽어 내기 위한 장치이다. 정보는 일반적으로 2진수로서 취급한다. 즉 '1' 과 '0' 에 대응시켜 2개의 상태를 구별하여 기억시키는 것이다. 방법으로서는 전류의 유무, 스위치의 단속 및 자화방향의 정부 등의 현상이 이용된다. 기억 장치는 정보를 기억해 두는 부분(기억 소자)과 기억을 조작하기 위한 전자회로부분(주변회로)으로 대별한다.

페라이트자심의 코어 메모리는 현재에도 기억 소자로서 그 주축을 이루고 있는데, 더욱 고속 인 것으로서는 자성박막을 사용한 플레이티드 와이어(plated wire)메모리가 실용화되고 있다. 근래에는 반도체 재료로서 값이 싼 IC 메모리가 개발되었으나, 이는 전력을 계속해서 공급하지 않으면 기억보존을 하지 못하는 결점이 있는 반명, 자성체로 된 소자는 기억보존에 에너지를 필요로 하지 않는 이점이 있다. 최근에 발명된 자기버블(bubble) 메모리는 물론 자기를 이용한 것으로서 현재 개발 중인데 대용량 고밀도이면서 값이 싼 메모리로서 주목되고 있다.

1) 페라이트기억자심

페라이트기어자심은 보통 Mn—Mg 또 Li계 페라이트를 소결한 것으로, 기억 속도를 고속화하기 위하여 20mil(1mil≒25.4μ=0.0254mm)까지 소형화하여 실용하고 있다.

표 9-9 페라이트자심의 규격

규격	외경[mm]	내경[mm]	높이[mm]
80mil	2.0	1.3	0.6
50mil	1.3	0.8	0.4
30mil	0.8	0.5	0.2
20mil	0.5	0.3	0.15

위의 표 5-9는 페라이트자심의 크기를 표시한 것이다.

페라이트는 일반적으로 온도 특성이 나쁜 편이며, Mn—Mg계 페라이트의 큐리점은 200~300[° C]이고, 상온에서도 온도보상회로가 필요하다. 기억장치가 고속화되고 비트(bit)밀도가 커짐에 따라 자화반전에 의하여 열이 증가하기 때문에 최근의 전자계산기에는 거의 Li계 페라이트가 사용되고 있다. Li계 페라이트의 큐리점은 약 600[℃]까지 높일 수 있다.

2) 플레이티드 와이어

이 플레이티드 와이어, 즉 도금선은 가는 심선 표면에 퍼어멀로이(81% Ni—Fe)의 박막을 생성시킨 것이다. 심선으로서는 보통 Be—Cu, Ag—Cu 및 인청동 등의 비교적 견고한 재료를 사용한다. 심선의 직경은 0.1~0.05[mm] 정도로서, 이 도선표면에 0.1~1μ 정도의 두께로 전기도금하는데, 이때 도선에 전류를 흘리면 생성하는 박막은 원주방향으로 자화하기 쉽고, 선장방향으로 자화하기 어려운 성질을 가지게 된다. 이와 같은 성질을 1 축자기이방성이라고 하며, 원주 방향을 자화용이축, 선장 방향을 자화곤란축이라고 부른다.

3) 자기버블

자기버블용 재료로서는 오르소 페라이트(orthoferrite) 및 가아넷(garnet)의 단결정이 사용된다.

표 9-10 버블용 자기재료의 특성

종류	조성	$4\pi M_s$ [Gauss]	버블경 [μ]	μ [cm/s/Oe]	보자력 H_c [Oe]	이방성자계 H_g[Oe]
orthoferrite	$YFeO^3$	105	100	6500	0.025	1.3×10^5
	$Sm_{0.55}\ Tb_{0.45}\ FeO_3$	108	20	1100	0.05	3.5×10^3
Garnet	$Eu_1Er_1Ga_{0.7}Fe_{4.3}O_{12}$	~170	~5	50~100	0.6	4×10^3
	$Y_{0.9}Gd_{1.5}Yb_{0.6}Al_{0.7}Fe_{4.5}O_{12}$	~175	~5	2000	0.1	1.8×10^3
	$Gd_{2.55}Tb_{0.65}Fe_5O_{12}$	137	13	120	~0.1	1.7×10^3

오르소 페라이트는 사방정계결정으로 C축 방향에 강한 이방성을 가지기 때문에 C면을

절취해 낸 박판으로 버블을 만든다. 한편 가아넷은 보통 비자성이 Cd-Ga 가아넷($Cd_3Ga_5O_{12}$)의 단결정기판상에 자성가아넷의 단결정을 성장시켜서 사용한다. 이방성은 성장과 동시에 수직으로 형성된다. 최근에는 또 Cd-Co나 Cd-Fe 등의 비정질금속박막을 사용한 1μ 이하의 버블이 개발되어 새로운 재료로서 주목되고 있다.

연습문제

1. 정자재료에 대하여 설명하라.

2. 자기테이프가 구비할 성질을 들어라.

3. 자기이방성에 대하여 설명하라.

4. 카아보닐 및 퍼어멀로이 압분심에 대하여 설명하라.

5. 다음 중 자심 재료로서 사용할 수 있는 것은?

① Fe—Al 합금 ② Fe—Co 합금
③ 크롬강 ④ 자성강

사용 주파수가 높은 통신 기기용 인덕턴스 코일에 사용할 수 있는 철심에서 투자율과 히스테리시스손이 어떻게 되어야 하는가?

	①	②	③	④
투자율	커야 한다	커야 한다	작아야 한다	작아야 한다
히스테리손	작아야 한다	커야 한다	커야 한다	작아야 한다

6. 기억소자로서 많이 사용되는 페라이트는?

① Mg—Mn ② Mn—Zn ③ Cu—Zn ④ Ni—Zn

7. 자기재료를 자기성질에 따라 분류한 것은 어느 것인가?

① 고주파용 자기재료 ② 비자성 철강 재료
③ 강전 기기용 자기 재료 ④ 약전 기기용 자기 재료

8. 외부 자계를 없애도 원자의 스핀 자기 모멘트의 방향이 일정하게 유지되는 현상은 무슨 현상인가?

① 자기 일그러짐 현상 ② 자기 경화 현상
③ 자연 자화 현상 ④ 광전 효과 현상

9. 순철에 규소를 첨가한 규소 강판은 순철인 경우에 비하여 어떠한가?

① 도전율이 증가한다. ② 투자율이 증가한다.
③ 와류손이 증가한다. ④ 자기 저황이 증가한다.

10. 최대 비투자율이 큰 순서로 나열한 것은 다음 중 어느 것인가?

① 순철-니켈-코발트 ② 순철-코발트-니켈
③ 니켈-순철-코발트 ④ 코발트-니켈-순철

11. 자기 재료의 히스테레시스(hysterisis) 곡선의 가로축(A)과 세로축(B)에 관한 다음 설명 중 맞는 것은 어느 것인가?

① (A)자계 강도 (B)자속 밀도 ② (A)자계 강도 (B)투자율
③ (A)자계 밀도 (B)자계 강도 ④ (A)자계 밀도 (B)투자율

12. 자성체를 자화하면 그 형상이 변화한다. 이것은 무슨 현상인가?

① 자기 일그러짐 현상 ② 자기 경화 현상
③ 자기 자화 현상 ④ 광전 효과 현상

13. 고투자율 합금의 대표적인 것은 어느 것인가?

① 페라이트(ferrite) ② 산화제이철
③ 퍼어멀로이(permalloy) ④ 몰리브덴

14. KS 강의 설명 중 옳은 것은 어느 것인가?

① 텅스텐 6~8[%], 크롬 1~3[%], 코발트 20~36[%], 탄소 0.7~1.5[%]를 함유한 강이나, 담금질한 것으로 에이징이 심하다.
② 탄소강에 5~6[%]의 텅스텐을 첨가하여 에이징(경년변화)을 작게하고 자기적 성질을 개선한 것이다.
③ 탄소 0.8~1.2[%]의 탄소강을 750~800[° C]에서 물 또는 기름 속에 넣어 담금질한 것으로 에이징이 심하다.
④ 구리 60[%], 니켈 20[%], 철 20[%]로 주조한 합금을 기름 속에서 열처리 한 것으로 기계 가공이 용이하다.

15. 철심의 최대 자속 밀도를 B_m, 히스테레지스손을 P, 와류손을 Q라 할때

① P는 B_m^2, Q는 B_m^2 ② P는 $B_m^{1.6}$, Q는 $B_m^{1.6}$
③ P는 $B_m^{1.6}$, Q는 B_m^2 ④ P는 B_m^2, Q는 $B_m^{1.6}$

에 비례한다.

16. 고투자율 재료에 해당하지 않는 것은 어느 것인가?

① 보자력이 적다. ② 작은 자계 변화에 자속 밀도가 크다.
③ 잔류 자속 밀도가 적다. ④ 영구 자석 재료에 쓰인다.

Chapter 10 각종 부품재료

- 저항소자재료
- 콘덴서재료
- 발진소자재료
- 레이저재료

10-1 저항소자재료

저항재료는 도전재료임에는 틀림없으나 그 특성이나 현상 및 응용이 전류를 흘리는데 그 주목적을 두고 있는 도체와는 다르므로, 도전재료와 분리하였다.

저항은 전자기기 및 측정기에서 표준저항, 정밀저항 또는 부성저항 등으로 이용될 뿐 아니라 전기에너지를 열에너지로 변환시키기도 한다. 한편 저항변화현상은 진공도측정, 온도측정, 응력측정 및 유량측정 등에도 광범위하게 이용되고 있다.

1) 저항재료의 분류

저항재료에는 금속성과 비금속성인 것이 있으며, 금속성재료로서는 텅스텐(W), 몰리브덴(Mo) 및 탄탈(Ta) 등 단일금속인 것과 동(Cu), 니켈(Ni) 및 철(Fe) 등을 주성분으로 하여, 여기에 고용체를 형성하는 금속인 니켈, 망간(Mn) 및 크롬(Cr) 등을 첨가한 합금으로 된 것이 있다.

단일 금속재료는 저항률이 작고, 온도계수가 크기 때문에 주로 온도·저항관계의 직선성을 이용한 측온저항이나 고융점을 이용한 전열저항으로 사용되며, 여기에 대하여 합금재료는 저항률이 크고 온도계수가 작으므로 정밀저항을 비롯하여 조절저항, 전열저항 등으로 사용된다.

한편, 비금속성의 저항재료는 접촉저항이나 체저항을 이용하여 부품저항, 조절저항 및 전열저항 등으로 사용한다.

표 10-1 저항재료의 분류

구분		재료
금속성	단일합금	텅스텐(W), 몰리브덴(Mo), 백금(Pt), 니켈(Ni), 탄탈(Ta), 동(Cu), 철(Fe)
	합 금	동합금 :망가닌, 콘스탄탄(동—니켈) 니켈합금 : 니크롬 철합금 : 철크롬
비금속성	탄소 및 탄화물 : 탄소, 흑연, 탄화규소 산화물 : 산화석, 산화질코늄 규화물 : 규화몰리브덴 질화물 : 질화탄탈	

2) 저항재료의 성질

저항재료로써 갖추어야 할 일반적인 성질은 다음과 같다.

① 저항률이 클 것
② 저항의 온도계수가 작을 것(그러나 감온저항재료로서는 커야 한다)
③ 다른 금속에 대한 열기전력이 작을 것(그러나 열전대에서는 열기전력을 이용한다)
④ 내식성이 우수할 것
⑤ 고온에서 산화하지 않을 것
⑥ 기계적 강도가 클 것

(1) 단일금속저항재료

합금 재료의 사용온도한계는 약 1400[℃] 정도이다. 따라서 이 이상의 고온에서 사용해야 할 때나 합금 재료로서는 불가능한 특수 조건에서 사용할 때에는 백금, 텅스텐, 몰리브덴 및 탄탈 등의 고융점 단일 금속 재료가 사용된다.

표 10-2 단일금속저항재료의 성질

명칭	융점[℃]	저항율[$\mu\Omega$·cm]	저항의 온도계수 $\times 10^{-3}$[/℃]
Fe	1535	10.0	5
Ni	1452	6.9	6
Mo	2620	4.77	3.3
W	3370	5.48	4.5
Pt	1771	10.5	3

이들 단일 금속 재료의 성질은 표 10-2와 같으며, 이 중 텅스텐, 몰리브덴 및 탄탈 등은 산화하기 쉬우므로 진공 또는 불활성가스 중에서 사용해야 한다.

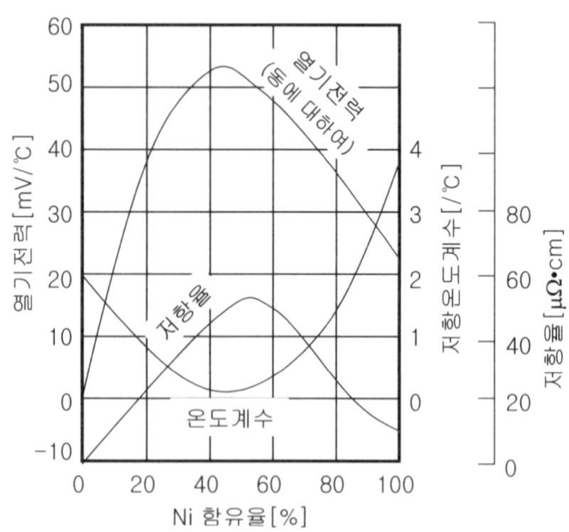

그림 10-1 동—니켈합금의 성질

(2) 합금저항재료

① 동합금재료

동—망간—니켈합금의 대표적인 것은 망가닌(manganin)으로서, 망가닌은 저항 온도계수 및 동에 대한 열기전력이 극히 작으므로 표준 저항용 재료로서 사용된다.

동—니켈합금은 임의의 비율로 고용체를 만들 수 있고, 그 성분비에 따른 저항률, 저항의 온도계수, 열기전력의 변화는 그림 10-2와 같다. 이 합금의 대표적인 것은 콘스탄탄(constantan)으로서 가공이 쉽고, 저항의 온도계수도 작으나 동에 대한 열기전력이 크므로 저항선 외에 열전대로서 온도 측정용으로도 사용되고 있다.

동을 주성분으로 한 주요한 재료의 특성을 다음의 표 10-3에 표시하였다.

표 10-3 동합금재료의 성질

명칭	성분				저항율	저항온도계수	열기전력	특징
	Cu	Mn	Ni	Al	[$\mu\Omega$·cm]	$\times 10^{-5}$[/℃]	[μV/℃]	
망가닌 (Ni 함유)	50~85	12~30	2~6	—	41~48	1~3	〈2	산화하기 쉽다
망가닌 (Ni 제외)	85 86 83	9.5 8 12	— — —	5.5 6 4	45 40 48.2	0 0.5 -0.9~5.1	0.3 0.1 —	내산성이 망가닌보다 우수하다
콘스탄탄	55	—	45	—	50	3	40	동에 대한 기전력이 크다

② 니켈합금재료

니켈—크롬 또는 니켈—크롬—철합금을 니크롬(nichrome)이라고 부르며, 고저항 정밀 저항 재료로서 사용될 뿐 아니라 1200[℃]까지의 온도 측정에도 사용되며, 그 특징은 다음과 같다.

[니크롬의 특징]

a. 저항률이 크다(망가닌의 2~3배)
b. 저항의 온도계수 변화가 넓은 범위에서 작다.
c. 동에 대한 열기전력이 작다.
d. 가공이 쉽다.
e. 기계적 강도가 크다.
f. 내열, 내식성이 크다.

③ 철합금재료

철—크롬—알루미늄합금은 철—크롬전열선으로 사용되는 재료로서, 니크롬에 비하여 가공이 곤란한 반면, 니크롬보다 저항률이 크고 내열성, 내식성도 우수하다. 철—크롬전열선에는 제 1종 및 제 2종이 있으며, 그 성분 및 성질은 다음 표 10-4와 같다.

표 10-4 철—크롬전열선의 성분과 성질

품종	성분					저항율 [$\mu\Omega$·cm]	저항온도계수 $\times 10^{-4}$[℃]	최고사용온도 [℃]	특징
	Cr	Al	Mn	C	Fe				
철크롬 제1종	23 ~27	3.5 ~5.5	1.0 이하	0.15 이하	잔부	140±8	1이하 (20~400℃) 1이하 (20~1000℃)	1200	내산화성은 크나 가공곤란, 고온사용 후의 재가공은 곤란
철크롬 제2종	17 ~21	2~4	1.0 이하	0.15 이하	잔부	122±7	2.5이하 (20~400℃) 2.5이하 (20~900℃)	1100	제1종에 비하여 가공용이, 고온사용 후의 재가공은 곤란

철—크롬—알루미늄합금에 속하는 것으로서, 특히 고온 사용이 가능한 전열선재료인 칸탈(Kantal) 및 메가퓨르(Megapyr)는 다음 표 10-5와 같은 성질을 나타낸다.

이 밖에 철—탄소합금은 주철이라고 부르며, 저항률이 크고 내열성이 우수하고 가격도 싸므로 그리드저항 전동기의 시동용, 속도제어용 또는 전기 화학 공업용 등 대전류제어용으로 사용된다.

철과 니켈은 어떤 비율로서도 고용체를 만들고, 그 성분에 따라 저항률이 변화하나, 이 중에서 Ni 25~30% 정도인 것이 저항률이 최대이고, 저항기용 및 600[° C] 이하의 전열용으로 사용된다.

한편 특수한 용도에 사용되는 철—니켈 합금 재료로서 인바아르(Invar)와 듀멧(Dumet)이 있다. 인바아르(Fe 64%—Ni 36%)는 선팽창계수가 작으므로 물리 측정용 재료 등에 사용되고, 황동판과 조합하여 바이메탈로서도 사용된다. 듀멧(Fe 54%—Ni 46%)은 선팽창계수가 유리와 같은 정도이므로 표면에 동을 피복하여 초자의 봉입선으로 사용한다.

표 10-5 Kantal 및 Megapyr의 성질

명칭	성분				저항율 [$\mu\Omega$·cm]	저항온도계수 $\times 10^{-5}$[/℃]	최고사용온도 [℃]
	Fe	Cr	Al	Co			
Megapyr	65	30	5	—	140	4	1320
Kantal	69.0	23.4	5.7	1.9	145(20℃} 175(1300℃)	6	1300

(3) 탄소계저항재료

금속보다 저항률이 큰 탄소계재료를 박막저항으로 사용하면 안정한 소형저항기를 만들 수 있고, 이 저항기는 전자 부품으로 많이 사용된다. 이에는 다음의 3종류가 있다.

① 석출탄소형저항기

자기관 등과 같이 불활성인 기체를 진공로중 또는 불활성가스 중에서 고온 가열하여 그 표면에 탄화수소의 증기를 접촉시켜서 열분해한 다음 탄소를 유리석출한 것인데, 그 두께는 약 1μ정도로서 금속박막보다 두껍다. 석출한 탄소피막에 나선 모양의 홈을 파서 소정의 저항치로 하고, 표면을 방습도장하든가 합성수지로 성형한다. 이 저항의 온도계수는 $-(2\sim)\times 10^{-4}$/℃ 정도로서 비교적 작은 편이다.

② 탄화형저항기

자기의 표면에 베이클라이트 등의 유기물도료를 칠하고, 불활성가스 중에서 가열탄화한 것이다. 양산에는 적합하나 전기적 특성은 석출탄소형보다 좋지 않다.

③ 소부형저항기

자기의 표면에 콜로이드상흑연(colloidal graphite)을 칠하고, 불활성가스 중에서 가열소부한 것이다. 일반적으로 이 소부형은 위의 양자에 비하여 전기적 특성이 좋지 않다.

④ 탄소체저항재료

solid 저항기로서 전자 회로의 소형저항기에 널리 사용되는 것으로, 세라믹계인 것과 레진계인 것이 있으나, 어느 것이든 탄소비분말에 결합체를 가하여 적당한 온도로서 가압성형한 후 소성한 것으로서, 그 저항치는 재료의 혼합비로써 조절할 수 있다. soild 저항기는 소형으로 대용량인 것을 얻을 수 있다는 것이 특색이나, 저항의 온도계수와 잡음으로 보아 석출탄소형보다 특성이 좋지 않다.

⑤ 탄소분말저항재료

접촉 상태에 있는 탄소분 또는 판은 접촉 압력에 의하여 접촉 저항이 변화하므로 전화기의 송화기용이나 마이크로폰용의 저항 재료 또는 가변저항기 등에 이용된다.

⑥ 탄화규소저항재료

탄화규소(SiC)를 주성분으로 한 저항체로서 주로 발열체용으로 사용되며, 니크롬에 비하면 훨씬 고온까지 견디며, 1400[℃]까지 사용 가능하다.

이는 탄화규소와 탄소 분말의 혼합물에 피치, 타아르 등을 섞어서 봉상성형한 다음 고온에서 가열하여 규화한 것이다.

탄소의 혼합 비율에 따라 광범위한 저항률의 것이 얻어지며, 저항의 온도계수는 -1×10^{-3}/℃ 정도이다.

니크롬에 비하면 내식성이 우수하고 고온에서도 사용할 수 있으나 가공이 어렵다는 결점이 있다.

(4) 산화물저항재료

자기 또는 유리기체상에 산화석 등의 산화물박막을 부착시킴으로써 투명한 저항체를 얻는다. 대표적 제법으로서는 산화석용액을 400~700[℃]로 가열된 기체상에 소부하여 산화시키는 방법이다.

이 저항기의 특징은 산화석박막이 무색투명하므로 이를 유리기체상에 부착시키면 무색투명한 저항체가 된다.

이러한 특징을 이용한 용도로서는 형광램프의 유리관내벽에 이를 도포한 것이 있다.

(5) 도전성도료

프린트 회로에 사용되는 도료로서, 자기 또는 수지질의 절연기판상에 도포하여 이를 일정한 온도로 처리 고착시키는 데 사용한다.

도전성도료로서는 0.1μ이하의 은 또는 동미립자나 0.01μ 이하의 탄소미립자 등을 메타아크릴수지 등의 열가소성수지나 에폭시 등의 열경화성수지에 혼합한 것이 사용되고 있다.

(6) 반도체저항재료

서어미스터는 (thermistor) thermally sensitive resistor의 약으로 Mn, Co, Ni, Fe, Cr 등의 산화물을 적당히 배합하여 소성한 것이다. 실용되는 것으로 1[℃]당 수 %의 저항 변화가 있으며, 온도의 정밀 측정, 통신 회로의 이득 조정 등에 사용되고 있다.

$BaTiO_3$ 반도체로서는 온도에 의하여 저항치가 10^3~10^5배나 증대하는 정저항 온도계수를 가진 것도 만들 수 있다. 이것은 특수한 온도보상이나 무접점온도 스위치로 이용된다.

최근의 집적회로에서는 Ge 나 Si의 모체 자체 중에서 국부적으로 불순물의 량을 제어함으로써 다수의 저항기를 구성한다.

10-2 콘덴서재료

1) 유전체콘덴서재료

물질의 전기적 성질은 크게 도체와 절연체로 구분한다. 전류를 흘리는 것은 도체이고, 흘리지 않는 것은 절연체이다. 구체적으로 저항률이 대체로 10^{-5} 이하인 것은 도체이고, 10^{8} 이상인 것은 절연체이다. 모든 물질은 각종 이온이나 전자 등 하전입자의 집합이다. 따라서 어떤 물질이든 전계 안에 놓였을 때 물질 구성의 한 요소가 전계방향으로 이동하게 되면 도체인 것이다. P형 반도체에서는 정공의 이동이 곧 전류이다. 이와 같이 하전입자의 이동이 전류의 원인이 되는 성질을 도전성이라고 한다.

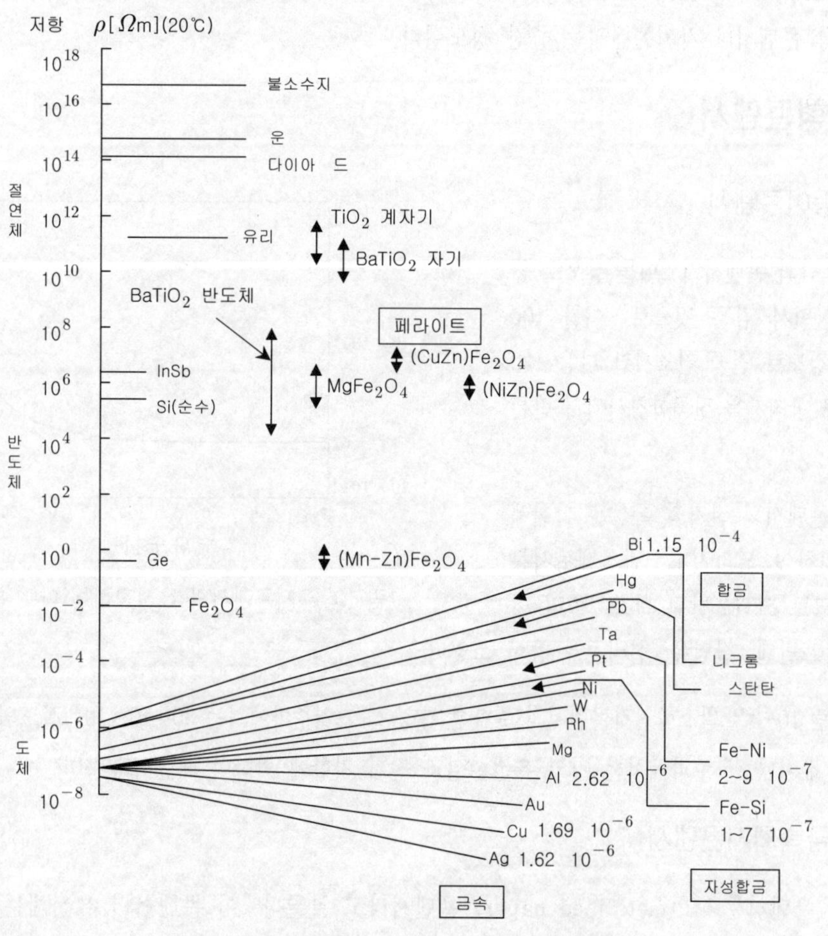

그림 10-2 절연체, 반도체 및 도체의 저항률(상온)

이러한 현상과는 달리 절연체는 전계를 작용시키면 물질 중의 하전입자가 이온내, 결정격자내, 또는 결정입계의 내부 등의 한정된 거리만을 변위하여 전기분극을 생기게 하고, 그 거리 이상은 변위하지 않는다. 그러므로 절연체에서는 전계가 가해진 순간에만 충전전류가 흐를 뿐이고, 계속해서 전류가 흐르지는 않는다. 이와 같이 물질 중의 하전입자가 한정된 미시적인 거리만 변위하는 성질을 유전성이라고 한다.

유전성물질의 주체를 콘덴서라고 한다. 다음에 콘덴서의 화학적, 물리적조성에 대하여 알아보기로 한다.

먼저 사용주파수대에 따라 분류하면, 고주파용 소용량인 것으로는 플라스틱 필름 콘덴서(Plastic film condenser), 마이카 콘덴서(mica condenser) 등이 있고, 저주파용 대용량인 것으로는 전해콘덴서가 사용되고, 나머지 콘덴서는 그 중간 주파수대에 해당한다. 또한 용량편차는 제조법이나 구조에 따라 다른데, 일반적으로 소용량인 것은 작고, 대용량인 것은 크고, 금속증착 콘덴서나 자기콘덴서는 중간 정도이다.

2) 권형콘덴서

(1) 종이콘덴서

A1 박과 콘덴서지 2매를 상오로 중첩시키면서 감은 것으로, 이를 100[℃] 정도로 진공 건조시킨 다음 120[℃]로 함침제를 진공함침시켜서 만든다.

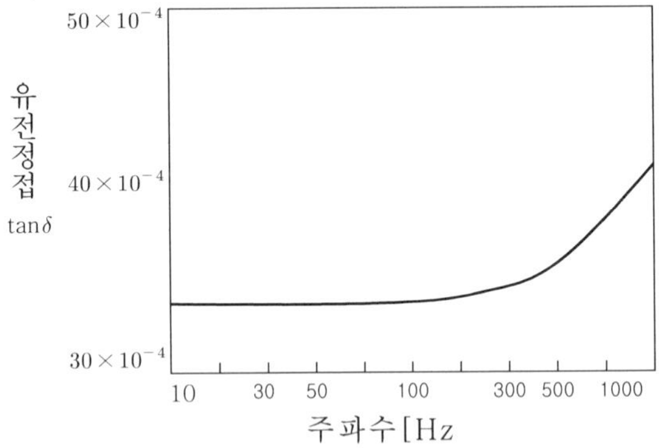

그림 10-3 지콘덴서의 유전정접 주파수 특성

지콘덴서의 전기적 특성은 함침제에 의하여 달라지며, 함침제로서는 마이크로 크리스탈린 왁스, 폴리 아이소 프릴렌, 절연유, 실리콘유 등이 쓰인다.

그림 10-3은 왁스함침지콘덴서의 주파수 특성으로, 저주파에서는 $30\sim40\times10^4$ 정도의 비교적 낮은 값이나, 고주파에서는 지의 유전손실과 전기 저항에 의하여 대단히 커진다.

(2) 금속화지콘덴서

이 콘덴서는 MP(metalized paper) 콘덴서라고 부른다. 이 콘덴서의 유전체는 왁스함침콘덴서지인데, 지콘덴서와 다른 점은 유전체가 자기회복작용을 하여 소형화되어 있다는 점이다. 자기 회복 작용을 하므로 콘덴서지가 절연 파괴되어도 단락으로 인하여 발생한 열에너지가 주위의 금속전극막을 증발시키면서 동시에 래커의 산화작용으로 지의 탄화를 방지한다. 즉 단락된 곳의 섬유는 CO_2 가스로서 소실된다.

전극으로서는 Zn, Al 등의 증착전극을 사용하며, 합침제로서는 파라핀, 마이크로 크리스탈린 왁스 및 절연유가 사용된다.

그림 10-4 및 10-5는 이 콘덴서의 특성을 표시한 것이다.

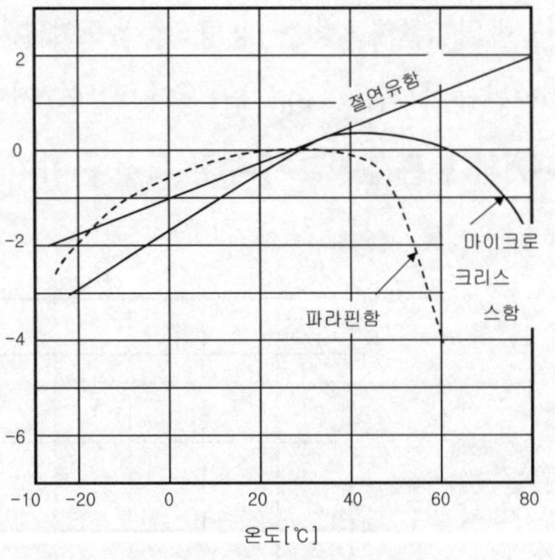

그림 10-4 MP 콘덴서의 각종 함침제에 의한 정전용량의 온도 특성

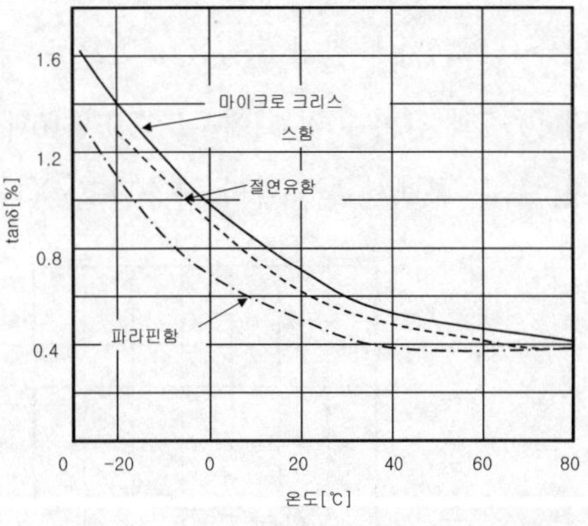

그림 10-5 MP 콘덴서의 tanδ의 온도 특성

(3) 플라스틱 필름 콘덴서

화학지 대신 플라스틱 필름을 유전체로 하여 이를 Al 박전극 사이에 넣어서 감든가 또는 필름에 직접 금속을 진공증착시켜 감은 구조이다.

이 중에서도 폴리스틸렌 콘덴서는 가장 우수한 특성을 가졌으며, 특히 정전용량의 온도계수는 일정치를 유지하므로 페라이트 자심코일과 결합하여 필터용 소자로서 사용한다.

한편 폴리에스텔 콘덴서(또는 Mylar condenser)도 많이 사용되며, 이 콘덴서는 20~80[℃]에서 정전용량의 온도계수가 3×10^4/℃ 정도로서 정치를 나타내나, 80[℃]를 넘으면 급증한다. 또한 유전정접도 온도의존도가 커서 고온에서는 100×10^{-4}/℃의 비교적 높은 값을 나타낸다.

3) 적층형콘덴서

(1) 마이카 콘덴서(운모콘덴서)

근래에는 실버어드형 운모콘덴서가 사용되고 있다. 즉 운모 표면에 전극을 은소부한 것인데, 전극이 마이카에 밀착되어 있으므로 정전용량의 온도계수 및 유전정접등이 우수하다. 소자는 왁스나 실리콘 와니스를 합침시켜 방습처리하고, 합성수지로 성형하든가 또는 금속 케이스에 수용한 구조이다.

마이카 콘덴서는 그림 10-6에 표시한 바와 같이 정전 용량의 온도계수는 -40[℃]~+80[℃]에 걸쳐 $3\sim7\times10^{-5}$으로 극히 변동이 작고, 손실도 작다. 절연 저항은 그림 10-7과 같이 100[℃]에서도 3.5×10^{5}[MΩ]의 높은 값으로 우수한 특성을 가지고 있으며, 표준 콘덴서로서 널리 사용되고 있다.

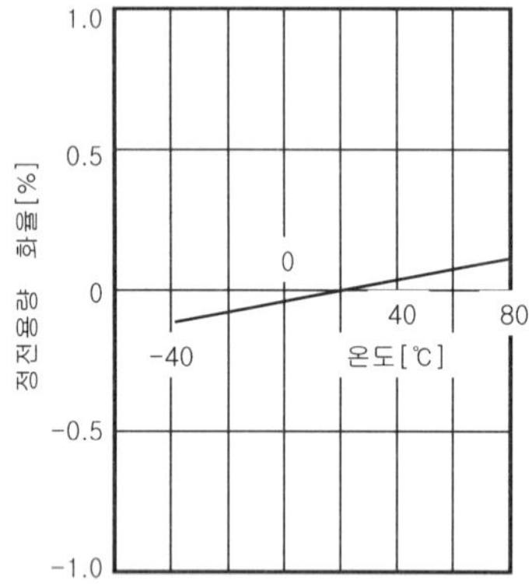

그림 10-6 실버어드 마이카 콘덴서의 온도 특성

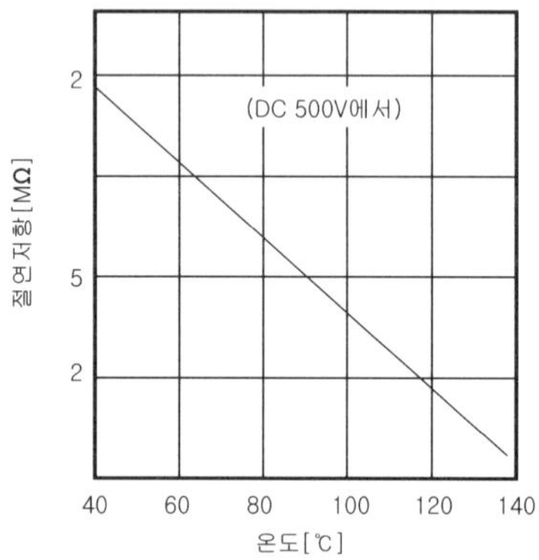

그림 10-7 실버어드 마이카콘덴서(1000 PF)의 절연 저항의 온도 특성

(2) 초자콘덴서

구조는 마이카 콘덴서와 같고, 마이카 대신 13~25μ의 초자리본을 사용하여 이 리본을 A1박에 끼워서 적층시킨 것이다.

마이카 콘덴서와 같이 손실은 25[℃]에서 0.055%, 200[℃]에서 1% 이하로 대단히 적다. 또한 정전용량 및 Q의 값이 안정되어 있고, 동작 전압이 높으며, 300 및 500[V]의 2종이 있다. 최고 사용 온도도 200[℃]로서 다른 콘덴서보다 높다.

4) 전해콘덴서

전해콘덴서가 다른 콘덴서와 다른 점은 콘덴서의 구조이다. 다른 콘덴서는 먼저 만들어진 유전체상에 전극을 붙이는 데 대하여 전해 콘덴서는 전극 표면을 전해산화처리하여 유전피막으로 변화시키고, 이 위에 전극을 붙여서 콘덴서가 된다. 유전체피박은 전극금속의 산화물로서 피막의 두께는 전해 처리할 때의 조건에 따라 조절할 수 있으며, 극히 얇은 것은 소형대용량콘덴서를 만드는 데 사용한다. 현재 산화금속으로서는 탄탈 및 알루미늄 등이 실용되고 있다.

(1) 박형전해콘덴서

박형전해콘덴서는 순도 99.9% 이상의 Ta 또는 A1 박을 전해산화시켜 산화피막으로 만들고, 이를 양극으로 하여 격리지 및 음극과 같이 감아서 페이스트상의 전해질을 합침시킨 그림 10-8과 같은 구조이다.

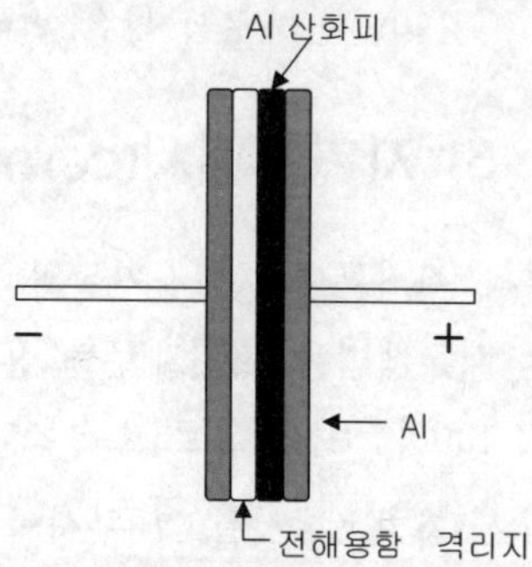

그림 10-8 Al 전해콘덴서의 구조

전해콘덴서의 유전체인 산화피막의 두께는 수 100에서 수 1000[Å]으로서 극히 얇으므로 체적상정전용량치는 다른 콘덴서보다 크나, 전해액을 포함할 뿐더러 유전피막이 반도체적 성질을 가진다.

따라서 그림 10-9 및 10-10과 같이 전기적 특성은 다른 콘덴서보다 못하나, Ta산화물은 화학적으로 안정하여 비전도도가 좋은 전해액을 사용할 수 있으므로 저온특성 및 누설전류 등의 전기적 특성은 A1산화 피막을 사용한 콘덴서보다 우수하다.

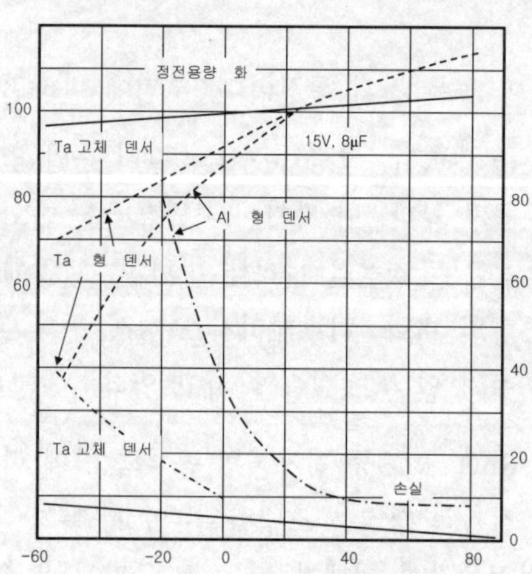

그림 10-9 정전용량손실의 온도측정

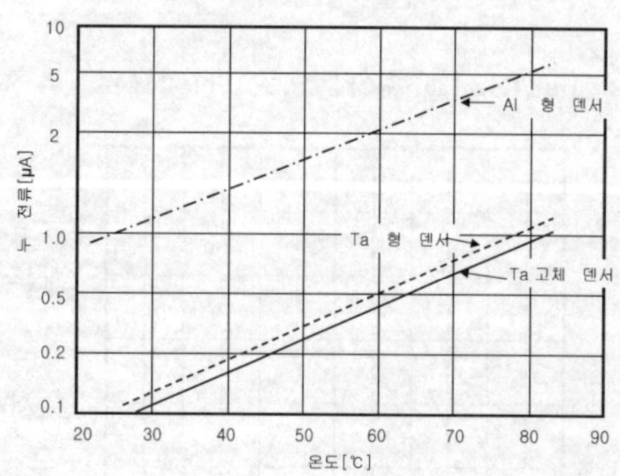

그림 10-10 누설전류의 온도 측정

(2) 고체전해콘덴서

사용하는 양극재료에 따라 각각 탄탈 고체 콘덴서, 알루미늄 고체 콘덴서 등으로 부fms다. 구성은 고체 전해질로서, 초산망간을 열분해하여 생긴 2산화망간을 사용한다. 제법은 소결체를 산화시켜 산화피막을 만들고, 초산망간 용액을 합침시킨 다음 이산화망간을 부착시킨다. 음극으로서는 그라화이트도포와 Ag을 소부하여 리이드선을 끄집어낸다.

사용 온도 범위는 -80~+90[°C]이며, 특성은 지콘덴서와 비슷하다. 결점은 내압이 120V 이하로서 낮은 편이다.

5) 자기콘덴서(ceramic condenser)

자기콘덴서는 자기질의 원판 또는 원통을 유전체로 하고 이 양면에 전극을 붙인 것으로서, 제법은 자기재료를 혼합하여 가소후 분쇄하고, 이 분말을 용도에 맞도록 성형하여 1300[°C] 정도로 소결한다. 전극은 Ag를 소부하여 전면을 보호도장한다.

자기콘덴서를 그 구성의 주성분별로 분류하면 아래와 같다.

① 스테아타이트계자기콘덴서……MgO 및 SiO_2

② 산화티탄계자기콘덴서……TiO_2

③ 티탄산마그네슘계자기콘덴서……TiO_2 및 MgO

④ 티탄산바륨자기콘덴서……TiO_2 및 BaO

(1) 티탄산바륨 콘덴서

$BaTiO_3$ 를 주성분으로 한 것으로, 유전율이 높은 것이 특징이다. 부피에 비하면 정전용량은 큰 편이나, 그림 10-11과 같이 전압 및 온도특성은 좋지 않다. 이 자기는 자발분극을 하고 있기 때문에 높은 유전율을 나타내는 반면, 전압에 따른 정전 용량의 변화, 히스테리시스 현상 등의 콘덴서로서는 좋지 않은 성질을 가지고 있다.

또한 SnO, PbO등 첨가물의 종류와 양에 따라 콘덴서의 전기적 성질을 조정할 수 있고, 특히 온도에 대한 정전용량이 최대가 되는 점(큐리점)을 임의로 변화시킬 수 있다.

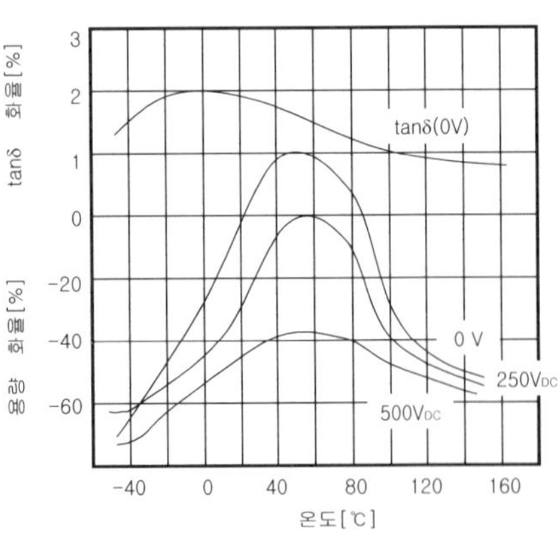

그림 10-11 티탄산바륨 콘덴서의 온도 특성

큐리점의 유전율은 보통 2000~8000 정도이다. 그림 10-12 및 10-13은 손실 및 정전 용량의 주파수 특성을 다른 자기콘덴서와 비교한 것이다.

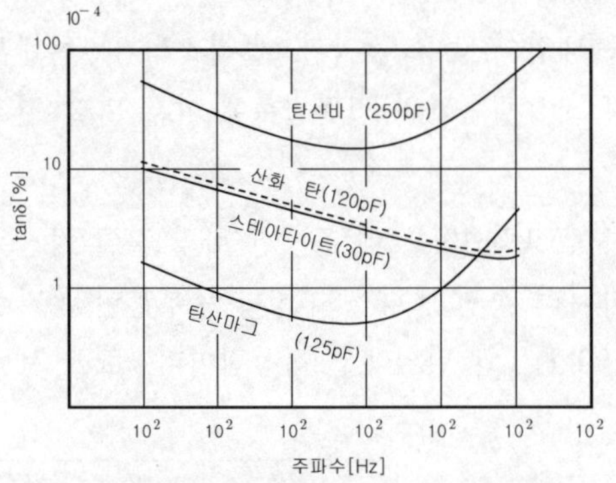

그림 10-12 자기콘덴서의 tanδ의 주파수 특성

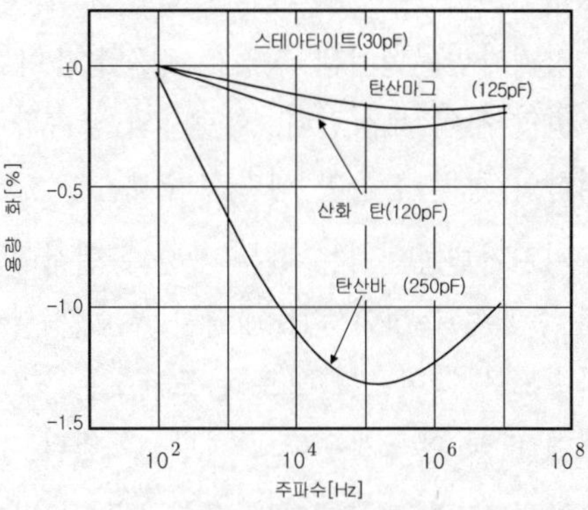

그림 10-13 자기콘덴서 용량의 주파수 특성

(2) 산화티탄 콘덴서

TiO_2를 주성분으로 하여 여기에 MgO, CaO, BaO 등을 첨가하여 자기의 소성온도를 내리고, 전기적 특성을 향상시킨 것이다. 정전용량의 온도계수는 TiO_2 자체는 부의 값을 나타내는 것이 특징이고, 그림 10-14와 같이 첨가물의 종류와 양에 따라 -1200×10^{-6}/℃에서 $+100\times10^{-6}$/℃까지의 범위에 걸쳐 변화시킬 수 있다. 또한 -50~+85[℃] 범위에서 직선적으로 변화하므로 이를 회로 중 코일의 인덕턴스와 결합시켜 사용함으로써 온도 상승(코일의 인덕턴스 변화)에 의한 주파수의 변화를 보상할 수 있으므로 온도보상용으로 사용한다.

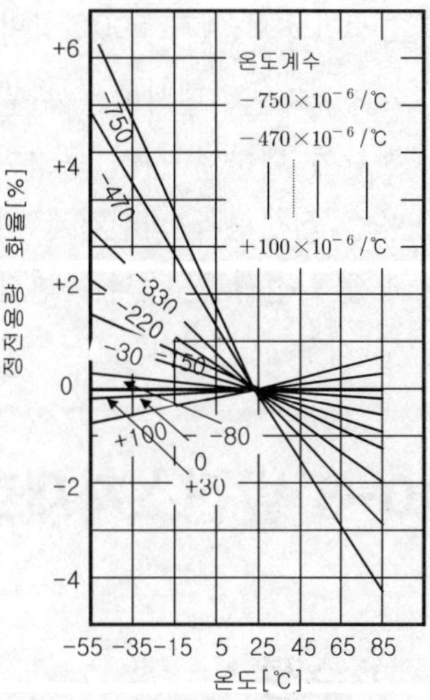

그림 10-14 온도보상용 자기콘덴서의 온도 특성

6) 가변콘덴서

라디오, TV의 방송용 수신기 및 송신기 등의 동조용콘덴서로서 가변콘덴서가 사용되는데, 여기에는 유전체로서 자기, 플라스틱 필름 또는 공기를 사용하고 있다.

어떤 형태의 가변 콘덴서도 모두 수매의 고정자(stator) 사이에 회전자(rotor)가 회전하여 겹치는 면적을 변화시킴으로써 정전용량을 가변하는 구조로 되어 있다. 자기가변콘덴서는 유전체로서 산화티탄계자기를 사용하며, 플라스틱 필름 가변콘덴서는 유전체로서 폴리에틸렌이나 폴리스틸렌의 필름을 열 또는 접착제로서 고정자에 점착시킨 구조이다. 또한 공기가변콘덴서는 고정자와 회전자가 다 같이 A1판으로 만들어졌고, 상오간격은 0.35~0.4[mm]정도인 것이 많이 사용되고 있다.

자기가변콘덴서의 침점은 정전잡음이 없고 내압이 높은 것이며, 플라스틱가변콘덴서는 소형인 것이 특징인데, 회전자의 금속과 플라스틱 필름과의 회전접촉에 따른 마찰 전기에 의하여 정전 잡음이 생기기 쉽다.

자기가변콘덴서는 다른 가변 콘덴서에 비하여 그림 10-15에 표시한 바와 같이 정전용량의 주파수 특성이 VHF대에서 우수할 뿐만 아니라 정전 용량을 구성하는 부분이 무기질과 금속으로 되어 있으므로 온도계수는 -20~+60[℃] 의 범위에서 직선적이며, 또한 사용소재에 따라 온도계수를 조정할 수 있다.

플라스틱가변콘덴서는 주로 폴리에틸렌이 사용되나, 절연 저항은 100[V]에서 100[V]이상, 또 Q는 10[MHz]에서 500이상이 보통이다.

공기가변콘덴서에는 반원형의 회전자수로서 회전각에 대하여 정전 용량이 직선적으로 변화하는 용량 직선형과 회전각과 파장의 관계가 직선적인 파장 직선형 및 주파수 변화선이 거의 직선인 주파수 직선형이 있다.

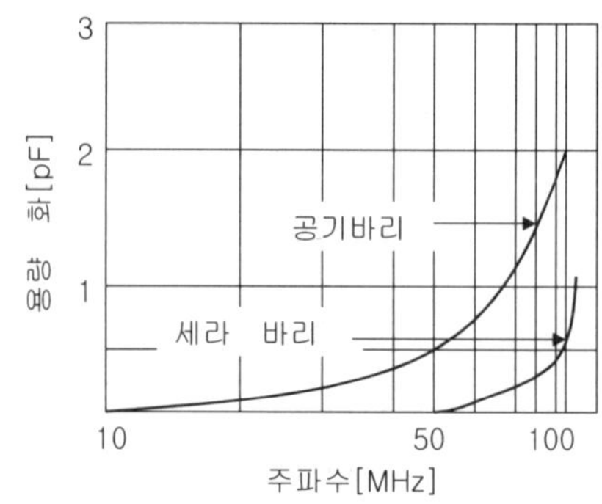

그림 10-15 정전용량-주파수 특성

10-3 발진소자재료

1) 수정

천연 또는 인공탄성재료를 적당한 크기로 가공하면 그 탄성 재료의 성질 및 진동모우드(mode)에 따라 고유주파수를 발생하는 진동편으로 이용할 수 있다. 즉 기계적인 진동은 곧 전기적인 공진현상으로 응용되는 것이다.

진동 현상을 이용한 것으로는 수정진동자, 음차, 음편진동자, 미캐니컬 필터(mechanical filter)등을 들 수 있다.

(1) 수정진동자

수정은 SiO_2의 결정체로서 그 탄성적, 압전기적 성질이 진동자로서의 요건인 이방성을 나타낼 뿐 아니라 화학적, 물리적으로 안정한 재료이다.

그림 10-16은 수정의 절단기준축을 좌표축으로 표시한 것으로, x, y축에 대해서는 120° 달리한 세 개의 대칭축이 있다. 여기서 x 및 y 방향의 신축성은 x축 방향에 가해진 전계에 의한 압전효과에서 생긴다. 한편 z 방향으로는 전계를 가해도 전연 압전 효과는 나타나지 않는다. 물론 온도계수와 선팽창계수도 방향에 따라 다르다. 따라서 수정에서 진동판을 절단할 때에는 주파수의 온도에 따른 변화가 작고, 압전기에 따른 진동효과가 큰 방위를 선택해야 한다.

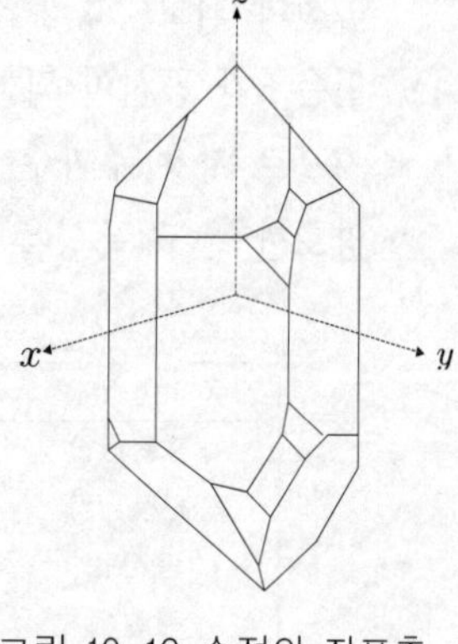

그림 10-16 수정의 좌표축

수정에서 절단된 봉상 또는 박판상 수정편에 적당한 전극을 배치하고, 교류전계를 가하면 압전효과에 의하여 동일한 주파수의 응력이 생기고, 전계의 주파수가 수정판의 고유 주파수와 일치하게 되면 공진현상이 생겨 강력한 진동을 일으킨다. 수정진동자는 이 성질을 이용한 것으로, 진동 손실이 작고, 온도 특성 및 안전도가 우수하여 1 kHz~100MHz 범위에서 수정발진기, 수정 필터 등에 사용된다.

(2) 진동모우드

수정진동자로서 주로 사용되는 진동 mode는 굴곡진동, 사방진동, 윤곽종진동 및 윤곽사방진동 등의 4종류가 있다.

진동수는 절편의 절편방위, 두께 또는 윤곽에 따라 결정된다.

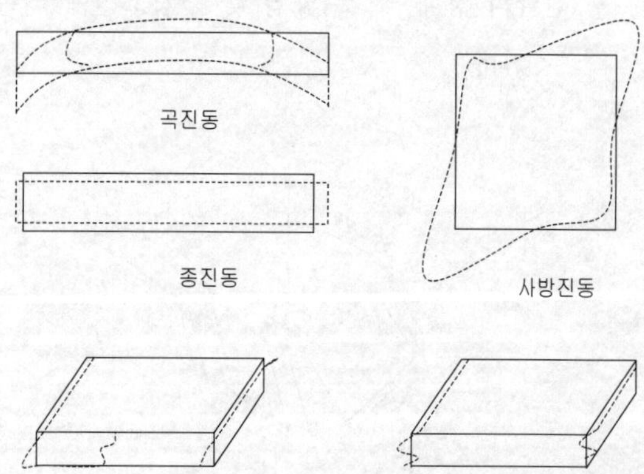

그림 10-17 각종 진동 mode

(3) 0-진동계수수정편

표 10-6은 각 진동 모우드에 대하여 상온에서 주파수 온도계수가 0이 되는 절단방위의 주요한 명칭을 공진주파수의 식, 주파수 범위 및 형상에 따라 표시한 것이다.

이들 수정판의 절단 방위와 결정좌표축과의 관계는 다음의 그림 10-18에, 그 주파수

온도 특성은 그림 10-19에 표시하였다. X, NT, CT, DT, BT 편 등은 어느 것이나 2차 곡선이 되고, 그의 정점온도는 절단 방위를 약간 달리하면 변화시킬 수 있다. 한편 AT 편은 3차 곡선이 되고, 그림 10-18에 표시한 각도를 변화시킴으로써 곡선의 형상이 달라지므로 사용 주파수 범위 내에서 가장 파수 변화가 작도록 절단방위를 택한다. GT 판은 양호한 온도 특성을 나타내나, 절단방위외에 수정편의 변비도 정확하게 조정해야 한다.

표 10-6 주요 수정편의 형상 및 주파수

진동 mode	명	주파수[kHz]	형 상
곡진동(xy)	X	$570 \times w/l^2$	상
곡진동(yz)	NT	$570 \times w/l^2$	세장판
종진동	X	$280 \times 1/l$	세장판
종진동	GT	$570 \times 1/w$	장방형
사방진동	DT	$570 \times 1/l$	정방형
사방진동	CT	$570 \times 1/l$	정방형
사방진동(기 파)	AT(R_1)	$570 \times 1/t$	정방형
(제3차 고주파)	AT(R_1)	$570 \times 1/l$	장방형
(제5차 고주파)	AT(R_1)	$570 \times 1/l$	원 형
(기 파)	BT(R_2)	$570 \times 1/l$	원 형

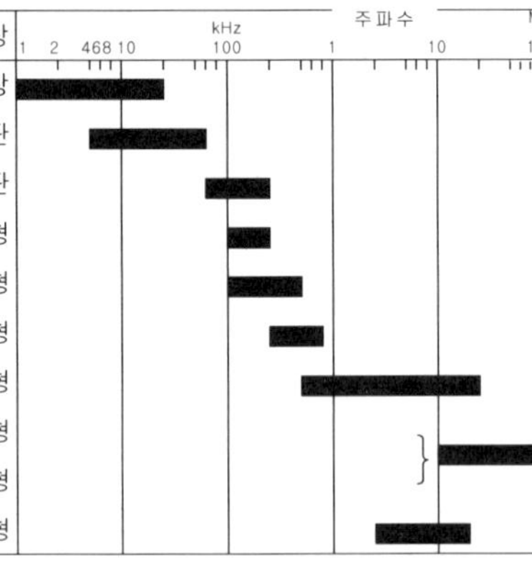

[주] l:길이[cm], w: [cm], t: [cm]

진동편의 주파수가 장기간에 걸쳐 서서히 변화하는 현상을 에이징(aging ; 경년변화)이라고 한다. 주파수의 변화는 시간의 대수에 대하여 직선적이며, 진동자의 가공 조건, 전극의 상태, 보호 방법 및 봉입조건에 의존한다. 고안정도의 것은1×10^{-8}/년 정도인 것도 있다.

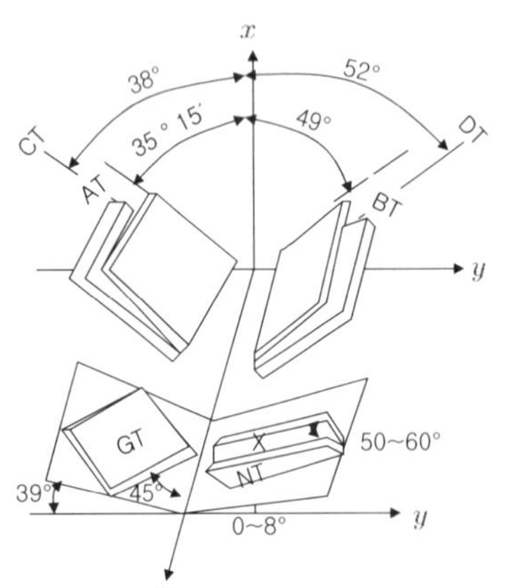

그림 10-18 절단방위

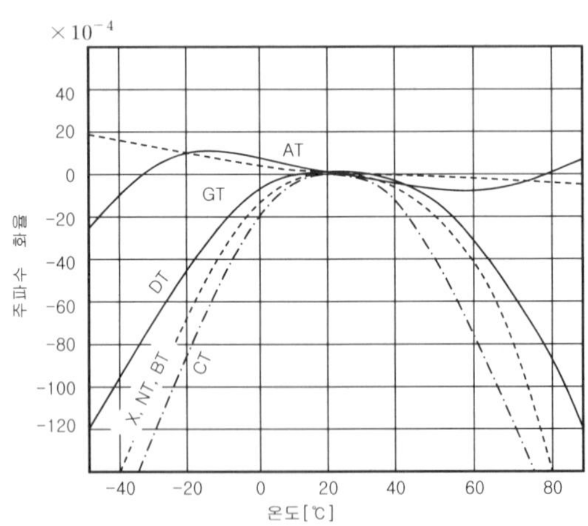

그림 10-19 주파수—온도 측정

(4) 구조

수정편은 정밀하게 연마한 다음 증착법에 의하여 은 또는 금의 박막을 형성하여 전극을 부착시킨다. 그 다음 주파수를 조정하여 보호기 안에 봉입한다. 보호기는 수정진동편의 특성인 고 Q 및 고안정도를 저하하지 않도록 마련되어야 함은 물론 방온 방습이 잘 되어 주파수가 변동하지 않도록 밀봉해야 한다. 보호기로서의 금속제용기에 N_2등의 불활성건조가스를 봉입한 것 또는 유리용기에 진공 봉입한 것 등이 있다.

2) 자기진동자

인공적인 자기재료인 티탄산바륨($BaTiO_3$)을 이용한 것이 자기진동자이다.

(1) 압전자기재료

티탄산바륨 자기에 전계를 가하면 전의효과가 생기며, 전계 방향으로 신장하고, 직각방향으로 수축한다. 그림 10-20은 직류전계와 전계에 대하여 직각 방향인 수축 Δl와의 관계를 표시한 것으로서, 나비 모양의 히스테리시스곡선을 그린다는 것을 알 수 있다. 따라서 직류 바이어스 전압에 교류 전압을 중첩하여 인가하든가, 또는 고전계를 작용시킨 다음 전계를 제거하고, 잔유분극이 존재하는 상태에서 교류 전압을 가하면 인가전압의 주파수에 따라 진동을 일으키는 압전재료가 된다. 분극처리를 행한 전왜자기를 압전자기라고도 한다. 잔류 분극은 큐리점 이상으로 가열하든가 역방향으로 큰 전계를 작용시키면 소실된다.

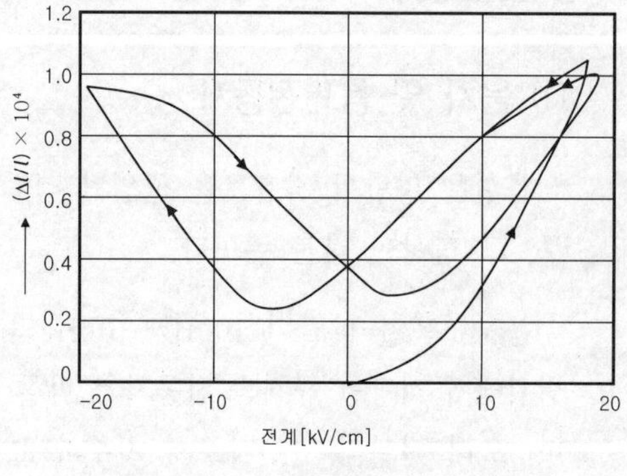

그림 10-20 티탄산바륨의 전왜특성

3) 자왜진동자

자계의 변화에 따라 자성체가 수축하는 성질을 이용한 것으로서는 초음파진동자, 전기·기계변환자 또는 필터용 공진자 등이 있다. 사용되는 재료로서는 Ni, Fe—Ni 합금, AF 합금과 같은 금속 재료 외에 최근에는 자왜페라이트가 사용되고 있다. 각종 재료의 자왜 특성을 그림 10-21에 표시하였다.

자왜진동자의 구조는 그림 10-22에 표시한 각형과 환상형으로 나눈다.

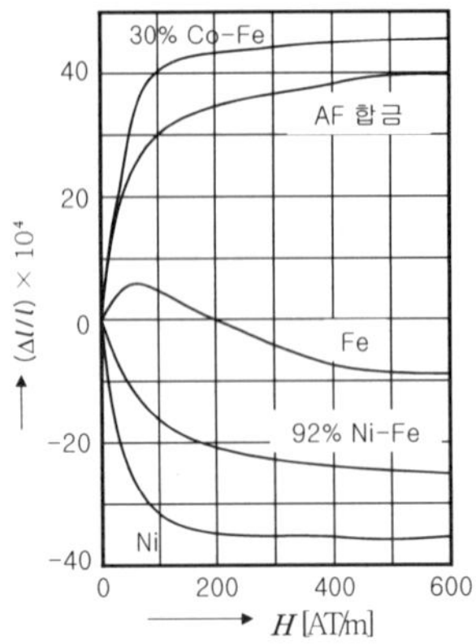

그림 10-21 자왜특성

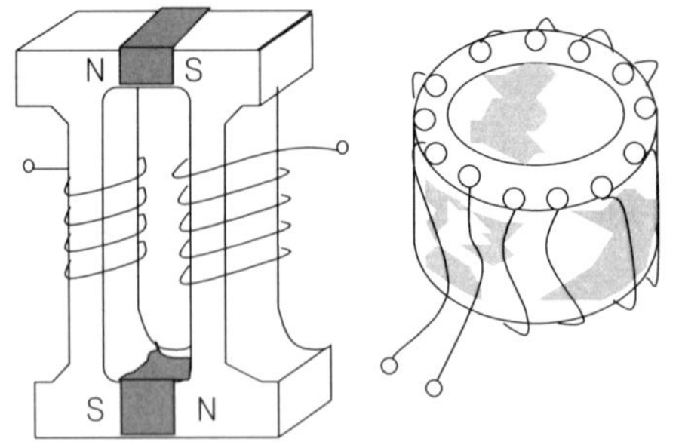

(a) 각형ferrite 진동자 (b) 적층환상진동자

그림 10-22 자왜진동자

금속 재료인 경우에는 금속박판 표면을 절연 처리하여 성층하고, 그 위에 도선을 감아서 진동자로 만들고, 페라이트인 경우에는 진동자형으로 소성하여 사용한다. 진동자는 바이어스자계를 가해 주기 위하여 원선에 직류 전류를 중첩하든가, 영구 자석과 조합하여 사용하는 것이 보통이다.

4) 진동응용부품

(1) 음차 및 음편진동자

음편은 양단이 자유로운 균일단면의 탄성봉이고, 음차는 이를 중앙에서 구부린 것으로, 그 형상이 다를 뿐이다.

음차, 음편 다같이 100Hz~10kHz의 저주파 범위에서 적당한 규격의 진동자를 만들 수 있으며, 오래 전부터 발진자로서 저주파 표준 발진기에 사용해 왔다. 최근에는 높은 정밀도의 응용에는 수정진동자가 사용되는 경향이 있으나, 각종 신호주파수발생 등 수정발진기와 $L-C$ 또는 $C-R$ 발진기의 중간정도를 요구하는 경우에도 흔히 사용되고 있다.

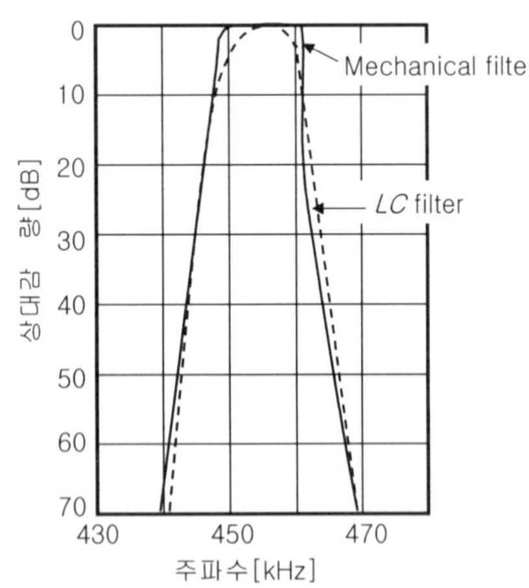

그림 10-23 미캐니컬 필터와 $L-C$ 필터의 특성 비교

(2) 미캐니컬 필터

기계공진자를 여러 개 종속결합하여 기계 진

동을 이용한 필터를 구성하고, 여기에 전기→기계 및 기계→전기 변환기를 부가하여 전기적 입출력단자를 마련한 것이 미캐니컬 필터(mechanical filter)이다.

공진자로서는 봉상, 원판상 및 음편상진동자 등이 있고, 전기→기계 변환기로서는 압전효과를 이용한 것과 자왜효과를 이용한 것이 있다.

미캐니컬 필터의 주파수 범위는 수 100Hz~600kHz이며, 수정필터나 $L-C$ 다단 필터에 대신하여 무선 송수신기의 중간 주파 필터로서 사용되어 왔으나, 근래에는 반송 장치, 전신 장치 및 신호 장치 등에 많이 이용되고 있다.

(3) 수정필터

협대역, 고선택도를 필요로 하는 장치에는 수정진동자를 이용한 수정필터가 사용된다. 최근에는 수정 등의 압전재료 중의 기계 진동 결합을 이용한 새로운 원리의 수정 필터가 고안되었으며, 그 구조는 그림 10-24와 같이 한 개의 수정편에 복수대의 전극을 배치한 것으로, 모놀리틱 크리스탈 필터(MCF:monolithic crystal filter)라고 한다.

MCF는 종래의 수정 필터에 비하여 소형, 경량일 뿐만 아니라 안정도, 신뢰도, 경제성 등이 우수하여 전자통신기기에 점차 이용되고 있다.

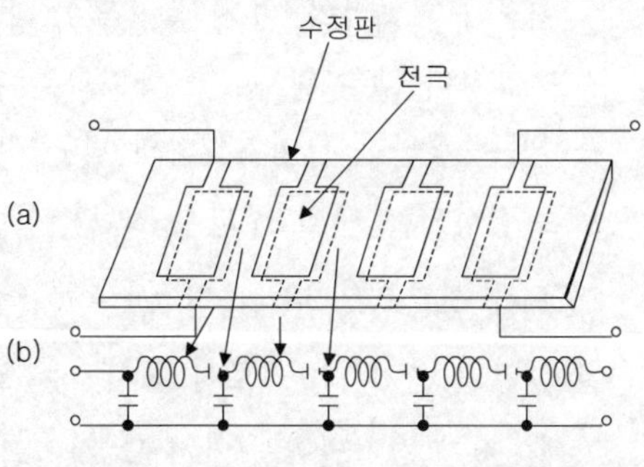

그림 10-24 MCF의 구조와 등가회로

(4) 세라믹 필터

수정 필터의 수정진동자 대신 압전자기진동자를 사용한 것이 세라믹 필터이다. 이 진동자는 수정 진동자에 비하여 안정도는 불량하나 Q 및 용량비가 작으므로 저주파광대벽 필터로서 적합하다.

이 필터는 $L-C$ 회로보다 구성이 간단하고 무조정으로 취급이 쉬우므로 라디오, TV 세트, 무선 수신기 등의 중간주파필터로서 널리 사용되고 있다.

그림 10-25에 이 필터의 구성 및 주파수 특성을 표시하였다.

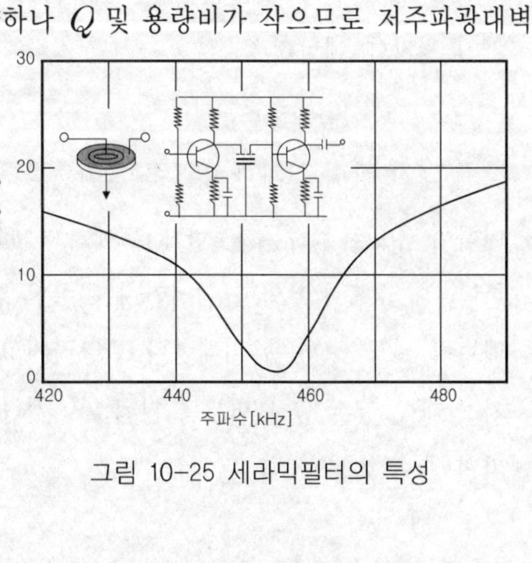

그림 10-25 세라믹필터의 특성

10-4 레이저 재료

1) 레이저의 원리

보통의 발광체에서 나오는 광과 레이저광선과의 본질적인 차이는 코헤렌스(coherence)에 있다. z방향으로 전반하는 각주파수 w, 파수 k 인 평면파의 전계 E는 진폭을 E_0, 위상각을 θ라고 하면

$$E = E_0 \exp[f(wt - kz + \theta)] \qquad (10\text{-}1)$$

로써 표시된다 코헤렌트파(coherent wave)란 w, θ가 일정한 것이라고 말 할 수도 있다. 고온고체에서 발생하는 열복사와 같은 코헤렌트가 아닌 광은 w가 넓은 분포를 가지며, θ는 서로 무관계하다. 또한 수은등의 광과 같이 원자의 전자상태간 천이에 의하여 방출되는 광도 그것이 많은 원자에서 방출되는 광이면 그 광의 위상은 서로 관계가 없다. 하나의 원자에서는 평균하여 여기상태의 평균 수명 시간 동안 광이 방출되므로 Bohr의 진동수 조건으로 결정되는 단일 주파수 w_0인 정현파가 무한히 계속되는 것은 아니다. 즉, 이 광을 Fourier 성분으로 분해하면 $w = w_0$ 이외의 성분이 w_0을 중심으로 다수 존재하게 되므로 결국 이 광은 식 10-1로써 표시되는 코헤렌트한 전자파는 아니다.

레이저가 발견되면서 가시 및 적외의 광파장영역에서도 코헤렌트한 파가 얻어지게 되어, 이 단색성 및 지향성이 좋은 광원은 클라이스트론에서 발사되는 전자파와 같이 광통신, 광레이다아, 광변조, 광고주파발생 등을 비롯하여 플라즈마진단, 미세가공, 망막수술 등의 응용에서 라만분광학, 광화학 등의 분야에 이르기까지 널리 그 특성이 활용되고 있다.

지금 간단히 레이저의 개념을 얻기 위하여 두 개의 에너지준위 W_i 와 $W_j(W_i / W_j)$를 가진 원자에 에너지

$$\hbar w = W_j - W_i \qquad (10\text{-}2)$$

를 가진 광이 입사한 경우를 생각한다. 이 때 원자는 $\hbar w$를 흡수하여 W_i에서 W_j로 천이하여 유도흡수하든가, 반대로 에너지 $\hbar w$를 방출하여 W_i에서 W_j로 천이하여 유도방출한다. 이 유도천이의 단위시간당 확률은 흡수의 경우나 방출의 경우나 다 같고, 입사광의 에너지 밀도 $\rho(w)$에 비례한다고 알려지고 있다. 이를 $\rho(w)B$라고 한다. W_i, W_j인 에너지 상태에 있는 원자 밀도를 각각 N_i, N_j라고 하면 단위체적 중의 원자에 의한 입사광에너지의 흡수 속도 $\alpha(w)$는

$$\alpha(w) = \rho(w) B \cdot (N_i - N_j) \tag{10-3}$$

와 같이 된다. Boltzmann의 분포법칙에 의하여 N_i 와 N_j 사이에는 열평형상태에서는 T[° K]에 대하여

$$N_j / N_i \infty \exp[-(W_j - W_i)/kT] \tag{10-4}$$

의 관계가 있으며, W_j/W_i 이므로 $N_j < N_i$ 이다. 따라서 식 (10-4)에서 $\alpha(w)$는 정이 되고, 흡수 현상이 생긴다. 그러나 어떤 방법으로 $N_j > N_i$ 인 상태가 된다면 $\alpha(w)$는 부가 되므로 입사광이 증폭하게 된다. 이와 같이 유도방출에 의하여 광을 증폭하는 작용을 레이저라고 한다. 마이크로파에 대해서도 똑같이 유도방출에 의한 증폭이 가능하며, 이때에는 메이저라고 한다.

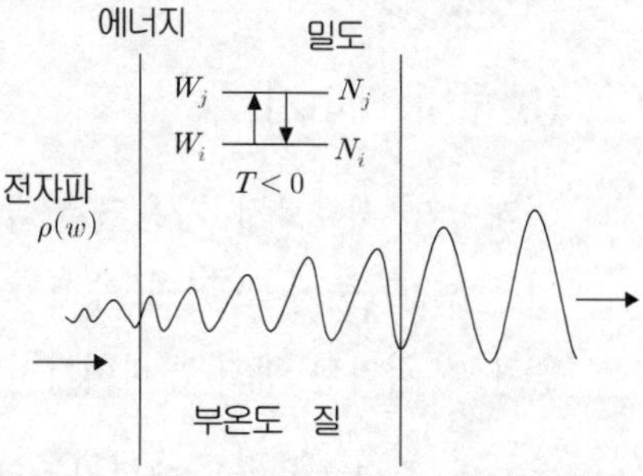

그림 10-26 부온도매질에 의한 광의 증폭

그림 10-26은 이 현상의 설명도이다. 이와 같이 자연 현상에 역행하여 높은 에너지 상태의 원자 밀도를 낮은 상태의 원자 밀도보다 크게 하는 것을 분포반전(poulation inversion)이라고 한다. 이 분포반전은 열평형상태는 아니므로 식 (10-4)와 같이 열역학적 온도 T로써는 정의할 수 없으나, 이와 같은 경우에도 식(10-4)이 성립하도록 등가적인 온도 T_e를 정의한다면 $N_j > N_i$인 조건은 $T_e < 0$인 상태에 대응한다. 이 부온도 상태를 실현하여 광증폭기를 만들고, 이에 궤환을 걸어 줌으로써 광발진기가 된다. 이렇게 궤환을 걸어 주기 위하여 흔히 사용되는 방법은 레이저 증폭기를 서로 평행한 2매의 반사경(광학적 공동) 사이에 놓는 방법이다.

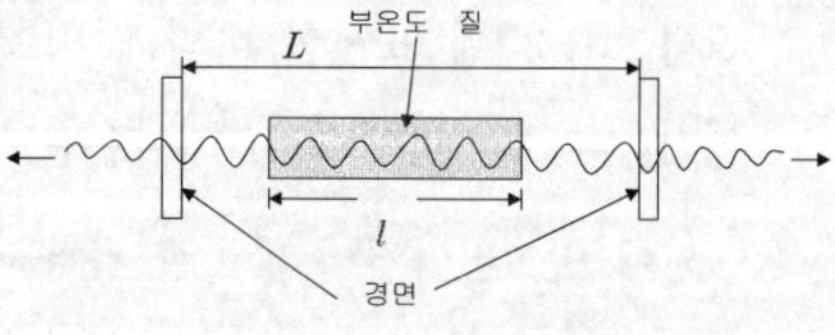

그림 10-27 광학적 공동 내에 부온도매질을 둔 광발진기

그림 10-27과 같이 길이 l인 부온도매질을 광학적 공동내에 두고 거울의 반사율을 r라고 한다. 매질중율 전자파가 전반할 때의 $W_j \rightleftarrows W_i$의 환이에 의한 흡수계수를 $\Gamma_1(<0)$, 이 이외의 손실에 의한 등가적인 흡수계수를 $\Gamma_0(<0)$라고 하면

$$\exp[-(\Gamma_0 + \Gamma_1) > 1 - r] \tag{10-5}$$

와 같이 되어, 광이 매질중을 통과함으로써 경면에서의 손실을 상회하는 이득을 얻는다. 따라서 광이 거울 사이를 왕복하는 사이에 점점 진폭이 커지므로 식 (10-5)를 만족시키는 장치는 광발진기가 된다.

부의 온도 상태를 실현하는 방법에는 외부에서 강한 광을 조사하여 일시적으로 여기준위 밀도를 증가시키는 광펌핑(pumping)법, 기체 방전을 행하여 전자충돌에 의한 여기 준위 밀도를 증가시키는 방법, 반도체의 p-n 접합에 순바이어스를 가하여 접합부의 전도대에 전자를, 가전자대에 정공을 주입하는 방법 등이 있다.

고체 레이저는 투명한 이온 결정 또는 유리 안에 미량첨가되어 고립된 천이금속 이온 또는 희토류이온의 전자상태간 천이를 이용한 것이다. 반도체 레이저도 고체이나, 그 기구가 다르므로 별도로 후술한다.

(1) 루비 레이저

레이저 재료로서 사용되는 루비는 Al_2O_3중에 Cr^{3+}가 약 0.05 중량 % 첨가된 핑크 루비이다.

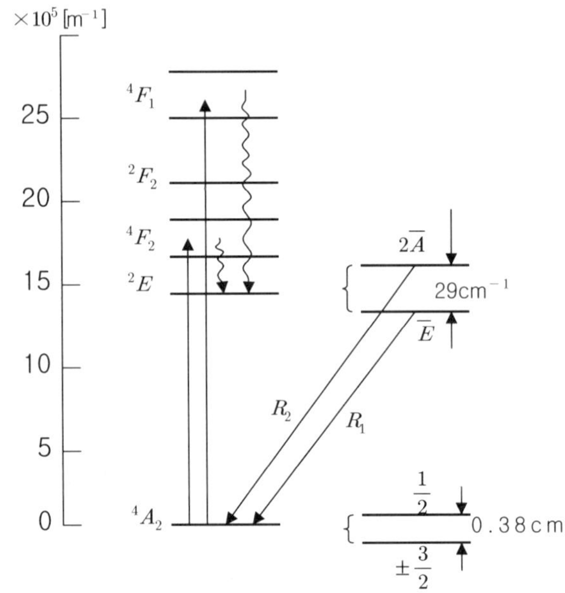

그림 10-28 루비 (Cr^{3+}:Al_2O_3)의 에너지준위도(오른쪽은 ^2E 및 $^4A_2$를 확대하여 표시한 것)

루비 중의 Cr^{3+}의 에너지준위도를 그림 10-28에 표시한다. 이 루비를 그림 10-29에 표시한 바와 같이 타원통반사경의 한쪽 집선상에 두고 다른 한쪽 집선상에 방전관을 두면 방전관이 발생하는 연속광은 효율적으로 루비에 집속된다. 그림 10-28에 표시한 바와 같이 상온 이하에서는 거의 모든 Cr^{3+}이온은 기저상태 $^4A_2$에 있고, 이것이 방출광 중에서 록 또는 청색광을 강하게 흡수하여 $^4F_1$이나 $^4F_2$인 여기상태의 대중에 천이하나, 이 상태의 수명은 극히 짧고, 광을 방출하지 않고 수명이 긴 준안정상태로 이행한다. ^2E는 $2\overline{A}$와 $\overline{E}$의 두 개의 준위로 이루어지고, $\overline{E}$의 수명은 약 3[ms] 정도이므로 X_e의 광이 충분히 강

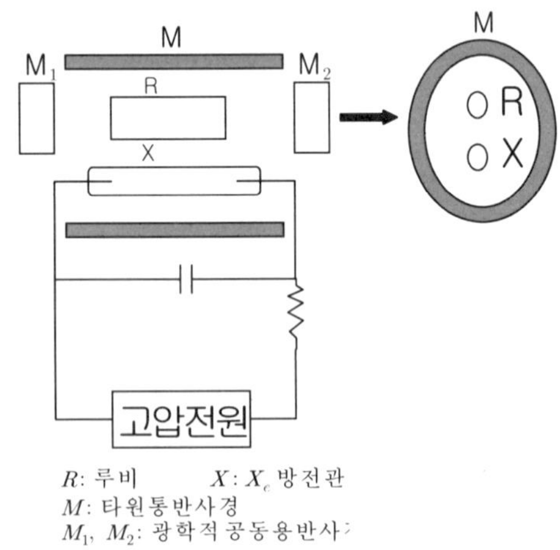

그림 10-29 루비 레이저의 개념도

하면 기저 상태에 분포되는 이온 밀도보다 $\overline{E}$상태에 분포되는 이온 밀도를 크게 할 수 있으며, 부온도상태를 일으킬 수 있다. $2\overline{A}$의 수명은 약 $1[\mu s]$이므로 R_1선은 발진하기 쉽다.

이상과 같이 레이저의 작용을 하는 것은 Cr^{3+}이온이며, Al_2O_3는 Cr^{3+} 이온을 서로 격퇴시켜 고립이온으로 만드는 일을 한다. 레이저의 출력은 물론 합유되어 있는 Cr^{3+}이온의 밀도에 비례한다. 모체재료인 Al_2O_3은 광학적으로 가능한 한 균질한 것이라야 한다.

(2) 초자레이저

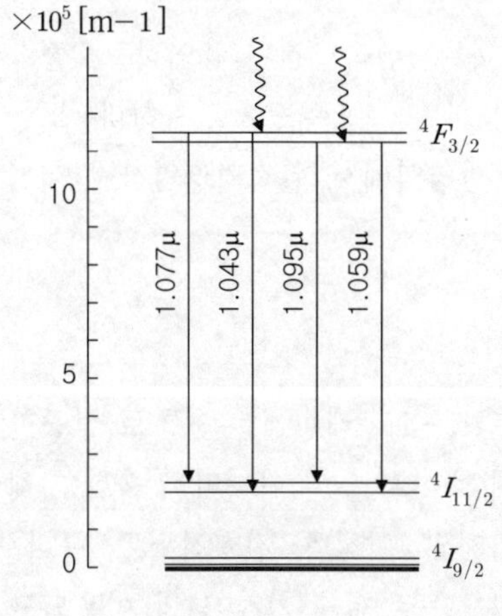

그림 10-30 초자 중의 Nd^{3+} 이온의 형광 에너지 준위

광학적으로 균질한 재료의 제조 기술이 발달되어 있는 것으로서 초자가 있다. 초자에 Nd^{3+}, Yb^{3+}, Ho^{3+}, Er^{3+}등의 희도류이온을 혼입하면 이온의 4f 상태간의 천이에 의하여 레이저 작용을 일으킬 수 있다. 초자는 재료를 균질하게 할 수 있을 뿐 아니라 결정으로서는 곤란한 긴 재료를 만들든가, fiber상으로 할 수 있다는 이점이 있다.

4f 전자는 $5s$ 및 $5p$ 전자보다 차폐되어 있기 때문에 전자 상태가 고체 중의 다른 원자에 의한 전계의 영향을 받기 어렵다. 이 때문에 4f전자를 가지는 이온은 고체 중에서도 고립이온과 같이 비교적 예리한 스펙트럼을 표시하며, 레이저 작용을 행하기에 적합하다. 초자중의 Nd^{3+} 이온의 형광 에너지 준위를 그림 10-30에 표시하였다. 이 중에서 $1.059[\mu]$의 것이 가장 강한 발진을 일으키는 천이이다. 이 그림에서 알 수 있듯이 낮은 에너지 준위는 기저상태는 아니고(루비의 경우와 상이함), 상온 이

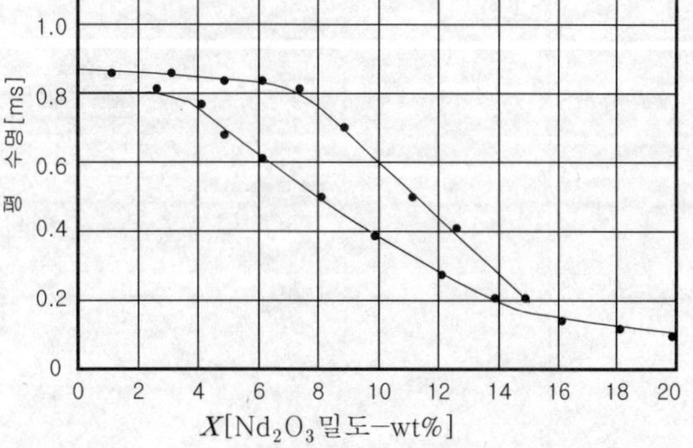

그림 10-31 Nd^{3+}의 형광준위의 평균 수명과 Nd^{3+} 밀도와의 관계(●표시가 알칼리 이온을 많이 함유)

하에서는 이 준위의 분포밀도는 극히 작으므로 분포반전을 일으키기 쉽다. 또한 Nd^{3+} 인 광 pumping 천이는 주로 580[mμ] 부근의 강한 흡수대이며, 그 효율은 대단히 높다.

따라서 Nd^{3+} 레이저를 발진시키기 위해서는 루비에 비하여 훨씬 낮은 pumping 에너지로써 가능하며, 장치의 소형화도 이 레이저의 특징이나 스펙트럼순도는 루비보다 좋지 못하다. 그림 10-31에 표시한 바와 같이 형광준위의 수명은 유리재질과 Nd^{3+} 이온밀도 등에 의하여 변화하며, 가장 수명이 긴 것도 루비의 약 1/3정도이다. 출력으로 보면 밀도가 높은 것이 바람직하나, 너무 높게 하면 수명이 짧아지므로 보통 2~5 중량 %의 것이 실용 되고 있다.

2) 기체 레이저 재료

기체레이저는 그 출력이 고체레이저에는 미치지 못하나, 연속발진이 용이하고, 출력 및 주파수 안정도가 높을 뿐 아니라 코헤렌스도 높고 출력 비임의 평행도도 양호하다. 또한 기체 레이저의 종류는 대단히 많으며, 발진파장은 자외선영역에서 원적외영역까지 미치고, 그 응용도 다양하다.

(1) Ne—He혼합기체

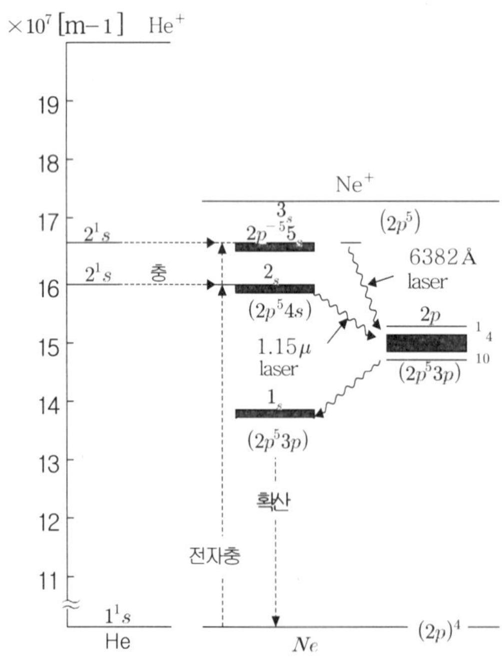

그림 10-32 He-Ne 레이저 작용에 관한 에너지 준위

He—Ne 레이저는 최초로 성공한 기체 레이저일 뿐 아니라 상술한 기체 레이저의 이점을 전형적으로 구비하고 있으므로 현재 가장 널리 이용되고 있다. 원리는 He와 Ne의 공명충돌을 이용하여 Ne의 전자 상태의 분포를 부온도상태로 변환시킨다. 그림 10-32에 표시한 바와 같이 He의 준안정상태 중 2^1S, 2^2S 등은 Ne의 여기상태에 가까운 에너지를 가지고 있다. 방전에 의한 전자 충돌로써 발생된 *He*의 수명은 길기 때문에 기저 상태의 *Ne*에 충돌하여 에너지를 잃고 *Ne*을 여기 상태로 올려 준다. *Ne*의 $2p$ 상태의 수명은 짧으므로 선택적으로 여기된 *Ne*의

3s 또는 2s와 2p와의 사이에 부온도 상태가 발생하여 3s→2p의 유도방출에 의하여 6328[Å]의 적외레이저가 발진하고 2s→2p에 의하여 1.15μ의 적외레이저가 발진한다. 한편 1s 상태의 수명은 상당히 길기 때문에 전자 충돌이나 광의 흡수 등에 의하여 다시 상위의 준위, 특히 2p에 여기되어 분포반전을 저해한다. 1s Ne은 확산에 의하여 관벽에 도달하고, 벽과 충돌하여 기저 상태로 복귀하므로 이를 촉진하도록 관경을 가늘게 하면 효율이 좋아진다.

방전관의 내경을 D[mm], 레이저 작용에 최적한 가스 압력을 P[mmHg], 분압을 P_{He}, P_{Ne}라고 하면, 6328[Å]의 선에 대하여 $PD \fallingdotseq 2.9 \sim 3.6$, $P_{He} \fallingdotseq 5P_{Ne}$인 관계가 D=1~15[mm]의 범위에서 성립한다고 알려지고 있다.

(2) 분자기체

분자의 진동, 회전준위간의 천이에 의한 수많은 레이저 발진이 관측되고 있다. 특히 원적외선영역의 광원으로서 종래에는 주로 초고압수은등 등이 사용되어 왔으나, 원적외부의 스팩트럼강도가 극히 약한 데 대하여 H_2O(17~120μ)이나 CN(336.8μ, 372.8μ) 등은 연속 발진으로써도 수 mW의 출력을 얻을 수 있어 원적외 영역의 광원으로서는 획기적인 것이다. CO_2는 10.6[μ]부근에서 강한 발진선을 가지며, 연속 발진으로서 수 100[W]의 대출력이 얻어지므로 극히 주목할 만한 레이저이다.

(3) 기체이온

희유가스 Hg 또는 O_2, NH_4, CO_2 등의 분자 기체 방전에 따라 발생한 O, C, N 등의 이온에 의하여 레이저 발진이 생긴다. 특히 Ar 이온 레이저는 4880[Å], 5145[Å]의 극히 강한 발진선을 중심으로 4545~5287[Å] 사이에 11개의 발진선이 있고, 대출력(연속 출력 100 W 이상, 펄스 출력 100 kW) 가시영역 레이저로서 주목되고 있다.

(4) 그 밖의 기체레이저

Ne, Ar, Kr, Xe 등의 희유가스 원자는 전자 충격에 의하여 준안정상태로 여기되어 적당한 조건으로 레이저 발진을 행할 수 있다.

원자—분자 혼합 기체에서는 방전에 의하여 생긴 준안정 상태 원자가 기저 상태의 분자를 충돌 여기한 때 분자의 해리가 생긴다. 이 때 해리된 원자 중에는 여기 상태에 있는 것도 있기 때문에 해리 원자의 전자 상태에 따라 현상이 나타난다. 이런 류의 혼합 기체로서는 Ar — O_2, Ne — O_2, He — CO_2, He — CO_2, Ne — CO, Ne — CO_2, He — NO, He — NO_2, Ne — NO, Ne — NO_2, Ne — N_2 또는 Ne과 공기나 프레온 등이 있다.

또한 Cs, Mn, Pb 등의 금속 증기를 사용한 레이저도 있다. 특히 Cs 레이저는 현재까지 알려진 바로는 유일한 광 pumping 기체 레이저이다. 즉 Cs의 3888[Å]의 공명흡수선과 Hg의 강한 발광선이 거의 같은 파장을 가지므로 수은등으로 광 pumping을 행할 수 있다.

3) 반도체 레이저 재료

상술한 레이저는 어느 것이나 원자 또는 분자의 두 개의 에너지준위간의 천이를 이용한 것이다. 그러나 반도체에서는 고립원자의 두 개의 준위를 생각하는 것이 아니고, 계 전체에 걸쳐 결정되는 전자 상태간의 천이를 생각하여야 하므로 부온도상태실현법도 또한 달라진다. 가장 많이 사용되는 방법은 반도체로서, 그림 10-33에 표시하는 에너지대구조의 p-n 접합을 만들고, 그림 10-33(b)와 같이 순방향바이어스를 걸어 캐리어를 주입하면 접합부의 전도대에는 다수의 전자가 생기고, 가전자대에는 정공이 생겨서 여기에 부온도상태가 발생한다.

전도대의 전자가 주파수 v인 광을 방출하여 가전자대 천이하는 확률은 상방의 에너지대에서 같은 파수 k를 가질 때 (직접천이)가 최대이다. Si이나 Ge에서는 그림 10-34(a)와 같이 가전자대의 상단은 k=0인 곳에 있으나 전도대의 하단은 $k \neq 0$인 곳에 있고, 따라서 접합부에 와 있는 전도전자가 가전자대에 천이하는데는 k의 차에 상당하는 운동량을 준위의 결정격자진동에 주어 간접천이해야 하며, 이 확률은 대단히 적다. 재결합에 의한 형광은 매우 약하기 때문에 레이저 작용을 일으키지 못한다.

이와는 반대로 GaAs와 같은 반도체에서는 그림 10-34(b)와 같이 전도대의 하단과 가전자대의 상단이 똑같이 k=0인 곳에 있고, 따라서 격자진동의 도움없이 직접천이를 행한다. Ga, Sb, In Sb, In As, In P 등의 2원합금 또는 Ga(As, P), (In, Ga) As, In(P, As) 등의 3원합금은 직접천이를 행하는 것들이다.

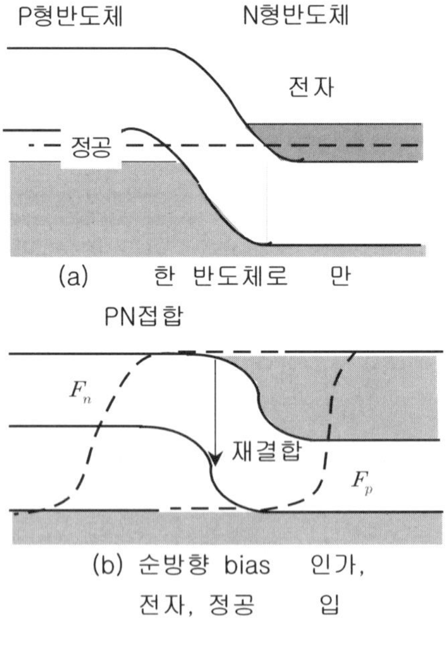

그림 10-33 반도체접합레이저의 에너지대구조

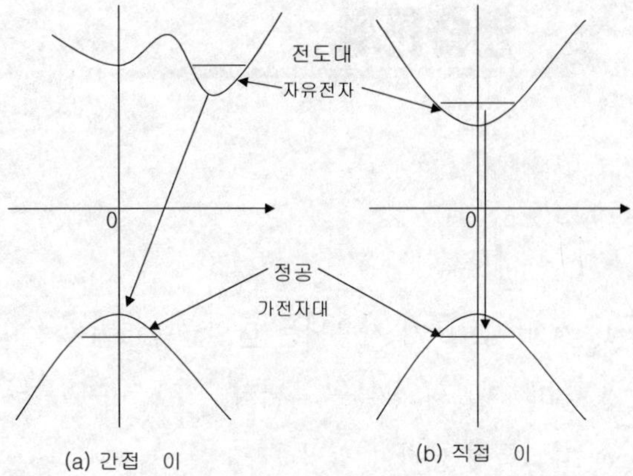

그림 10-34 전자천이

반도체접합 레이저 재료의 조건으로서는 전도대의 하단과 가전자대의 상단이 같은 값의 파수벡터를 가지고 충분히 축퇴한 반도체가 된 다음 p-n 접합을 만드는 것이다. 하나의 예로서 GaAs를 든다. Te 불순물을 (1~5)×10 ^{23}/m^3 정도 첨가한 N형 GaAs를 순도가 높은 Zn과 같이 석영관내에 진공봉입하여 Zn의 온도를 700[℃], Ga As의 온도를 850~900[℃]로 유지하여 수시간 가열하면 표면이 p형 GaAs 가 된다. 이와 같이 하여 만든 p-n접합의 접합부의 면적은 보통 1[mm] 이하이다. GaAs의 굴절율은 약 3.5이므로 수직입사광 중의 약 30%가 반사하여 광학적 공동을 형성한다.

전술한 3원합금을 사용하면 그 조성을 달리하여 발진파장을 연속적으로 변화시킬 수 있다. 또한 접합레이저는 양자효율이 100%에 가깝고, 펌핑전류를 변조시킴으로써 신호를 광비임에 실을 수 있는 등의 특징이 있다.

또한 CdS에 대전류전자비임을 조사하여 펌핑함으로써 레이저 작용을 일으킬 수 있을 뿐 아니라 Cds, In Sb등의 광펌핑으로 발진시킬 수도 있다. 주요한 반도체 레이저의 특성을 표 10-8에 표시한다.

표 10-8 주요한 반도체레이저의 특성

재료	금제대폭[eV]	발진파장[μ]	펌핑법
CdS	2.5	0.5	전자선, 광
CdS_xSe_{-x}		0.49~0.69	〃 〃
CdTe	1.5	0.79	〃 〃
GaAs	1.58	0.84	주입, 전자선, 광
$GaAs_{1-x}P_x$	1.58~22	0.65~0.84	주입
InP	1.41	0.9	〃
$In_{1-x}Ga_xAs$	0.46~1.58	0.84~3.1	〃
$InAs_{1-x}P_x$	0.46~1.41	0.9~3.1	〃
InAs	0.46	3.1	주입, 전자선, 광
InSb	0.236	5.2	〃 〃

연습문제

1. 저항 재료로서 사용되는 단일금속 5종을 들어라.
2. 저항 재료의 성질을 들어라.
3. 니크롬에 대하여 설명하라.
4. 탄소계 저항 재료 3종을 들고 설명하라.
5. 반도체 저항 재료에 대하여 설명하라.
6. 전해콘덴서에 대하여 설명하라.
7. MP 콘덴서에 대하여 설명하라.
8. 코헤렌스(coherence)에 대하여 설명하라.
9. 레이저와 메이저는 어떻게 다른가?
10. 부의 온도 상태를 실현하는 방법을 설명하라.
11. Ne-He 레이저에 대하여 설명하라.
12. 직접천이현상을 설명하고, 직접 천이를 행하는 합금의 종류를 들어라.

Part Ⅱ

실험

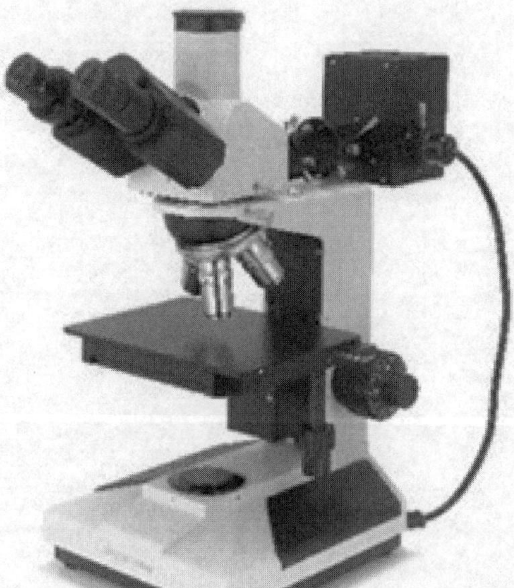

금속현미경 / 결정성장 / 결정입도측정
X-선회절 / 합금의 전기저항 / 유전율 및 유전손
압전효과 / 투자율 / 자기이력곡선 / Hall효과
자기저항효과 / 열도전특성 / 열전효과
광도전효과 / 광기전효과 / 진공증착법
저항율 및 면저항의 측정 / 접합길이 측정
$C-V$특성측정 / 웨이퍼세척법 / 열산화
사진식각법 / 불순물확산 / Metallization
MOSFET의 특성 측정 / MOS 인버어터의 제조

1. 금속현미경

1-1 목적

금속의 표면상태나 물질의 미세조직을 광학적으로 관측해야 할 경우에 특히 유용한 금속현미경에 대하여 그 제원과 사용법을 이해한다.

1-2 해설

일반적으로 금속현미경은 육안으로 직접 관찰하기에는 너무 작은 물질의 미세한 부분을 자세히 관측하는 데 사용된다. 가시광은 얇은 금속막 조차도 투과할 수 없으므로 이러한 현미경에는 보통 반사광이 쓰인다. 금속현미경은 조명장치, 대물렌즈, 대안렌즈의 세 부분으로 이루어진다. 그림 1-1은 금속현미경의 구조 및 그 명칭을 나타낸다.

ⓐ Eyepiece
ⓑ Graduated draw tube
ⓒ Coarse focusing control
ⓓ Fine focusing control
ⓔ Illuminator plug
ⓕ Illuminator condenser unit
ⓖ Filter slot
ⓗ Iris diaphragm
ⓘ Lever to adjust angle of glass reflector
ⓙ Revolving mosepiece
ⓚ Objective lens
ⓛ Stage height focusing control
ⓜ Switch to change light intensity
ⓝ Mechanical device for moving the specimen

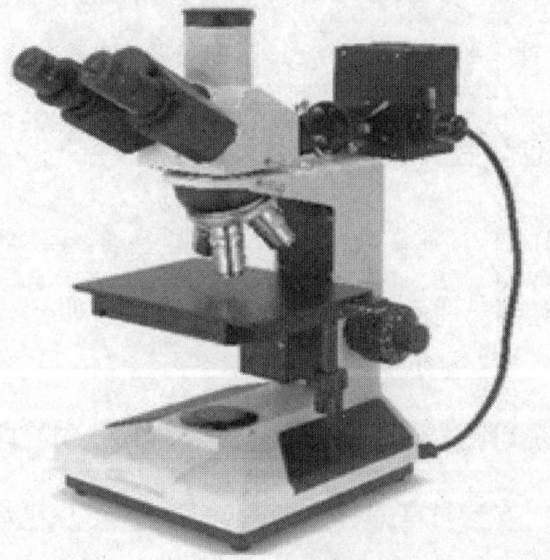

그림 1-1 금속현미경의 구조 및 그 명칭

1) 조명장치

금속현미경에 있어서 조명장치는 빛을 조사하고자하는 시편의 표면을 밝게 하기 위해서 사용되며, 광원, 구경조리개, 필터, 평면반사경으로 이루어져 있다. 광원에서 나온 수평광이 평면반사경에 의해서 아래 방향으로 반사되고, 대물렌즈를 통해 시편의 표면에 도달한다. 이 입사광의 일부분이 시편의 표면으로부터 반사되어 대물렌즈를 통해 대안렌즈로 들어오고 확대된 시편의 상이 대안렌즈를 통해 우리들의 눈에 보이게 된다.

조명장치에 있는 조리개는 시편을 밝게 하여 상을 형성시키기 위해 사용되는 광선의 원추각을 조정한다. 조리개의 적절한 개방은 사용되는 대물렌즈에 의해서 결정된다. 너무 많이 개방하면 큰 각도로 빛이 들어오게 되어 섬광이 생기고, 너무 적게 개방하면 대물렌즈의 분해능이 감소되어 상을 흐리게 한다. 적절한 조명을 위해서 평면반사경의 각도를 조정한다. 평면반사경을 정확하게 조정하려면 구경조리개를 닫고 어두워진 시야에 가장 밝고, 균일한 조명이 나타나도록 반사경의 각도를 조정하면 된다. 그 다음 구경조리개를 위에서 언급한 것과 같이 조정한다.

2) 대물렌즈

대물렌즈는 배율이 다른 여러 개의 렌즈로 이루어져 있는데 대물렌즈에서 시편의 일차적인 실상이 형성된다. 전형적인 대물렌즈의 배율은 10×, 30×, 60× 등이다.

3) 대안렌즈

대안렌즈에 의하여 일차실상의 위치가 적절하게 조정되고 일차실상이 대안렌즈의 배율만큼 확대된다. 대안렌즈의 배율은 보통 5×, 10×, 15× 등이다.

4) 초점조정

(1) 먼저 배율이 가장 작은 대물렌즈를 택한다.

(2) 대물렌즈를 시편에 가장 밀접하게 접근시킨 후, 대물렌즈를 조금씩 위쪽으로 올리면서 초점을 맞춘다.

(3) 더 높은 배율로 조사할 부분을 찾는다.

(4) 몸통관을 올리고 더 높은 배율의 대물렌즈로 맞춘다.

(5) 대물렌즈의 배율이 높아지면 시편과 대물렌즈 사이의 거리가 상당히 접근하여 시편과 대물렌즈가 접촉하면 대물렌즈가 상하게 되므로 특별히 주의하여야 한다.

(6) 조정나사로 대략 초점을 맞춘 후 미세조정나사로 정밀 조정하여 선명한 상이 나타나도록 한다.

5) 배율과 분해능

현미경의 배율은 물체의 크기에 대한 상의 크기의 비인데 대안렌즈와 대물렌즈 배율의 곱으로 표시된다. 대체로 금속현미경에서 실제로 사용 가능한 배율은 1,000배 정도이다. 사진을 촬영할 경우의 배율은 카메라와 확대기에 의해서 영향을 받는다.

분해능은 얼마나 작은 물체를 식별할 수 있느냐 하는 것이다. 사용되는 광원의 파장은 유한한 값이므로 어떤 크기 이하의 물체는 볼 수 없다. 금속현미경의 분해능은 다음과 같은 식으로 주어진다.

$$\delta \geq \frac{0.61\lambda}{\mu \sin\theta} \tag{1-1}$$

여기서 λ는 빛의 파장이고, μ는 시편과 렌즈 사이의 매질의 굴절률이다. 그래서 가시광(~5,000 Å)으로는 약 1μm 이하 크기의 물체는 볼 수가 없다. 분해능이 한계치에 도달하면 배율을 더 높여도 분해능은 증가되지 않는다.

1-3 실험

(1) 금속현미경의 사용법을 익혀라.

(2) 주어진 시편을 배율을 바꾸어 가면서 사진을 촬영하라.

(3) 가장 선명한 사진을 얻기 위한 광도, 구경조리개, 노출시간의 적정조건을 찾아라.

(4) 조사하고자 하는 물체의 상을 같은 것으로 고정시키고 현미경의 배율을 변화시킬 때, 배율이 증가함에 따라 대안렌즈에 나타나는 상의 범위는 어떻게 변하는가? 변한다면 그 이유는 무엇인가?

(5) 사진촬영시 실험과정 (3)에서 언급한 3가지 인자 외에 다른 중요한 인자는 무엇인가?

2. 결정성장
- crystal growth -

2-1. 목적

단결정을 성장시켜 봄으로써 결정성장법을 익힐 뿐만 아니라 결정을 이해시키고자 한다.

2-2. 해설

단결정염을 성장시키는 데는 일반적으로 두 가지 방법이 있다. 이 두 가지 방법 모두 용액을 담고 있는 용기 속에 실로써 씨앗(seed) 결정을 매다는 것으로서 밀폐용기법(sealed-jar method)과 증발법(evaporation method)이 있다. 밀폐용기법은 용액을 과포화시킨 후, 용기를 밀폐하고 물이 증발하지 않도록 하여 용액 속에 있는 과잉의 염을 씨앗표면에 천천히 결정으로 성장되게 하는 것이다. 증발법은 용기의 뚜껑을 막지 않고 천으로 덮어두면 물이 증발함에 따라서 용액은 과포화하게 되고 따라서 씨앗이 큰 결정으로 성장하는 것이다. 위의 두 방법에서 온도의 변화가 용액의 과포화정도를 결정하므로 항온을 유지하는 것이 가장 중요한 사항이다.

2-3. 실험

1) 용액 준비

표 2-1에서 한 가지를 선택하여 포화용액을 준비하라. 두 가지의 결정성장법에서 첫 번째 단계는 결정이 성장되는 온도에서 포화되는 용액을 만드는 것이다. 증발법에서는 씨앗

을 용액 속에 매단 뒤 용액을 천천히 증발시킨다. 밀폐용기법에서는 포화용액을 가열하여 염을 조금 첨가하고 씨앗을 용액 속에 매단 뒤 용액이 과포화 되는 성장온도로 냉각시킨다. 포화용액을 준비하기 위해서는 불포화된 용액 속에 고체의 염을 용해시키거나 과포화 된 용액으로부터 고체의 염을 추출해 내는 방법이 있다.

표 2-1 포화용액 준비

Name	Formular	Color	Crystal Structure	Supersaturated Solution	Add to Saturated Solution
Potassium Aluminum Sulfate Dodecahydrate	$KAl(SO_4)_2 12H_2O$	Colorless	Cubic	20	4
Potassium Chromium Sulfate Dodecahydrate	$KCr(SO_4)_2 12H_2O$	Purple	Cubic	60	5
Potassium Sodium Tartrate Tetrahydrate	$KNaC_4H_4O_6 4H_2O$	Colorless	Orthorhombic	130	9
Nikel Sulfate Hexahydrate	$NiSO_4 6H_2O$	Blue-green	Tetragonal	115	19
Potassium Ferricyanide	$K_3Fe(CN)_6$	Red	Monoclinic	47	

*gram/100cc water at room temperature

2) 씨앗결정 준비

아무리 작은 결정조각이라도 씨앗의 역할을 할 수 있다. 그러나 실에 씨앗을 손쉽게 매달기 위해서 씨앗의 크기는 3~6mm 정도는 되어야 한다. 그리고 성장시키고자 하는 결정이 단결정이라면, 씨앗결정도 반드시 단결정이어야 한다. 이러한 씨앗결정을 만들기 위해서는 약간의 포화용액을 비커에 부어 흔들리지 않게 놓아두면 된다. 용액이 증발함에 따라 여러 개의 작은 결정이 그림 2-1과 같이 비커 바닥에서 생성하게 된다. 만약 씨앗결정이 비커바닥에 생기지 않고 용액이 과포화 된다면 소량의 결정분말을 용액에 첨가하면 된다. 이렇게 한 후 하루에 한 번 내지 두 번 정도 용액의 상태를 확인한다. 이때 씨가 다루기 쉬울 정도의 크기로 성장하면 용액을 부어내고 집게로 씨를 건져내어 여과지 위에 놓고 건조시킨다. 이때 씨결정의 한 면이 오목한 것을 발견할 수 있는 데 이것은 씨성장 때 비커 바닥에 접촉된 면이다.

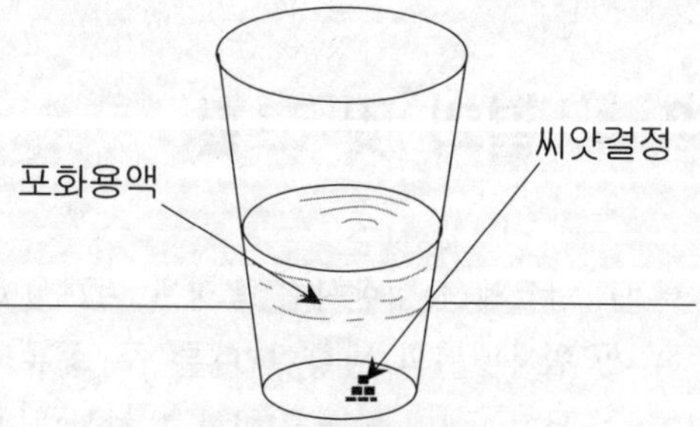

그림 2-1 씨앗결정의 성장

3) 밀폐용기법을 위한 성장용액 준비

밀폐용기법에서는 앞에서 언급한 바와 같이 먼저 포화용액을 과포화 시켜야 한다. 이러한 과포화용액은 높은 온도에서 포화된 용액에 약간의 염을 첨가시킨 다음 냉각시킴으로서 얻을 수 있다. 결정성장을 위한 용액의 적절한 과포화 정도는 염의 종류에 따라 다르다(표 2-1 참조). 다시 말하면 결정이 결함 없이 얼마나 빨리 성장되는가에 달려 있다. 또한 결정은 어떤 온도에서 포화된 용액에 첨가한 염의 양보다 더 크게 성장할 수 없다.

4) 씨앗결정 매달기

용액이 냉각되는 동안에 그림 2-2와 같이 씨앗을 매단다. 실의 길이는 씨앗이 용액의 중심부에 오도록 조정한다. 그리고 이때 성장용액의 온도를 성장온도(실온)보다 2~3℃ 더 높게 한다. 씨앗을 용액 속에 담그고 용액의 증발을 막기 위해 비커를 밀봉한다.

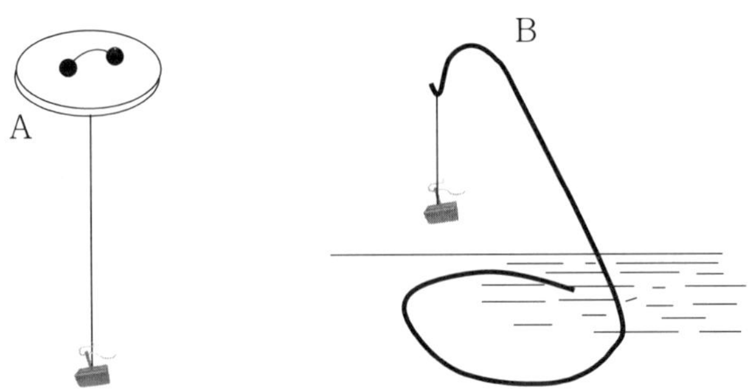

그림 2-2 씨앗 매달기

5) 결정성장

결정을 성장시키는 동안 비커가 흔들려서는 안 되고 온도가 일정하여야 한다. 밀폐용기법에 의한 결정성장의 경우 3~6일 후 적절한 크기의 결정이 성장된다.

2-4. 결과 및 고찰

(1) 실험에서 성장시킨 결정의 벽개성(cleavage)을 찾아보라.

(2) 원자배열의 방향이 다른 두 종류의 결정이 공동축을 가지고 서로 붙어 있는 것을 쌍정(twin crystal)이라고 하는데 본 실험에서 발견할 수 있는가? 설명하시오.

(3) 쌍정은 증발법에서 많이 형성된다. 두 성장법 중 어느 쪽에서 쌍정이 많이 형성되느냐? 그 이유를 설명하라.

(4) 성장된 결정의 내부에서 흔히 나타나는 베일(veil)의 원인은 무엇이냐?

(5) 성장된 결정의 형태를 그리고 표 2-1의 결정구조와 비교 논의하라.

3. 결정입도측정

3-1 목적

물질에 있어서 결정입도, 입계면적, 조성상 등 물질미세구조의 측정법을 익히고, 이를 통해서 결정의 결함이나 성질에 대해서 더 깊게 이해하고자 한다.

3-2 해설

물질의 미세구조를 연구함으로서 결정결함의 성질과 형태뿐만 아니라 조성상의 형태와 분포에 대한 많은 지식을 얻을 수 있다. 이러한 측정을 위해서 광학현미경, 전자현미경, 전장이온현미경, 전장방출현미경, X—선현미경, 전자탐침미세분석법 등이 개발되어 있다. 이들 중 광학현미경은 장치가 비교적 값이 싸고, 상이 쉽게 관찰 및 해석된다.

상의 분포와 형태를 알게 되면 현미경사진의 계량적 분석으로 시편의 체적성질과 선 및 면결함에 대해서 어느 정도 알 수 있게 된다.

상이 분명하고 재현성이 있는 결과를 얻기 위해서, 현미경 검사를 하기 전에 시편의 표면을 연마하고 적절한 화학용액으로 부식시킨다. 이렇게 부식된 시편의 표면은 선택적으로 공격받았거나 착색되어 뚜렷한 입계를 나타내고 그레인(grain)의 밝기, 형태, 색깔을 쉽게 식별을 할 수 있다.

미세구조 조사로 다음과 같은 정량적인 정보를 얻을 수 있다.

(1) 결정입자의 크기

(2) 단위체적당의 입계면적

(3) 조성상의 크기

(4) 상의 양과 분포

입도를 측정하기 위해서 직선이나 둥근선에 물린 결정립수 또는 어떤 기지면적내의 입자수를 헤아려야 한다. 그러나 실제의 입자모양은 동일하지 않고 또 규칙적인 형태를 갖지 않으므로 2차원적 단면만으로는 각 결정립의 실제 지름을 나타내기에는 불완전하다. 그래서 그림 3-1과 같이 육각주형의 팔면체로 가정하여 분석하는 경우가 있다. 미국재료시험협회(ASTM)에서

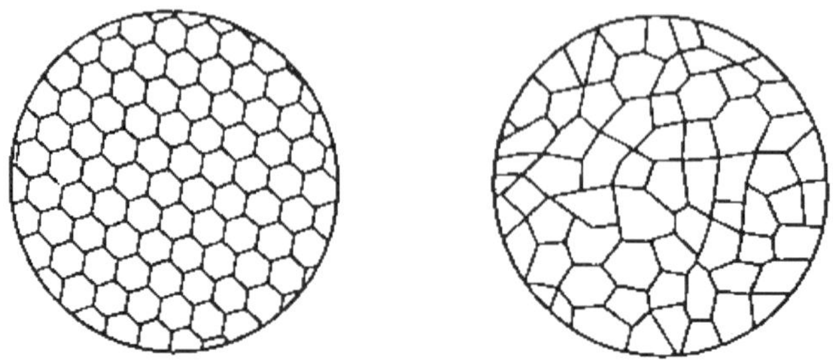

그림 3-1 이상적인 다결정과 실제 다결정의 입자모양의 비교

표준화한 입도지수(grain-size index)는 다음과 같이 정의한다. 즉 입도번호 N은

$$n_a = 2^{(n-1)} \tag{3-1}$$

로 주어지는데 여기서 n_a는 100배로 확대된 단면에서 1 in^2에 있는 결정입의 수이다.

표 3-1 ASTM 입도차수

ASTM Grain Size Number	Number of grains per square inch at 100×	
	Mean	Range
1	1	0.75~1.5
2	2	1.5~2.0
3	4	3.0~6
4	8	6~12
5	16	12~24
6	32	24~48
7	64	48~96
8	128	96~192

표 3-1에 ASTM의 입도지수를 나타냈다. 또 Jefferies의 면적측정법(planimetric method)에 의해서도 입도를 구할 수 있다. 먼저 그림 3-2와 같이 현미경사진 위에 원을, 그리고 원의 면적 S내에 있는 입자수를 n_i, 원주에 의해서 잘려지는 입자수를 n_c라고 하면 등가 입자수 n_{eg}는 다음과 같이 주어진다.

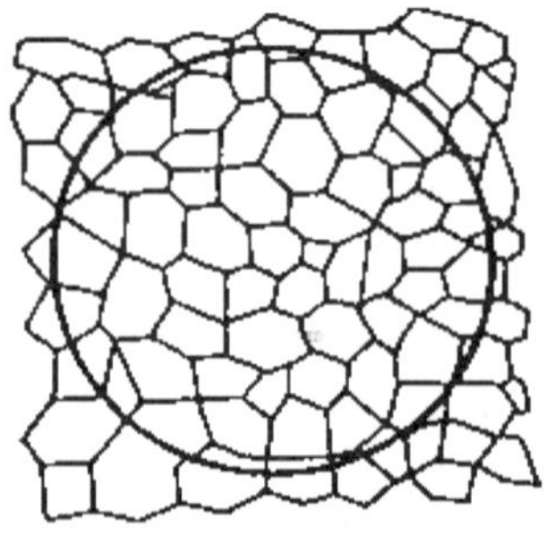

그림 3-2 Jefferise법에 의한 입자크기 측정

$$n_{eg} = \frac{n_c}{2} + n_i \qquad (3\text{-}2)$$

따라서 단위면적당 입자의 수 N_A는 n_{eg}/A로 주어지고 여기서 A는 시편의 실제면적이다. 즉 배율 m으로 확대된 시편이라면, 면적 A는 $A = S/\text{m}^2$이 된다.

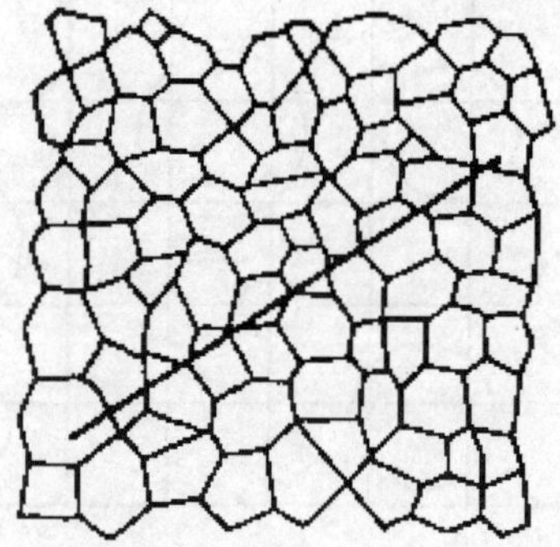

그림 3-3 입자크기 측정을 위한 선형교차법

Heyn의 교차법(intercept method)에서는 단위면적당의 입자수 대신에 그림 3-3과 같이 시편 표면에 직선을 그어 이 직선에 의하여 잘려지는 입자의 수 N을 헤아린다. 만약 배율 m으로 확대된 현미경 사진에서라면 단위길이의 직선에 의해서 교차되는 실제 입자의 수 N_L은 $N_L = mN$으로 표시된다. 3차원적인 재료에 있어 입자의 표면, 길이 면적과 체적은 표 3-2에서와 같은 관계를 가진다.

표 3-2 결정입의 기하학적인 관계

N_L	N_A	N_r	l	$\overline{A}$	$\overline{V}$
$S_r = \frac{6}{3}N_L$	$= \frac{7}{3}N_A^{1/2}$	$\frac{8}{3}N_r^{1/3}$	—	—	$\overline{1}$
$N_r = 0.422N_L^3$	$= \frac{2}{3}N_A^{3/2}$	—	—	$\overline{1}$	$\overline{V}$
$N_A = 0.735N_L^2$	—	—	—	$\overline{A}$	—
N_l	—	—	1/1	—	—

표 3-2에서 N_r은 단위체적당의 입자수, S_r은 단위체적당 입자의 표면적, l은 입자의 직경이며, $\overline{A}$은 입자 한 개당의 평균평면적이고 $\overline{V}$는 입자의 평균체적이다. l과 $\sqrt{\overline{A}}$는 입자크기의 척도로 자주 사용되며, 표 3-2의 관계는 실험적으로 그 타당성이 인정된 것이다.

조성상의 상대량을 측정하는 데는 대체로 다음 3가지 방법이 사용된다.

(1) 면적분석법

(2) 선형분석법

(3) 점수분석법

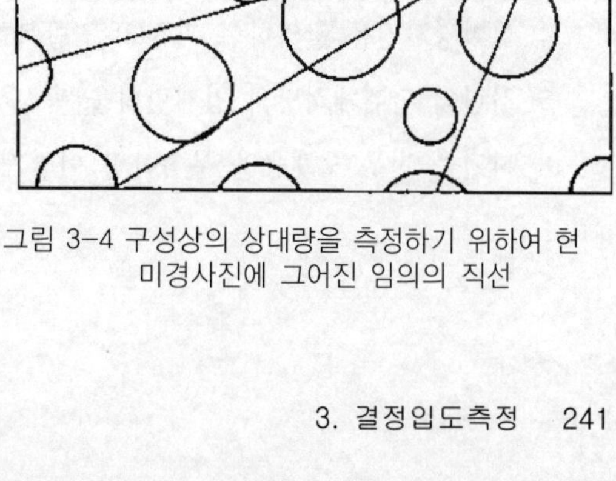

그림 3-4 구성상의 상대량을 측정하기 위하여 현미경사진에 그어진 임의의 직선

면적분석에서는 연마된 면에 있는 조성상의 면적을 측정하여 합하면 된다. 한 간단한 방법은 현미경사진을 촬영하고 이것을 구성입자의 크기로 잘라 잘려진 동일상

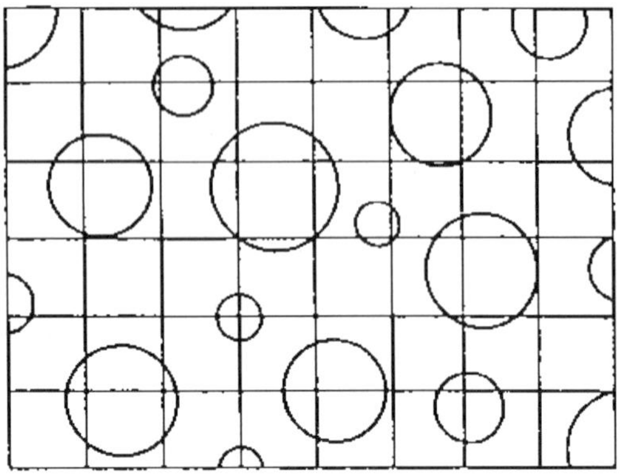

그림 3-5 상의 정량적인 분석을 위하여 현미경사진 위에 그어진 모눈

조각의 무게를 측정하는 것이다. 선형분석에서는 현미경사진 위에 임의의 선을 그어서, 한 가지 상에 의해 교차되는 선의 합 l_i를 측정하는 것이다. 이러한 상에 대한 선분율(line fraction)은 l_i를 선의 전체 길이 l_r로 나누어 얻는다. 이때 현미경의 대안렌즈에 눈금이 있으면 현미경사진 위에 그림 3-5와 같이 모눈을 그리고 각 상에 중첩되는 교차점을 헤아린다. 한 상에 대한 면분율 f_i는 전체교차점수 n_r에 대한 그 상의 교차점 n_i의 비로 나타난다. 즉 $f_i = n_i / n_r$가 된다. 조성상의 체적분율은 2차원적 연마면의 측정결과로부터 얻어진다. 체적분율은 교차면적, 선 또는 점분율과 어떤 등가관계가 있다.

따라서 측정을 여러 번 반복하면 어떤 재료의 면적, 선, 체적분율은 같아질 것이다. 일반적으로는 점을 헤아리는 방법이 비교적 쉬우므로 널리 사용한다.

3-3 실험

(1) 금속현미경 조사를 위해 단일상 시편 1과 복합상 시편 2를 준비하고 표면을 연마, 부식시켜라. 이때 연마제로서는 입자의 크기가 약 600번 정도의 Al_2O_3 또는 Fe_2O_3를 사용하고, 부식액은 시편에 따라 선정하라.

(2) 앞 실험에서 배운 금속현미경의 사용법을 이용하여 준비된 시편을 현미경으로 관찰하라.

(3) 시편 1의 입도를 측정하고, 시편 2에서 조성상의 면적분율을 측정하라. 이때 눈금이 부착된 대안렌즈를 사용하라.

(4) 현미경사진을 촬영하여 과정(3)을 반복하라

(5) 시편의 단위체적당의 입계면적을 측정하라.

(6) 시편을 너무 오랫동안 부식하면 어떻게 되는가를 검토 하여라

4. X－선회절

4-1 목적

물질에 있어서 결정의 구조를 알아내기 위한 X－선회절현상의 이해와 X－선회절장치의 동작법 및 그 응용법을 익힌다.

4-2 해설

물질에 있어서 결정의 외부 모양은 육안으로 관찰이 가능하다. 그러나 결정이 나타내는 물리적인 성질을 결정하는 내부의 원자배열에 대한 관찰은 불가능하다. 이러한 결정내부의 원자배열 즉 결정구조에 대한 여러 가지 관찰 방법이 연구되어 왔으며, 실제 이용되고 있는 장치는 Bragg의 반사조건을 이용한 X－선회절법, Laue법, 회전결정법, 그리고 분말법 등이 있다. 본 실험에서는 이들 방법 중 X－선회절법에 대해서 고찰한다.

X－선회절을 설명하려면 고체물리학적인 이론을 도입해야 하나, 실제 이용 상의 문제를 위주로 간단한 원리만을 설명하고자 한다. X－선은 자외선과 감마선 사이의 파장을 갖는 전자파이다. 일반적으로 결정의 구조를 알아내기 위해서 사용되는 X－선의 파장은 약 0.1~100Å 정도이며, 이러한 X－선은 고속으로 가속된 전자를 갑자기 감속시킴으로서 전자의 운동에너지가 양자의 방출로 변환되어 발생한다. 방출된 X－선의 파장은 전자의 운동에너지에 의해서 결정된다. 그리고 X－선은 ^{55}Fe와 같은 동위원소에 의해서도 방출된다. 보통 X－선은 전자를 가속하여 금속표면에 충돌하게 함으로써 발생된다.

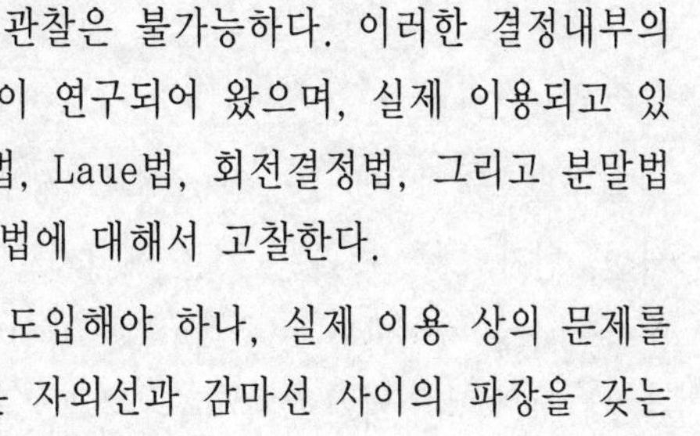

그림 4-1 가속전압에 따른 연속 X—선 스펙트럼

그러나 일반적으로 대부분의 전자는 한 번의 충돌로 완전히 정지하지 않아서 일정한 파장을 갖는 X—선만 방출하지 못하고 그림 4-1과 같은 연속적인 광분포를 갖게 된다. 이러한 백색방출의 최소파장은 가속정납에 의해서 결정되며, 다음과 같은 식으로 표시될 수 있다.

$$\lambda_{\min} = \frac{12.398}{V_{acc}}(\text{Å}) \tag{4-1}$$

전압이 증가됨에 따라서 X—선의 차단점과 최대강도가 단파장 영역으로 옮겨 간다. 백색방출에 있어서 강도의 분포는 가속전압에 의존할 뿐만 아니라, 어느 정도는 표적물질의 성질에 의존한다. 또한 X—선 스펙트럼은 물질에 따라서 조금씩 다르긴 하지만, 공통적으로 몇 개의 높은 강도를 갖는 스파이크를 나타낸다(그림 4-2). 이러한 스파이크가 표적재료의 원소에 대한 특성선이다. 표적에 충돌할 가속된 전자가 문턱에너지(threshold energy)를 가질 때 표적물질의 원자궤도에 있는 전자를 완전히 궤도 밖으로 끌어낼 수 있다.

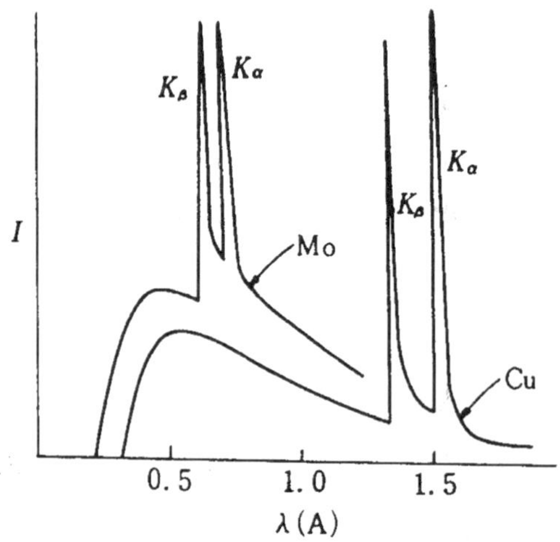

그림 4-2 X—선 스펙트럼의 특성 피이크 (Mo $K\alpha$, 50kV:Cu$K\alpha$, 35kV)

원자번호가 30번 근방인 원소의 경우, 약 10KeV의 에너지에서 K각에 빈자리가 생기게 되면, 빈자리는 그 다음 높은 에너지준위 즉 L각 또는 M각의 전자가 K각의 빈자리를 채운다. 이때 전이하는 전자의 에너지변화가 방출로 나타나며, 개개의 전이는 단색선을 나타낸다. X—선의 분광분포 중 중요한 피이크는 다음과 같다.

$$K_{\alpha 1}, K_{\alpha 2} \quad L \longrightarrow K$$
$$K_{\beta 1}, K_{\beta 2} \quad M \longrightarrow K$$

K각과 L각 사이의 에너지차가 K와 M각 사이의 에너지차보다 작으므로 K_α는 K_β보다 파장이 더 길다. 그리고 각선은 에너지차가 매우 적은 doublet형태(그림 4-3)로 나타나는데, 이것

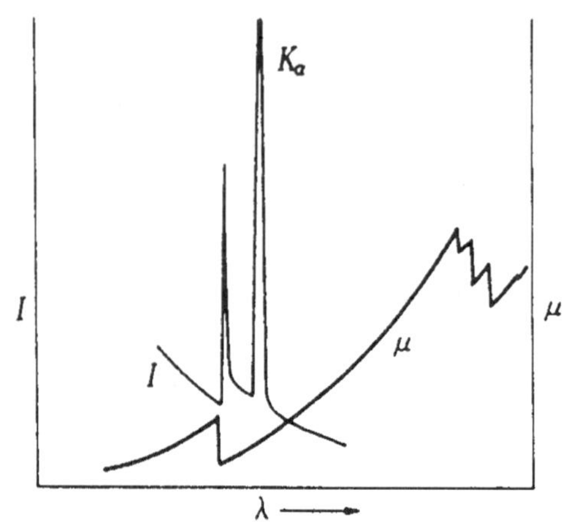

그림 4-3 X—선 스펙트럼의 특성피이크와 흡수계수

은 전자의 전이가 두 가지 가능한 배열로 일어나기 때문이다. 표적원소의 원자번호가 증가함에 따라서 방출되는 X—선 파장은 점점 짧아진다. 그러나 실제 표적으로 사용하는 데는 전도성이 좋고 밀도가 높으며 융점이 높은 원소로 제한된다.

X—선회절에 사용되는 방출은 가능한 한 단일파장이어야 한다. K_α선이 이러한 요구를 받아들이지만 K_β을 수반하므로 K_β선을 제거하기 위해서 필터를 사용한다. 고체에서의 X—선 흡수는 다른 흡수현상과 같이 다음과 같은 식으로 표시된다.

$$\frac{I}{I_0} = e^{-\mu\tau} \tag{4-2}$$

표 4-1 표적물질과 관련된 상수들

	Cr	Fe	Cu	Mo
Z	24	26	29	42
α_1, Å	2.2896	1.9360	1.5405	0.70926
α_2, Å	2.2935	1.9399	1.5443	0.71354
$\bar{\alpha}$,* Å	2.2909	1.9373	1.5418	0.71069
β_1, Å	2.2848	1.7565	1.3922	0.63225
β, filt	V, 0.4mil†	Mn, 0.4mil	Ni, 0.6mil	Nb, 3mils
α filt	Ti	Cr	Co	Y
Resolution, Å	1.15	0.95	0.75	0.35
Critical potential, kV	5.99	7.11	8.98	20.0
Operating conditions, kV :	30-40	35-45	35-45	50-55
half-or full-wave-rectified, mA	10	10	20	20
constant potential, mA	7	7	14	14

* $\bar{\alpha}$ is the intensity-weighted average of α_1 and α_2 and is the figure usually used for the wavelength when the two lines are not resolved.

† 1 mil = 0.001 inch = 0.025 mm

여기서 μ는 선형흡수 계수이고, τ는 고체를 통해서 X—선의 진행거리이다. 어떤 원소에 대해서 λ에 대한 μ의 관계를 보면 $\mu = k\lambda^3$이다. 이러한 불연속은 흡수가장자리이며, 입사되는 X—선 양자가 원자궤도로부터 전자를 떼어낸 만큼 충분한 에너지를 갖는 파장에서 일어난다. X—선 방출의 선택은 유기질 결정의 경우는 Cu K_α가 많이 사용되고 있으며, 그 다음으로는 Mo K_α가 사용되나 Mo K_α는 Cu K_α보다 결정을 더 잘 침투하므로 박막에는 거의 사용되지 않는다. 표 4-1은 여러 가지 표적물질에 대한 특성을 나열한 것이다. 위에서 언급한 X—선의 몇 가지 특성과 더불어 X—선과의 구조와 형태를 설명하고자 한다.

X—선관의 기본적인 부분은 전자를 발생시키는 부분 즉 음극과 X—선을 방출하는 금속 양극이다. 그리고 전자를 발생시키는 방법에 따라 냉음극관(Cold Cathode Tube)와 열음극

관(Hot Cathode Tube)으로 나누어진다. 냉음극관인 경우에는 약 10^{-3}mmHg의 진공에서 고전압을 걸어 방전시켜 전자를 발생시키고, 이때 생긴 양이온이 음극으로 끌려가 음극과 충돌하여 더 많은 전자를 방출하게 된다. 이렇게 발생된 전자를 1~5×10^4 V의 전압으로 가속하고 표적에 충돌시켜 X—선을 발생시킨다. 반면에 열음극관의 경우는 구조에 있어서 음극선관과 유사하다. 전자는 음극의 역할을 하는 필라멘트를 가열시켜 발생되고 가속된다. 이때 X—선관의 진공도는 약 10^{-7}mmHg이다(그림 4-4).

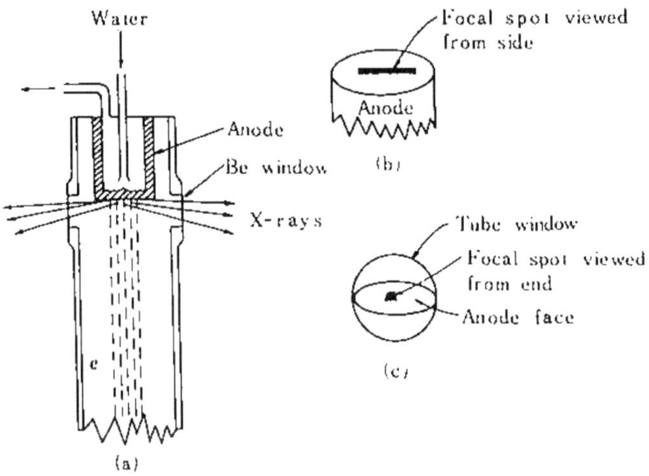

그림 4-4 X—선관의 단면도

위의 두 가지 경우 전자를 가속시키는 전압이 상당히 높으므로 양극에서의 전력손실이 비교적 크고(500~1,000W) 양극이 전자의 충격으로 녹는 것을 방지하기 위해 냉각수를 순환시켜야 한다. X—선회절 장치에 대한 일반적인 구성이 그림 4-5에 나타나 있다.

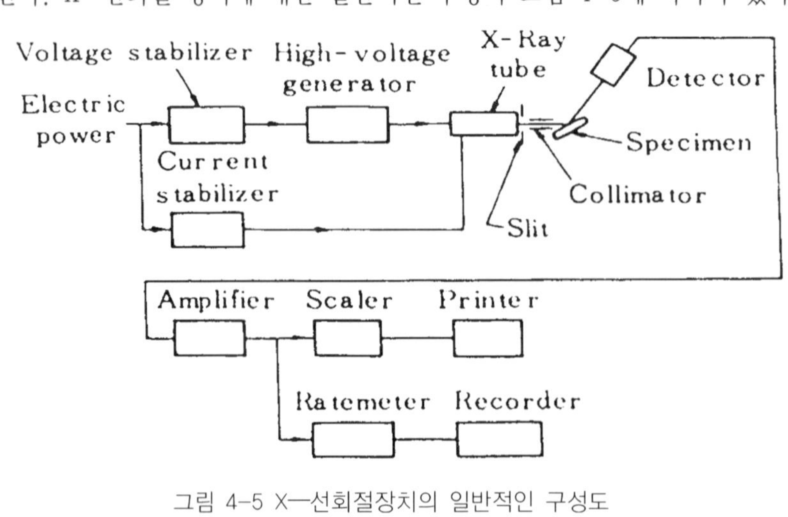

그림 4-5 X—선회절장치의 일반적인 구성도

1) Bragg의 법칙

그림 4-6에서 면간 거리가 d인 평행면 P_1, P_2에 평행한 X—선 1, 2가 θ의 각으로 입사되면, 마치 두 평면으로부터 반사되는 것과 같이 평행한 2차 X—선 1' 와 2' 이 각 θ로 회절된다. 1' 와 2' 의 경로차는 X—선파장의 정수배가 되어야 하므로

$$2dsin\theta = n\lambda \qquad (4-3)$$

가 된다.

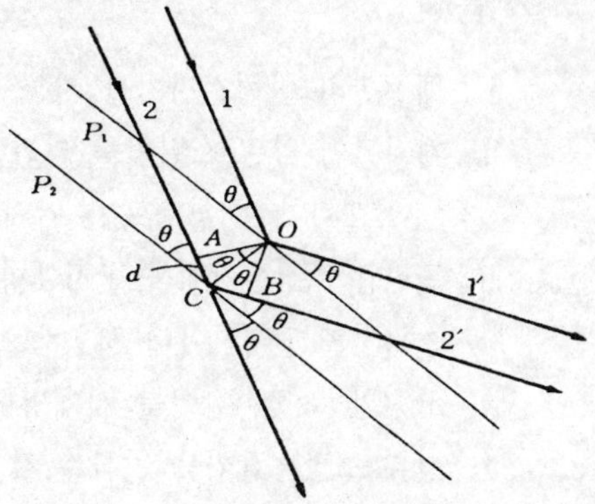

그림 4-6 X—선회절

4-3 실험

1) 그림 4-5는 일반적인 X—선 회절장치의 개괄도이다. 본 실험에서는 표 4-2와 같은 제원을 갖는 장치를 사용한다. 아래에 언급된 동작법을 익혀라.

표 4-2 X—선 회절장치의 제원

High voltage generating unit		
	Capacity·································	1.5kw
	Rectification·························	full-wave rectification by silicon rectifier
Control unit		
	Tube current control·················	negative feedback method by transistor circuit
	Tube current stability················	±1% for input fluctuation of ±10%
Operating unit		
	Tube voltage setting·················	$10kV_p$-$50kV_p$, continuously variable
	Tube current setting·················	5mA-40mA, continuously variable

(1) 동작요령

① 주의사항

i . 전류와 전압을 선정할 때, X — 선관에서 이것들의 상호의존 관계를 고려해야 한다.

ⅱ. 출력용량이 1.5kw를 넘어서는 안 된다.

ⅲ. X—선회절을 위해서는 약 30분간 X—선관과 전력회로를 예열시켜야 한다.

(2) 동작

ⅰ. 배전판의 전원스위치를 켜고 냉각수를 순환시킨다.

ⅱ. 계기판에 있는 스위치를 켜라, 이때 앞 패널에 있는 램프가 켜지는지를 확인하라. "WATER" 시험램프가 켜지지 않는 경우 냉각수의 압력이 낮기 때문이다.

ⅲ. 고전압 조정손잡이를 반시계방향으로 최대한 돌린다. 그다음 "HIGH TENSION" 스위치를 켠다. 이때 시험램프에 불이 들어오면,

ⅳ. 고전압 조정손잡이를 시계방향으로 조금씩 돌린다.

ⅴ. 전류 조정손잡이를 원하는 값으로 조정한다. 이때 전류는 X—선관을 통해 흐르게 되고, X—선이 방출된다.

(3) 정지

ⅰ. 전압과 전류 조정손잡이를 동시에 반시계방향으로 돌린다.

ⅱ. "HIGH TENSION" 스위치를 끈다. 이때 시험램프도 동시에 꺼진다.

ⅲ. 계기판에 있는 스위치를 끈다.

ⅳ. 냉각수 전원을 끄고, 배전판의 전원을 끈다.

2) 단결정 Si와 다결정 Si 또는 분말상태의 Si를 X—선회절하여 Intensity-2θ의 관계를 구하라.

3) 참고자료에 있는 2θ표와 ASTM카드를 이용하여 실험과정 (2)에서 얻은 단결정 Si와 다결정 Si의 각 피이크가 나타내는 방향을 조사하라.

4) 가능하다면 실험 2에서 성장시킨 결정 및 결정에 대한 X—선회절 실험을 반복하라.

5) X—선회절에서 나타나는 단결정 Si와 다결정 Si의 피이크의 차이를 설명하라.

6) 다결정 Si의 회절피이크에서 각 피이크의 분포경향을 고찰해 보라.

7) 단결정 Si의 회절에서 격자상수 d를 구하라.

5. 합금의 전기저항

5-1 목적

물질에 있어서 합금의 조성비에 따른 저항율의 변화를 측정, 확인한다.

5-2 해설

1) Matthiessen 법칙

금속에서의 전기저항은 주로 결정격자에 있는 결함에 대한 전도전자의 산란에 의해서 결정된다. 이론적으로 금속원자들이 완전히 규칙적이고 주기적인 공간격자에 위치한다면 저항이 생기지 않는다. 그러나 실제로는 원자들이 완전한 주기성에서 벗어나게 되고, 특히 격자의 열진동과 포함된 불순물 원자가 전도율에 중요한 영향을 미친다. 이것은 결함의 크기가 수Å 정도로 전도전자의 De Broglie파장과 비슷할 때 전도전자가 결함에 의해서 강하게 산란되기 때문이다. 그래서 전체 샘플에 비해 아주 작은 양의 불순물이라도, 이것이 존재한다면 상당한 영향을 줄 수 있다. 만약 이러한 불순물이 적지 않아서 샘플의 상당한 부피를 차지한다면 제2의 상을 구성하게 된다. 2상 또는 다상재료의 전체적인 저항율은 각상의 형태, 서로 다른 상으로 구성된 입자들의 기하학적 모양, 분포 및 수량비 등에 따라 결정된다. 단일상 물질에서 격자의 열진동과 불순물 만으로부터 생기는 저항율에 대해서 생각해보자. 여기서 중요한 요소는 Matthiessen 법칙이며, 이것은 모든 온도에서 위의 두 가지 원인을 단순히 합함으로써 나타나는 저항율을 말한다. 그래서 전체적인 저항률은 다음과 같이 두 개의 독립적인 항의 합으로 나타난다.

$$\rho(T, X) = \rho_r(T) + \rho_I(X) \tag{5-1}$$

여기서 ρ_r은 열진동 때문에 생기는 저항율이며 온도에 따라서 증가하고 ρ_I는 온도와는 무관하고 불순물의 농도 X에만 의존한다. 그림 5-1과 그림 5-2는 Matthiessen 법칙을 나타낸다.

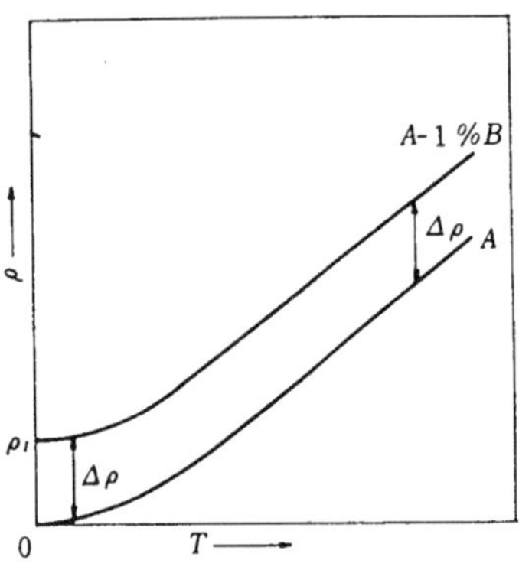

그림 5-1 온도와 불순물에 대한 Matthiessen 법칙

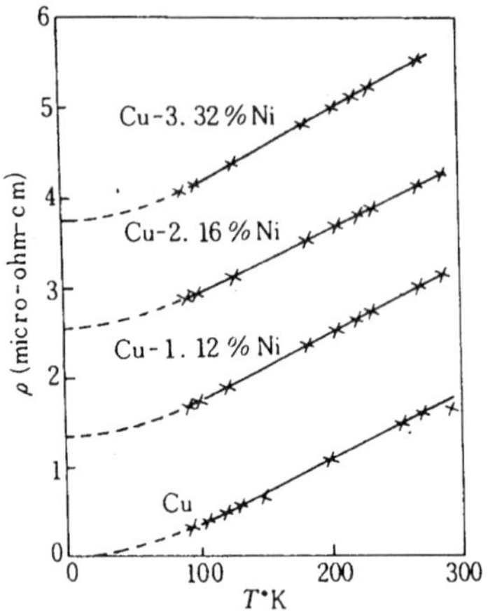

5-2 Cu-Ni 합금의 불순물 및 온도에 대한 저항율의 변화

2) 상대순도에 대한 척도로서의 전기저항

그림 5-1은 순수한 A물질에 1%의 B물질을 첨가할 때 생기는 비저항의 증가 $\Delta\rho$의를 나타낸다. $\Delta\rho$의 크기는 존재하는 불순물의 양에 의존한다. 2%의 B를 첨가하면 $\Delta\rho$는 1%일 때보다 더 커질 것이다. 그러나 용질의 농도가 작지 않는 일반적인 경우일 때 저항율은 용질의 농도에 선형으로 비례하지 않는다. 일반적으로 용질과 용매원자 사이의 크기 차이가 많이 나면 용질은 더욱 더 효율적으로 전자를 산란시키고 저항율의 증가가 더 커진다.

전기저항을 측정하여 물질의 순도를 알아내는 방법은 그 강도가 크므로 다른 화학적인 분석 방법이 가능한 경우에도 많이 사용된다. 물론 가장 높은 강도는 ρ_r가 무시될 수 있는 저온에서 측정할 때이다. 그러나 저항율은 직접적인 측정치가 아니며 측정된 저항치를 기하학적인 인자와 관련시켜 얻어진 값이다. 원통형의 선이나 평행판과 강이 단순하고 대칭성이 큰 경우에는 기하학적인 인자를 직접적인 측정으로 얻을 수 있다. 이러한 단순한 경우가 아니라면, 다른 온도에서 같은 샘플에 대한 값을 측정, 비교하여 기하학적인 인자를 제거할 수 있고 ρ_I를 알 수 있다.

$$\rho(273) = \rho_r(273) + \rho_I \tag{5-2}$$

$$\rho(77) = \rho_r(77) + \rho_I \tag{5-3}$$

그리고 다음과 같이 α와 K를 정의하면

$$\alpha = \left(\frac{R(273)}{R(77)}\right)_{alloy} \tag{5-4}$$

$$K = \left(\frac{\rho(273)}{\rho(77)}\right)_{pure\ element} = \frac{\rho_r(273)}{\rho_r(77)} \tag{5-5}$$

가 되고, 여기서 α는 합금샘플에 대해 측정한 저항의 비이고, K는 순수한 용매금속에 대한 저항율의 비이다. 순수한 용매금속 즉 용질의 농도가 0일 때 $\rho_I = 0$가 되고 어떤 온도에서는 $\rho_I - \rho$가 된다. 식 (5-1)과 식 (5-5)를 결합하면,

$$\rho_I = \left(\frac{K-\alpha}{\alpha-1}\right)\rho_r(77) = \left(\frac{K-\alpha}{\alpha-1}\right)\frac{1}{K}\rho_r(273) \tag{5-6}$$

이 된다. 윗식에서 $\rho_r(273)$과 $\rho_r(77)$은 순수한 용매금속의 저항율이며 이미 알려진 값이므로 ρ_I를 결정할 수 있다.

5-3 실험

(1) μV를 측정할 수 있는 전압계와 0.1Ω의 표준저항을 준비하라.

(2) 불순물이 섞인 구리를 크기와 형태를 바꾸어 가면서 저항값을 측정하여 저항율을 계산하라.

(3) 아연과 같은 불순물의 함유량을 변화시키면서 구리의 저항값 및 저항율을 측정하라.

(4) 일정량의 불순물을 함유한 구리를 액체질소 (77° K), 실온 (300° K) 및 이보다 더 높은 온도(300° K 이상)에서 저항을 측정하여 저항율을 계산해 보라. 온도에 따른 저항률의 변화경향은 어떤가?

6. 유전율 및 유전손

6-1 목적

유전물질의 성질을 나타내는 두 가지의 중요한 파라미터로서 유전율과 유전손이 있다. 본 실험에서는 이 두 파라미터의 측정방법을 습득한다.

6-2 해설

유전체에 외부전장이 가해지면 모원자 혹은 모분자에 속박되어 있던 전자는 전장에 의하여 약간의 변위를 일으키게 된다. 따라서 전기 쌍극자가 형성되어 전기분극현상이 나타난다. 이러한 전기분극에는 전자분극, 이온분극 및 배향분극 등 크게 세 가지로 구분할 수 있다. 커패시터와 같이 전장이 존재하는 공간이 유전물질로 채워질 때 이러한 분극현상 때문에 에너지의 축적이 일어난다. 축적에너지 U는

$$U = \frac{1}{2}CV^2 \qquad (6\text{-}1)$$

로 표현되며, 여기서 C는 커패시터의 용량이고 V는 인가된 전압이다. 그리고 용량 C는 커패시터의 기하학적 형태와 유전물질에 의해서만 결정된다. 그러면 단순한 편행판 커패시터에 대해서 생각해 보자. 이 경우 전장은 양극판이 서로 평행하므로

$$E = V/d \qquad (6\text{-}2)$$

로 쓸 수 있고, 여기서 d는 극판간 거리이며 용량은

$$C = \varepsilon(A/d) \qquad (6\text{-}3)$$

로 주어진다. A는 극판면적이고 ε는 극판 사이에 채워진 유전물질에 따른 상수로서 유전률이라 한다. 식 (6-3)에서 유전률 ε이 정의 되고 유전률이 클수록 커패시터에 축적되는 에너지가 더 커짐을 알 수 있다. 이 결과는 커패시터의 기하학적인 형태에 관계없이 성립

된다. 그러나 유전률은 외부전장에 대한 교류특성을 가지며 가해준 주파수에 의존한다.

유전손은 물질의 결함에 의하여 나타나는 현상으로서 완전한 결정에서는 어떤 유전손도 존재하지 않는다. 또한 유전손은 교류에 대한 특성을 가지며 정전상에서의 유전손실은 0이 된다. 유전손의 원인은 유전률과 같이 쉽게 설명할 수는 없다. 고립된 원자나 완전한 결정에서는 주파수가 얼마이든 간에 유전손이 나타나지 않는다. 그러나 결정내에 결함이 생기면 유전손이 존재하게 된다. 이때 유전손은 전기적인 에너지가 열에너지로 발산되는 손실에 의한 것이다. 또한 유전손에 때한 세부적인 기구는 간단하지 않고 결함의 종류에 따라 다르다. 즉 결함의 종류에 따라 유전손이 일어나는 주파수영역이 달라진다. 그러므로 유전손을 일으키는 각각의 결함은 손실이 최대가 되는 특성주파수를 갖게 된다. 유전손은 때때로 다음과 같은 복소유전률로서 설명된다.

$$\varepsilon = \varepsilon' - i\varepsilon'' \tag{6-4}$$

여기서 ε'과 ε''은 각각 실수부와 허수부이다. 커패시터에 흐르는 전류는 인가된 전압과 다음과 같은 관계를 갖는다.

$$I = i(2\pi f C)V \tag{6-5}$$

그리고 전력손실 IV는 식 (6-3), 식 (6-4), 식 (6-5)로부터 다음과 같이 표시된다.

$$\rho = I \cdot V = \frac{2\pi f C}{d}(i\varepsilon' + \varepsilon'')V^2 \tag{6-6}$$

여기서 두 번째 항은 실수로 나타내고 측정할 수 있는 전력손실이다. 유전손은 유전률의 허수부분으로 설명하는 것이 보통이지만 이것은 물리적인 의미가 별로 없고 해석적이다. 복소유전률로부터 오는 개념은 일반적으로 손실정접 $\tan\delta$로 표현된다. 복소유전률 $\varepsilon = \varepsilon' - i\varepsilon''$을 복소평면에서 백터로 표시하면 이 백터의 X성분은 ε'이고, Y성분은 ε''이다. ε''은 결함의 성질에 의한 것이고 ε'은 체적성질에 관한 것이므로 ε''의 크기는 ε'보다 훨씬 작아서 $\varepsilon''/\varepsilon'$의 값은 작은 수가 된다. 이것은 커패시터 즉 $\varepsilon''=0$인 경우는 전류—전압의 위상차가 정확하게 90° 로 된다. 위에서 언급한 것을 식으로 표시하면

$$\tan\delta = \frac{\varepsilon''}{\varepsilon'} \tag{6-7}$$

이 되고 이것은 콘덴서에 사용되는 물질의 유전손에 대한 척도가 된다. 사이클당 손실에너지에 대한 축적에너지의 비를 Q로서 정의할 때 $\tan\delta$의 역수는 Q의 척도가 된다. 이 Q의 역수를 손실인자 D라 한다.

유전률과 유전손을 측정하는 방법에 대해 알아보자. 여러 가지의 표준브리지를 사용하여 C와 D를 측정한다. 그리고 ε'과 ε''은 커패시터의 기하학적인 형태를 알면 계산할 수 있

다. 그림 6-1에서 그 기본원리를 알아보자.

이 그림은 커패시터가 높은 Q값을 가질 때 커패시터의 특성을 측정하는 기본회로이다. 이 경우 측정하려는 커패시터의 등가회로는 R_x와 C_x가 직렬로 연결된 것으로 본다. 브리지의 B와 C 사이는 대체로 1KHz의 교류로 구동된다. 점 A와 G 사이의 전압이 증폭, 검지되어 미터에 나타나게 된다. 가변저항 R_r과 R_N은 출력을 0으로 조정하는데 사용되고 용량 C와 손실인자 D는 부착된 다이얼판에 나타나게 된다. 그리고 C_r는 표준형 커패시터이다. 여기서는 가변 커패시터가 사용되지 않는다. 0점에 일치하도록 해야 하는 것은 두 전압 V_{BA}와 V_{BG}이다. 어떤 C_x와 R_x, 그리고 고정된 주파수에서 R_N 은 G-B를 통해서 흐르는 전류에 의해 Cr에 나타나는 전압이 C_x 양단에 나타나는 전압과 같도록 조정할 수 있다. 그 다음 이 전류에서 Rr 양단에 나타나는 전압이 R_x 양단의 전압과 같도록 R_r를 조정한다. 물론 R_r를 먼저 조정하여 B—G 간의 전류를 변화시키고, 그 다음 R_N을 조정해도 된다. 이렇게 하여 C_r 양단의 전압이 C_x 양단의 전압과 같고 R_r 양단의 전압은 R_x 양단의 전압과 같게 하며 V_{AG}는 0이 된다.

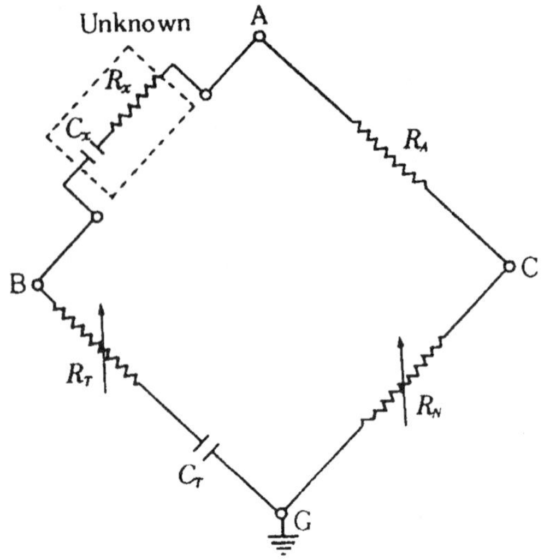

그림 6-1 손실인자 D가 작은 커패시터의 측정회로

낮은 Q와 높은 D값을 갖는 커패시터를 측정하는 데는 그림 6-1의 브리지가 적합하지 않다. 이 경우 원리적으로는 다름이 없지만, 감도문제가 생긴다. 이 경우에는 그림 6-2와 같이 R_x와 C_x가 병렬로 연결되는 브리지를 사용한다.

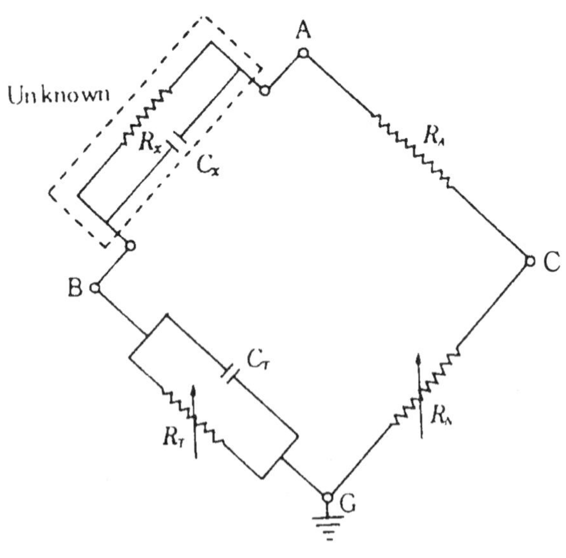

그림 6-2 손실인자 D가 큰 커패시터의 측정회로

6-3 실험

(1) 브리지를 사용하여 주어진 커패시터의 용량 C와 손실인자 D를 측정하라. 이때 측정주파수를 명시하라.

(2) 여러 가지 유전물질을 이용하여 평행판 커패시터를 제조하고 각 유전체의 주파수에 따른 유전률과 손실정접 및 손실각을 반대수 그래프에 그려보라.

(3) 유전률은 주파수에 따라 변한다. 어떤 물질의 유전률을 변화시키는 인자는 주파수 외에 무엇이 있는가 검토하라

7. 압전효과

7-1 목적

물질에 기계적인 힘을 가하면 전기 분극이 발생하는데 이러한 현상을 압전 효과라 하며, 롯셀염이나 $BaTiO_3$와 같은 결정의 압전효과(piezoelectric effect)를 측정해 봄으로써 압전 현상을 실증적으로 이해한다.

7-2 해설

32종의 결정 중 21종은 결정의 대칭중심을 갖지 않는다. 그림 7-1은 2차원적인 결정에서 대칭중심을 갖는 것과 갖지 않는 것을 나타내고 있다. 그림 7-1(b)와 같이 대칭중심을 갖지 않는 결정에 x방향으로 인장력을 가하면 각 θ는 증가되고 $+y$방향으로 전기분극이 일어난다. 이와 같이 기계적인 힘에 의해서 전기분극 현상이 나타나는 것을 압전효과라 한다. 그림 7-1(a)와 같이 대칭중심을 갖는 결정은 압력이나 인장력을 가했을 때 압전효과를 나타내지 않는다.

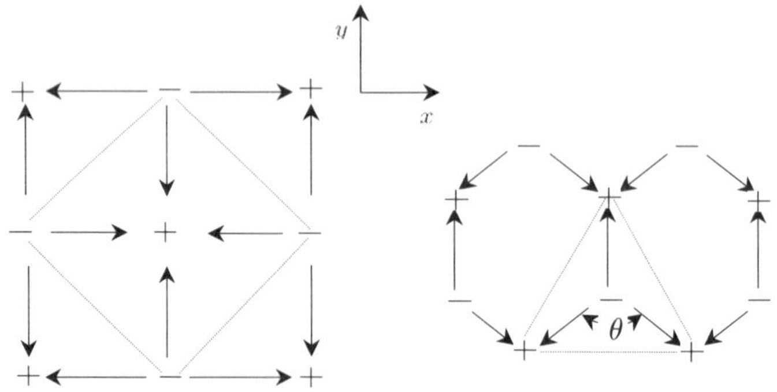

그림 7-1 대칭중심을 갖는 2차원적 결정(a)과 대칭중심을 갖지 않는 결정(b)

또한 위 현상의 역현상으로 대칭중심을 갖지 않는 결정에 전장을 가하면 결정에 기계적 변형이 일어난다. 이때 기계적 변형은 인가하는 전장의 세기에 비례하고 이 현상을 역압전효과라 한다. 21종의 대칭중심을 갖지 않는 결정 중 10종의 결정은 영구쌍극자능률을 나타낸다. 이것들은 양이온과 음이온의 중심이 일치하지 않아서 영구쌍극자능률을 나타낸다. 인가된 전장에 의해서 영구쌍극자의 방향이 변하는 결정을 강유전체라 한다. 그리고 모든 강유전체는 압전효과를 나타낸다. 이러한 예를 그림 7-2에 나타내었다.

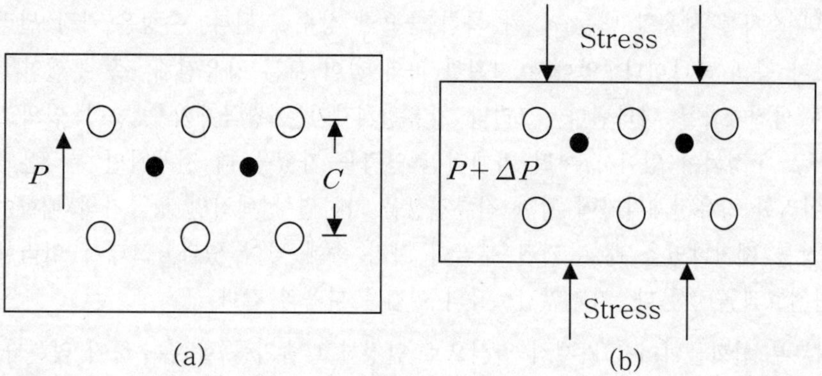

그림 7-2 응력을 받지 않은 강유전체(a)와 응력을 받는 강유전체(b)의 분극변화

압전효과를 나타내는 결정은 전기적인 에너지를 기계적 에너지 또는 기계적인 에너지를 전기적 에너지로 변환시키는 전기기계 변환기 역할을 한다. 더구나 이러한 변환은 기계적 또는 전기적 자극에 선형적이다. 기계적인 힘에 대한 전하의 비례계수는 전장에 대한 기계적인 변화의 것과 같다. 이 비례계수를 압전계수 d_{ij}라고 하고,

$$d_{ij} = \frac{\text{전하/면적}}{\text{힘/면적}} = \frac{\text{Coul/m}^2}{\text{Newton/m}^2} = \frac{\text{Coul}}{\text{Newton}}$$

$$= \frac{\text{Coul×m}}{\text{Newton×m}} = \frac{\text{Coul×Volt}}{\text{Coul×Volt}} = \frac{\text{m}}{\text{Volt}} \tag{7-1}$$

또는

$$d_{ij} = \frac{\text{변형}}{\text{전장}} = \frac{\text{meters/meter}}{\text{Volt/meter}} = \frac{\text{meter}}{\text{Volt}} \tag{7-2}$$

으로 표시된다. 여기서 i는 인가되거나 발생된 전장의 방향이고, j는 기계적인 압력이나 응력의 방향이다. 만약 P가 z방향이나 분극축 방향으로 가해지면 이 축방향에 수직인 전극에 단위면적당 전하밀도 q가 발생한다.

그래서

$$q = d_{33} \cdot P \tag{7-3}$$

이 되고, 이것은

$$Q - d_{33} \cdot F \tag{7-4}$$

와 같다. 여기서 Q는 힘 F가 가해졌을 때 생성된 총전하이다. 그러므로 생성되는 전하는 샘플크기가 아니라, 가해지는 힘 F의 함수이고, 물질의 성질에 의존한다. 압전소자로서 원판형태의 소자를 사용할 때는 d_{33}가 특히 중요한 상수가 된다. 수정은 가장 널리 사용되는 압전소자 중의 하나이다. 앞에서 지적한 바와 같이 모든 강유전체, 즉 롯셀염, $BaTiO_3$, PZT 등은 압전효과를 나타낸다. 그러나 강유전체자기는 쌍극자의 방향이 임의로 배열된 많은 입자로 구성되어 있어서 어떤 기계적인 압력을 가했을 때 전체적인 분극은 나타나지 않는다. 이러한 강유전체자기에 강한 직류전장을 가하면 선택적인 쌍극자의 배향이 일어나고, dc전장을 제거하였을 때 유기된 분극이 자기 속에 남아 있다. 그래서 이러한 자기는 방향성 압전효과를 갖는다. 자기압전소자의 이점은 다음과 같다.

(1) 대부분 산화물이어서 기계적 열적으로 안정하고 습기를 잘 흡수하지 않는다.

(2) 단결정보다는 제조하기가 용이하다.

(3) 원하는 형태로 제조하기 쉽다.

압전소자에 교류전장을 가하면, 기계적인 진동이 일어나고 이의 역현상도 일어난다. 그래서 이런 압전소자는 기계적인 공진기나 전지기계변환기, 수중에서의 음파탐지기, 전축의 픽업, 압력계기 등에 사용된다. 표 7-1에 압전현상을 나타내는 대표적인 물질을 열거하였다.

표 7-1 전형적인 압전물질의 성질

Material	d_{33} (coul/Newton)	Dielectric Constant	P_s (micro coul/cm)
Quartz	23×10^{-12}	4.5	7.5
$BaTiO_3$ crystal	86.6×10^{-12}		26
$BaTiO_3$ ceramic	191×10^{-12}	1700	7.5
$PbTi_{0.45}Zr_{0.55}O_3$ ceramic	130×10^{-12}	500	30
Modified lead zirconate titanate ceramic 1	270×10^{-12}	1200	35
Modified lead zirconate titanate ceramic 2	320×10^{-12}	1200	45

7-3 실험

(1) 그림 7-3과 같은 회로를 구성하라. 여기서 측정할 샘플은 실험 2에서 성장시킨 롯셀염이나 준비된 $BaTiO_3$, PZT 등이다.

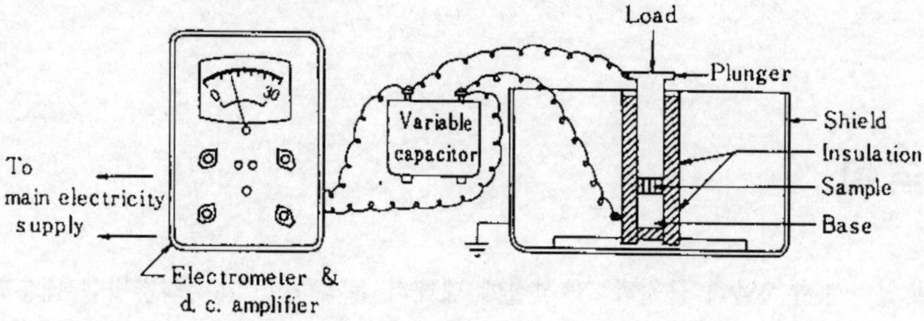

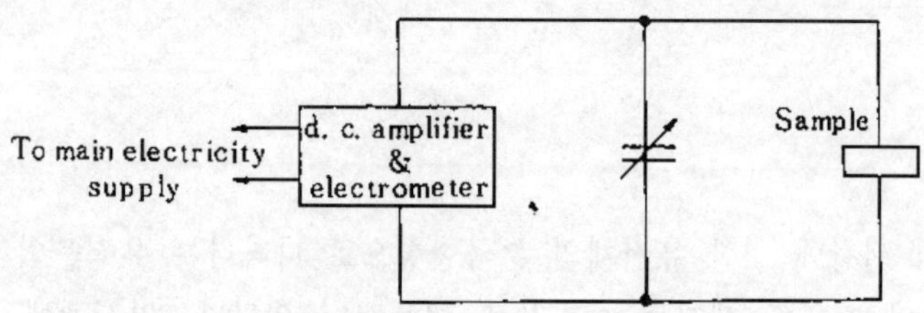

그림 7-3 압전효과의 측정장치

가변용량기는 표준 십진용량기를 사용하고, 부하로는 저울추를 사용한다. 저울추의 무게와 용량기의 용량을 바꾸어 가면서 측정하고 $Q = CV$ 관계를 이용하여 추의 무게에 따른 Q값을 구하라.

(2) d_{33} 값을 계산하고, 부하 즉 추의 무게와 d_{33} 사이의 관계를 도시하라.

(3) 과정 (1)과 (2)에서 얻은 자료로 임의의 추의 무게를 추정해 보라.

(4) 그림 7-3의 실험에서 d_{33} 측정감도를 증가시키는 것은 무엇인가?

(5) 표 7-1에서 단결정인 경우와 자기인 경우 d_{33}의 차는 왜 생기는가?

(6) 그림 7-3에서 용량값을 어떻게 선택하느냐?

8. 투자율

8-1 목적

물질에 있어서 투자율의 근원과 그 성질에 대해서 논의하고 그 측정방법을 배운다.

8-2 해설

유전 물질의 실험에서 전장에 의한 유전체의 분극현상으로 나타나는 유전율의 경우와 같이 자장에 의한 자성체의 자화로 생기는 투자율에 대해서 논의하자. 자성체에 자장 H를 가하면 자속밀도 B가 생긴다. 식 (8-1)과 같이 진공에서의 자속밀도와 자장과의 비를 진공투자율 μ_0라고 정의 한다.

$$\mu_0 = B/H \tag{8-1}$$

진공중이 아니고 자성물질이 있는 경우 외부에서 가한 자장에 의해 나타나는 내부자속밀도를 자기유도라 하고 이때의 투자율은 진공의 경우와는 달리

$$\mu = B/H \tag{8-2}$$

이며 $\mu = \mu_0 \mu_r$로 표시되고, 여기서 μ_r을 비투자율이라 한다. 진공의 경우 $\mu_r = 1$이 되며 이것이 1보다 큰 물질을 상자성체라 하고 1보다 작은 물질을 반자성체라 한다. 자성체의 존재 때문에 생기는 자속밀도 즉 자기유도는 다음과 같이 정의한다.

$$B \equiv \mu_0 (H + M) = \mu_0 H + \mu_0 M \tag{8-3}$$

식 (8-2)로부터 자화 M은

$$M = (\mu_r - 1)H \tag{8-4}$$

가 되고 자기감수율 x_m을 다음과 같이 정의 한다.

$$x_m = \mu_r - 1 = M/H \tag{8-5}$$

또한 이들 관계를 그림 8-1에 나타내었다.

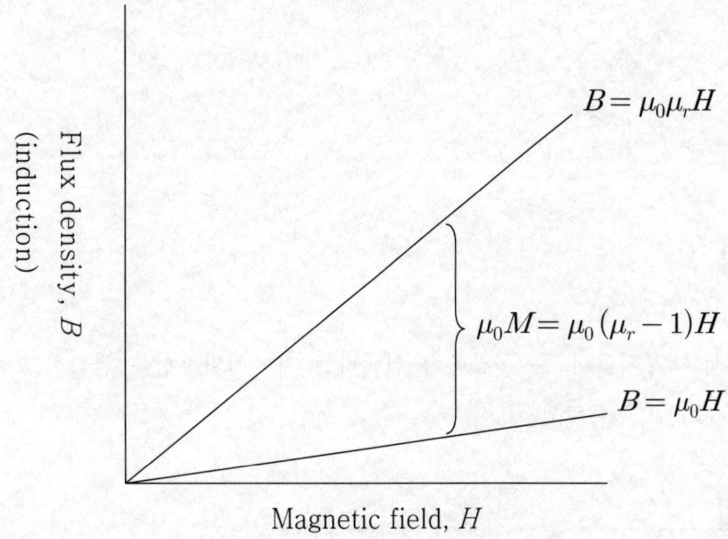

그림 8-1 자장과 자속밀도, 자화와의 관계

그러면 투자율의 근원에 대해서 알아보기로 하자. 원자핵 주위를 돌고 있는 전자는 음의 전하를 띠고 있다. 그러므로 전자는 자기모멘트를 갖게 되고 이는 전류와 전자가 그리는 원의 단면적 A에 비례한다. 위에서 언급한 자화의 단위는 단위부피에 대한 자기모멘트 Am^2/m^3으로 볼 수 있다. 전자의 스핀자기모멘트 ρ_B를 Bohr자기자라 하는데 물질의 자화를 해석하는데 있어서 중요한 것이다. $\rho_B = 9.27 \times 10^{-24} Am^2$이며 전자의 자전현상에서 나타난다. 이외에도 자기모멘트에 기여하는 원자핵 또는 전자의 궤도운동 등이 있으나 자전에 의한 것보다 훨씬 적으므로 무시하는 경우가 많다.

8-3 실험

(1) 매질로 채워지지 않은 원통형의 솔레노이드에서 코일에 흐르는 전류에 따른 자속밀도를 측정하라. 코일에 흐르는 전류와 자속밀도와는 어떤 관계가 이루어지는가? 모눈종이에 그려보라.

(2) 과정 (1)에서 얻은 결과로 투자율을 계산해 보라.

(3) 원통형의 솔레노이드에 자성체를 넣어 위의 과정을 반복하면 어떻게 되는가 검토하라.

9. 자기이력곡선

9-1 목적

물질에 있어서 비투자율이 큰 물질에서 일어나는 자기이력곡선을 관찰하고 이의 원인을 해석하며 그 측정방법을 습득한다.

9-2 해설

물질의 투사율 실험에서 비투자율이 큰 물질 또는 작은 물질에 대해서 논의하였다. 비투자율이 큰 물질을 강자성체라 하고 이러한 강자성물질에서 나타나는 자기이력현상을 설명하는 데는 여러 가지 모형이 있으나 그림 9-1에서는 널리 사용되고 있는 자구모형을 들기로 한다. 외부자장을 0에서부터 시작하여 증가시키면 강자성체의 자화를 증가시킬 수 있다.

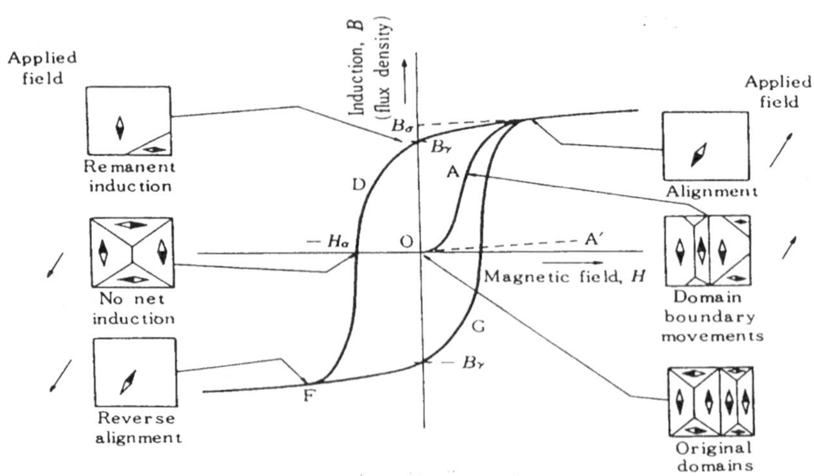

그림 9-1 강자성체의 자기이력곡선

그림 9-1에서와 같이 자장방향으로 적당하게 잘 배열된 자구는 방향이 다른 자구를 침식하면서 성장하여 간다. 이러한 성장은 자구벽에 있는 원자의 전자스핀을 재배열시킴으로서 일어난다. 자구가 성장함에 따라 유효자속밀도는 급속히

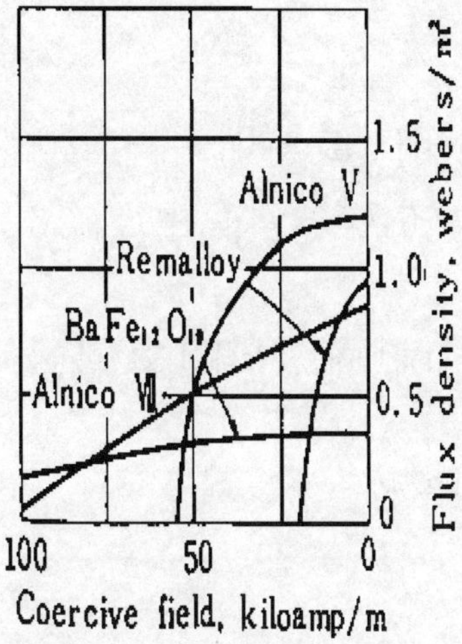

그림 9-2 탈자화곡선

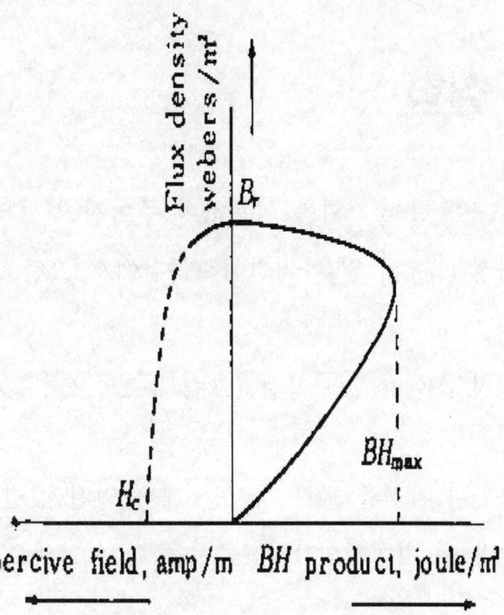

그림 9-3 BH 곱

증가하여(그림 9-1의 OAC곡선) 나중에는 자구의 대부분이 같은 방향으로 배열하게 된다. 이것을 포화자속밀도 B_s라 한다. 자장을 더욱 더 세게 하면 약간의 자속밀도가 커질 뿐이다. 반대로 자장을 점차 줄여 가면 전장이 0이 되었을 때도 자속밀도는 0이 되지 않고 어떤 유한한 값을 갖게 되는데 이것을 잔류자속밀도 B_r이라 한다. 그래서 자속밀도가 0이 되도록 하려면 반대방향으로 자장을 가해야 하는데 이 자장을 보자력 H_c라 한다. 그림 9-1과 같은 이력곡선을 자기이력곡선이라 하고 B—H곡선의 주기당 소비된 에너지는 B—H곡선의 면적과 같다. 잔류자기가 대단히 낮은 자석은 연질자석 이라하고, 잔류자기가 큰 자석은 경질자석 또는 영구자석이라 한다. 영구자석의 탈자에 필요한 에너지는 BH의 곱으로 나타낼 수 있다. 이 에너지는 자기이력곡선의 제2상한의 면적적분으로 나타내거나 그림 9-2와 같이 제2상한의 두 점의 곱 즉 그림 9-3과 같이 최대탈자기값 BH_{max}으로 나타내기도 한다.

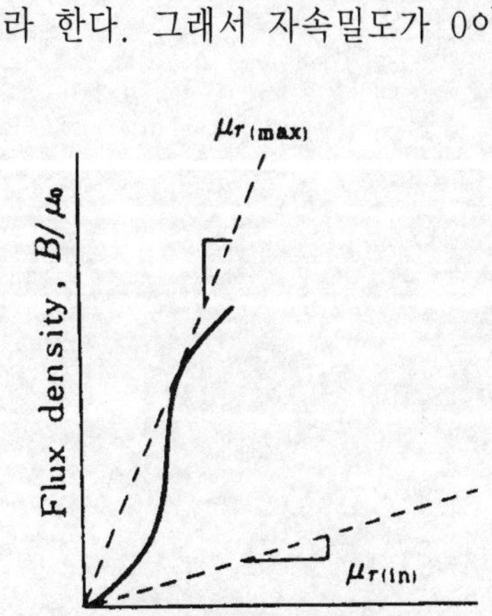

그림 9-4 강자성체의 투자율

강자성재료의 B—H곡선은 비직선이므로 $B/_0H$의 비가 일정치 않다. 대단히 낮은 자계에서의 투자율을 그림 9-4에서와 같이 초기투자율 $\mu_{r(in)}$라 하고 최대투자율은 $\mu_{r(\max)}$이 된다.

9-3 실험

(1) B—H곡선 추적기를 이용하여 주어진 시편의 B—H곡선을 그려라.

(2) 과정 (1)에서 얻은 자기이력곡선에서 그림 9-4를 참고하여 $\mu_{r(in)}$과 $\mu_{r(\max)}$를 계산하라.

(3) 과정 (1)에서 초기곡선 (그림 9-1의 OA곡선)이 나타나지 않았다면 그 이유는 무엇일까?

(4) 자화된 자석을 탈자 시키는 데는 어떤 방법이 있을까?

(5) 탈자 된 자성체의 B—H곡선을 다시 그려보라.

10. Hall효과

10-1 목적

반도체 내의 열평형 캐리어의 성질을 저항율과 Hall효과의 측정으로 조사하고 반도체의 전도형, 금지대폭, 불순물 준위, 캐리어밀도 등의 관련성을 실험적으로 학습함과 동시에 반도체의 도전성에 관한 기초적 측정기술을 습득한다.

10-2 해설

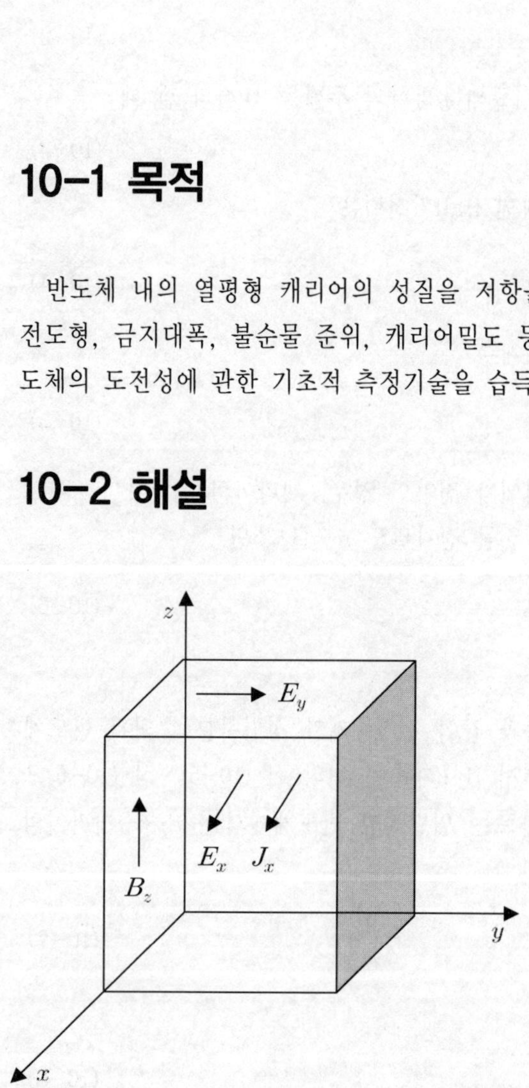

그림 10-1 Hall효과

그림 10-1과 같이 반도체시료에 전류 I_x가 흐르고 이에 수직한 자장 B_z가 인가되면 이들 각각에 수직한 전위차가 나타난다. 그림에서 상하의 단자간에 나타나는 개방전압 V_H를 Hall기전력이라 하고, 아래 단자에 대해 위 단자의 전위는 다음 식과 같이 표현된다.

$$V_H = \frac{R_H I_x B_z}{d} \tag{10-1}$$

여기서 R_H는 Hall계수이며, 이는 재료 고유의 비례상수로서 그 단위는 MKS로 $[m^3/C]$이다. Hall기전력의 발생은 다음과 같이 하여 이해된다. 시료가 p형 반도체일 경우의 예를 들면, 시료중의 전도전류는 정공에 의한다. 정공의 평균속도는 전류와 같은 방향인 x방향이므로 z방향의 자장 B내에서 정공에는 위로 향하는 Lorentz힘이 작용한다. 그러므로 시료의 윗면은 +, 아랫면은 —로 대전하고 이 전하가 y방향의 Hall전장 E_y를 발생시킨다. 평형상태에서는 정전기력이 Lorentz 힘과 상쇄된다. 이것을 해석해보면 정공전하들의 평균유동속도를 v_x라 할 때, 정공에 작용하는 Lorentz힘의 평균치는 $-qv_xB_z$가 된다.

Lorentz힘과 정전기력 qE_y가 서로 같으므로

$$E_y = v_x B_z \tag{10-2}$$

가 된다. 한편 전류 I_x는 정공밀도 p/m^3, 시료의 y방향의 두께를 W하라 할 때

$$I_x = qpz_x Wd \tag{10-3}$$

로 표현한다. 이 두 식으로부터 v_x를 소거하면 Hall기전력은

$$V_H = E_y W = \left(\frac{1}{qp}\right)\left(\frac{I_x B_z}{d}\right) \tag{10-4}$$

가 된다. 이것을 식 (10-1)과 비교하면 Hall계수

$$R_H = \frac{1}{qp} \tag{10-5}$$

를 얻는다. 또 시료가 n형 반도체로서 캐리어가 전자인 경우, 캐리어의 전하가 $-q$이므로 위의 식들에서 q를 $-q$로 바꾸고 정공밀도 p를 전자밀도 n으로 쓰면,

$$R_H = -\frac{1}{nq} \tag{10-6}$$

으로 표현된다.

금속이나 불순물농도를 높게 도핑해서 금속과 같이 전자통계가 성립하는 축퇴된 반도체 캐리어는 일정한 v_x로 이동한다고 볼 수 있어서 Hall계수는 위의 식 (10-5), 식 (10-6)으로 표시된다. 그러나 캐리어가 고전통계를 따르는 일반적인 반도체에서는 v_x가 캐리어의 운동에너지에 의존하며 위의 결과와 다른 값인

$$R_H = \gamma \cdot \left(\frac{1}{qp}\right) \tag{10-7}$$

또는

$$R_H = -\gamma \cdot \left(\frac{1}{qp}\right) \tag{10-8}$$

이 된다. γ값은 캐리어의 산란기구에 의하여 달라진다. 격자의 열진동에 의한 산란의 경우는 $\gamma = 3\pi/8$, 이온화된 불순물원자에 의한 산란의 경우는 $\gamma = 315\pi/512$의 값을 가진다. 일반적으로 실온 부근의 온도에서는 격자열진동에 의한 산란이 유효한데 저온에서는

이온화된 불순물에 의한 산란이 유효하게 된다. 그래서 도전율 σ는 정공이동도를 μ_n이라 하면

$$\sigma = qp\,\mu_p \qquad (p\text{형})$$
$$= qp\,\mu_n \qquad (n\text{형}) \tag{10-9}$$

로 표현된다. σ와 식 (10-7), 식 (10-8)의 R_H로부터

$$p \text{ 또는 } n = \pm\frac{\gamma}{qR_H} \tag{10-10}$$

$$\mu_p \text{ 또는 } \mu_p = \pm\frac{\sigma R_H}{\gamma} \tag{10-11}$$

를 얻는다. 식 (10-11)에 의하여 Hall효과의 측정으로부터 얻어지는 이동도의 값을 Hall 이동도라 한다.

반도체의 경우 캐리어로서 전자와 정공영향을 동시에 고려할 경우에 Hall계수 R_H는

$$R_H = \gamma\frac{p\mu_p^2 - n\mu_n^2}{q(p\mu_p + n\mu_n)^2} \tag{10-12}$$

또 도전율 σ는

$$\sigma = q(p\mu_p + n\mu_n) \tag{10-13}$$

로 주어진다.

10-3 실험

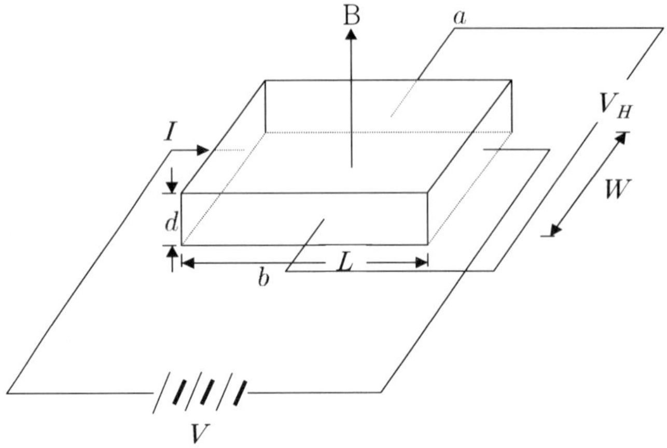

그림 10-257 Hall효과 측정회로

(1) 주어진 Hall소자를 이용하여 그림 10-2와 같은 회로를 구성하라. 개방전압측정을 위하여 큰 입력임피던스의 전압계를 사용하라.

(2) 전류를 고정시키고 B를 변화시키며(0~2T) V_H를 측정하라.

(3) 이 결과로부터 Hall계수 및 캐리어농도를 구하라.

(4) 도전률 σ를 측정하고 위의 결과를 이용하여 Hall이동도를 구하라.

(5) 전류 또는 전자의 방향을 바꾸어 가면서 V_H를 측정해 보라.

11. 자기저항효과

11-1 목적

반도체를 흐르는 전류에 자장을 걸면 Hall효과 외에 전기저항의 변화가 일어나는 자기저항효과가 발생한다. 이 자기저항현상을 실험을 통하여 확인하고 그 원리를 보다 깊이 이해한다.

11-2 해설

Hall효과에서 전하캐리어가 흐르는 방향에 수직성분을 갖도록 자장을 가하면 전하캐리어가 Lorentz힘을 받아 편향이 일어나게 되는 현상을 확인하였다. 자유전자이론에서 만약에 모든 전자가 동일하게 유동속도를 가지고 움직인다고 가정하면 편향된 전자에 의하여 형성되는 Hall전장력은 자장에 의한 Lorentz힘과 정확히 상쇄되어 평행을 이루게 되고 자기저항효과는 나타나지 않는다. 그러나 전자의 유동속도가 어떠한 분포를 가진다면 전체적으로는 평형이 유지되나 서로 다른 유동속도를 가지는 하나의 전자의 경우에는 Hall전장력과 Lorentz힘은 정확히 상쇄되지 않고 미약한 편향을 경험하게 된다. 이것이 한 종류의 전하캐리어를 가지는 도체에서 나타나는 자기저항현상의 원인이다. 이때 자장이 가해지지 않았을 경우의 저항율을 ρ_0 자장 B가 가해졌을 경우 저항율을 ρ라고 하면 자기저항계수 M은

$$M = \frac{\rho - \rho_0}{\rho_0} = \frac{\Delta\rho}{\rho_0} \tag{11-1}$$

로 정의되고 실험적으로 간단히 측정할 수 있다. 약한 자장$(\mu^2 B^2 < 1)$의 경우는

$$M = \mu_H^2 B^2 (\varepsilon - 1) \tag{11-2}$$

로 나타난다. 여기서 μ_H는 Hall이동도이고 ε는 개리어의 유동속도분포 및 산란기구에

따라 결정되는 상수이다. 예를 들어 캐리어의 유동속도가 Boltzmann통계를 따르고 격자진동에 의한 산란만을 생각하면 ε의 값은 $4/\pi$가 된다. 따라서 이러한 한 종류의 캐리어를 가지는 불순물 반도체의 경우 Hall 이동도 μ_H가 아주 큰 물질이 아니면 그 변화가 미약하여 측정에 어려움이 있다. 강한 자장을 가하는 경우 즉 자장 B가 커지면 자기저항 ρ/ρ_0는 $32/9\pi$값으로 포화된다.

다른 한 방법으로 시편의 구조를 바꿈으로서 구조적 효과에 의해 큰 자기저항 변화를 얻을 수도 있다. 시편의 금속전극이 부착된 부근에는 전극의 영향으로 횡방향 전장의 감쇄현상이 나타난다. 따라서 시편의 길이가 짧을수록 이러한 전극의 영향은 크게 나타날 것이다. 그림 11-1에는 시편의 모양 즉 폭과 길이의 비 l/ω에 따른 자기저항효과가 나타나 있고, 그림 11-2에는 이러한 구조적 효과를 이용한 자기저항소자의 한 예이다.

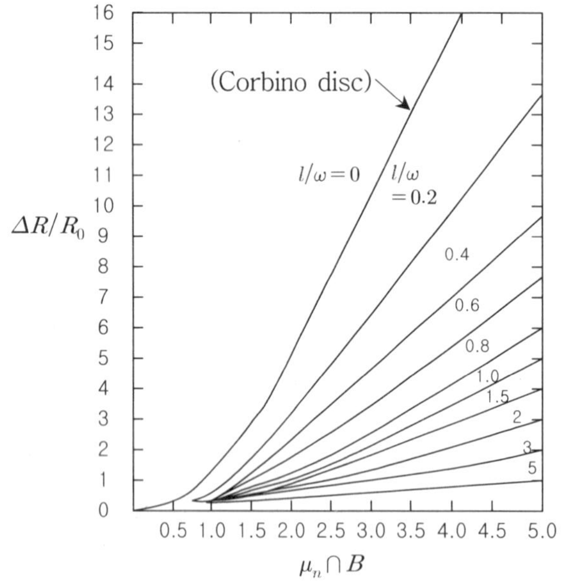

그림 11-1 기하학적 형태가 자기저항효과에 미치는 영향

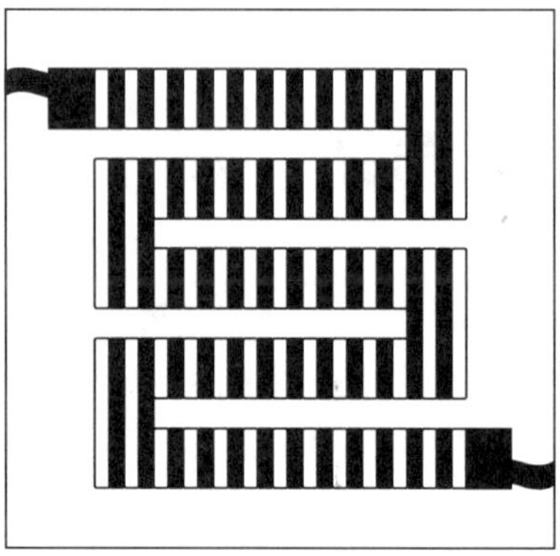

그림 11-2 자기저항 소자

두 종류의 캐리어 즉 전자와 정공이 존재하는 진성반도체의 경우에는 다른 한 가지의 원인에 의하여 큰 자기저항변화가 나타난다. 그림 11-3에서와 같이 전자와 정공은 자장에 의해 같은 방향으로 편향하게 되어 표면에 축적된다. 축적된 전자와 정공이 표면재결합을 일으키면 Hall 전장의 강하가 일어나 Lorentz힘과의 평형이 깨어진다.

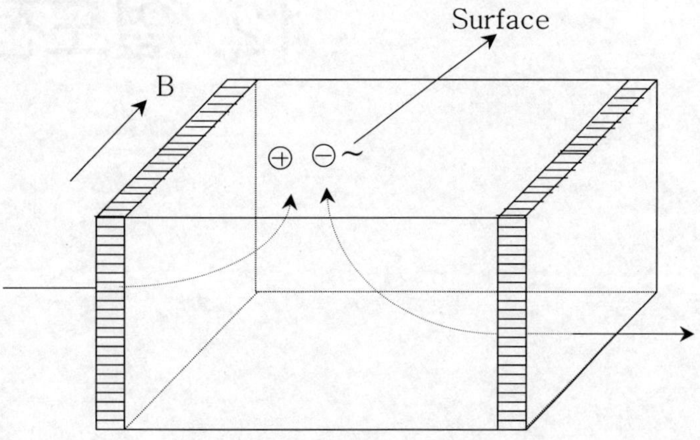

그림 11-3 전자와 정공의 재결합

따라서 재결합되는 수만큼의 전자와 정공이 계속 표면으로 편향을 경험하게 되어 더 큰 자기저항을 나타낸다. 이 경우에는 시편의 표면 상태를 인위적으로 만들어 줌으로써 표면 재결합률을 높여 자기저항의 크기를 조절할 수도 있다.

11-3 실험

(1) 주어진 자기저항 소자를 이용하여 자장의 크기에 따른 자기저항계수 M을 측정하고 그 결과를 도시하라.

(2) Si, Ge, CaAs, InSb 등 n형 반도체의 시편에서 자기저항효과를 측정 비교하라.

(3) InSb박막 시편을 이용하여 자기저항의 구조적 효과를 측정하고 그림 11-1과 비교 확인하여라.

(4) 진성Ge반도체 막대의 표면을 여러 가지 상태로 연마하여 표면 상태에서 자기저항효과의 변화를 측정하여 보라.

(5) 한 가지 캐리어가 있는 불순물 반도체의 경우 시편에 Hall전장이 형성되는 방향으로 아주 가느다란 Nickel바늘을 찔러 넣는다면 이때의 자기저항은 어떻게 바뀌겠는가 토의해 보라.

12. 열도전특성

12-1 목적

온도의 변화가 물질의 도전율에 미치는 영향을 실험을 통하여 확인하고 감온소자의 원리를 이해한다.

12-2 해설

만약 열에너지가 없는 절대 0° 인 상태에서 이상도체 내의 자유캐리어가 전장의 힘을 받아 움직인다면 이 캐리어는 계속 가속될 것이다. 그러나 자연계에서는 이러한 상태가 존재하지 않고 캐리어는 열에너지를 받아 진동하고 있는 결정격자와 많은 충돌을 하게 되어 결국은 일정한 유동속도를 갖게 된다.

$$v_d = \mu E \tag{12-1}$$

여기서 E는 가해진 전장이고 유동속도 v_d의 온도의존성은 이동도 μ에 따른다. 물질을 통하여 흐르는 전류밀도 J의 관계식은

$$J = qnv_d = \sigma E \tag{12-2}$$

로 정의되며, 물질의 열전도특성은 이동도 μ와 농도 n의 온도의존성에 따라 결정된다.

열에너지에 의한 자유캐리어의 생성이 무시될 수 있는 금속도체의 경우에 σ는 전적으로 이동도 μ의 온도 특성을 따른다. 따라서 온도가 증가함에 따라 결정격자의 진동은 완성해지고 캐리어와 격자 사이의 충돌확률이 높아져 캐리어의 이동도가 감소하여 저항이 증가하게 된다. 이때의 감온특성은 정특성온도계수(PTC)를 갖는다. 그러나 절연물질이나 반도체의 경우에는 열에너지에 의한 자유캐리어의 생성이 열도전특성에 주된 요인이 된다. 즉 온도가 증가함에 따라 자유캐리어의 농도가 증가하여 저항이 감소하게 된다. 이때는 부특성온도계수(NTC)를 갖는다.

열에너지에 의한 도전캐리어의 발생은 물질의 금지대폭 E_g에 의하여 결정된다. 금지대폭이 아주 큰 절연물질의 경우에는 결정을 이루고 있는 이온원자들의 열진동에너지가 이온결합력보다 커질 때 결합을 끊고 튀어나온 이온에 의하여 전류가 형성되며 고온에서 절연파괴가 일어나게 된다. 그러나 금지대폭이 크지 않은 반도체물질의 열도전 특성은 좀 더 복잡하다. 진성반도체의 경우에 전자나 정공농도의 온도의존성은 다음과 같이 표현된다.

$$n_i(T) = 2\left(\frac{2\pi KT}{h^2}\right)^{3/2}\left(m_n^\star m_p^\star\right)^{3/4} e^{-E_g/2KT} \qquad (12\text{-}4)$$

여기서 K와 h는 각각 Boltzmann과 Planck 상수이고, $m_n^\star$와 $m_p^\star$는 각각 전자와 정공의 유효질량이다. 엄밀히 말한다면 E_g와 $m^\star$도 온도에 따라 미약한 변화를 갖지만 무시한다. 따라서 결정격자의 열진동에 의한 캐리어 산란만을 고려한다면 이동도 μ의 온도의존성은 $T^{-3/2}$에 비례하므로 식 (12-3)과 식 (12-4)에서

$$\sigma(T) = \sigma_0\, e^{-E_g/2KT} \qquad (12\text{-}5)$$

가 되며 여기서 σ_0는 온도에 의존하지 않는 상수항이다. 저항률의 온도에 따른 변화를 실험적으로 측정하면 이 관계식으로부터 금지대폭 E_g를 찾아낼 수 있다.

불순물 반도체에 있어서 열도전특성은 물질의 종류 및 불순물 도핑농도에 따라 다르다. 그림 12-1은 $10^{15}/cm^3$의 불순물농도를 갖는 n형 실리콘의 전자농도의 온도의존성을 나타낸 것이다. 온도영역 100° K~500° K 사이에서는 전자농도가 온도의 변화에 따라 거의 변화하지 않는 것을 알 수 있다.

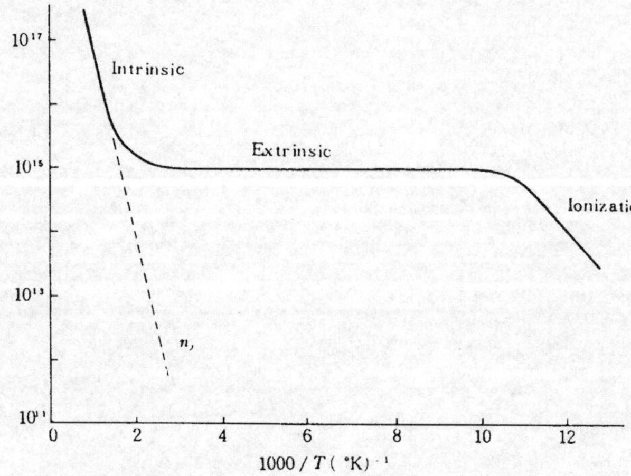

그림 12-1 단위 체적당 10^{15}의 도우너를 갖는 Si의 온도에 대한 캐리어농도의 변화

불순물반도체의 이런 특성이 바로 반도체소자의 온도에 대한 비안정성을 나타낸다. 불순

물의 농도가 점점 커짐에 따라 반도체는 도체에 가까운 성질을 나타내게 되고 상온부근에서의 열도전특성은 이동도 μ의 온도의존성을 따르게 된다.

12-3 실험

(1) 10Ω 정도의 텅스텐이나 니크롬선을 준비하고 온도에 대한 저항의 변화를 측정하여 보라. 이 실험의 결과에서 무엇을 알 수 있는가?

(2) 진성반도체인 Si, Ge막대를 이용하여 온도에 대한 도전율의 변화를 측정하고 반대수 그래프용지에 $\sigma = 1/T$관계를 그리고 금지대폭을 구하여라.

(3) $10^{15}/\text{cm}^3$ 정도의 불순물농도를 갖는 n형 실리콘에서 온도에 대한 도전율변화를 측정하라.

(4) 절연물질의 열전도현상을 위와 같이 측정해 보라.

13. 열전효과

13-1 목적

Seebeck효과의 열기전력은 Peltier효과와 Thomson효과에 의한 것인데 이들 열전효과(thermoelectric effect)는 열전대, 열탐침, 열전냉동 등 다양하게 응용된다. 이의 확실한 이해를 돕는다.

13-2 해설

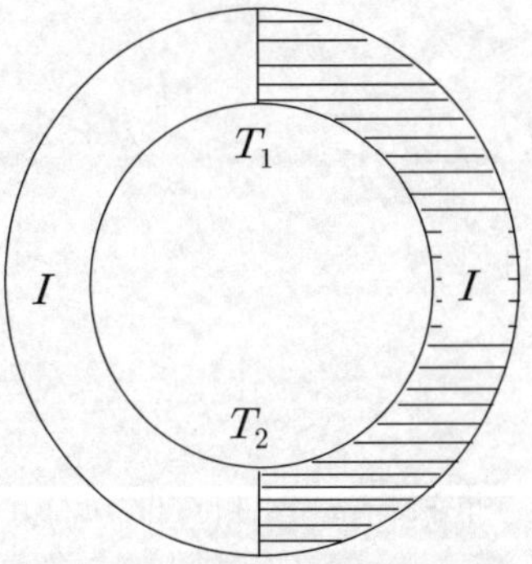

그림 13-1 열전효과의 설명도

열전효과에는 (1) Seebeck효과, (2) Peltier효과, (3) Thomson효과 등 세 가지가 있다. 그림 13-1에서와 같이 2종의 다fms 금속 또는 반도체 Ⅰ과 Ⅱ를 접합하여 폐회로를 만들어 두 접합점에 온도차 $\Delta T = T_1 - T_2$를 주면 회로에 전류가 나타나는데 이 효과를 Seebeck효과라고 한다.

이는 내부에 기전력이 발생함을 나타내는데 그 기전력 V_{12}를 열기전력이라고 한다. 다음 이 회로의 전체를 일정한 온도로 유지하고 접합점을 통하여 전류를 흘리면 접합점에는 Joule열 이외의 열발생 또는 흡수가 일어난다. 이 효과를 Peltier효과라 한다. 이 효과는 가역적 인데 전류의 방향을 역으로 하면 열의 발생은 흡수로, 흡수는 발생으로 변한다. Thomson효과는 온도기울기가 있는 금속 또는 반도체 중에 전류를 흘릴 때 Joule열 외에 전류의 방향에 의해서 열의 발생 또는 흡수가 일어나는 효과이다. 이 효과도 가역적인 것으로서 전류의 방향이 변하면 발생과 흡수가 역으로 된다.

Peltier효과에 기인하는 발열 또는 흡열량은 전류에 비례한다. 비례계수 π_{12}는 재료 Ⅰ로부터 Ⅱ로 단위전류를 흘릴 때 매초 방출하는 열로서 정의한다. 전류의 방향을 변화시키

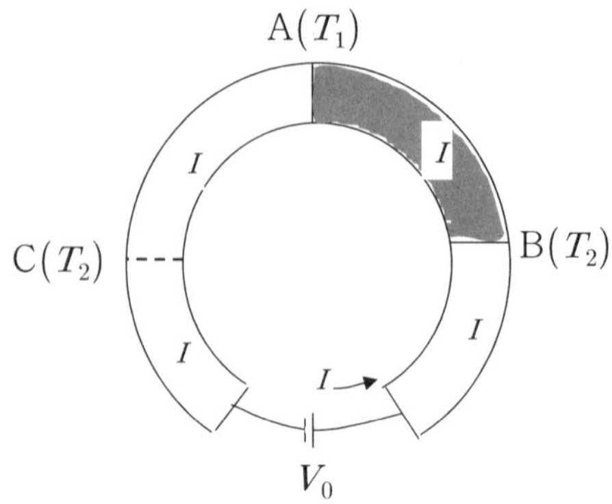

그림 13-2 열전효과의 설명도

면 발생하는 열의 부호가 바뀌어 지는데 $\pi_{12} = -\pi_{21}$이다. Thomson효과에 기인하는 발열 또는 흡열량은 전류와 온도차의 곱에 비례하는데, 비례계수 σ를 Thomson계수라 한다. σ는 고온으로부터 저온으로 단위전류를 흘릴 때 온도차 1℃당의 매초 발생하는 열로서 정의한다. 그림 13-2에서와 같이 도체 I 과 II 로 회로를 구성하고 그 접합부 A 및 B의 온도를 각각 T_1 및 $T_2(T_1 > T_2)$라 하고, AC구간을 제외한 도체 I 은 온도 T_2로 유지된다고 하자.

전원이 공급하는 전력 IV_0중의 일부는 Joule열을 발생하고 일부는 접합점 A 및 B를 가열 및 냉각하고, 일부는 구간 AB 및 AC를 가열 및 냉각하는 데 소모되므로 다음과 같은 식이 성립된다.

$$IV_0 = I^2R - I\pi_{12}(T_1) + I\pi_{12}(T_2) - I\int_{T_2}^{T_1}\sigma_2(T)dT + I\int_{T_2}^{T_1}\sigma_1(T)dT \tag{13-1}$$

식 (13-1)을 I 로 나누고 다시 쓰면,

$$RI = V_0 + \pi_{12}(T_1) - \pi_{12}(T_2) + \int_{T_2}^{T_1}[\sigma_2(T) - \sigma_1(T)]dT \tag{13-2}$$

가 되므로 회로에는 열전효과에 기인하는 기전력 즉 열기전력

$$V_{12} = \pi_{12}(T_1) - \pi_{12}(T_2) + \int_{T_2}^{T_1}[\sigma_2(T) - \sigma_1(T)]dT \tag{13-3}$$

가 발생해 있다고 된다. 즉 열기전력 V_{12}는 π_{12}와 σ_1, σ_2의 함수로 주어진다. Thomson은 열역학을 써서 이것과는 달리 다음과 같은 식이 성립함을 나타내었다.

$$\left(\frac{\pi_{12}}{T}\right)_{T=T_1} - \left(\frac{\pi_{12}}{T}\right)_{T=T_2} + \int_{T_2}^{T_1}\frac{\sigma_2(T) - \sigma_1(T)}{T}dT = 0 \tag{13-4}$$

식 (13-3)과 식 (13-4)의 관계로부터 3종의 효과는 서로 독립적인 것이 아니고 V_{12}, π_{12}, σ_1 및 σ_2 사이에는 다음과 같은 간단한 관계가 성립함을 알 수 있다.

$$\frac{dV_{12}}{dT} = \frac{\pi_{12}}{T} \tag{13-5}$$

$$\frac{d^2 V_{12}}{dT^2} = \frac{\sigma_1 - \sigma_2}{T} \tag{13-6}$$

따라서 V_{12}를 T의 함수로서 정확하게 측정하면, 이것은 미분해서 Peltier계수 $\pi_{12}(T)$를 구할 수 있고, 다시 한 번 더 미분하여 온도 T에 있어서의 Thomson계수의 차를 구할 수 있게 된다. σ는 물질고유의 계수라 하여 절대열전능(absolute thermoelectric force) α를 도입한다. α는 열전효과를 전혀 나타내지 않는 가상금속과 조합된 때의 온도차 1℃당의 열기전력이다. 재료 Ⅰ 및 Ⅱ의 α를 각각 α_1 및 α_2라 하면,

$$V_{12} = (\alpha_1 - \alpha_2)\Delta T \tag{13-7}$$

로 표시할 수 있다, 또한 식 (13-5)로부터

$$\pi_{12} = (\alpha_1 - \alpha_2)T \tag{13-8}$$

가 유도된다. 또 식 (13-6)을 쓰면 α와 σ사이에는 다음과 같은 관계가 성립된다.

$$\alpha = \int_0^T \frac{\sigma(T')}{T'} dT' \tag{13-9}$$

열전효과가 일어나는 이유로서 먼저 페르미준위의 온도의존성을 들 수 있다. 금속에는 페르미 준위의 온도에 의한 변화는 아주 작으나, 반도체에서는 그 변화가 현저하여, 반도체의 열전효과는 금속의 열전효과에 비하여 일반적으로 크다. 두 번째 이유로서는 자유전자나 정공이 전류와 열을 동시에 운반하므로 온도기울기가 있는 곳에서는 캐리어 밀도에도 기울기가 발생하게 됨을 들 수 있다. 이 때문에 n형 반도체에서는 전자가 고온으로부터 저온 쪽으로 이동하여 저온측이 ―로 대전된다. P형 반도체에서는 정공이 고온으로부터 저온 쪽으로 이동하여 저온측이 +가 된다. 이들 전하는 전자나 정공의 이동을 방해하는 방향으로의 전장 즉 열기전력을 형성하여 온도기울기와 평형을 이룬다. 도전율이 높은 금속에 있어서는 이 값이 대체로 10^{-6}V/℃ 정도인데, 도전율이 비교적 낮은 Bi 등에서는 α값이 이보다 100배정도 더 크다. 반도체에서는 α가 10^{-3}V/℃에 달한다.

Seebeck효과는 오래 전부터 넓은 온도범위에 걸쳐서 각종 온도측정이나 열방사측정 또는 적외선 분광검출기 등에 이용되었으며 또한 교류(특히 고주파)의 전류나 전력측정에도 응용되어 왔는데 최근에는 열전재료의 발전에 의하여 이 효과를 이용하여 열에너지를 전기에너지로 변환하는 열전발전도 실용성이 있을 정도로 되었다. Seebeck효과를 이용하여 온도를 측정하는 열전대(thermocouple)와 반도체의 도전형을 결정하는 데 사용되는 열탐침에 대해 알아보자.

표 13-1은 온도측정을 위해 사용되는 대표적인 열전대이다. 열전대를 사용하여 온도를 측정할 때, 열전대의 한 쪽은 측정하고자 하는 곳에 닿게 하고 나머지 한 쪽은 0℃로 유지

되어야 한다.

표 13-1 상용 열전대

Thermocouple material +	−	*Max. Temp. for continuous operation.* ℃	*EMF* for 1℃, μV
90% Pt 10% Rh	Pt	1500	0.84
87% Pt 10% Rh	Pt	1500	0.80
Chromel	Alumel	1100	4.1
Copper	Constantan	500	4.94

그러나 나머지 한 쪽 끝이 0℃가 아닌 실온인 경우에는 그 때 발생한 열기전력에 해당하는 온도에 실온을 더한 것이 실제온도이다. 여러 가지 열전대의 온도에 대한 열기전력을 참고자료에 실었다. 이러한 열전대는 전기로를 일정한 온도로 유지시키거나 측정에 중요하게 사용되고 있다. 실제 전기로에 열전대를 사용하는 예를 그림 13-3에 나타내었다.

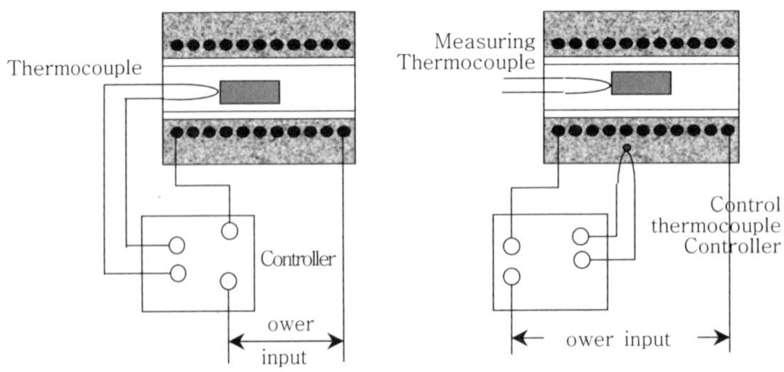

그림 13-3 열전대의 사용 예

n형 반도체와 접촉하고 있는 열탐침은 같은 반도체에 실온상태로 접촉하고 있는 탐침에 대해 +로 나타난다. 그리고 P형 반도체의 경우는 이와 반대로 —로 나타난다.

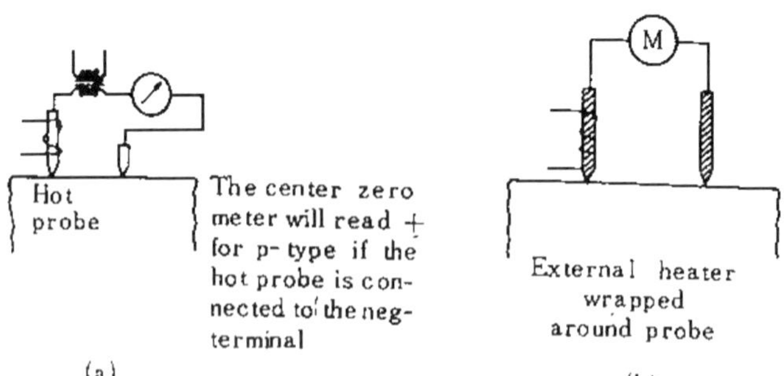

그림 13-4 열탐침 사용법

그림 13-4는 열탐침을 이용하여 반도체의 형을 알아내는 방법을 나타내고 있다. 그림 13-4(a)는 반도체의 정류성을 이용하는 것이고, 그림 13-4(b)는 반도체의 열기전력을 이용

하는 것이다. 열탐침에는 가열하는 조그만 한 코일이 있다. 그리고 전압계로서 탐침의 극성을 알아 냄으로써 반도체의 형을 알 수 있다. 이 방법은 비교적 비저항이 낮은 경우에 사용하는 것으로 제한된다. 비저항이 상당히 높은 반도체의 경우는 열탐침이 반도체를 진성상태로 만들기 때문이다. 이때는 정공보다 더 큰 이동도를 갖는 전자가 항상 n형으로 나타난다. 이러한 경우는 냉탐침을 사용한다.

13-3 실험

(1) 그림 13-3과 같은 장치에서 여러 종류의 열전대로 참고자료에 있는 표를 보고 온도를 측정하여 서로 비교하라.

(2) 그림 13-4의 장치를 이용하여 반도체의 전도형을 결정하라.

(3) 열전대를 사용하여 측정할 수 없는 높은 온도는 무엇으로 측정해야 할까?

(4) Chromel-Alumel 열전대는 가장 널리 사용되는 것이다. 열기전력과 온도의 관계를 나타내는 일반적인 식을 만들어 보라.

(5) 지금 실온은 20℃이다. 전기로의 온도를 1000℃로 유지시키고자 하면 (a) 열전대의 한쪽 끝을 0℃로 유지시키는 경우와 (b) 실온으로 두는 경우에서 Chromel-Alumel 열전대를 사용할 때의 열기전력은 얼마로 유지시켜야 하는가?

14. 광도전효과

14-1 목적

반도체의 표면에 빛을 조사하여 그 도전률의 변화와 소수 캐리어의 평균수명을 측정하고 광에너지가 자유캐리어의 생성에 미치는 영향을 이해한다.

14-2 해설

물질이 빛을 흡수하면 자유캐리어가 생성되고 따라서 도전률의 변화가 일어난다. 이것을 광도전현상이라 한다. 광도전으로 평형상태에 있는 전자와 정공의 수에 과잉의 캐리어를 생성시켜 평형상태를 깨뜨릴 때 캐리어의 수명은 과잉캐리어가 재결합하는데 필요한 시간의 척도가 된다. 포획이나 확산이 무시될 수 있는 무한한 크기의 시료를 가상하면 전자와 정공의 변화는 다음과 같이 간단히 표현된다.

$$-\frac{\partial \rho}{\partial t}=\frac{\Delta p}{\tau}$$

$$-\frac{\partial n}{\partial t}=\frac{\Delta n}{\tau} \quad (14-1)$$

여기서 n과 p는 각각 시간 t에서의 전자와 정공의 수이고, Δn과 Δp는 과잉캐리어이며, τ는 캐리어의 수명이다. 생성된 과잉캐리어의 수는 식 (14-1)로부터

$$\Delta n = Ae^{-t/\tau}$$

$$\Delta p = Be^{-t/\tau} \quad (14-2)$$

으로 쓸 수 있다. 여기서 A와 B는 상수이다. 그러나 샘플이 무한히 크지 않다면, 표면으로 확산해 가는 캐리어는 일반적으로 체적 내에서와는 상당히 다른 비율로 재결합할 것

이다. 이러한 표면재결합의 특성을 설명하는 가장 보편적인 방법은 표면재결합속도 s를 정의하는 것이다. 과잉전자와 정공에 의한 J_n과 J_p는

$$J_n = qs\,\Delta n$$

$$J_p = qs\,\Delta p \tag{14-3}$$

가 되고, 또는

$$D_n \frac{\partial n}{\partial x} = s\Delta n$$

$$D_p \frac{\partial p}{\partial x} = s\Delta p \tag{14-4}$$

와 같이 쓸 수 있다.

과잉의 전자와 정공이 서로 직접 재결합할 경우는 정공과 전자의 수명은 같다. 그러나 포획중심이 존재하여 간접 재결합이 일어나는 경우는 포획된 캐리어가 재결합하기 전의 수명보다 짧은 시간동안만 트랩에 머무른다면, 정공과 전자의 수명은 동일하고 이러한 트랩을 재결합중심이라고 한다. 그러나 캐리어가 포획될 때 트랩에 수명보다 더 긴 시간동안 머문다면, 이 과정을 트랩핑이라고 하고 수명은 대체로 측정방법에 의해서 변한다. 때로는 재결합률보다 캐리어의 생성률을 측정하는 경우도 있다. 수명은 샘플의 기하학적인 형태, 체적 또는 표면에서의 재결합, 그리고 주입준위에 의해서 결정되며 수명 τ는 이론적으로 약 2배의 차이가 날 수 있다.

비교적 쉽고, 널리 사용되는 광도전율감쇠(photo conductivity decay)법에 대해 논하기로 하자. 이 방법은 샘플에 전자—정공쌍을 생성시키기에 충분한 파장의 광을 조사하여 과잉캐리어를 생성시키는 방법이다. 샘플의 도전률 σ는 캐리어들의 수에 직접적으로 비례하고, 도전률의 변화 $\Delta\sigma$는 과잉캐리어수에 비례한다. 이것을 식으로 표시하면

$$\Delta p = Ce^{-t/\tau} \tag{14-5}$$

로 된다. 여기서 C는 상수이다. 빛을 제거한 후 도전률의 감쇠를 측정함으로서 캐리어의 수명을 산출할 수 있다. 도전율의 감쇠를 관찰하는 가장 간단한 방법이 그림 14-1에 나타나 있다. 그림 14-1에서 전류가 정전류원에 의해서 공급된다면, 전압감쇠 ΔV에 대한 시정수 τ_{volt}는 유효캐리어 시정수 τ_{eff}와 거의 같고 식 (14-6)과 같이 표시될 수 있다.

$$\tau_{eff} = \tau_{volt}\left(1 - \frac{\Delta V}{V_0}\right) \tag{14-6}$$

여기서 V_0는 샘플활성영역에 바이어스빛이 쪼일 경우의 전압강하이고 실제적인 시정수는 오실로스코프에 의해서 측정된다.

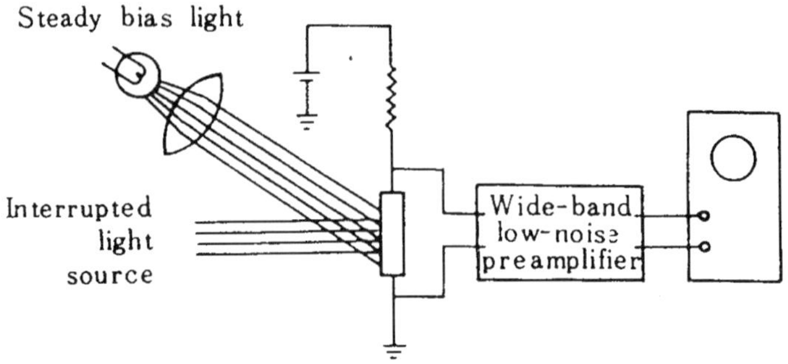

그림 14-1 광도전율감쇠 측정장치

14-3 실험

(1) 그림 14-1과 같은 회로에서 Si 단결정을 샘플로 하여 샘플에 조사되는 빛의 강도를 변화시키면서 저항의 변화 값을 구하여라. 이때 빛의 강도는 표준태양전지를 사용하여 측정하고, 저항 값은 회로에 흐르는 전류를 측정하여 계산한다.

(2) 그림 14-1과 같은 회로를 구성하여 측정하고자 하는 샘플에 대한 캐리어의 수명을 측정하라. 이때 샘플은 태양전지 또는 Si 단결정을 사용한다.

(3) 광원의 파장을 바꾸어 가면서 광도전율을 측정하면 무엇을 알 수 있는가?

(4) 캐리어의 수명을 측정하는 다른 방법에 대하여 생각해 보라.

15. 광기전효과

15-1 목적

광에너지가 전기에너지로 변환되는 기구를 실험을 통하여 이해하고 태양전지의 기본원리를 습득한다.

15-2 해설

Max Planck는 가열된 물체로부터 방출된 에너지는 양자라 불리우는 불연속적인 에너지 단위로 이루어진다는 것을 발견하였다. 이 에너지는 hv인데, v는 주파수이며, h는 Planck 상수(6.63×10^{-34}J·sec)이다. 그 후 Einstein은 금속 중에 있는 전자에 의한 광에너지의 흡수, 그리고 흡수된 에너지양과 광의 주파수에 대한 관계를 잘 설명하였다(그림 15-1).

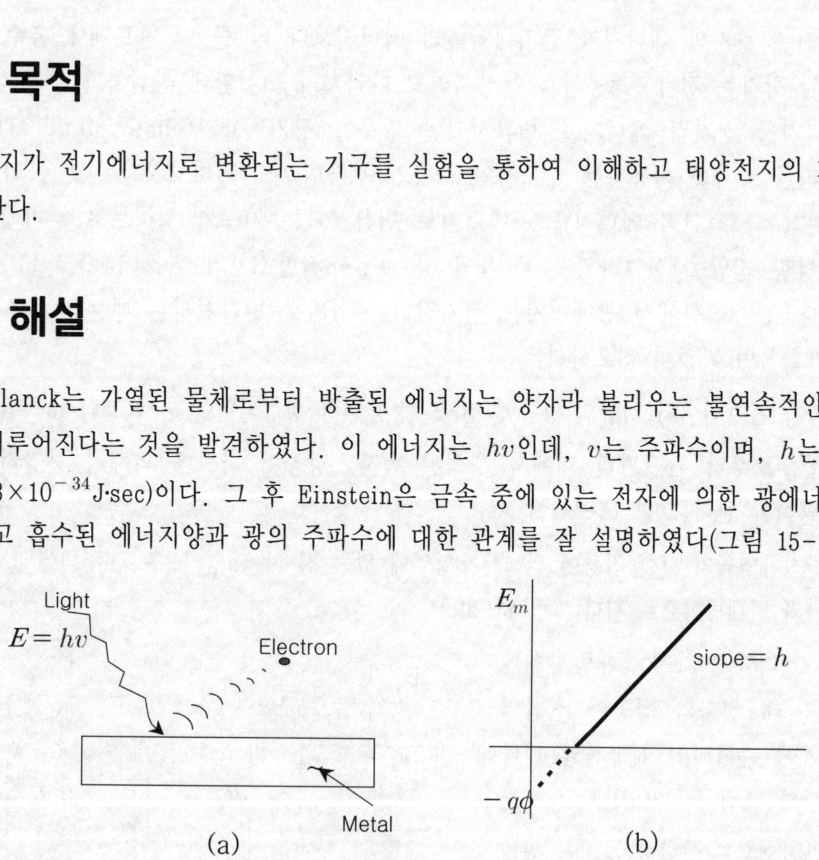

그림 15-1 광전효과

단색광이 진공 중에 있는 금속표면에 조사되었다고 하자. 금속에 있는 전자는 광으로부터 에너지를 흡수하고, 충분한 에너지를 받은 전자는 금속표면으로부터 탈출한다. 이러한 현상이 광전효과이다. 만약 금속표면을 탈출하는 전자의 에너지를 측정한다면, 입사광의 주파수 v와 최대 운동에너지의 관계를 알 수 있다.(그림 15-1(b)). 어떤 주파수 v를 갖는 빛이 표면에 입사되었을 때 방출된 전자의 최대 운동에너지 E_m은 다음과 같은 식으로 표시된다.

$$E_m = hv - q\phi \tag{15-1}$$

여기서 ϕ는 전자의 전하이고, ϕ는 물질에 따라 변하는 양으로 전자가 금속으로부터 진공준위까지 탈출하는데 요구되는 최소에너지이며 일함수라 한다. 이 실험이 Planck의 가정이 옳다는 것을 말해주고 있다. 그래서 광에너지의 양자화단위는 국소화 된 파속의 에너지 즉 광자이다. 이러한 광자가 금속이나 반도체의 표면에 조사될 때 일어나는 현상을 설명하고자 한다.

광에너지는 광자의 에너지가 금지대역폭의 에너지보다 더 클 때 반도체에 흡수될 수 있다. 흡수된 광자는 전자—정공쌍을 생성시키고 따라서 p-n접합에 전위차가 발생한다. 이러한 광에너지를 전기적 에너지로 변환시키는 기구를 광기전효과(photovoltaic effect)라고 한다. 이러한 효과를 이용하는 대표적인 소자가 광다이오드나 태양전지이다. 그리고 이 효과의 역현상 즉 전기적 에너지를 광에너지로 변환시키는 기구가 일렉트로 루미네센스효과이다. 순방향 전압을 인가하였을 때 빛을 내는 p-n접합소자가 바로 LED(light emitting diode)이다. p-n접합에서 광에너지를 전기적인 에너지로 변환시키는 데는 다음과 같은 몇 가지의 기본적인 과정이 필요하다.

(1) 광자가 흡수되어서 접합의 양쪽에 전자—정공쌍이 생성되어야 한다(그림 15-2(a)).

(2) 접합부로부터 확산거리 내에서 생성된 전자, 정공이 확산에 의해서 공간전하영역에 도달해야 한다(그림 15-2(b)).

(3) 공간전하영역의 강한 전장에 의해서 p영역에 있는 전자는 n영역으로, n영역에 있는 정공은 전자와 반대방향으로 간다(그림 15-2(c)).

(4) p-n 다이오우드가 개방상태에 있을 때 전자와 정공이 접합의 양쪽에 축적되어 개방전압이 나타난다(그림 15-2(d)).

이때 다이오우드 양단에 부하가 걸리면 전류가 흐르게 된다.(그림 15-2(a)). 다이오우드의 단자가 단락되었을 때 최대전류가 흐르게 되고 이때 전류를 단락전류라 한다. 광에 의해서 부하에 흐르는 전류는 p-n접합의 역방향 포화전류와 같은 방향이므로 빛을 줄 경우 다이오우드에 흐르는 총전류는

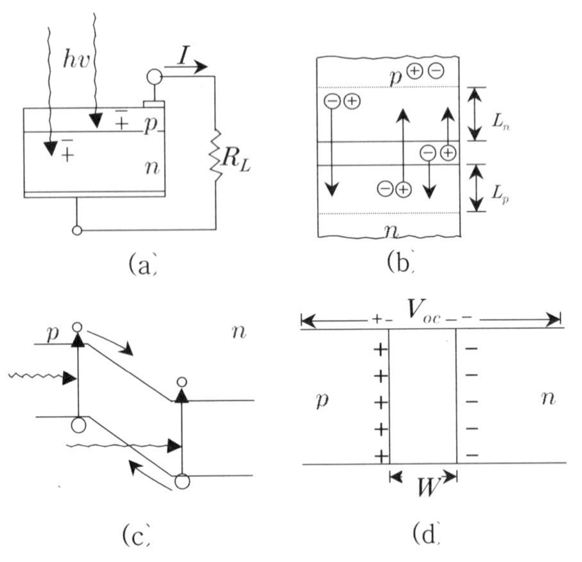

그림 15-2 태양전지의 동작기구

$$I = I_L + I_0\left(1 - e^{V/V_r}\right) \qquad (15\text{-}2)$$

로 표시된다. 여기서 I_L은 광에 의해서 생성된 전류이고, 두 번째 항은 다이오우드의 역방향전류이다. 태양전지 전체에 균일하게 광이 조사될 때 I_L은

$$I_L = gG_L(L_n + L_p)A \qquad (15\text{-}3)$$

로 주어진다. 여기서 G_L은 전자—정공쌍의 생성률이고 L_n과 L_p는 전자 및 정공의 확산 거리이며 A는 단면적이다. 식 (15-2)로 표시된 태양전지의 전류—전압 특성곡선이 그림 15-3에 나타나 있다. 식 (15-2)에서 $I = 0$로 놓음으로써 개방전압을 다음과 같이 얻을 수 있다.

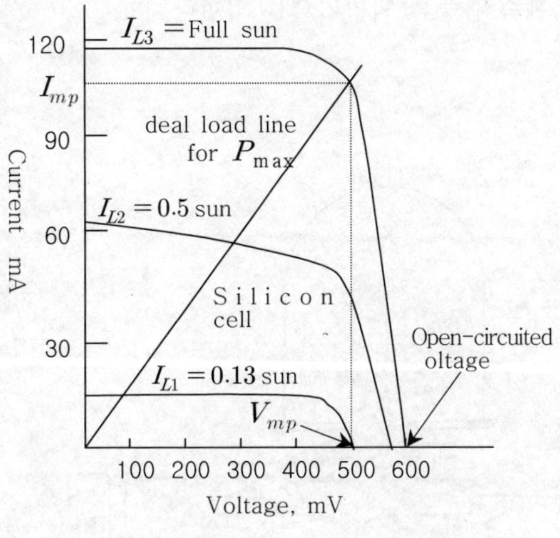

그림 15-3 태양전지의 전류—전압 특성곡선

$$V_{oc} = V_r \ln\left(1 + \frac{I_L}{I_0}\right) \qquad (15\text{-}4)$$

또한 태양전지의 등가회로는 그림 15-4와 같다.

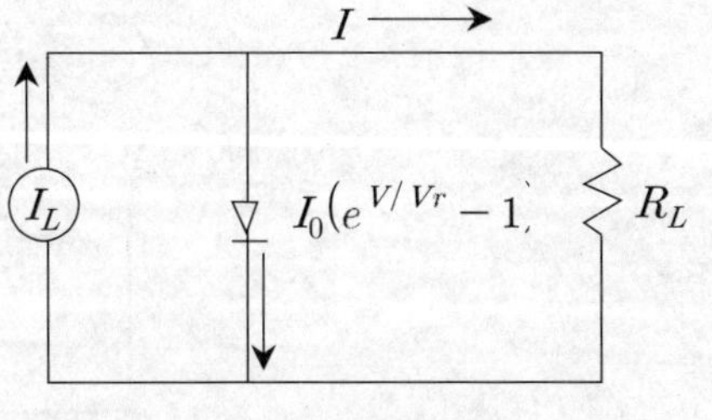

그림 15-4 태양전지의 등가회로

15-3 실험

(1) 그림 15-2(a)와 같은 회로를 구성하고 빛의 강도를 변화시키면서 주어진 태양전지의 단락전류와 개방전압을 측정하라.

(2) 광원의 강도변화에 따른 태양전지의 단락전류와 개방전압의 변화 경향은 어떤가?

16. 진공증착법

16-1. 목적

진공증착장치의 사용법 및 진공도 측정방법 등의 진공기술을 습득하고 진공증착법에 의한 박막형성과 박막두께측정 등의 박막기술을 익힌다.

16-2. 해설

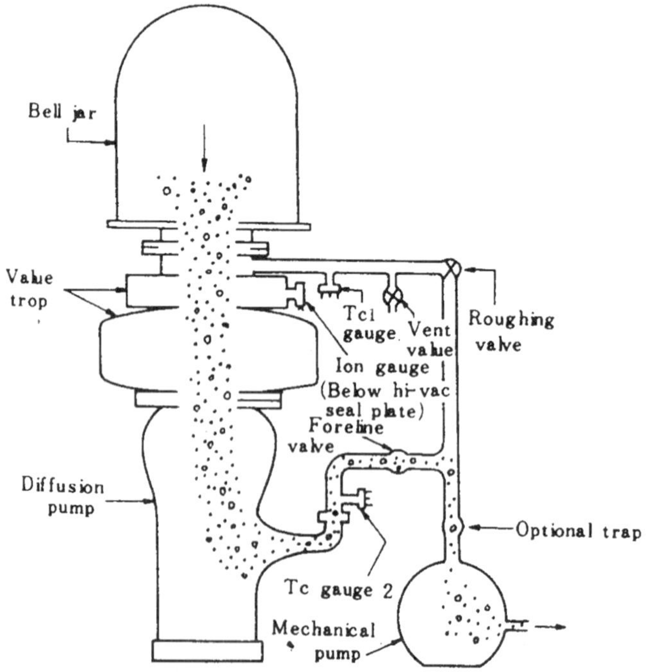

그림 16-1 진공장치의 개괄도

진공증착법에는 열증착(thermal evaporation), 전자선가열증착(electron-beam evaporation), 스퍼트링(sputtering) 등이 있다. 이 방법들 중에서 공통적으로 사용하는 진공장치의 개괄도를 그림 16-1에 나타내었다. 그림 16-1에서 각 부분의 기능을 설명한다. 증착하려는 물질과 증착되는 기판이 들어갈 진공용기(bell jar)가 있고 이 진공용기를 배기시키기 위한 유회전펌프(mechanical pump)와 유확산펌프(diffu-sion pump)가 있으며 진공용기의 진공도를 측정하기 위한 TC1, TC2 게이지 및 이온게이지가 있다. 이들 게이지중 TC1과 TC2는 10^{-4} Torr이상의 기압을 측정한다. 이외에도 진공용기와 각 펌프 사이에 진공밸브가 있어 배기순서와 공기유입을 조정한다.

앞부분에서 언급한 각종 진공증착방법 중에서 가장 기본이 되는 열증착법은 그림 16-2와 같은 장치를 이용한다.

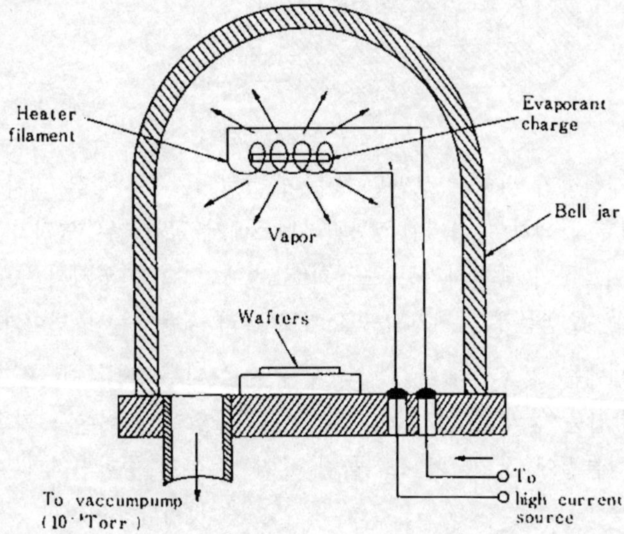

그림 16-2 열증착 장치

증착물질의 가열증발원으로 필라멘트 또는 보우트 형태의 W, Mo, 또는 Ta을 사용한다. 이외에도 사용목적에 따라서 여러 가지 형태의 가열원이 있다. 그중 일반적으로 Al을 증착하는 데 사용하는 것은 그림 16-3과 같다. 그러나 W에는 Na이온이 존재하여 증착하려는 물질을 오염시키고 증착물질과 합금이 되는 경우도 있어 반도체 집적회로와 같은 고순도를 요구하는 경우는 열증착법을 사용하지 않는다.

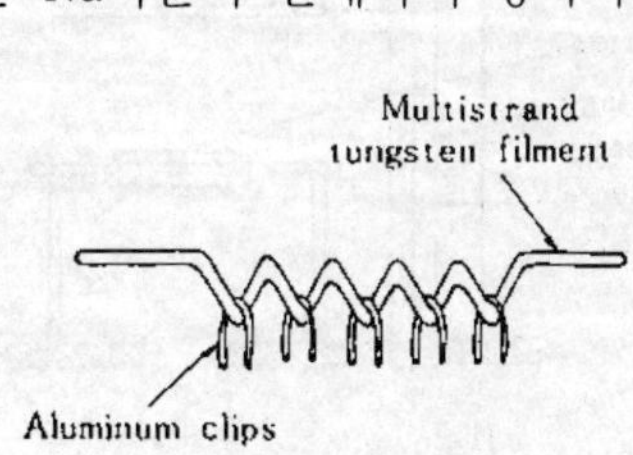

그림 16-3 Al열증착 필라멘트

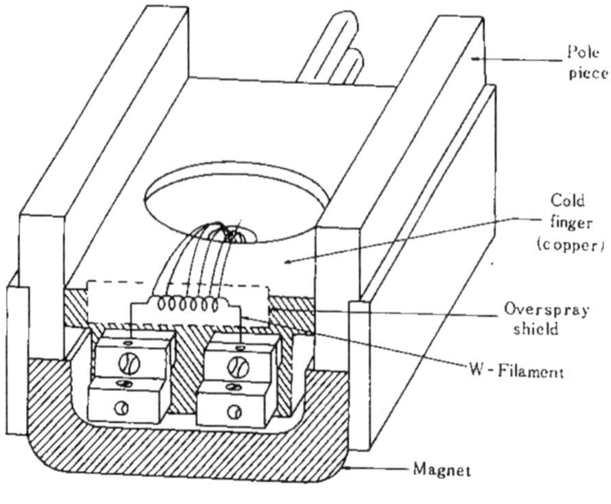

그림 16-4 스펏터링장치

위의 문제점을 개선하기 위해서 고안된 방법이 그림 16-5와 같은 전자선 가열장치이다. 이 방법은 높은 전류에 의하여 가열된 W-필라멘트에서 방출되는 열전자를 고전압으로 가속시키고 자장을 이용하여 증착하려는 물질의 표면에 집속 가열시켜 증발시킨다. 따라서 열증착법에서와 같은 오염문제가 제거되므로 가장 널리 사용되는 방법이다.

스펏터링하는 방법에는 D. C. 와 R. F. 의 두 가지로 나누어지는 데 기본적인 구조는 그림 16-4와 같다. 이 방법은 앞의 두 방법과는 달리 표적물질에 Ar이온을 가속 충돌시켜 Ar이온의 운동량이 표적물질에 전달되어 표적물질 표면으로부터 증착입자가 튀겨 나오도록 하는 것이다. 이러한 증착기구로 인하여 녹는 온도가 매우 높은 금속도 증착할 수 있고 증착시 박막의 오염을 막을 수 있다. 특히 증기압이 서로 다른 Ⅲ-Ⅴ족이나 Ⅱ-Ⅳ족 화합물을 증착할 때에는 앞의 두 방법에서 생기는 비양론적인 증착문제를 없앨 수 있는 장점이 있다. 그러나 절연체를 스펏터링하기 위하여는 양극과 음극의 극성을 고주파로 변화시키는 R. F. 스펏터링 방법을 이용하여야 한다.

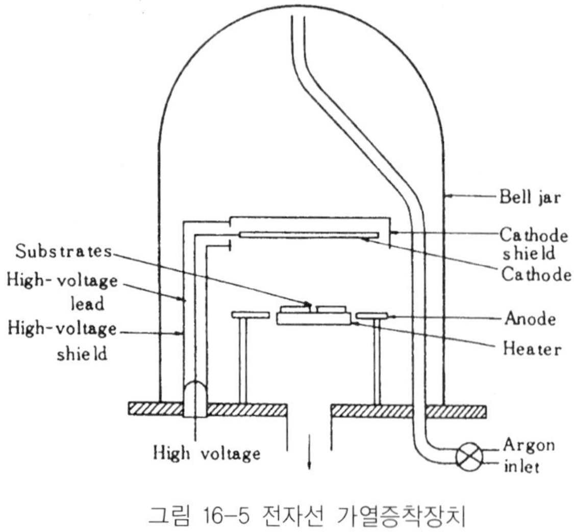

그림 16-5 전자선 가열증착장치

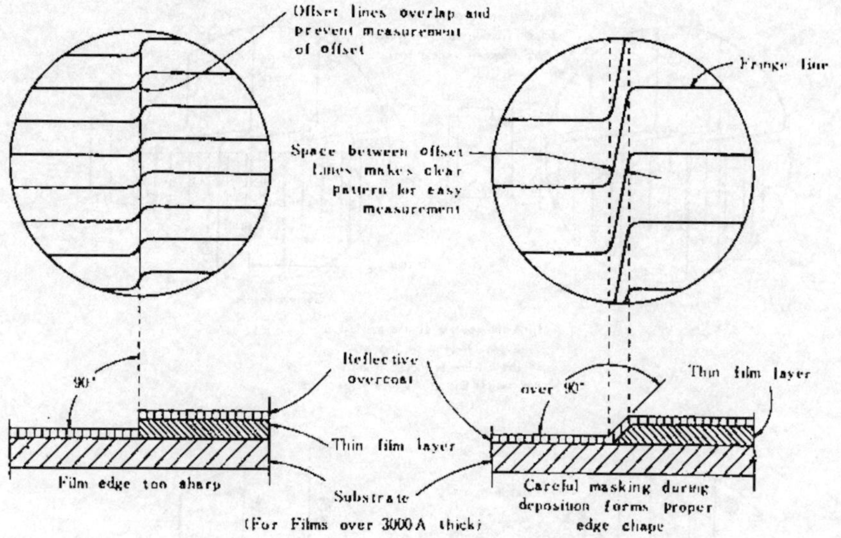

그림 16-6 박막의 두께 차에 의한 빛의 간섭

박막의 두께를 측정하는 데는 증착을 하면서 직접 박막의 두께를 읽을 수 있는 모니터링 방법과 증착된 박막의 두께 차에 의한 빛의 간섭을 이용하는 간섭법이 있다. 모니터링 방법은 수정발진자의 무게에 따른 주파수 변화를 두께로 환산하는 방법이다. 간섭법은 대개 5.892 Å의 파장을 발생하는 Na가스 등을 사용한다. 그림 16-6은 간섭법의 원리를 나타내고 있다. 그림 16-6에서와 같이 측량하려는 박막의 계단 경사가 95° ~100° 정도가 되어야 하고 반사율이 90% 이상이어야 한다. 반사율이 나쁘거나 투명한 경우는 알루미늄이나 은 등의 반사율이 좋은 금속을 측정하려는 박막 위에 다시 증착한다. 측정순서는 그림 16-7과 같다. 여기서 측정하려는 박막의 두께 d는

$$d=\left(\frac{C-A}{B-A}\right)\times 2.946(\text{Å}) \tag{16-1}$$

이 된다.

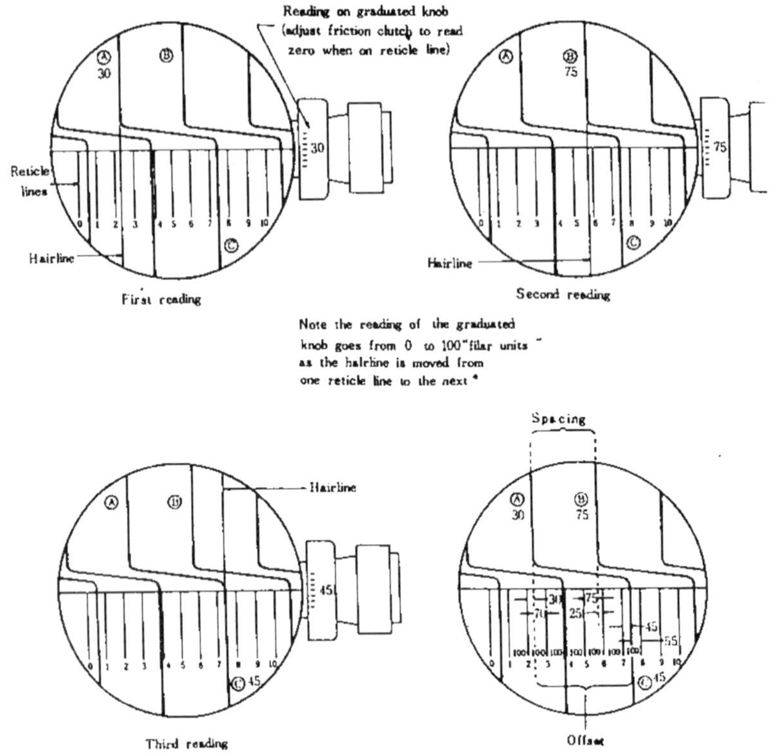

그림 16-7 간섭법에 의한 박막의 두께측정 순서

16-3 실험

(1) 슬라이드유리 몇 장을 세척 건조하여 shadow마스크를 부착하고 진공증착기에 넣어라. 알루미늄을 그림 16-3과 같이 증착시킨 후 다음의 순서에 따라 배기시켜 보라.

※ 배기순서

(a) "Vent" 밸브를 닫고 "Roughing" 밸브를 연다. 이때 TCI게이지가 100μmHg이하를 가리키면 "Roughing" 밸브를 닫고 "Foreline" 밸브를 연다.

(b) "Foreline" 밸브를 연 후, TC2게이지의 진공도가 더 이상 내려가지 않을 때 "High Vac." 밸브를 연다.

(c) "High Vac." 밸브를 연 후 30분 정도 지나면 이온게이지를 "Start" 시킨다. 충분한 진공도(1×10^{-5}Torr 정도)를 얻을 때까지 계속 배기시킨다.

(d) 필라멘트가열 전원공급기를 작동시켜 알루미늄을 증착한다.

(e) 증착된 알루미늄을 충분히 냉각시킨 후 "High Vac." 밸브를 닫는다.

(f) "Vent" 밸브를 연다.

(2) 간섭계를 이용하여 증착된 알루미늄의 두께를 측정하라.

(3) 슬라이드유리가 W-필라멘트로부터 수평거리의 변화에 따라서 증착된 알루미늄의 두께는 어떻게 변하느냐?

(4) 과정 (3)에서 수직거리가 변하면 증착된 알루미늄의 두께는 어떻게 변하느냐? 박막 두께의 균일성과 수직, 수평거리와의 관계를 생각해 보라.

(5) 진공증착기를 동작시킬 때 필요한 주변장치는 어떤 것들이 있을까?

17. 저항율 및 면저항의 측정

17-1. 목적

4탐침을 사용해서 저항율 및 면저항의 측정법을 익힌다.

17-2. 해설

1) 4탐침법

시료의 파괴 없이 측정이 가능하다는 잇점 때문에 이 4탐침(four-point)법은 반도체의 저항율측정 등에 널리 사용된다. 그러나 탐침에 가해지는 압력이 너무 크면 시료의 표면을 상하게 할 수도 있다. 4개의 탐침을 그림 17-1과 같이 일직선으로 서로 접근하게 배열하고, 바깥 두 탐침으로 전류(I)를 흐르게 하여 안쪽 두 탐침으로 전압(V)을 검출하도록 되어 있다.

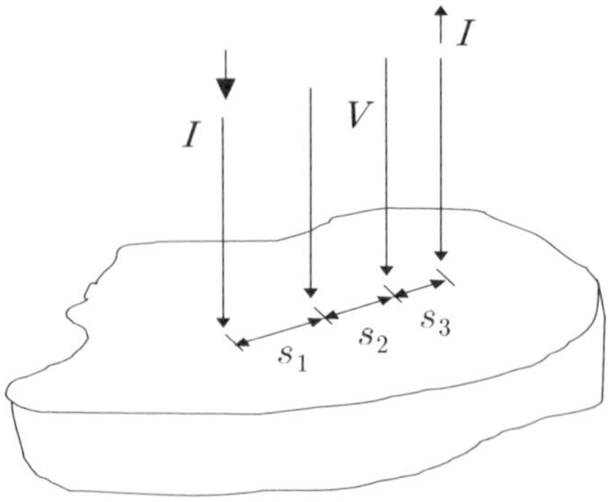

그림 17-1 4탐침법

2) 체적시료의 저항율

4탐침에서 시료의 저항율 ρ는

$$\rho = \frac{2\pi(V/I)}{[1/s_1 + 1/s_3 - 1/(s_1+s_2) - 1/(s_2+s_3)]} \tag{17.1}$$

로 주어진다. 여기서 s_1, s_2, s_3 는 그림 17-1에서와 같이 탐침간 거리이다. 만일 $s_1 = s_2 = s_3 = s$ 이면, 저항율 ρ는

$$\rho = 2\pi s \frac{V}{I} \tag{17.2}$$

와 같이 된다. 그러나 식 (17.2)는 실제 탐침간격에 비해서 시료가 아주 큰 경우에도 사용할 수 있다. 이때 측정을 위한 전류의 한계는 대체로 수 mA이다. 그런데 $I = 2\pi s$가 되도록 하면 계산상 편리하다.

3) 박막시료의 저항율

불순물 확산층이나 에피성장층과 같이 대단히 얇은 시료의 경우에는 그 두께에 따른 보정이 필요해 진다. 두께가 w인 시료의 저항율 ρ는 다음과 같다.

$$\rho = R_s \cdot w = \frac{V}{I} w \left(\frac{\pi}{ln2}\right) F \tag{17-3}$$

여기서 R_s는 면저항, F는 w와 s에 의해 정해지는 보정계수이다. 그림 17-2는 w/s의 함수로 F의 값을 나타낸다. $w/s < 0.4$이면 $F = 1$이 되고 식 (17-3)은

$$\rho = \frac{V}{I} w \left(\frac{\pi}{ln2}\right) = 4.53 w \frac{V}{I} \tag{17-4}$$

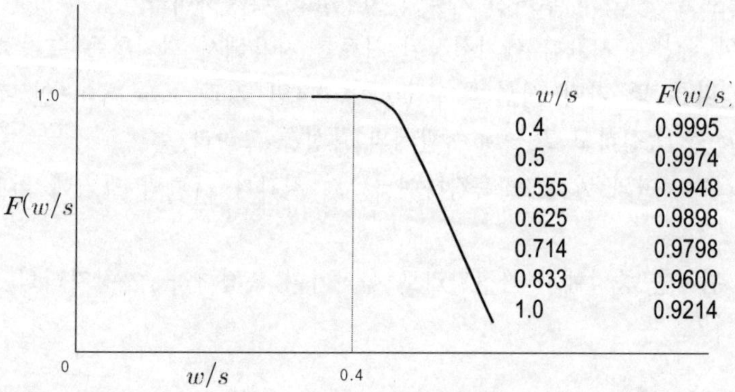

그림 17-2 박막시료의 보정계수

가 되고, $w/s < 0.4$(즉 $s = 0.25$mm에 대해서 $w > 100\mu$m)의 경우 F는 그림 17-3과 같이 된다.

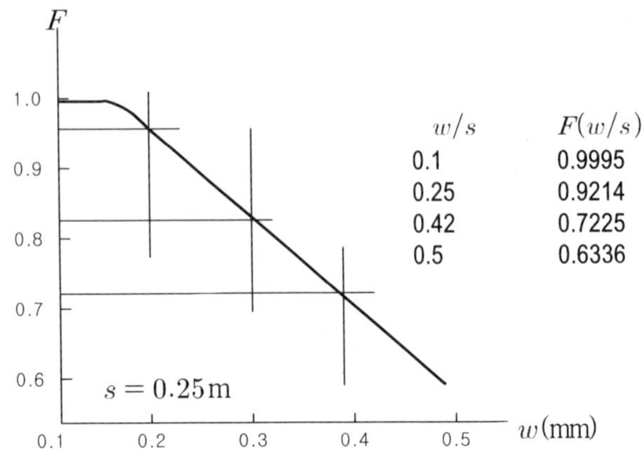

그림 17-3 $w > 100\mu$m인 경우의 보정계수

4) 면저항(Sheet resistance)

전극간격에 비해서 시료가 대단히 클 때, $w/s < 0.4$인 경우의 박판면저항 R_s는

$$R_s = \frac{V}{I}\left(\frac{\pi}{ln2}\right) = 4.53\frac{V}{I} \tag{17-5}$$

와 같이 주어진다. 그러므로 I를 4.53값으로 조정하면 전압계의 지시 값이 바로 R_s를 표시하게 된다.

17-3 실험

(1) 4탐침법으로 몇 가지 주어진 시료의 저항율을 측정하여라.

(2) 불순물이 확산된 시료나 에치성장된 시료를 사용해서 면저항을 측정하여라.

(3) w/s가 다른 몇 가지 시편(특히 $w/s < 0.4$인 것과 $w/s > 0.4$인 것을 꼭 포함할 것)의 R_s를 측정하고 $R_s - w/s$관계의 곡선을 그려라.

(4) 아주 작은 시편의 R_s값을 측정하여라. 그 결과가 시편의 크기에 어떤 영향을 받는가?

(5) 탐침의 위치를 중앙에서 가장자리로 옮겨가며 측정하라. 가장자리의 R_s값은 어떻게 변하는가?

18. 접합길이 측정

18-1 목적

집적회로제조공정에 있어 웨이퍼에 열확산 또는 이온주입에 의해 반도체의 극성을 변환시켜서 p-n접합을 만들게 되는데, 이때 웨이퍼 표면으로부터 접합까지의 깊이를 측정해야 할 때가 있다. 이 접합 깊이를 구상연마(spherical drill)법으로 측정하는 기술을 측정한다.

18-2 해설

실리콘의 에피택셜층이나 확산층의 두께를 측정하는 방법으로는 각도연마법, 단색광간섭법, 평량법 등 여러 가지가 있다. 구상연마법은 대체로 $1\mu m$ 이하의 얇은 층의 두께측정에는 충분히 좋은 정밀도를 갖고 간편하며 에피택셜층이나 확산층 이외에도 각종 절연물박막, 금속박막 및 이들의 복합다층구조의 두께도 직접 측정할 수 있다. 본 실험에서는 이 구상연마법에 의한 실리콘의 확산층이나 에피택셜성장층의 두께측정을 주로 다루기로 한다.

그림 18-1은 반지름이 R인 강철구로 실리콘의 확산층을 연마했을 때의 단면을 나타낸다. 여기서 확산층의 두께 x_1는 기하학적 관계로부터 근사식,

$$x_1 \fallingdotseq \frac{xy}{D} \tag{18.1}$$

로 주어진다. 여기서 $D(=2R)$는 강철구의 지름이고 대체로 $10mm\Phi$이다.

적당히 연마한 후 착색하고 현미경으로 x 및 y를 측정하면 식 (18.1)에 의해서 간단히 접합의 깊이 즉 확산층의 두께 x_1를 구할 수 있다. 착색액으로는 여러 가지가 있으나 표준으로

$$1HF : 3HNO_3 : 20HAC$$

를 많이 쓴다. 이때 착색액을 약간 바르고 약 15초간 강한 빛을 쪼여주면 착색은 더욱 선명해진다.

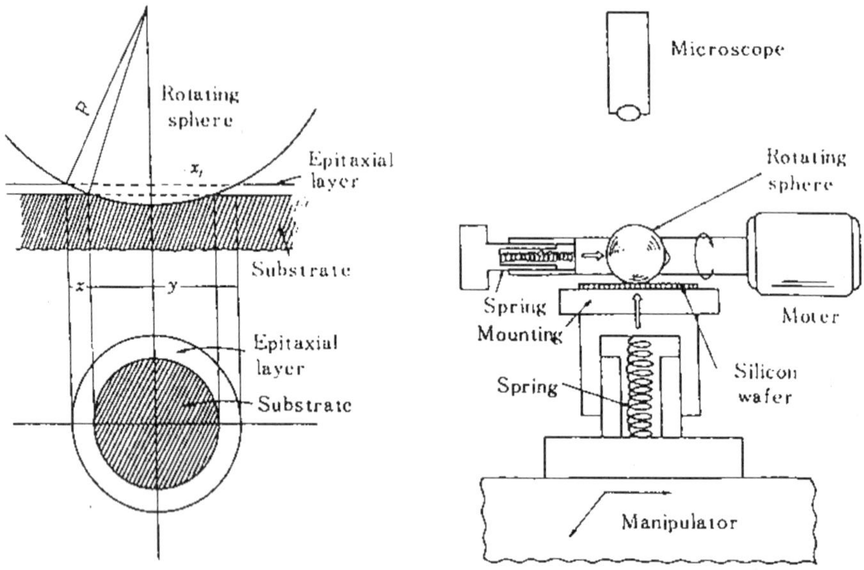

그림 18-1 구상연마한 실리콘의 단면

그림 18-2는 연마동작부의 구조 및 원리를 나타낸다. 전동기의 회전속도는 2,000~3,000 rpm 정도이고, 스프링으로 웨이퍼를 가볍게 강철구 쪽으로 눌러준다. 연마제로서 다이아몬드 페이스트를 강철구에 약간 바른다.

18-3. 실험

(1) 구상연마장치의 동작법을 익혀라.

(2) 시편을 연마장치에 부착하라. 이때 웨이퍼는 양면이 접착성인 테이프를 사용하면 편리하다.

(3) 강철구에 다이아몬드 페이스트를 약간 발라서 전동기를 시동하고 스프링으로 가볍게 웨이퍼를 강철구에 밀어부친다. 연마시간은 접합깊이에 따라 다르고 연마조건에 따라 차이가 난다.

(4) 시편의 위치를 조정해서 4~5부분을 연마하라. 연마조건을 바꾸어서 그 결과를 비교하여라.

(5) 연마 후에는 시편을 탈이온수로 깨끗이 씻어내고 착색하라. 분명한 동심원을 볼 수

있는가? 동심원이 찌그러지면 구의 회전에 요동이 있음을 뜻하고 단일원만 보이면 아직 접합깊이까지 연마되지 않았거나 착색이 잘못되었을 가능성이 있다.

(6) 현미경으로 x 및 y를 측정하고 식 (18.1)에 의하여 접합깊이 x_1를 구하여라. 반드시 강철구의 지름 D를 확인하라. xj의 평균값을 구하여라.

(7) 가능하면 에피택셜성장층이나 다른 박막층의 두께도 측정해 보라.

(8) 또 다른 방법으로 측정한 값과 비교해 보라.

19. $C-V$특성측정

19-1. 목적

MOS집적회로 제조기술에 있어서 가장 중요한 공정이 양질의 SiO_2 산화막을 얻는 것이다. 본 실험에서는 MOS커패시터의 $C-V$특성을 측정하여 산화막의 질과 또 실리콘과의 계면특성을 찾아내는 방법을 습득한다.

19-2. 해설

MOS구조에 나타나는 계면현상의 이론적 해석은 무척 복잡하여 여기서는 $C-V$특성측정에서 필요로 하는 기본적인 원리만 간단히 설명한다. 실험에 임하기 전에 참고문헌을 읽고 MOS구조에 대한 확실한 이해가 반드시 요구된다.

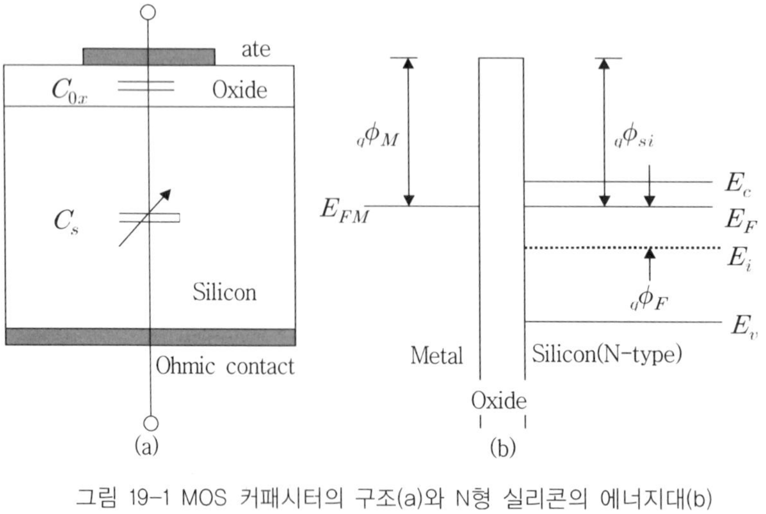

그림 19-1 MOS 커패시터의 구조(a)와 N형 실리콘의 에너지대(b)

그림 19-1은 MOS구조와 이상적인 경우의 에너지대를 나타낸 것이다. C_{ox}는 산화막의 등가커패시턴스이고 C_s는 게이트전압에 의해 가변되는 실리콘영역의 커패시턴스이다. 그리고 E_{FM}, E_F는 각각 금속과 실리콘의 페르미준위이며 E_c, E_i, E_v는 전도대역, 진성준위 및

가전자대역을 표시한다. 또한 $\Phi_{M,}\Phi_{si}$는 금속과 실리콘의 일함수이며 Φ_F는 페르미전위이다. 이상적이라 함은 (1) 실리콘과 금속전극의 일함수차가 없고, (2) 금속전극과 실리콘에서만 전하가 존재하며, (3) 산화막은 완전한 절연체로서 외부전압에 대해 전하가 산화막을 통과하지 못하는 경우를 말한다. 그러나 실제로는 금속과 실리콘 사이에는 일함수차가 있으며 산화막 내에는 여러 가지 전하가 존재할 수 있다. 그림 19-2는 미국의 IEEE와 전기화학회가 1978년 계면전문가회의에서 공동으로 산화막 내에 존재하는 전하의 종류를 규정한 것이다.

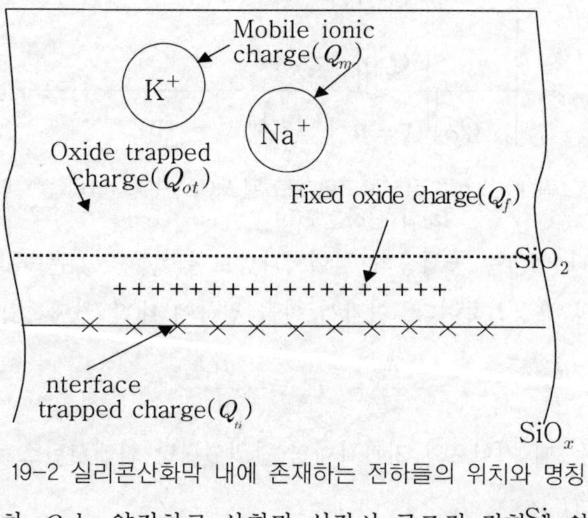

그림 19-2 실리콘산화막 내에 존재하는 전하들의 위치와 명칭

산화막 내의 고정전하 Q_f는 양전하로 산화막 성장시 구조적 결함에 의해 실리콘 경계면으로부터 약 25A° 이내에 형성되며 산화공정과 웨이퍼의 결정방향에 영향을 받는다. 형성된 Q_f는 게이트전압에 영향을 받지 않는다. 이동성전하 Q_m은 주로 이온화된 불순물로 Li^+, Na^+, K^+, H^+등이 있다. 계면준위전하 Q는 산화막의 결함이나 금속불순물, 또는 결합파괴 과정에 의해 발생된다. 이들은 장 혹은 음전기를 띠는데 실리콘과 산화막의 경계면에 존재하며 고정전하와는 달리 표면전위의 변화에 따라 충전과 방전을 한다. 산화막 내의 트랩전하 Q_{ot}는 산화막 내에서 강한 전장이나 열 및 빛 등을 받을 때 국부적으로 발생되는 전자나 정공을 말한다.

그림 19-3에서 (a)는 게이트에 음전압을 걸때 대역의 굽음(band bending)을 나타낸 것으로 체적에 대한 표면의 전위차를 전위 Φ_s로 하였다. (b)는 이때의 전하분포를 보인 것이다. 공핍층근사를 쓰면 n형 실리콘의 경우 실리콘에 유도되는 전하 Q_{si}는 반전층전하 Q_{inv}와 공핍층전하 Q_{ad}의 합으로서

$$Q_{si} = Q_{inv} + Q_{sd} = Q_{inv} - q \times dN_d \qquad (19.1)$$

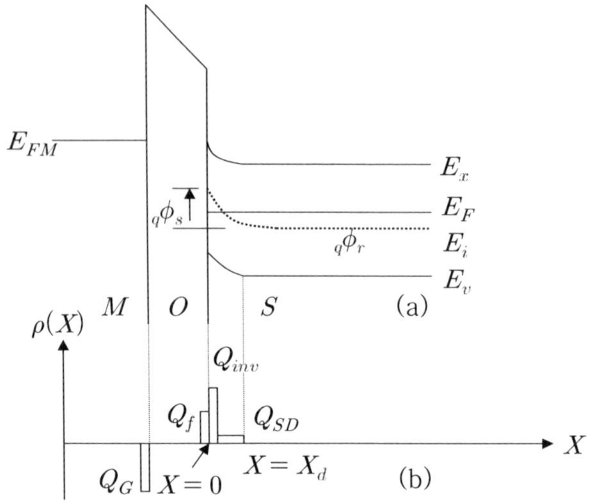

그림 19-3 n형 실리콘으로 제조된 MOS 커패시터의 밴드밴딩 (a)과 전하분포(b)

와 같이 표현된다. X_d는 공핍층의 깊이이다. 또한 Q_G, Q_f는 각각 게이트에 유도되는 전하와 산화막 내의 고정전하이다. 여기서 이들 전하에 대한 커패시턴스를

$$C_c = \frac{dQ_G}{dV_G},\ C_f = -\frac{dQ_f}{d\phi_s},\ C_s = -\frac{dQ_{si}}{d\phi_s} \tag{19-2}$$

과 같이 정의했을 때 게이트와 기판사이의 단위면적당 커패시턴스 값 C는

$$C = \left\{\left(\frac{1}{C_{0x}}\right) + \left(\frac{1}{C_s + C_f}\right)\right\}^{-1} \tag{19-3}$$

과 같다. 불순물을 $N_d = 10^{15}/\text{cm}$으로 도핑한 경우는 반전층의 전하반응속도(τ_{inv})는 $10^{-1} \sim 10^{-2}$초로

$$f \gg \frac{1}{\tau_{inv}} \tag{19-4}$$

의 고주파조건을 만족할 때

$$\frac{dQ_{inv}}{dV_G} = 0 \tag{19-5}$$

이 된다. 또한 Q_f는 정전하이므로 $C_f = 0$이다. 따라서 식 (19-3)은

$$C = \left\{\left(\frac{1}{C_{0x}}\right) + \left(\frac{1}{C_s}\right)\right\}^{-1} = \left\{\left(\frac{1}{C_{0x}}\right) + \left(\frac{1}{C_{sd}}\right)\right\}^{-1} \tag{19-6}$$

과 같이 간단히 표현된다. 이때 C_{sd}는 공핍영역에 대한 등가커패시턴스이다. 그림 19-4는 이상적인 경우의 이론적인 곡선, 일함수차와 산화막대의 전하를 고려한 초기곡선과

BTS(bias temperature stress)를 가한 후의 C—V 특성곡선이다. 또한 캐리어축적, flat band, 공핍, 반전 경우에 대한 에너지밴드의 형태를 각 영역별로 나타내었다. 공핍층근사에서 X_d를 구하여 식 (19-6)의 C_{sd}에 대입한 뒤 정리하면

$$\left(\frac{C_{0x}}{C}\right)^2 - 1 = \frac{2C_{0x^2}}{qN_d\varepsilon_{si}}(V_G - V_{FB}) \tag{19-7}$$

이 된다. 여기서 ε_{si}는 실리콘의 유전율이고 V_{FB}, V_G는 flat band전압 및 게이트전압이다. 식 (19-7)에서 $\left(\frac{C_{0x}}{C}\right)^2 - 1 = 0$가 되는 게이트전압이 바로 V_{FB}이다.

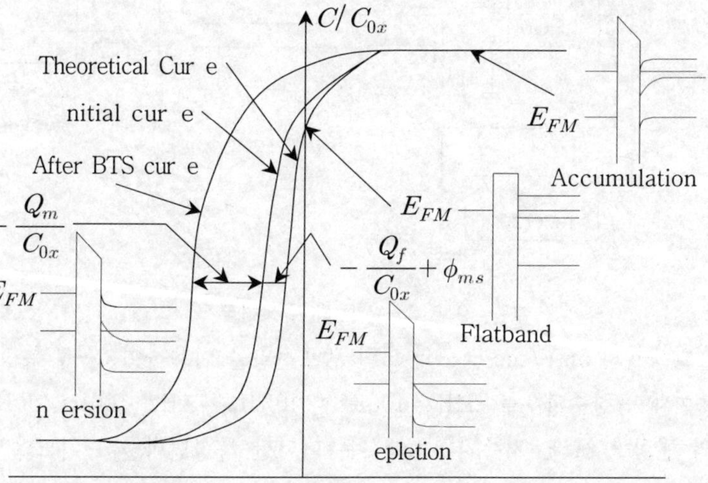

그림 19-4 n형 실리콘 MOS커패시터의 고주파 C—V곡선과 에너지대역도

$$Q_f = (\phi_{Ms} - V_{FB}) \cdot C_{0x} \tag{19-8}$$

$$Q_m = \Delta V_{FB} \cdot C_{0x} \tag{19-9}$$

$$Qit = C_{0x} \cdot (V_I - V_{FB} - 2\phi_F) - \phi_{si} \tag{19-10}$$

식 (19-7)에서 구한 V_{FB}로부터 식 (19-8), (19-9), (19-10)을 이용하여 Q_f, Q_m, Q_{ti}를 계산해 낼 수 있다. 여기서 ϕ_{Ms}는 금속과 실리콘의 일차함수이고, ΔV_{FB}는 산화막 내에 분포해 있는 이동성전하 Q_m을 BTS 방법으로 계면에 집중시켰을 경우 V_{FB}의 변화량이다. V_I는 반전층 형성에 필요한 게이트전압이다.

19-3 실험

(1) MOS커패시터를 준비하고 그림 19-5와 같은 측정회로를 구성하라.

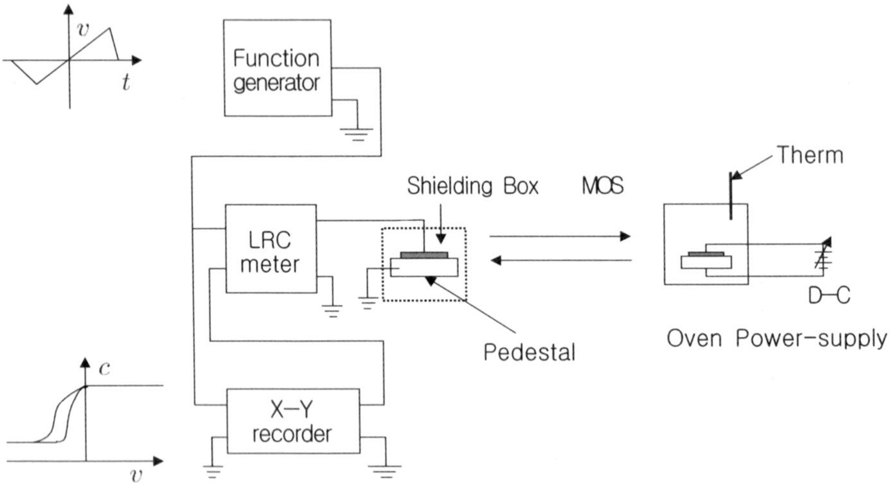

그림 19-5 C—V 특성 측정회로

(2) 함수발생기의 5mV/sec 정도의 느린 램프전압을 이용하여 C—V 특성곡선을 얻어 보라. 이때 측정주파수를 1MHz, 100KHz, 10KHz, 1KHz, 100Hz, 50Hz로 하고 그 특성의 변화를 보라. 저주파영역에서는 어떠한 특성변화를 보이느냐?

(3) 시편을 150℃에서 5분간 10V의 전압을 가한 후 서서히 식히고 100KHz에서 C—V 특성곡선을 얻어 보라.

(4) 과정 (2), (3)의 결과로부터 C_{0x}, SiO_2의 유전율 ε_{0x}, V_{FB}, ΔV_{FB}, Q_{0x}, Q_f, Q_m, Q_{ti} 등을 구하라.

참고문헌

- S. M. Sze, "Physics of Semiconductor Device", pp. 431-496, John Wiley & Sons, 2nd ed., 1981
- E. H. Nicollian, J. R. Brews, "MOS(Metal-Oxide-Semiconductor) Physics and Technology", John Wiley & Sons, 1982

20. 웨이퍼세척법

20-1 목적

이 실험의 목적은 웨이퍼공정을 위한 세척과정을 익히는데 있다.

20-2 해설

웨이퍼를 세척하는 목적은 실리콘웨이퍼 표면에 있는 모든 불순물을 제거해서 열확산을 할 때나 다른 공정 중에서 원하지 않는 불순물이 들어가지 않도록 하는 것이다. 여러 가지 세척방법이 사용되고 있으나, 실험실의 형편에 따라서 다소 차이가 있다. 현재 널리 사용되는 전형적인 방법은 다음의 표 20-1과 같다.

표 20-1 웨이퍼세척과정

1. Ultrasonic cleaning : acetone, 5 min., glass boat
2. D. I. water rinse : above 5 MΩcm, 10 min
3. Hot sulfuric acid : $3H_2SO_4$(96%)H_2O_2(30%), 100℃−6 min
4. D. I. water rinse : above 10 MΩcm, 10 min
5. HF dip : $10H_2O$/HF(48%), 20 sec., teflon boat
6. D. I. water rinse : as 4.
7. Hot nitric acid : 90℃, 6 min.
8. D. I. water rinse : as 4.
9. Dilute HF dip : $20H_2O$/HF(48%), 10sec., teflon boat
10. D. I. water rinse : cascade rinser, 3-3-5 min.
11. Spin dry : 1 min. -500 rpm/3 min. -1500 rpm/1 min. -500 rpm
12. Keep in dry and clear place

20-3 실험

(1) 다음 과정을 숙지하라.

a. 집게(tweezer)로 웨이퍼를 다루는 법

b. 세척과정에 사용되는 탈이온수의 순도를 측정하는 법

c. 웨이퍼를 세척하기 위해 사용하는 세척보우트의 정확한 사용법

(2) 지시에 따라 웨이퍼 자르는 법을 익혀라. 결정은 벽개성(cleavage)을 따라 다이아몬드 칼로 그어야 깨끗하게 잘라진다. 실리콘웨이퍼는 어느 방향으로 잘라야 하느냐? 그림 20-1은 상용 실리콘웨이퍼의 표준배향을 나타낸 것이다.

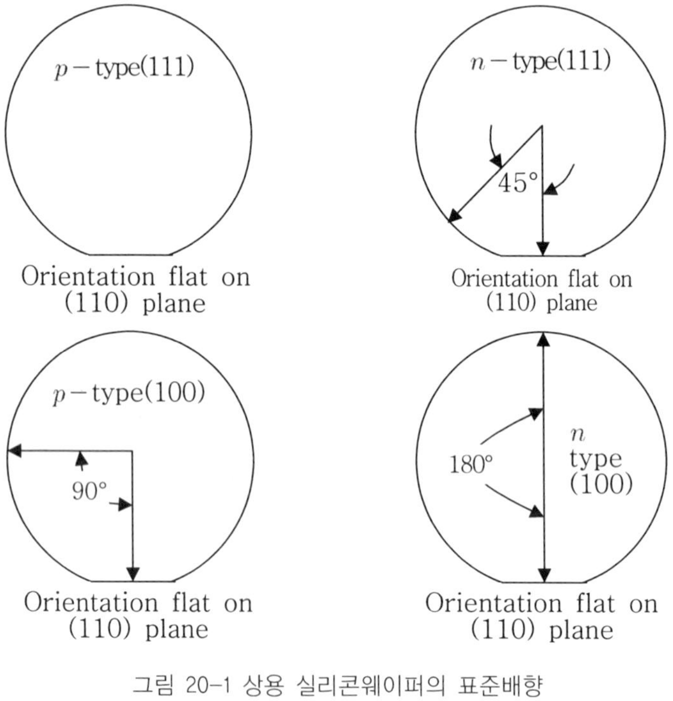

그림 20-1 상용 실리콘웨이퍼의 표준배향

(3) 표준세척공정 표 20-1에 따라 웨이퍼를 세척하라.

(4) 세척웨이퍼의 표면에 물이 묻는가? 웨이퍼표면을 회전건조 또는 질소를 불어 건조시켜 현미경으로 표면 상태를 관찰하라.

21. 열산화

21-1 목적

실리콘 웨이퍼 위에 SiO_2층을 선장시키는 과정을 배우고 시간과 성장률 사이의 관계를 얻는다.

22-2 해설

실리콘이 공기나 산소와 같은 산화분위기에 노출되면, 다음과 같은 반응이 일어난다.

$$S_i + O_2 \longrightarrow SiO_2$$

실온에서 공기 중에 실리콘을 놓아두면 수초 내에 원자 몇 개의 두께에 해당하는 산화층이 실리콘에 형성된다. 이때 생긴 SiO_2의 두께는 5~10Å 정도 되며 더 이상 산화되지 않는다. 그러나 600℃ 이상으로 온도를 증가시키면 산소가 이미 성장된 SiO_2층을 확산하여 산화가 계속되어 수천 Å의 두께로 성장될 수 있다. 그리고 이때 성장된 SiO_2는 비정질이다. 실리콘소자의 제조에 있어서 SiO_2의 사용은 첫째로 불순물확산에 대한 마스크의 역할이다. 드리고 또 다른 중요한 역할은 실리콘 표면의 보호이고 전기적 절연체로서 사용된다. 열산화(thermal oxidation)라는 말은 산소나 산소를 포함하는 화합물을 열분해하여 실리콘과 반응시켜 산화시키는 것을 말한다. 그리고 다른 방법으로 양극산화법(anodic oxidation), 플라즈마 산화법(plasma oxidation), 고압산화법(high pressure oxidation), 또는 가속 산화법(accelerated oxidation) 등이 있다. 이외에도 SiO_2를 직접 진공증착하는 방법도 있다. 반도체공정에서 가장 널리 사용되는 열산화법에 대해서 알아보자.

실리콘의 열산화는 보통 600~1200℃의 온도에서 행해진다. 산화제로는 순수산소나 순수를 85℃에서 95℃ 정도로 가열하여 발생된 수증기 등이 있다. 전자의 것을 건식산화법(dry oxidation), 후자를 증기산화법(wet oxidation)이라 한다. 그리고 증기산화법(steam oxidation))이 있는데 이것은 때때로 습식산화법과 구별된다. 이 방법은 증기 발생 장치에서 격렬하게 발생한 수증기가 실리콘의 산화제로 사용된다. 그러나 습식산화법에서는 산소를 80℃~95℃로 가열된 물속으로 통과시켜서 수증기와 산소가 바로 산화제가 되게 한다. 산화장치를 그림 21-1에 개략적으로 나타내었다.

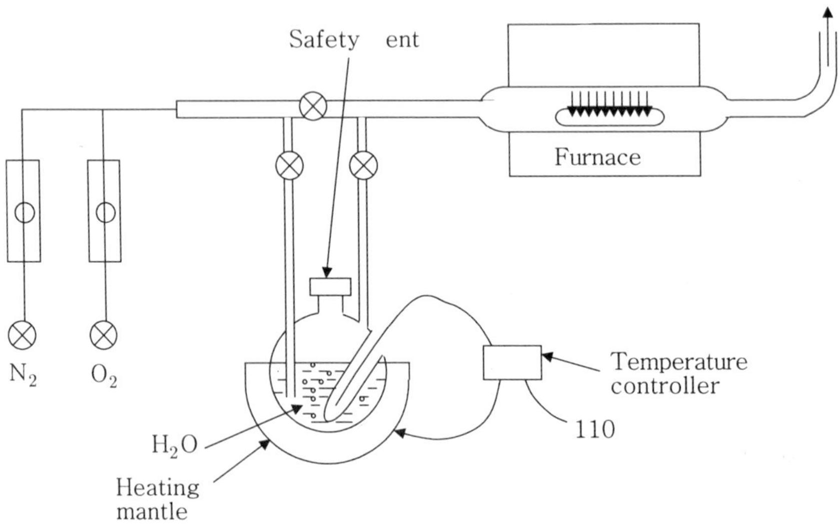

그림 21-1 일반적인 산화장치

건식산화법은 그림 21-1에서 증기발생기를 제거하고 산소를 바로 흘리면 된다. 증기발생기의 밸브를 이용하여 습식 또는 건식 산화를 번갈아 수행할 수 있다. 특히 MOSth자를 제조할 때는 산화층에 의해서 소자의 특성이 결정되므로 각별한 주의가 요망된다.

산화층의 성장속도는 온도와 건식 또는 습식의 산화법, 웨이퍼의 결정방향과 불순물 도핑 정도에 의해서 영향을 받는다. 이러한 여러 가지 파라미터를 참고자료에 나타내었다.

실리콘웨이퍼를 산화시킨 후 성장한 산화막의 두께를 측정할 필요가 있다. SiO_2나 Si_3N_4 등은 투명체이므로 두께에 따른 색깔의 변화가 나타난다. 표 21-1은 SiO_2의 두께에 따른 색깔의 변화 즉 color chart를 나타내었다.

표 21-1 SiO_2의 두께에 따른 색깔변화

Film thickness, μm	Color and comments	Film thickness, μm	Color and comments
0.05 0.07 0.10 0.12 0.15	Tan Brown Dark violet to red-violet Royal blue Light blue to metallic blue	0.68	"Bluish" (Not blue but borderline between violet and blue-green. It appears more like a mixture between violet-red and blue-green and looks grayish)

0.17	Metallic to very light yellow green	0.72	Blue-green to green(for broad)
0.20	Light gold or yellow-slightly	0.77	"Yellowish"
0.22	metallic	0.80	Orange(rather broad for orange)
0.25	Gold with slight yellow-orange	0.82	Salmon
0.27	Orange to melon	0.85	Dull, light red-violet
0.30	Red-violet	0.86	Violet
0.31	Blue to violet-blue	0.87	Blue-violet
0.32	Blue	0.89	Blue
0.34	Blue to blue-green	0.92	Blue-green
0.35	Light green	0.95	Dull yellow-green
0.36	Green to yellow-green	0.97	Yellow to "yellowish"
0.37	Light green	0.99	Orange
0.39	Green to yellow-green	1.00	Carnation pink
0.41	Yellow	1.02	Violet-red
0.42	Light orange	1.05	Red-violet
0.44	Carnation pink	1.06	Violet
0.46	Violet-red	1.07	Blue-violet
0.47	Red-violet	1.10	Green
0.48	Violet	1.11	Yellow-green
0.49	Blue-violet	1.12	Green
0.50	Blue	1.18	Violet
0.52	Blue-green	1.19	Red-violet
0.54	Green(broad)	1.21	Violet-red
0.56	Yellow-green	1.24	Carnation pink to salmon
0.57	Green-yellow	1.25	Orange
	Yellow to "Yellowish" (not yellow	1.28	"Yellowish"
	but is in the position where yellow	1.32	Sky blue to green-blue
	is to be expected. At times appears	1.40	Orange
	to be light creamy gray or metallic)	1.45	Violet
0.58	Light orange or yellow to pink	1.46	Blue-violet
0.60	borderline	1.50	Blue
0.63	Carnation pink	1.54	Dull yellow-green
	Violet-red		

22-3 실험

(1) 실리콘웨이퍼 시편 8~12 조각을 준비하고 뒷면에 각각 계획된 기호를 표시하라.

(2) 이 시편들을 정규세척법에 따라서 세척하라.

(3) 산화로의 온도를 950℃, 1000℃, 1050℃, 1100℃ 및 1150℃ 중 어느 한 지정된 온도로 고정하고, 건식 또는 습식법으로 산화시켜라(이때 온도 및 산화법은 학급전체로서 계획되어 그 결과를 통합했을 때 전반적인 산화층의 성장을 일견할 수 있게 하

는 것이 바람직하다.

(4) 산화시간은 10분에서 180분 정도의 범위를 잡고 각 20~30분 간격으로 하되 그 간격과 산화시간의 범위는 산화법에 따라 적당하게 선택한다.

(5) 산화막의 두께는 color chart를 읽거나 ellipsometer를 사용해 측정할 수 있다.

(6) 위의 측정결과를 대수그래프_ 용지에 산화막 두께—산화시간 관계를 나타내어 보아라.

22. 사진식각법

22-1 목적

집적회로 제조공정에서 설계된 회로패턴을 축소하여 웨이퍼 위에 전사하는 중요한 사진식각과정을 정확히 이해하게 한다.

22-2 해설

사진식각(photo lithography) 공정은 복잡한 전자회로를 아주 작은 단일 칩 위에 만들어 넣기 위해서 회로의 패턴을 축소하여 대단히 정밀하게 웨이퍼에 전사하는 과정이다. 주어진 회로는 집적회로 제조공정에 알맞게 레이아웃 되고 이것이 정밀히 제도되어 높은 동일상이 있는 마스크를 만든다. 웨이퍼에 고분자 감광재인 포토레지스트(photoresist)를 얇게 바르고 그 위에 자외선으로 마스크를 통해 노출, 현상, 가열함으로써 마스크와 같은 상의 내산성의 고분자막으로 전환되고 이를 부식시킴으로써 포토레지스트 밑의 박막층을 원하는 내용의 상태로 제거하여 웨이퍼에 전사할 수 있게 된다. 이때 노출광원으로는 수은등의 약 3,600Å의 자외선이 일반적으로 사용되는데, 최근 더 높은 분해능이 요청되어 5~50Å의 X—선 또는 광점의 크기가 1,000Å 정도의 전자빔이 쓰인다. 그리고 포토레지스트에는 광에 노출된 부분이 제거되는 양각용과 노출된 부분이 남게 되는 음각용의 두 가지가 있다. 그림 22-1은 사진식각법의 예를 나타내고 있다.

표 22-1 사진식각법

1. Spin-on photoresist : Waycoat HNR 80, 18 sec, at 3,300rpm
2. Prebake : 10 min., 85℃
3. Align and exposure : 4 sec, -UV
4. Development : 15+5 sec. in xylene or the specific developer, N_2 blow
5. Post bake : 20min., 130℃
6. Oxide etching : about 3 min. in the buffered HF(The time depends on the thickness and quality of the oxide)
7. Inspection under microscope
8. Strip photoresist : 10 min. 95℃, $10H_2SO_4/H_2O_2$
9. Rinse in D.I. water

22-3 실험

(1) 식각할 박막이 형성된 웨이퍼가 주어지면 이를 130℃ 정도의 오븐에 넣어서 약 20~30분간 가열한다. 이는 표면의 습기를 제거하여 포토레지스트(PR)의 접착을 좋게 하기 위함이다.

(2) 필요한 PR을 선장하여 스핀너로 웨이퍼 표면에 엷은 막을 형성한다. 이때 온도와 스핀너의 회전속도가 PR막의 두께와 어떤 관계가 있는지 조사하라.

(3) PR을 가장 알맞은 조건으로 도포하고 이를 즉각 prebake한다. 이때 온도와 시간의 조정이 중요하다.

(4) 다음은 마스크 aligner를 써서 자외선 노광한다. aligner의 조작법을 잘 익혀서 무리 없게 해야 한다. 노광조건에 주의하라

(5) 현상액에 적정시간동안 담갔다가 꺼내어 질소로 불어서 현상을 고정시킨다. 현미경으로 현상상태를 주의해서 관찰하라.

(6) 위의 과정을 통과한 웨이퍼는 postbake오븐에서 가열하여 고분자화 고착시킨다. 이때는 대체로 130℃ — 30분 정도면 된다.

(7) postbake가 끝나면 부식액을 준비하여 이에 웨이퍼를 담가서 필요한 부분을 부식시킨다. 이때도 적정부식상태를 현미경으로 검사해야 한다. 표 22-2는 대표적인 부식액을 소개한다.

표 22-2 부식액

SUBSTRATE	TYPICAL ETCH	TEMPERATURE	ENDPOINT
A. silicon dioxide	$7NH_4F:1HF$	room	sheeting
B. pyrolytic oxide	$7NH_4F:1HF$	room	sheeting
C. phosphovapox			
- as insulator	$7NH_4F:1HF$	room	sheeting
- as scratch protection	$6H_2O:5HC_2H_3O_2:1NH_4F$	room	none
D. silicon nitride	H_3PO_4	155℃	none
E. poly-silicon			
- doped	$200HNO_3:80HC_2H_3O_2:1HF$	room	color change
- undoped	$80H_3PO_4:5HNO_3:5HC_2H_3O_2:10HO$	40~45℃	color change

(8) 부식이 끝나면 PR을 걷어내야 한다. PR을 제거하는 방법은 표 22-1과 같은 습식법과 플라즈마 ashing의 건식법이 있다. PR제거 후에도 현미경검사로 확인할 필요가 있다.

(9) 위의 전 과정이 끝나면 탈이온수로 철저히 헹구어야 한다.

23. 불순물확산

23-1 목적

실리콘웨이퍼에서의 B와 P원자의 확산실험을 수행하고 그 결과를 이론적 예측과 비교 검토함으로써 확산현상을 깊이 이해한다.

23-2 해설

실리콘웨이퍼 불순물을 도입하는 데는 열확산(thermal diffusion)과 이온주입(ion implantation)법이 사용된다. 열확산법은 predeposition과 drive-in의 두 주요과정으로 나누어 생각할 수 있다. predeposition은 불순물 공급이 일정한 확산이고, drive-in은 확산원이 제한된 과정이다.

확산에 관한 기본식은 Fick의 제1법칙과 연속방정식의 결합으로 얻어지는 Fick의 제2법칙의 해이다. 즉 Fick의 제1법칙과 연속방정식은 각각 1차원 근사로 표현하면

$$F(x,t) = -D\frac{\partial N(x,t)}{\partial_x} \tag{23-1}$$

$$\frac{\partial N(x,t)}{\partial_x} = -\frac{\partial N(x,t)}{\partial_t} \tag{23-2}$$

와 같이 주어진다. 여기서 $F(x,t)$는 단위시간당 단위면적을 통해 확산되는 입자수이며, $N(x,t)$는 임의시간 및 위치에서의 입자밀도이고 D는 확산계수이다. 식 (23-1)과 식 (23-2)를 결합하면

$$\frac{\partial N}{\partial_t} = D\frac{\partial^2 N}{\partial_{x^2}} \tag{23-3}$$

를 얻는다. 여기서는 D를 상수로 가정했다. 식 (23-3)이 바로 Fick의 제2법칙이다. 이 미분방정식의 해가 predeposition의 과정에서는

$$N(x,t) = N_0 erfc\left[\frac{x}{\sqrt[2]{D_p t_p}}\right] \tag{23-4}$$

로 주어지며, drive-in 과정에서는

$$N(x_1 t) = N_s \exp\left[\frac{-x^2}{4D_d t_d}\right] \tag{23-5}$$

이다. 여기서

$$N_s = Q/\sqrt{\pi D_d t_d} \tag{23-6}$$

$$Q = 2N_0\sqrt{D_p t_p/\pi} \tag{23-7}$$

N_0 =predeposition온도에서의 불순물 고용한도

x =웨이퍼 표면으로부터의 거리

D_p =predeposition온도에서의 확산계수

D_d =drive-in온도에서의 확산계수

t_p =predeposition시간

t_d =drine-in시간

이다.

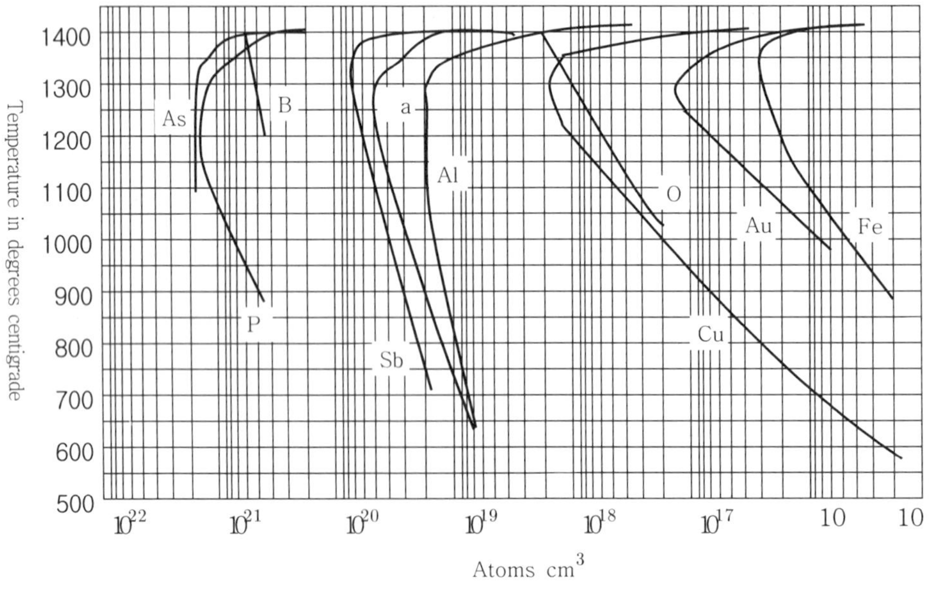

그림 23-1 실리콘에 있어서 불순물의 고용한도

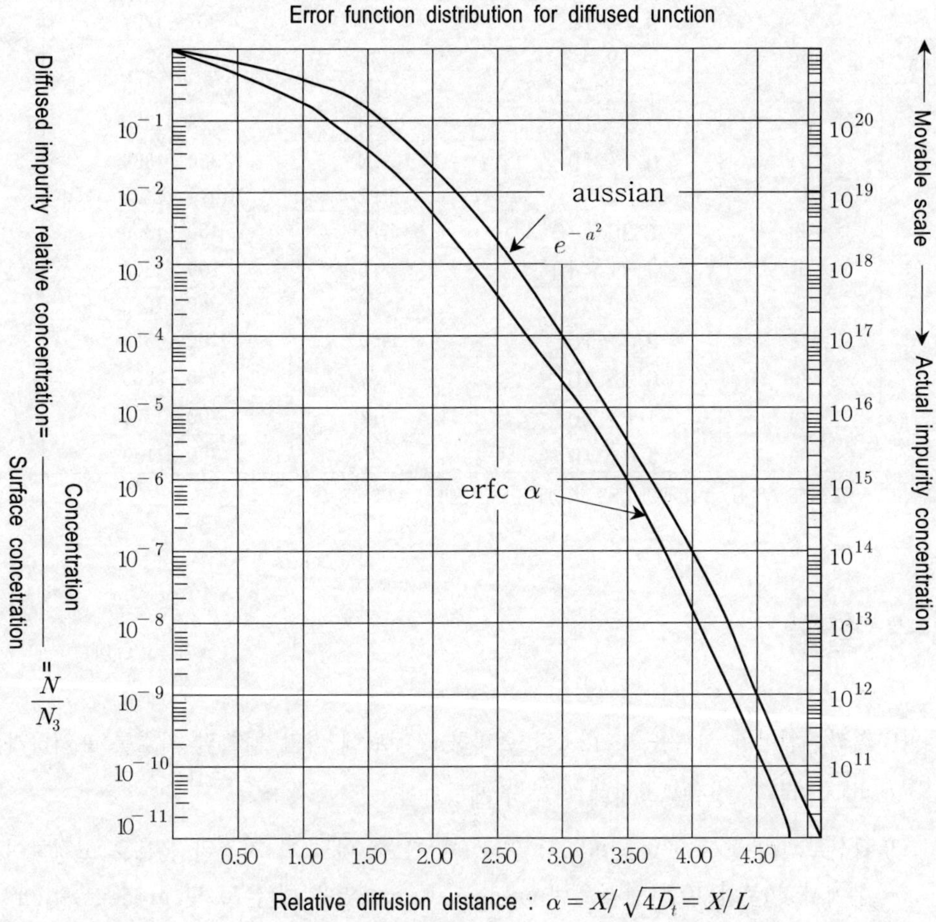

그림 23-2 불순물 확산에 있어서 정규화 된 보정오차함수 및 Gauss분포함수

그림 23-1은 실리콘에서의 고용한도를 그림 23-2는 보정오차함수 및 Gauss분포함수를 표 23-2는 확산계수를 나타내고 있다.

표 23-2 실리콘에서의 불순물의 확산계수

ELEMENT	D_0 (cm^2/sec)	ΔE_a (ev)	TEMPERATURE (℃)
P	10.5	3.69	900 -1300
As	68.6	4.23	1100 -1350
Sb	12.9	3.98	1190 -1398
Bi	1030.0	4.64	1220 -1380
B	10.5	3.69	1050 -1350
Ga	3.6	3.51	1130 -1358
Al	4.8	3.36	1050 -1380
In	16.5	3.90	1105 -1360
Ti	16.5	3.90	1105 -1360

H	9.4×10^{-3}	0.48	967 -1207
He	0.11	1.26	967 -1207
O	135.0	3.5	1250 -1405
Li	2.5×10^{-3}	0.655	25 -1350
Zn	6.1×10^{-7}	—	900 -1360
C	0.33	2.92	1070 -1400
Ge	6.26×10^{3}	5.28	1150 -1350
Si	1.81×10^{4}	4.86	700 -1300
S	0.92	2.2	1050 -1370
Ag	2.0×10^{-3}	1.60	1100 -1350
Fe	6.2×10^{-3}	0.87	1100 -1260
Au	1.1×10^{-3}	1.12	800 -1200
Cu	4.0×10^{-2}	1.0	800 -1100

* EXISTS AS H, MOLECULES IN THE SILICON LATTICE.

23-3 실험

(1) 실리콘웨이퍼 시편을 8~12조각 준비하고 뒷면에 각각 계획된 기호를 표시하라.

(2) 이 시편들을 정규세척법에 따라서 세척하라.

(3) 확산로의 온도를 900℃, 950℃ 및 1,000℃ 중 어느 한 지정된 온도로 고정하여 10분에서 60분간 10분 간격으로 predeposition하였을 때 온도 및 predeposition시간은 학급전체로서 계획되어 그 결과를 통합했을 때 전반적인 결과를 알 수 있게 하는 것이 바람직하다.

(4) 과정 (3)이 끝난 시편들을 10분에서 120분간 적당한 시간 간격으로 drive-in하라. 이때 온도는 실험실 담당자가 언급할 것이다.

(5) 과정 (4)가 끝난 시편의 표면에 생긴 SiO_2층을 제거하고 면저항 R_s를 각각 측정하라. 그리고 grooving하여 접합의 깊이 x_j를 측정하라.

(6) 과정 (5)에서 측정한 면저항 R_s와 접합깊이 x_j를 근거로 하여 Q값을 각각의 시편에 대해 계산하라. 이론치와 얼마나 차이가 나는가? 차이가 난다면 그 이유가 무엇인가 생각해 보라.

(7) 과정 (6)에서 얻은 결과들을 이용하여 거리에 대한 불순물의 농도분포를 반대수 그래프용지에 그려 보라.

24. Metallization

24-1 목적

진공 증착법을 기초로 하여 집적회로 공정의 하나인 전극형성 방법을 배운다.

24-2 해설

Metallization은 여러 가지 공정을 거친 웨이퍼 위에 선택된 영역들에 대한 저항성접촉 형성 및 이러한 영역들과 기판 위의 다른 영역 사이를 연결하는 것이다. wire bonding을 위한 패드는 비교적 넓은 면적으로 Metallization이라 한다. 저항성접촉을 위한 경우는 금속을 실리콘과 접촉시키고 열처리하여 실리콘웨이퍼 표면에 금속—실리콘의 합금을 형성시킨다.

Metallization은 웨이퍼 전체에 금속막이 증착되므로 사진식각 법을 이용하여 회로간의 연결을 정의해야 한다. 소자와 접촉된 부분 외에는 SiO_2층이 금속과 실리콘웨이퍼 사이를 절연시킨다.

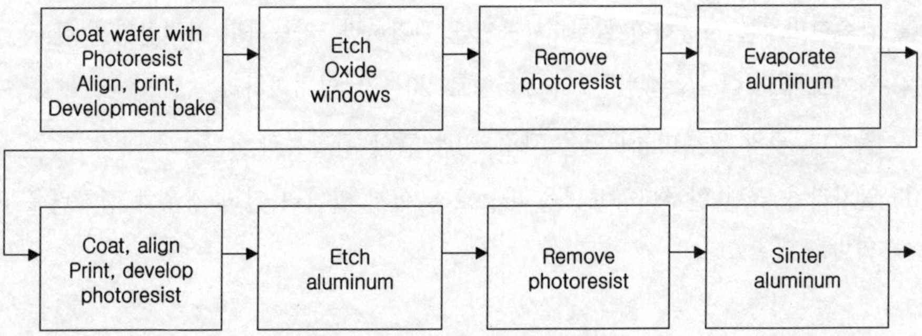

그림 24-1 알루미늄 Metallization공정

그림 24-1은 전형적인 알루미늄 Metallization공정을 나타낸다. 집적회로의 Metallization에 가장 널리 사용되는 금속은 알루미늄인데, 이것은 도전율이 높고 실리콘이나 SiO_2와의 접

착력이 좋고 또 녹는점이 낮아 증착이 용이하기 때문이다. 그리고 알루미늄은 실리콘 안에서 p형 불순물로 작용하므로 불순물농도와는 거의 무관하게 p형 실리콘과 저항성 접촉을 하게 된다. 그러나 n형 실리콘인 경우, 실리콘—알루미늄의 공정점온도(577℃)에서 실리콘에 대한 알루미늄의 고용한계가 5×10^9atoms/cm^3 정도이므로 10^{20}atoms/cm^3 이상의 불순물농도를 갖는 축퇴된 n형 실리콘과만 저항성접촉을 하게 된다. 그래서 n형 실리콘의 경우는 n^+영역을 만들어 저항성접촉을 형성시킨다.

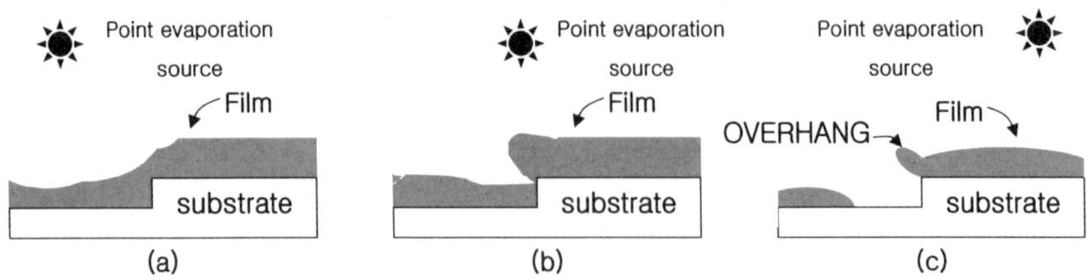

그림 24-2 증착원의 위치와 계단덮힘의 관계

집적회로에서는 금속을 증착할 때 계단덮힘(step-coverage)과 균일성이 문제가 된다. 그림 24-2는 계단덮힘과 증착원의 관계를 도시한 것이다. 이러한 문제를 해결하고 두께의 균일성을 향상시키기 위해 증착시킬 웨이퍼가 부착된 Planetary를 자전 및 공전시키면서 증착한다.

24-3 실험

(1) 세척된 웨이퍼를 진공증착기에 넣어 알루미늄을 1μm정도 증착하라

(2) 사진식각을 이용하여 주어진 알루미늄패턴을 만들어라.

(3) 금속현미경을 사용하여 알루미늄표면을 관찰하라. 가능하면 사진촬영을 하라.

(4) 전기로에 넣어 N_2분위기에서 450℃로 20분간 열처리하라.

(5) 열처리 후의 알루미늄표면을 과정 (3)과 같이 관찰하라.

(6) 열처리가 끝난 알루미늄표면을 바늘로 긁어서 열처리 전의 경우와 접착력을 비교하여라.

25. MOSFET의 특성 측정

25-1 목적

MOSFET의 전기적 특성을 나타내는 여러 가지 파라미터의 정의와 그 측정방법을 익힌다.

25-2 해설

제조공정이 완전히 끝난 웨이퍼의 전기적 특성을 측정하여 MOS트랜지스터의 파라미터를 결정하기 위해서는 다음과 같은 채널전류방정식을 사용한다.

$$I_c = \mu_p C_{0x} \frac{w}{l}\left[(V_G - V_r)V_D - \frac{1}{2}V_D^2\right] \tag{25-1}$$

여기서는 p-MOS소자에 대한 파라미터와 측정회로를 사용하였으며 I_c는 채널전류, μ_p는 평균표면이동도, C_{0x}는 게이트용량, w는 게이트의 폭, l은 유효게이트 길이, V_D는 드레인전압, V_G는 게이트전압, V_r은 문턱전압(threshold voltage)이다. C_{0x}를 ε_{0x}/t_{0x}로 대치하고, 기판과 소오스를 연결하면 식 (25-1)은 다음과 같이 된다.

$$I_{DS} = -\frac{\mu_p \varepsilon_{0x}}{2t_{0x}} \times \frac{w}{l}\left[2(V_{GS} - V_r)V_{DS} - (V_{DS})^2\right] \tag{25-2}$$

MOS소자의 특성은 비포화영역과 포화영역 즉 2개의 동작영역으로 나눌 수 있는데, 포화영역에서의 식 (25-2)는 다음과 같이 간략화 된다.

$$I_{DS} = -K(V_{GS} - V_r)^2 \tag{25-3}$$

여기서 $K = \frac{\mu_p \varepsilon_{0x}}{2t_{0x}} \times \frac{w}{l}$이며 이득인자(gain factor)라 한다.

1) 이득인자

이득인자 K는 그 정의로부터 제조공정(μ_p, t_{0x})과 게이트형태(w, l)에 의해서 결정된다는 것을 알 수 있다. 횡방향 확산 때문에 유효채널길이 l은 그림 25-1과 같이 마스크 길이 L에서 약 $2x_j$만큼 감소된다.

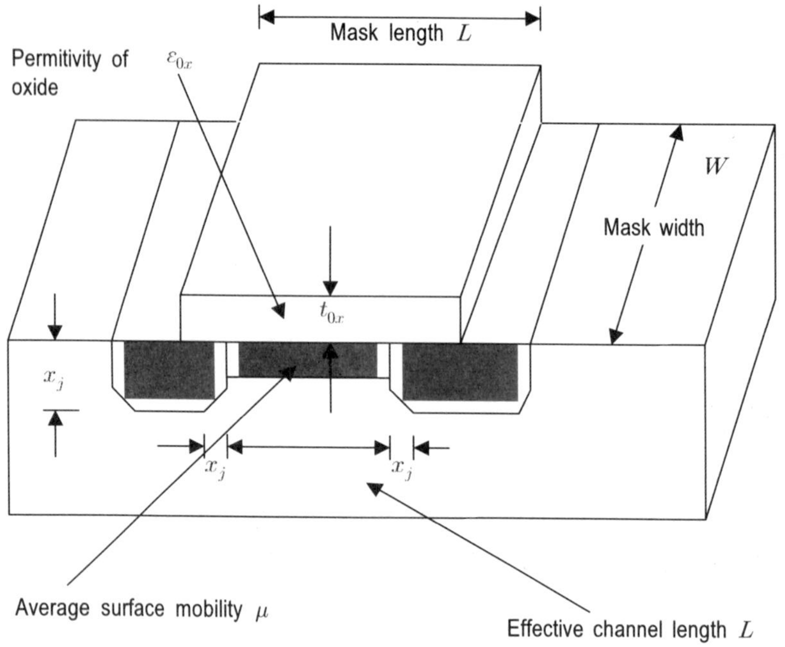

그림 25-1 수평확산으로 인한 채널길이의 감소

이득인자 K에서 $K' = \dfrac{\mu_p \varepsilon_{0x}}{2t_{0x}}$라 하면

$$K = K' \frac{w}{l} \tag{25-4}$$

로 표현할 수 있다. 여기서 K'은 공정에 의존하고, w/l은 설계에 의해서 결정된다는 변수이다. K와 K'은 MOS소자의 포화영역과 비포화영역에서 각각 측정되어야 한다. 포화영역에서는 채널의 pinch-off현상 때문에 유효채널길이 l은 더욱 더 감소하게 된다. 포화영역에서 K는 식 (25-3)과 그림 25-2부터 다음과 같이 얻을 수 있다.

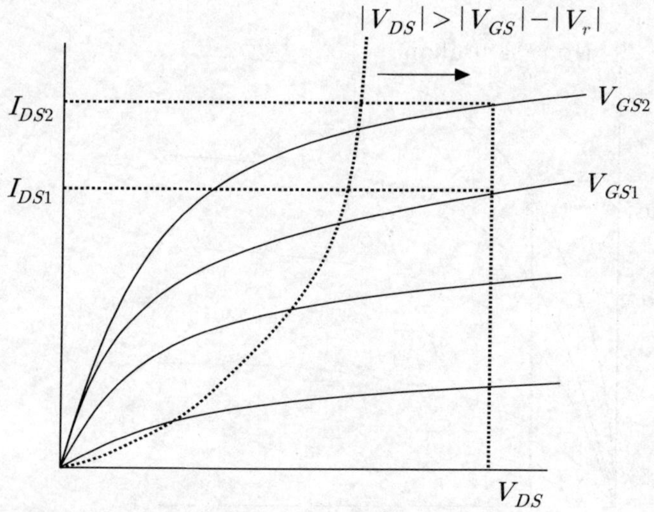

그림 25-2 포화영역에서 K의 측정

$$K=\left[\frac{\sqrt{I_{DS2}}-\sqrt{I_{DS1}}}{V_{GS2}-V_{GS1}}\right]^2 \tag{25-5}$$

그리고 식 (25-5)로부터 진성전달콘덕턴스 K'을 알 수 있다. 그러나 이때 유효채널길이 l과 횡방향확산을 고려해야 한다. 그러므로 유효채널의 길이는 $l \cong L-2x_j$가 되며 접합깊이 x_j는 공정에 관계되는 값이다. 이 측정을 위한 회로는 그림 25-3과 같다.

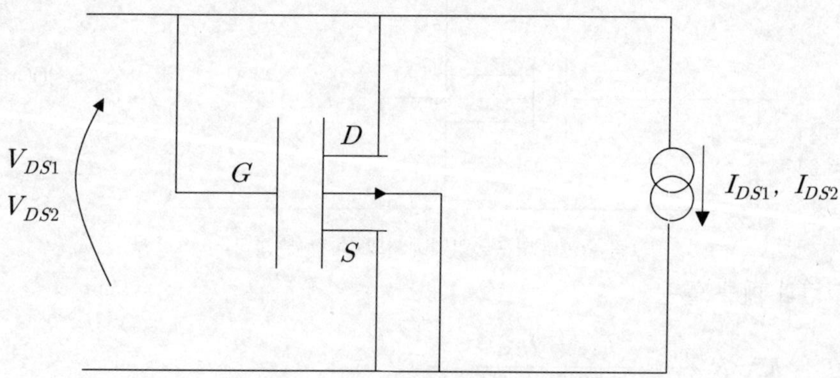

그림 25-3 포화영역에서의 K측정회로

비포화영역에서의 이득인자측정에 대해서 알아보기로 하자. 포화영역에서는 V_{DS}에 따라 채널길이의 변화가 나타나기 때문에 K'의 값은 비포화 영역에서 더욱 더 정확하게 측정될 수 있다. 이때의 가능한 한 낮은 V_{DS}에서 측정을 한다면 이 영향을 더욱 더 줄일 수 있다. K값은 식 (25-2)와 그림 25-4로부터 다음과 같은 관계로 계산된다.

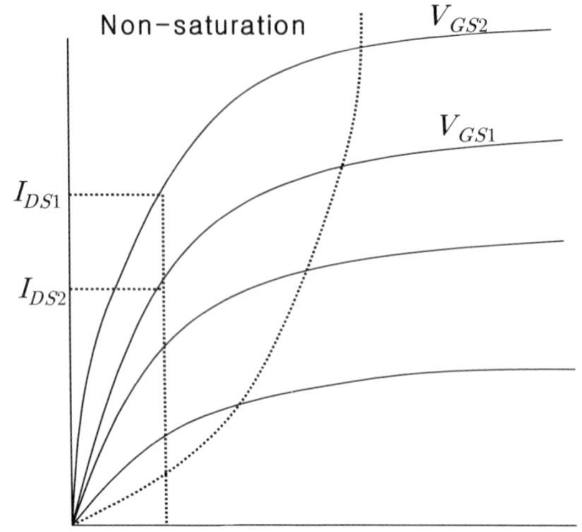

그림 25-4 비포화영역에서 K값의 측정회로를 나타내고 있다.

$$K'\frac{w}{l}=\frac{I_{ds2}-I_{DS1}}{2V_{DS}(V_{GS2}-VG_{GS1})} \tag{25-6}$$

그림 25-5는 비포화영역에서 K값의 측정회로를 나타내고 있다.

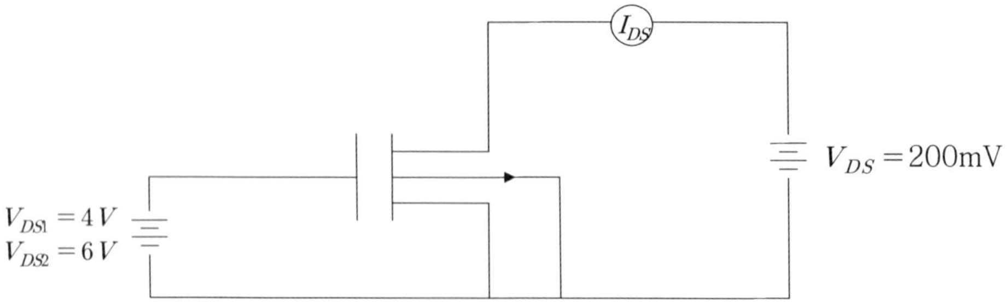

그림 25-5 비포화영역에서의 K값 측정회로

위 그림의 예를 들면

$$K=K'\frac{w}{l}=\frac{I_{DS2}-I_{DS1}}{2\times 0.2(6-4)}$$
$$=\frac{I_{DS2}-I_{DS1}}{0.8}$$

$$K'=\frac{\Delta I_{DS}}{0.8}\times\frac{l}{w}$$

로 된다.

2) 문턱전압

문턱전압의 정의는 채널에 강한 반전을 일으켜 연속적인 발전층의 채널을 만드는 데 필요한 게이트 전압이다. 식 (25-3)과 그림 25-6으로부터 문턱전압은 다음과 같이 표시된다.

$$V_r = \frac{\left(\sqrt{\frac{I_{DS2}}{I_{DS1}}} \times V_{GS1}\right) - V_{GS2}}{\sqrt{\frac{I_{DS2}}{I_{DS1}}} - 1} \qquad (25\text{-}7)$$

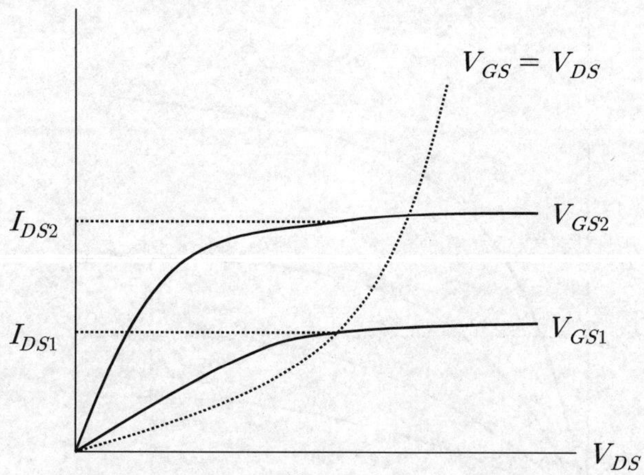

그림 25-6 포화영역에서의 문턱전압측정

여기서 I_{DS2}의 크기가 $4I_{DS1}$이 되도록 하여 측정값을 읽으면 문턱전압은 다음과 같이 편리하게 된다. 그림 25-7은 문턱전압측정을 위한 회로이다.

$$V_r = 2V_{GS1} - V_{GS2} \qquad (25\text{-}8)$$

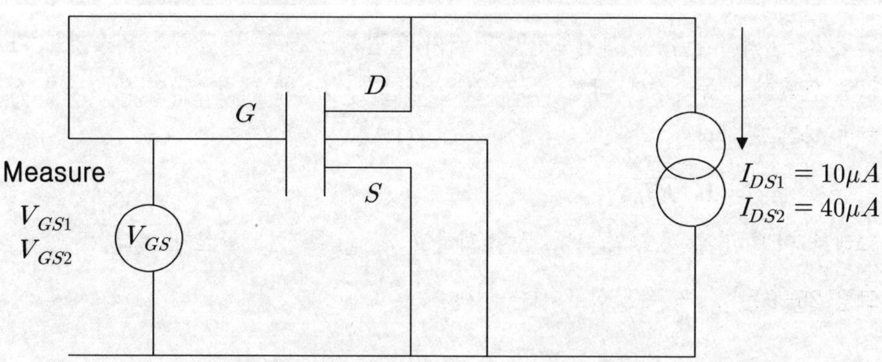

그림 25-7 MOS트랜지스터의 문턱전압 측정회로

3) 상호전달 콘덕턴스 g_m

소신호 파라미터 g_m은 일정한 V_{DS}에서 V_{GS}변화에 대한 I_D변화를 나타내며 식 (25-9)로 정의된다.

$$g_m = \frac{\Delta I_{DS}}{\Delta V_{GS}} \qquad V_{DS} = \text{const.} \tag{25-9}$$

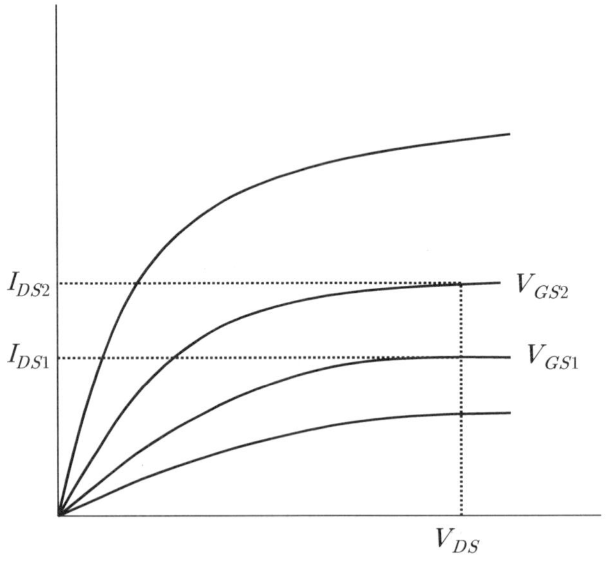

그림 25-8 소신호 g_m의 측정

그림 25-8에서와 같이 게이트전압 간격이 일반적으로 같은 간격과 기울기를 가지지 않으므로 선택하는 동작점에 의해 g_m의 값은 변한다. I_{DS}에 대한 g_m의 의존도를 식으로 표시하면 다음과 같다.

$$g_m = 2\sqrt{KI_{DS}} \tag{25-10}$$

그래서 어떤 경우는 I_D와 V_{DS}를 정의하고 g_m을 측정할 필요가 있다.

그림 25-9는 g_m의 측정회로이다.

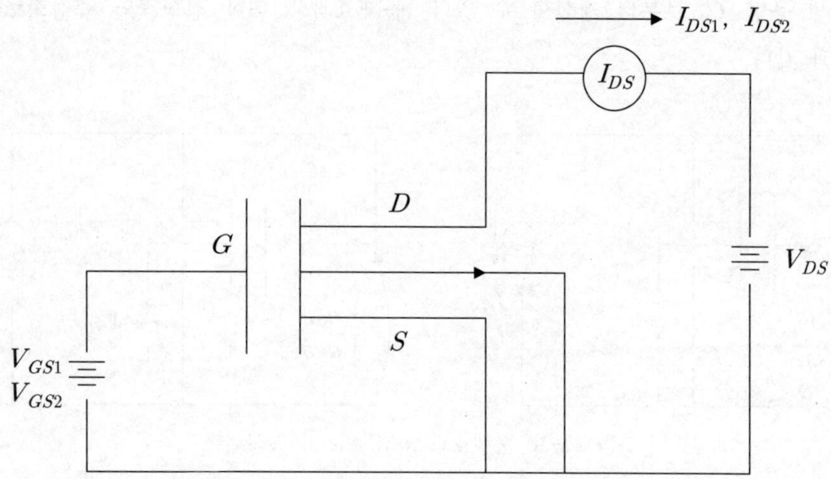

그림 25-9 g_m 측정회로

4) 몸체효과(body effect)

MOS소자의 기판과 소오스 사이에 전압이 바이어스되면 문턱전압의 변화가 나타난다. 몸체와 소오스의 단락 즉 $V_{BS}=0$일 때와 역방향으로 바이어스를 가할 때의 문턱전압변화 ΔV_r가 몸체효과의 척도가 된다. 이것을 식으로 나타내면

$$\Delta V_r = V_r - V_{rHB} \tag{25-11}$$

여기서 V_r는 기판—소오스 사이의 전압이 0일 때, 그리고 V_{rHB}는 바이어스 V_{BS}가 가해졌을 때의 문턱전압이다. ΔV_r의 관계식은 다음과 같다.

$$\Delta V_r = \frac{\sqrt{2\varepsilon_{si} g N_D}}{C_{0x}}\left(\sqrt{V_{BS}+\phi_B} - \sqrt{\phi_B}\right) \tag{25-12}$$

로 주어지고, 여기서 $M = \dfrac{2\varepsilon_{si} q N_D}{C_{0x}}$라 하면

$$M = \frac{\Delta V_r}{\sqrt{V_{BS}+\phi_B} - \sqrt{\phi_B}} \tag{25-13}$$

의 관계가 성립한다. 전형적인 측정조건에서 바이어스전압 V_{BS}는 5V이고 ϕ_B는 0.6V로 가정한다. 그래서 식 (25-13)을 간략히 하면

$$M = \frac{\Delta V_r}{1.59} \tag{25-14}$$

가 된다 따라서 도우너농도 N_D는 실리콘의 유전율 ε_{si}와 전자의 전하 q 그리고 게이트

절연체의 용량 C_{0x}로부터 계산할 수 있다. 몸체효과에 대한 전형적인 측정회로는 그림 25-10과 같다.

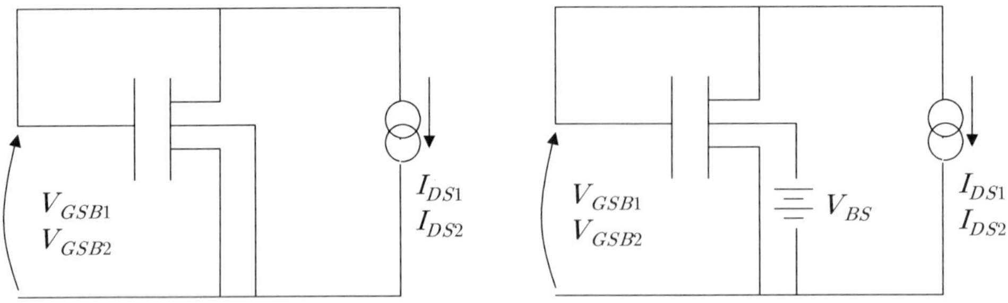

그림 25-10 몸체효과(body effect) 측정회로

5) 횡방향확산 ΔL과 산화층잠식 ΔW

소오스와 드레인의 불순물확산은 열산화 또는 열확산시킬 때 웨이퍼면의 수직방향뿐만 아니라 수평방향으로도 확산된다. 그래서 채널의 길이 l과 폭 w는 설계한 마스크의 크기 L과 M와는 다르다. 이러한 변화는 여러 가지 게이트 크기를 갖는 소자를 제조 측정하여 외삽법으로 찾아낼 수 있다. 이때 채널길이의 변화를 가급적 줄이기 위해 비포화영역에서 측정한다. 비포화영역에서 채널전류는 식 (25-2)와 같이 주어진다. 그림 25-11에서 ΔL과 ΔW는 게이트길이 L 혹은 폭 W가 같은 여러 개의 MOS소자는 동일한 공정을 거쳤으므로 K'과 V_r는 같다고 가정할 수 있다. W가 동일하고 여러 가지 L을 갖는 시험소자들에 대하여 V_{GS}와 V_{DS}를 고정시키고 I_{DS}를 측정한다면 식 (25-2)로부터 다음과 같은 관계식을 적용시킬 수 있다.

$$I_{DS} = \frac{const.}{l} \text{ or } l = const. \times \frac{1}{I_{DS}}$$

$$L - 2\Delta L = \frac{const.}{I_{DS}} \tag{25-15}$$

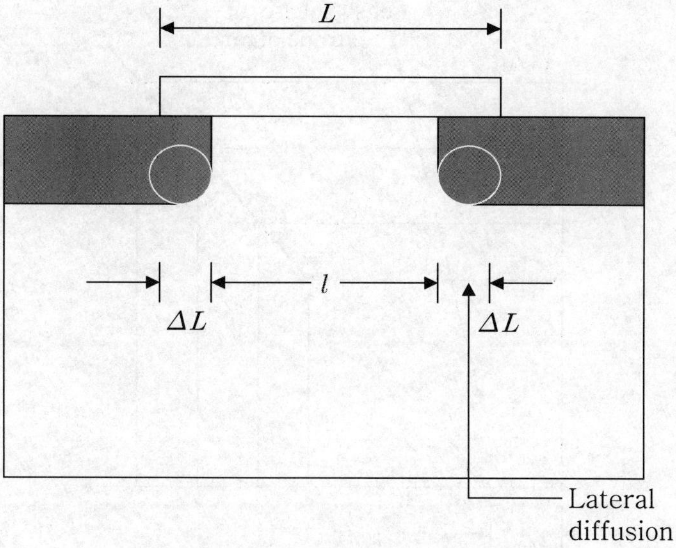

그림 25-11 유효채널길이의 감소

그림 25-12는 외삽을 이용한 수평확산 ΔL을 찾아내는 방법을 나타내고 있다.

그림 25-13과 같은 산화층 잠식에 의한 ΔW의 측정은 수평확산거리 ΔL과 유사한 방법으로 측정할 수 있다. 채널길이 L은 동일하고 채널폭 W가 다른 칩을 제조하면 된다. 마찬가지로 식 (25-2)로부터

$$I_{DS} = const. \times (W - 2\Delta W) \tag{25-16}$$

의 관계를 얻을 수 있다. 그림 25-14는 산화층 잠식 ΔW를 찾아내는 방법이며 그림 25-15는 이 측정을 위한 회로이다.

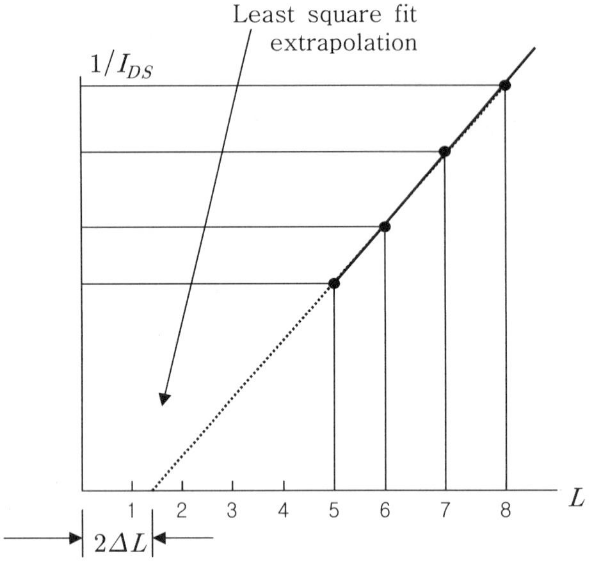

그림 25-12 최소자승법을 이용한 외삽법(ΔL)

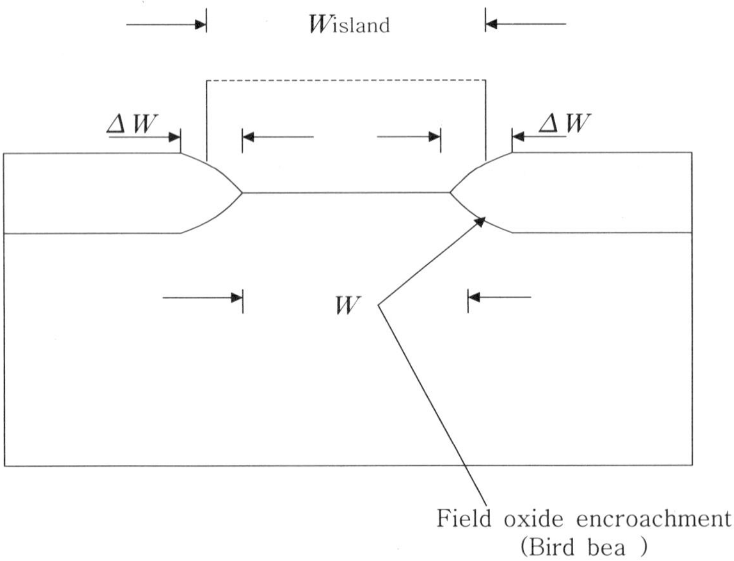

그림 25-13 산화층잠식 ΔW

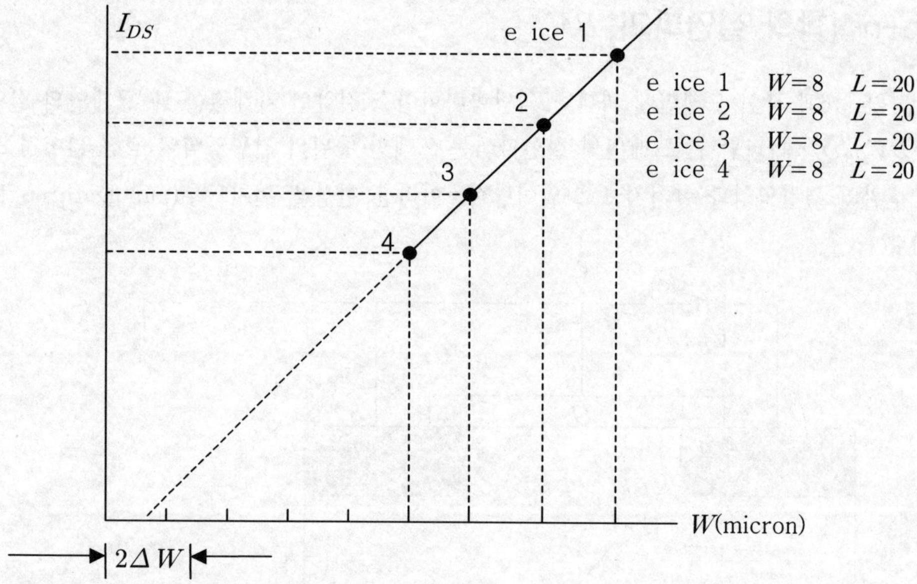

그림 25-14 최소자승법을 이용한 외삽법(ΔW)

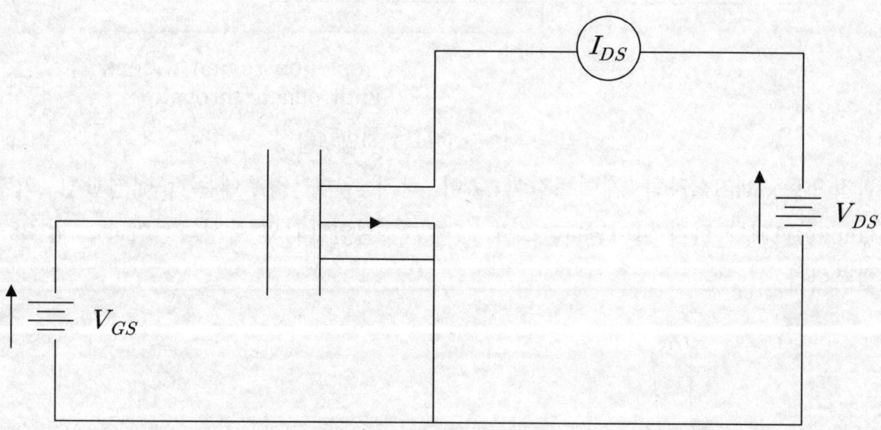

그림 25-15 수평확산 ΔL과 산화초잠식 ΔW의 측정회로

6) p-n접합의 절연파괴 BV_{DSS}

그림 25-16과 같이 드레인에 과다한 역방향바이어스 전압이 가해졌을 때 드레인의 절연파괴(BV_{DSS})가 나타난다. 드레인의 절연파괴는 드레인 주위의 결핍영역이 점점 넓어져 소오스 주위의 결핍영역과 합쳐지므로 일어난다. 이러한 현상을 펀치드루(punch-through)라 한다.

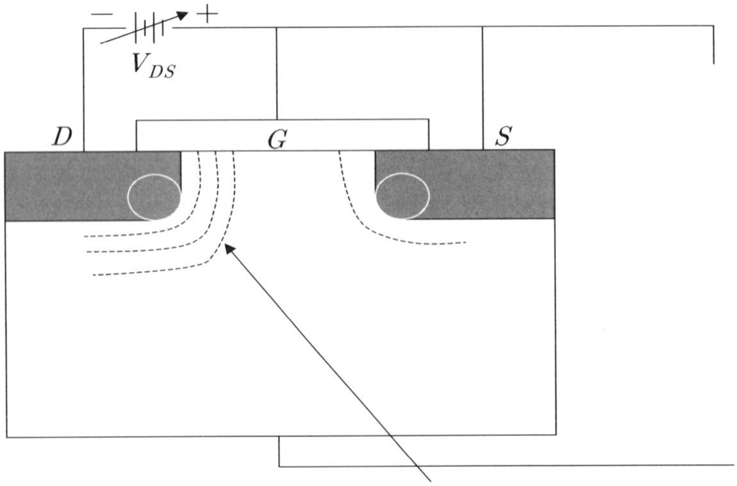

그림 25-16 절연파괴 전압시험

일반적으로 MOS소자의 게이트길이 L이 작지 않을 경우에는 p-n접합의 어배런취(avalanche)파괴가 먼저 일어난다. 그림 25-17은 절연파괴의 특성곡선이고 그림 25-18은 측정회로이다.

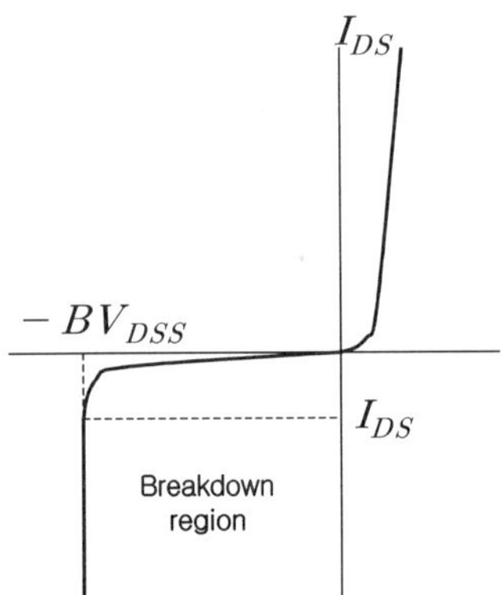

그림 25-17 절연파괴 특성곡선

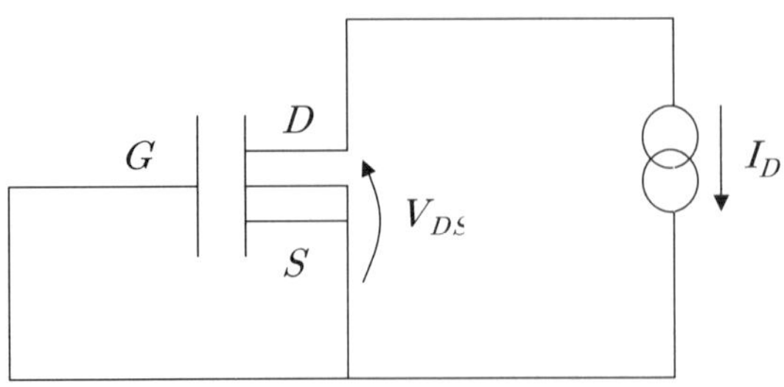

그림 25-18 절연파괴 전압(BV_{DSS}) 측정회로

7) 누설전류 I_L

절연파괴전압보다 낮은 역방향 드레인 전압 V_D에서 드레인과 기판사이의 p-n접합을 통해 누설전류 I_L이 흐른다. 그림 25-9는 누설전류의 특성곡선이고 그림 25-20은 그 측정회로이다.

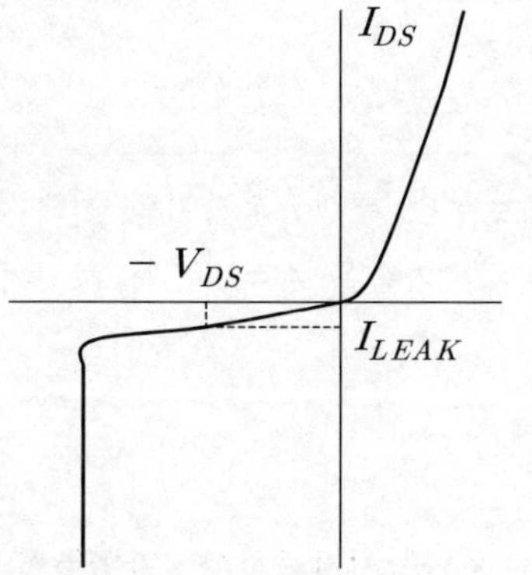

그림 25-19 누설전류 특성곡선

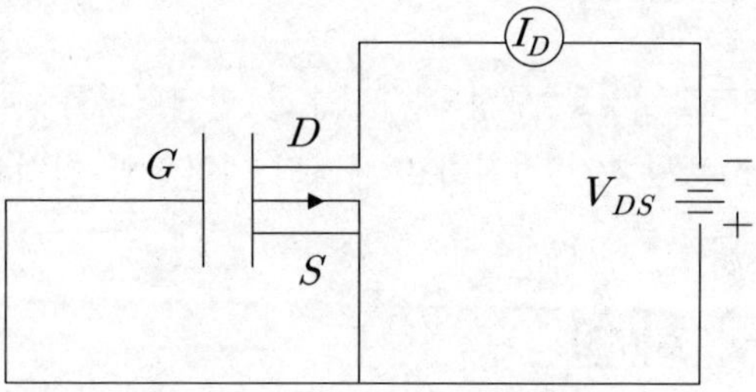

그림 25-20 누설전류 측정회로

25-3 실험

(1) 주어진 시험칩의 특성을 측정하여 해설에서 설명한 전기적 파라미터를 하나하나 찾아 보라.

(2) 수평확산 ΔL과 산화층잠식 ΔW에 관한 데이터를 각각 그래프용지에 외삽하여 구하라.

(3) 누설전류 I_L은 좋은 소자에서는 수pA 정도로 매우 작다. 이러한 극히 작은 전류를 측정하기 위해서는 어떤 계측기가 필요할까?

26. MOS 인버어터의 제조

26-1 목적

MOSFET 2개로 구성되는 단순한 인버어터를 설계로부터 특성측정까지의 전과정을 직접 수행함으로써 MOS집적회로 제조의 기본적인 지식과 제조기술을 습득하도록 하고자 한다.

26-2 해설

앞의 실험에서 웨이퍼세척, 열산화, 사진식각, 불순물확산, 전극형성, 기초측정 등 여러 가지 기술을 익히고 그 원리를 이해하였다. 이제 이들 전과정을 합쳐서 하나의 MOS집적회로를 제조해 봄으로써 통일적, 체계적으로 MOS집적회로에 대한 개념과 그 제조기술을 습득할 단계에 이르렀다고 생각된다.

한 개의 칩에 MOS인버어터, MOS커패시터, 저항, 다이오우 등을 포함시켜, 설계, 레이아웃, 제도, Rubylithcut, 촬영축소 등의 웨이퍼공정을 수행하여 칩을 만들고, 각 집적회로 또는 기본소자의 특성을 측정함으로써 MOS집적회로 제조공정의 전반적인 원리와 기본적 기술을 효과적으로 습득할 수 있다.

커패시터의 정련재료 SiO_2를 쓰게 되는 경우에는

$$\varepsilon_{SiO_2} = \varepsilon_r \varepsilon_0 = 3.9\varepsilon_0 = 3.46 \times 10^{-11}\,\mathrm{F/m}$$

이고, 그 두께(x_0)를 1000Å으로 하는 경우에는 $C = \varepsilon A / x_0$이므로 $C/A = 3.46 \times 10^4$ $\mathrm{F/m^2}$가 된다. 따라서 100pF커패시터를 설계하려면 $A = 2.94 \times 10^{-7}\,\mathrm{m^2}$되어야 한다. 면저항($R_s$)이 200Ω/□인 경우의 예를 들어 저항을 레이아웃 하는 경우에는 $R = R_s(l/w)$의 관계를 써서 필요한 저항치 R을 얻기 위해서 l/w(=aspect ratio)값이 결정된다. 이때 좋은 Al-Si저항성접촉을 가정하면 $1\mathrm{mil}^2$접촉창에 대해서 대체로 12.5Ω 저항을 추가해야 한다. 직각으로 굽은 모서리는 근사적으로 0.65□로 계산하면 된다.

그림26-1은 저항, 커패시터 및 alignment mark인 십자패턴의 예를 보여주며, 그림 26-2는 인버어터패턴의 예를 나타낸다. 그림 26-2에서 포화MOSFET부하를 가진 것과 불

포화MOSFET부하를 가진 인버어터를 볼 수 있다. 그림 26-3은 여러 가지 MOS소자의 제조와 그 특성을 위하여 설계된 간단한 집적회로 마스크 패턴의 예이며 그 기본적인 제조공정은 표 26-1에 나타내었다.

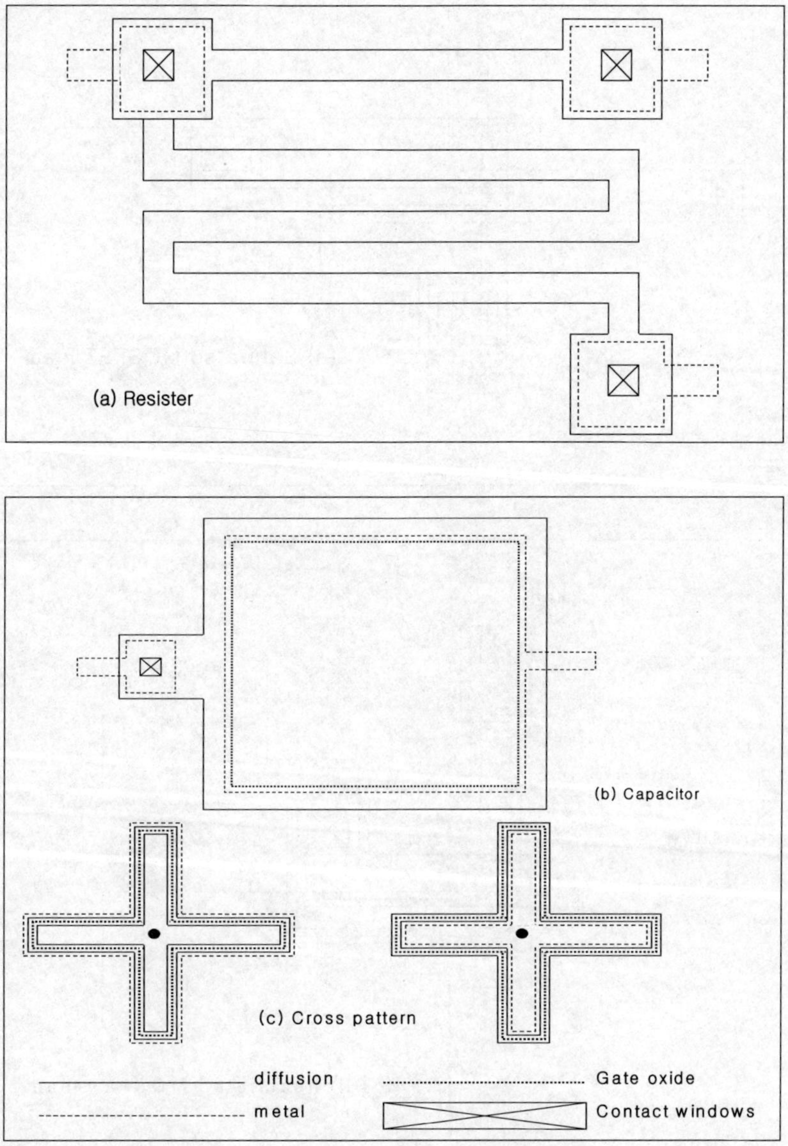

그림 26-1 저항, 커패시터, 십자패턴(정합마크)

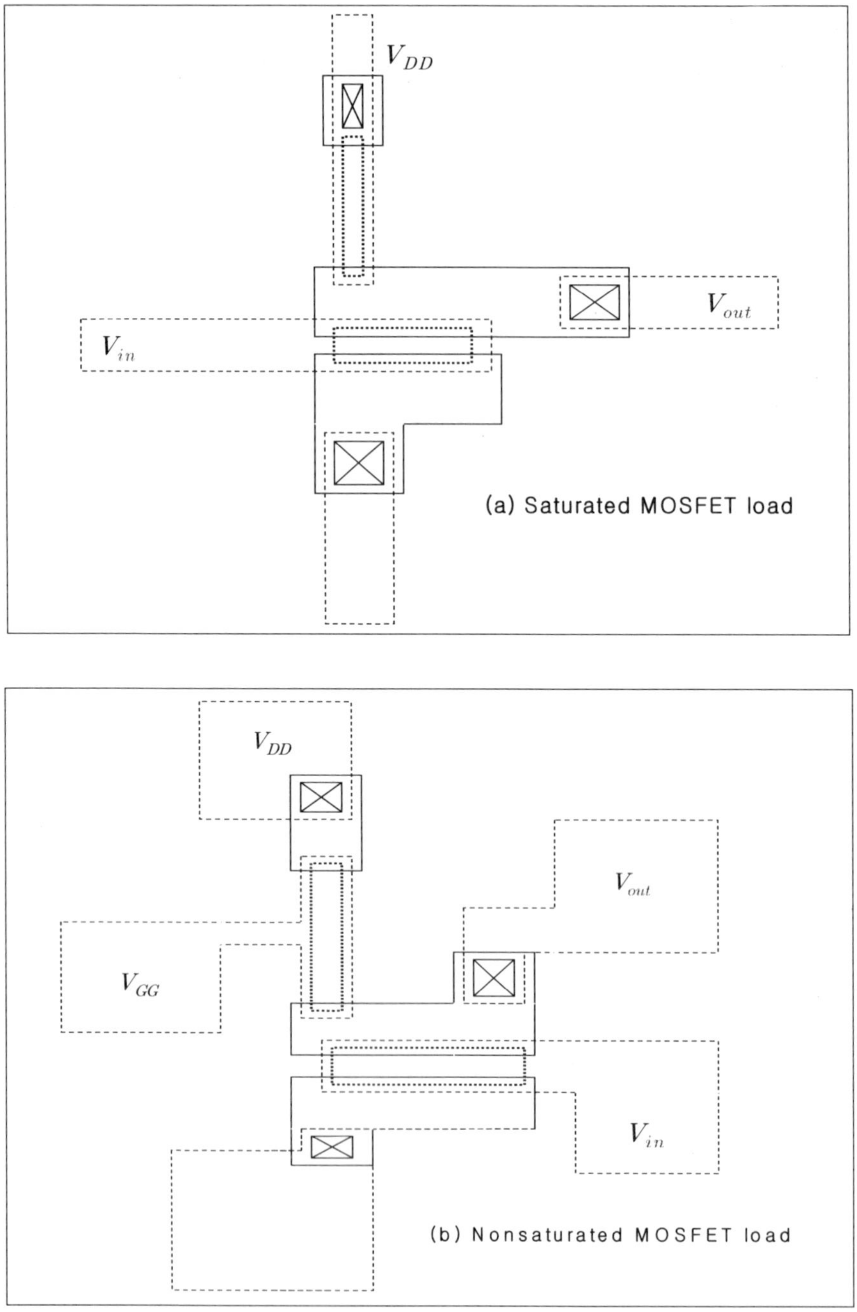
V_{DD}
V_{out}
V_{in}
(a) Saturated MOSFET load
V_{DD}
V_{out}
V_{GG}
V_{in}
(b) Nonsaturated MOSFET load

그림 26-2 인버어터

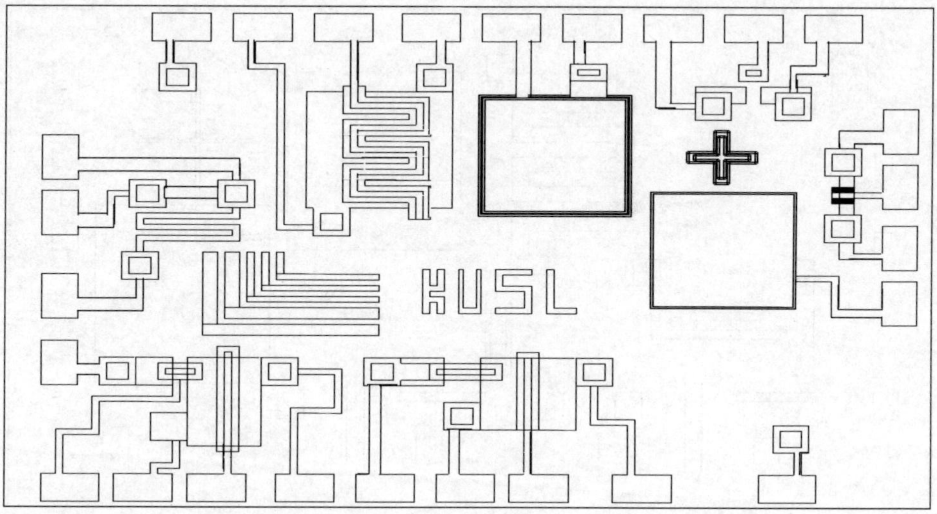

그림 26-3 (a) Aligned pattern of all masks

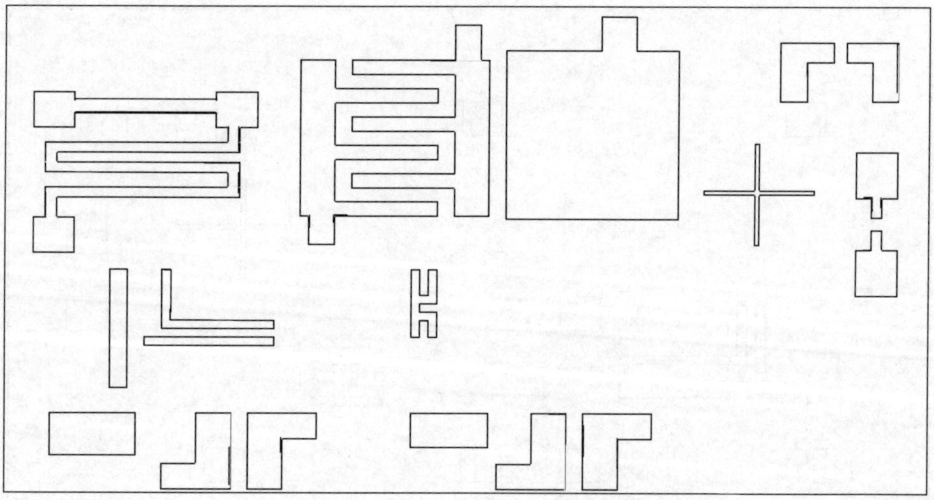

그림 26-3(b) Diffusion mask

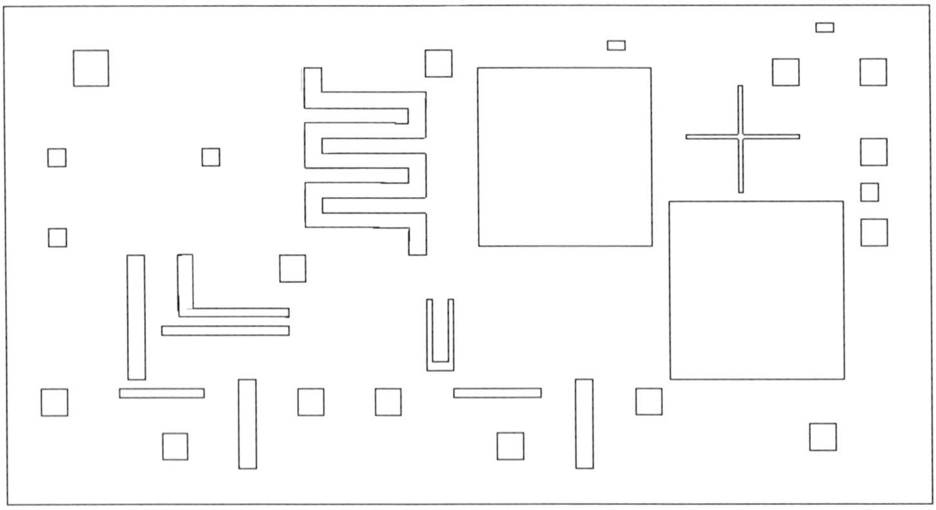

그림 26-3(c) Gate-and-contact mask

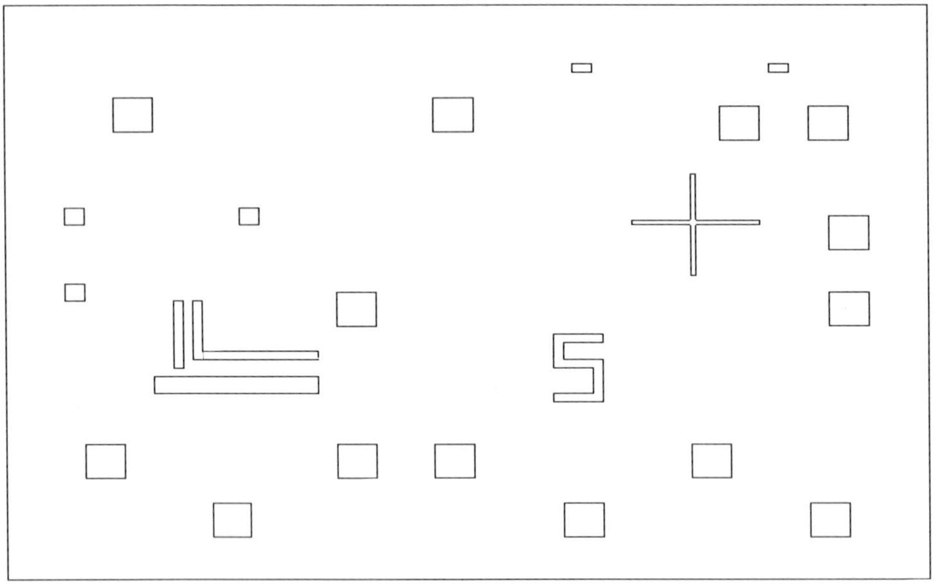

그림 26-3(d) Contact mask

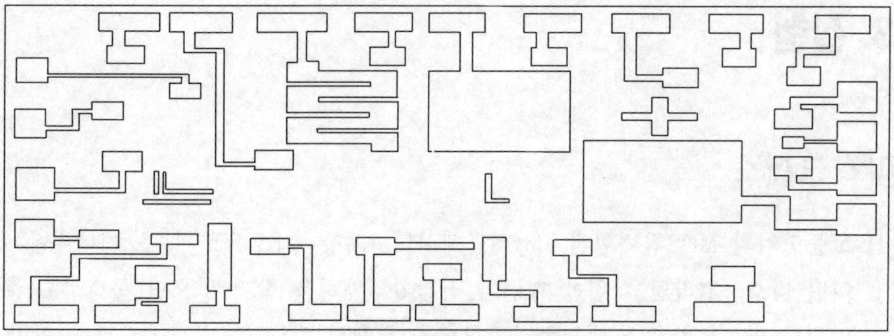

그림 26-3(e) Metal mask

표 26-1 WAFER PROCESS

order	process and measurement	remarks
#1	Scribe / cutting / ID mark / monitor plan	
#2	Initial cleaning	
#3	Oxidation : Plan several combinations of temperature-time, oxide-thickness reading, wet/4000A for run-wafer	
#4	Photolithography : For diffusion, with mask #1.	
#5	Cleaning	
#6	Diffusion : (Predep / drive-in and oxidation) Plan several combinations of temperature-time, measure x_j, R_s, C_s by using 4-point probe and grooving machine, $POCl_3$-solid solubility limit and x_j=1.2 u for run	
#7	Photolithography : For gate-open with mask #2 (gate/contact)	
#8	Cleaning	
#9	Oxidation : Gate-oxide regrowing, dry/1000A for run wafer	
#10	Photolithography : For contact-open with mask #3.	
#11	Cleaning	
#12	Evaporation (or Sputtering) : Aluminum, thicker than 4000A.	
#13	Photolithography : For metal delineation with mask #4.	
#14	Sintering : For alloy of Al and Si, 450℃-20min in $90N_2/10H_2$	
#15	Measurement : Measure R, C—V, FET, diode, inverters, analyze results, and writer-reports	

26-3 실험

1) 마스크제조

(1) 모눈종이의 MOS인버어터, MOS커패시터, 저항, 다오오드 등을 레이아웃 하여라. 이때 마스크얼라인을 위한 패턴과 식각확인패턴을 함께 넣으면 좋다. 또 축소율을 임의로 할 수 있으나 대체로 본 실험을 위해서는 1/50~1/250 정도가 알맞겠다.

(2) 위의 레이아웃 된 것을 정밀히 제도하고 이를 Rubylith 아래에 바쳐서 주의 깊게 끊어 적색막을 벗겨내어라. 보통 coordinator(1/1000 mil 정도 정확히 끊을 수 있음)를 써서 정밀히 끊는다.

(3) Rubylith-cut 된 것을 축소촬영장치의 광원상자면에 부착하여 필요한 배율로 축소 촬영한다. 보통은 이때 1/25~1/50로 축소되고 다음 step-and-repeater에서 1/10 축소되어 총합 1/250~1/500로 축소된다. step-and-repeater에 의해 축소되기 전의 1차 촬영의 원판을 reticle이라 한다.

(4) 축소촬영된 건판을 현상정착하여 얻은 최종의 것이 "master" 마스크이다. 양산에 활용할 때에는 "master"를 보존하고 "copy"를 만들어 사용한다.

2) 웨이퍼공정

(1) 필요한 웨이퍼를 받아서 잘 계획하여 적당한 크기로 자르고, 뒷면에 기호를 표시하라. 모니터웨이퍼는 결정배향이 (100)인 것이 바람직하다.

(2) 정규의 초기웨이퍼세척을 수행하여라(웨이퍼세척법 참조).

(3) 웨이퍼공정계획을 세밀히 검토하고, 필요하면 계산에 의하여 확인하라. 가장 적은 수의 모니터웨이퍼를 쓰고, 가장 경제적인(시간, 물질적인 측면에서) 계획을 세워야 한다.

(4) 산화막을 습식산화법으로 약 4,000Å 성장하여라(열산화법 참조). 900℃, 수증기 동반 산소분위기를 택하여라. 모니터에이퍼로 산화막 두께를 측정, 확인하여라.

(5) 소오스와 드레인 영역을 결정하고 불순물을 확산하기 위하여 소오스 / 드레인 확산 마스크를 써서 사진식각법으로 소오스와 드레인영역의 산화막을 제거하여라.

(6) Predeposition 전 웨이퍼를 세척하여라. 이때는 가끔 간략한 방법을 쓰기도 하는데 이때 약 90℃의 H_2SO_4(96%)에서 약 6분간 담그고 탈이온수로 철저히 세척하고 건

조시킨다.

(7) p형 실리콘웨이퍼인 경우에는 불순물로서 인(P)을 택하여라. 확산로에서 $POCl_3$나 PH-100을 써서 predeposition하여라. 이때 고용한도를 그래프에서 찾아 확인하여라. $POCl_3$를 쓰는 경우 850℃에서 수분간이면 가능하다. 이때 전기로는 반드시 p 불순물 predeposition로를 확인하고 오염이 없도록 주의해야 한다.

(8) Predeposition이 끝나면 웨이퍼를 확산로로 옮겨서 950℃-45min. 정도로 확산하여라. 이때 분위기는 wet O_2로 하여 불순물분자가 확산하는 동안 산화막이 성장하도록 하여라. 모니터웨이퍼를 써서 산화막의 두께, 접합의 깊이, 면저항을 측정하여라.

(9) 게이트 / 접촉창마스크를 써서 MOSFET의 게이트영역과 전극접촉창을 뚫어라(사진식각 참조).

(10) 웨이퍼를 세척하라. 이 세척은 과정 (6)을 참조하여라.

(11) 게이트산화막을 건식산화법으로 약 1,000Å 성장시켜라. 이때 전기로는 MOS산화로를 이용하여라. 모니터웨이퍼에 의해서 게이트산화막의 두께를 측정하여라.

(12) 사진식각법으로 접촉창을 열어라.

(13) 웨이퍼를 세척하여라.

(14) 알루미늄을 진공증착하여라(진공증착법 참조). 알루미늄을 sput-turning하면 더욱 좋다. 이때 알루미늄의 두께는 1μm 정도로 한다.

(15) 사진식각법으로 전극과 연결도선을 형성시켜라. 알루미늄부식은 부식액 : (HNO_3—4ml)+(H_2O—18ml)+(H_3PO_4—80ml)을 만들고 대략 70℃—18sec. 정도면 된다. 반드시 현미경으로 전극형성상태를 확인하여라.

(16) 분위기기체(90%N_2+10%H_2)를 흘리면서 약 450℃에서 약 30분간 가열하여라. 이는 좋은 저항성접촉을 위해서이다.

3) 특성측정

(1) 제조한 칩의 현미경사진을 찍어라. 배율을 바꾸어서 칩 전체의 사진과 확대한 주요부의 사진을 얻어라. 사진식각 결과에 대해서도 논의하라.

(2) MOS커패시터의 C—V특성곡선을 얻어라. 주파수를 달리하거나, 150℃—5분간—5V정도의 BTS(bias temperature stress)를 걸어서 얻을 수 있으면 더욱 좋다. 계면전하, 산화막 내의 이동성전하, flat-band전압, 항복전압 등을 구할 수 있는가?

(3) 저항을 측정하고 면저항, 접촉저항, 그리고 “ㄹ” 자형의 “모서리” 의 경우 0.65 ㅁ가 되는지 등에 대해서 논의하라.

(4) driver트랜지스터의 $I_D - V_D$특성곡선을 얻어라. 좋은 트랜지스터 특성을 얻었는가?

(5) driver트랜지스터의 $I_D - V_G(V_G = V_D)$특성을 얻어라. 시간적 여유나 사정이 허락하면 $V_G \neq V_D$인 경우의 $I_D - V_G$특성을 얻어라.

(6) Laod트랜지스터의 $I_D - V_D$ 및 $I_D - V_G$특성곡선을 얻어라.

(7) driver 및 load트랜지스터의 threshold전압을 구할 수 있는가?

(8) 캐리어이동도를 구하여라.

(9) 인버어터의 전달특성을 구하여라. V_{DD}의 전압을 달리하여 얻어라.

(10) 인버어터의 펄스응답사진을 얻어라.

Part III

부록

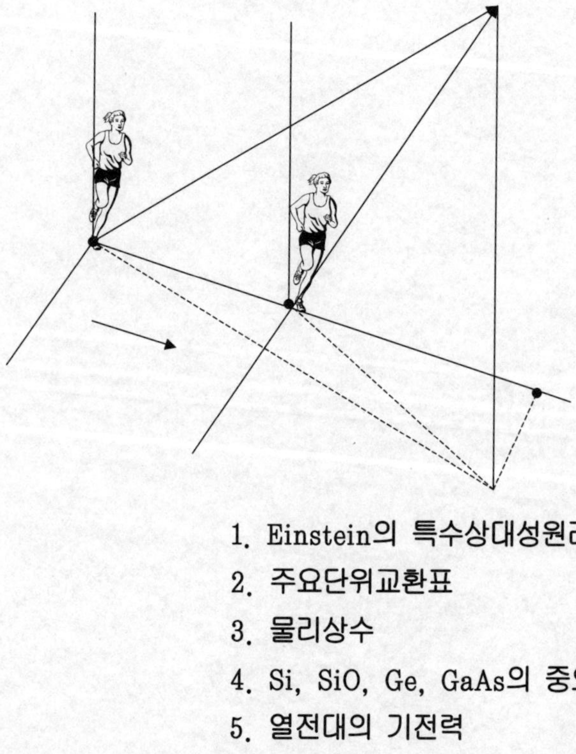

1. Einstein의 특수상대성원리에 의한 m의 관계식 유도
2. 주요단위교환표
3. 물리상수
4. Si, SiO, Ge, GaAs의 중요특성
5. 열전대의 기전력

1. Einstein의 특수상대성원리에 의한 질량 m의 관계식 유도

$$m = \frac{m_0}{\sqrt{1-\left(\frac{v}{c}\right)^2}}$$

이 식은 Lorentz 변환에 의해서 유도 된다.* 그림에서 두 관측자의 위치가 일치하는 순간을 $t=0$이라 하고 그 순간에 섬광이 비쳤다고 생각하자. t초 후에 관측자 O는 빛이 A 점에 도달한 것을 보고 $r=ct$로 쓸 것이다. 여기서 c는 광속도 이다.

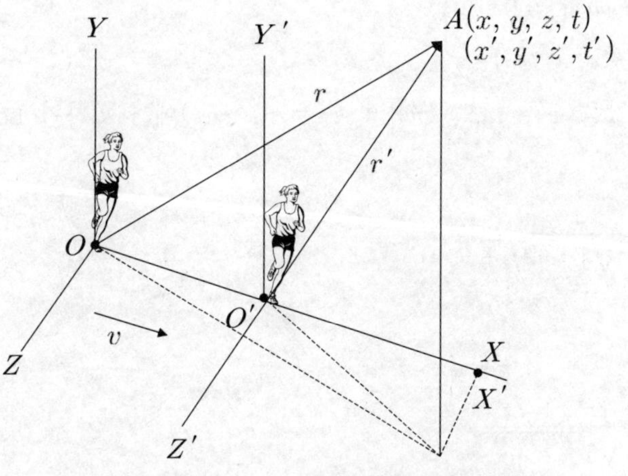

그림 1-1 균일한 상대운동의 좌표계

이때 구의 방정식은

$$x^2 + y^2 + z^2 = r^2 = c^2t^2 \tag{1}$$

이 되고, 같은 방법으로 관측자 O의 위치와 일치하지 않는 곳에 있는 관측자 O'는 빛이 t'초 후에 같은 점 A에 도달하는 것을 관찰하겠지만 역시 광속도는 c라고 생각한다. 따라서 관측자 O'는 $r'=ct'$이므로

$$x'^2 + y'^2 + z'^2 = c^2t'^2 \tag{2}$$

이라고 쓸 것이다.

대칭성에 의해서 $y'=y$, $z'=z$이고 관측자 O에 대해서는 $OO'=vt$이고 $x'=0$(점 O')에 대해서는 $x=vt$가 된다. 이것은 $x'=k(x-vt)$라고 두는 것이 가능함을 제시하고 여기서 k는 결정되어야 할 상수이다.

t'도 다르므로 $t'=a(t-bx)$로 가정할 수 있고, 여기서 a와 b는 결정되어야 할 상수이

* Physics by M. Alonso, E. J. Finn. 6-6절 참조.

다 (Galilei 변환에서는 $k=a=1,\ b=0$). 이 식들을 모두 식 (2)에 대입하면 다음과 같다.

$$k^2(x^2-2vxt+v^2t^2)+y^2+z^2=c^2a^2(t^2-2bxt+b^2x^2)$$

또는

$$(k^2-b^2a^2c^2)x^2-2(k^2v-ba^2c^2)xt+y^2+z^2$$
$$=(a^2-k^2v^2/c^2)c^2t^2 \tag{3}$$

식 (3)은 식 (1)과 같아야 하므로

$$\left.\begin{aligned}&k^2-b^2a^2c^2=1\\&k^2v-ba^2c^2=0\\&a^2-k^2v^2/c^2=1\end{aligned}\right\} \tag{4}$$

식 (4)를 $k,\ a,\ b$값을 $x'=k(x-vt)$ 및 $t'=a(t-bx)$에 대입하면 Lorentz 변환식을 얻을 수 있다.*

$$x'=\frac{x-vt}{\sqrt{1-v^2/c^2}}$$
$$y'=y$$
$$z'=z$$
$$t'=\frac{t-vx/c^2}{\sqrt{1-c^2/c^2}} \tag{6}$$

따라서 관측자에 대하여 속도 v로 움직이고 있는 입자의 운동량은 운동량의 정의식 $P=mv$와 비교하면

$$P=\frac{m_0v}{\sqrt{1-v^2/c^2}}=km_0v \tag{7}$$

이 되고, 관측자에 대하여 속도 v로 운동하는 입자의 질량은 다음과 같이 얻어진다.

$$m=\frac{m_0}{\sqrt{1-v^2/v^2}}=km_0 \tag{8}$$

여기서 m_0는 정지질량(rest mass)으로 $v=0$일 때 질량 m의 값이다. 즉 입자가 관측자에 대하여 정지하고 있을 때의 질량이다.

---

* 이 관계식은 1890년경에 네델란드의 물리학자 Hendrik Lorentz가 운동한ㄴ 전하에 의한 전자기장의 문제와 관련해서 도출한 식이다.

2. 주요단위교환표

1 dyne	= 1 cmg/sec^2
1 erg	= 1 dyne cm
	= 1 cm^{2}g/sec^2
	= $6.24 \cdot 10^{11}$ eV
1 dyne cm^2	= 1 g/cm sec^2
1 g(gram)	= $6.24 \cdot 10^{11}$ eV sec^2/cm^2
1 kcal/mole	= $4.33 \cdot 10^{-2}$ eV
1 atm	= 760 mmHg
	= 760 Rorr
	= $1.01 \cdot 10^6$ dyne/cm^2
1 bar	= 10^8 dyne cm
	= 0.987 atm
1 cal	= $4.185 \cdot 10^7$ erg
1 Joule	= 10^7 erg
	= 1 W sec
	= 1 VA sec
	= 0.238 cal
1 coulomb	= 1 A sec
1 eV	= $1.6 \cdot 10^{-12}$ erg
	= $1.6 \cdot 10^{-12}$ dyne cm
	= 23.06 kcal/mole
1 Farad(F)	= 1 A sec/V
1 Gauss(G)	= 10^{-8} V sec/cm^2
1 A	= $1.036 \cdot 10^{-5}$ Faraday/sec
1 cm	= 10^4 μm
1 cm^2/sec	= $3.6 \cdot 10^{11}$ μm^2/hr
1 μm/min	= $1.67 \cdot 10^2$ Å/sec
1 mil	= 25.4 μm
log x	= 0.4343 in x
	(log 10 = 1, in e = 1 :
	in 10 = 2.30

3. 물리상수

Loschmidt number	L =6.025·10^{23}/mole
Gas constant(Avogadro number)	R =8.314·10^{7}/°K mole
Boltzmann constant, $k=R/L$	k =1.380·10^{-16}erg/°K
	=1.380·10^{-23}W sec/°K
	=8.616·10^{-5}eV/°K
Electronic charge, $q=F/L$	q =1.602·10^{-19}A sec
	=1,000eV/V
Planck constant	h =6.625·10^{-27}erg sec
	=4.134·10^{-15}eV sec
	$h(=h/2\pi)$ = 8.616·10^{-5}erg sec
Faraday constant	F =9.562·10^{4}A sec/g
stefan-Boltzmann constant	σ =5.669·10^{-5}erg/cm^{2}sec°K^{4}
Permittivity of free space	ε_0 =8.854·10^{-14}F/cm
Electron rest mass	m_0 =9.108·10^{-28}g
Specific electron charge	q/m_0 =1.759·10^{8}A sec/g
Electron rest energe, $E_{no}=m_0c^2$	E_{no} =8.176·10^{-7}erg
	=0.511·10^{8}eV
Velocity of electromagnetic waves in vacuum	c =2.998·10^{10}cm/sec
Bohr's radius	a_0 =0.529·10^{-8}cm
Compton wavelength	λ_c =2.427·10^{-10}cm
wavelength associated with 1 eV	λ_{eV} =1.237μm
Wave number associated with 1 eV	$1/\lambda_{eV}$ =8.066cm^{-1}
Frequency associated with 1 eV	v_{eV} =2.424·10^{14}Hz
Temperature associated with 1 eV	T_{eV} =11,605°K
Energy associated with 1 eV	E_{eV} =1.602·10^{-12}erg
Other useful numbers	$\varepsilon_{si}\varepsilon_0$ =1.04·10^{-12}F/cm
	$\varepsilon_{sio_2}\varepsilon_0$ =0.35·10^{-12}F/cm
	e =2.71828···
	π =3.14159···
	kT(300°K) =2.586·10^{-2}eV
	kT/q(300°K) =2.586·10^{-2}eV

4. Si, SiO_2, Ge, GaAs의 중요특성

	Si	SiO_2	Ge	GaAs
Atomic or Molecular weight	28.09	60.08	72.60	144.63
Atoms or Molecules/cm^3	5.00×10^{22}	2.3×10^{22}	4.42×10^{22}	2.21×10^{22}
Crystal Structure	Diamond, 8 atoms/unit cell	Random network of SiO_4 tetrahedra. 50% covalent :50% ionic bonding	Diamond, 8 atoms/unit cell	Zinc-blende, 8 atoms/unit cell
Lattice Constant(A)	5.43	…	5.66	5.65
Density, ρ (g/cm^3)	2.33	2.27	5.32	5.32
Energy gap(eV)	1.11	~8 (3.25*)	0.67	1.40
Effective density of states conduction band N_c(cm^3) valence band N_V(cm^3)	2.8×10^{19} 1.04×10^{19}	… …	1.04×10^{19} 6.0×10^{18}	4.7×10^{17} 7.0×10^{18}
Intrinsic carrier concentration n(cm^3)	1.45×10^{10}	…	2.4×10^{13}	-9×10^{6}
Lattice (intrinsic) Mobilities(cm^3/v sec) electrons holes	1350 480	Insulator : $\rho > 10^{16}\ \Omega$cm at 300°K	3900 1900	8600 250
Dielectric constant	11.7	3.9	16.3	12
Breakdown field(v/μ)	~30	~600	~8	~35
Melting point(℃)	1415	~1700	937	1238
Vapor pressure(Torr)	10^{-5}at 1250℃ 10^{-7}at 1050℃	10^{-3}at 1450℃ 10^{-1}at 1700℃	10^{-7}at 880℃ 10^{-9}at 750℃	1 at 1050℃ 100 at 1220℃
Specific heat, C_p (Joule.g℃)	0.7	1.0	0.31	0.35
Thermal conductivity, k_{th}(watt/cm℃)	1.5	0.014	0.6	0.81
Thermal diffusivity	0.9	0.006.	0.36	0.44
Linear Coefficient of thermal expansion	2.5×10^{-6}	0.5×10^{-6}	5.8×10^{-6}	5.9×10^{-6}

* Si : SiO_2 Barrier Height

5. 열전대의 기전력

PLATINUM VERSE PLATINUM-10-PERCENT RHODIUM THERMOCOUPLES

(Electromotive Force in Absolute Millivolts. Temperatures in **Degrees C (Int. 1948). Reference Junctions at 0℃.)**

℃	0	10	20	30	40	50	60	70	80	90
					Millivolts					
0	0	0.06	0.11	0.17	0.24	0.30	0.36	0.43	0.50	0.57
100	0.64	0.72	0.79	0.87	0.95	1.03	1.11	1.19	1.27	1.35
200	1.44	1.52	1.61	1.69	1.78	1.87	1.96	2.05	2.14	2.23
300	2.32	2.41	2.50	2.59	2.69	2.78	2.87	2.97	3.06	3.16
400	3.25	3.35	3.44	3.54	3.64	3.73	3.83	3.93	4.02	4.12
500	4.22	4.32	4.42	4.52	4.62	4.72	4.82	4.92	5.02	5.12
600	5.22	5.33	5.43	5.53	5.64	5.74	5.84	5.95	6.05	6.16
700	6.26	6.37	6.47	6.58	6.68	6.79	6.90	7.01	7.11	7.22
800	7.33	7.44	7.55	7.66	7.77	7.88	7.99	8.10	8.21	8.32
900	8.43	8.55	8.66	8.77	8.88	9.00	9.11	9.23	9.34	9.46
1000	9.57	9.69	9.80	9.92	10.04	10.15	10.27	10.39	10.51	10.62
1100	10.74	10.86	10.98	11.10	11.22	11.34	11.46	11.58	11.70	11.82
1200	11.94	12.06	12.18	12.30	12.42	12.54	12.66	12.78	12.90	13.02
1300	13.14	13.26	13.38	13.50	13.62	13.74	13.86	13.98	14.10	14.22
1400	14.34	14.46	14.58	14.70	14.82	14.94	15.05	15.17	15.29	15.41
1500	15.53	15.65	15.77	15.89	16.01	16.12	16.24	16.36	16.48	16.60
1600	16.72	16.83	16.95	17.07	17.19	17.31	17.42	17.54	17.66	17.77
1700	17.89	18.01	18.12	18.24	18.36	18.47	18.59	…	…	…

CALIBRATION TABLES FOR THERMOCOUPLES (Continued) PLATINUM VERSUS PLATINUM-13- PERCENT RHODIUM THERMOCOUPLES

(Electromotive Force in Absolute Millivolts. Temperatures in Degrees C (Int. 1948). Reference Junctions at 0℃.)

Millivolts

℃	0	10	20	30	40	50	60	70	80	90
0	0.00	0.06	0.11	0.17	0.23	0.30	0.36	0.43	0.50	0.57
100	0.65	0.72	0.80	0.88	0.96	1.04	1.12	1.21	1.29	1.38
200	1.47	1.55	1.64	1.73	1.83	1.92	2.01	2.11	2.20	2.30
300	2.40	2.49	2.59	2.69	2.79	2.89	2.99	3.09	3.19	3.30
400	3.40	3.50	3.61	3.71	3.82	3.92	4.03	4.13	4.24	4.35
500	4.46	4.56	4.67	4.78	4.89	5.00	5.12	5.23	5.34	5.45
600	5.56	5.68	5.79	5.91	6.02	6.14	6.25	6.37	6.49	6.60
700	6.72	6.84	6.96	7.08	7.20	7.32	7.44	7.56	7.68	7.80
800	7.92	8.05	8.17	8.29	8.42	8.54	8.67	8.80	8.92	9.05
900	9.18	9.30	9.43	9.56	9.69	9.82	9.95	10.08	10.21	10.34
1000	10.47	10.60	10.74	10.87	11.00	11.14	11.27	11.41	11.54	11.68
1100	11.82	11.95	12.09	12.23	12.37	12.50	12.64	12.78	12.92	13.06
1200	13.19	13.33	13.47	13.61	13.75	13.89	14.03	14.17	14.30	14.44
1300	14.58	14.72	14.86	15.00	15.14	15.28	15.42	15.55	15.69	15.83
1400	15.97	16.11	16.25	16.39	16.52	16.66	16.80	16.94	17.08	17.22
1500	17.36	17.49	17.63	17.77	17.91	18.04	18.18	18.32	18.45	18.59
1600	18.73	18.86	19.00	19.14	19.27	19.41	19.55	19.68	19.82	19.95
1700	20.09	…	…	…	…	…	…	…	…	…

CALIBRATION TABLES FOR THERMOCOUPLES(Continued) CHROMEL-ALUMEL THERMOCOUPLES

(Electromotive Force in Absolute Millivolts. Temperatures in Degrees C (Int. 1948). Reference Junctions at 0℃.)

℃	0	10	20	30	40	50	60	70	80	90
					Millivolts					
0	0.00	0.06	0.11	0.17	0.23	0.30	0.36	0.43	0.50	0.57
100	0.65	0.72	0.80	0.88	0.96	1.04	1.12	1.21	1.29	1.38
200	1.47	1.55	1.64	1.73	1.83	1.92	2.01	2.11	2.20	2.30
300	2.40	2.49	2.59	2.69	2.79	2.89	2.99	3.09	3.19	3.30
400	3.40	3.50	3.61	3.71	3.82	3.92	4.03	4.13	4.24	4.35
500	4.46	4.56	4.67	4.78	4.89	5.00	5.12	5.23	5.34	5.45
600	5.56	5.68	5.79	5.91	6.02	6.14	6.25	6.37	6.49	6.60
700	6.72	6.84	6.96	7.08	7.20	7.32	7.44	7.56	7.68	7.80
800	7.92	8.05	8.17	8.29	8.42	8.54	8.67	8.80	8.92	9.05
900	9.18	9.30	9.43	9.56	9.69	9.82	9.95	10.08	10.21	10.34
1000	10.47	10.60	10.74	10.87	11.00	11.14	11.27	11.41	11.54	11.68
1100	11.82	11.95	12.09	12.23	12.37	12.50	12.64	12.78	12.92	13.06
1200	13.19	13.33	13.47	13.61	13.75	13.89	14.03	14.17	14.30	14.44
1300	14.58	14.72	14.86	15.00	15.14	15.28	15.42	15.55	15.69	15.83
1400	15.97	16.11	16.25	16.39	16.52	16.66	16.80	16.94	17.08	17.22
1500	17.36	17.49	17.63	17.77	17.91	18.04	18.18	18.32	18.45	18.59
1600	18.73	18.86	19.00	19.14	19.27	19.41	19.55	19.68	19.82	19.95
1700	20.09	…	…	…	…	…	…	…	…	…

CALIBRATION TABLES
FOR THERMOCOUPLES(Continued)
CHROMEL-ALUMEL THERMOCOUPLES

(Electromotive Force in Absolute Millivolts. Temperatures in Degrees C (Int. 1948). Reference Junctions at 0℃.)

℃	0	1	2	3	4	5	6	7	8	9
-190	-5.69	-5.62	-5.63	-5.65	-5.67	-5.68	-5.70	-5.71	-5.73	-5.74
-180	-5.43	-5.45	-5.46	-5.48	-5.52	-5.53	-5.55	-5.55	-5.57	-5.58
-170	-5.24	-5.26	-5.28	-5.30	-5.32	-5.34	-5.35	-5.37	-5.39	-5.41
-160	-5.03	-5.05	-5.08	-5.10	-5.12	-5.14	-5.16	-5.18	-5.20	-5.22
-150	-4.81	-4.84	-4.86	-4.88	-4.90	-4.92	-4.95	-4.97	-4.99	-5.01
-140	-4.58	-4.60	-4.62	-4.65	-4.67	-4.70	-4.72	-4.74	-4.77	-4.79
-130	-4.32	-4.35	-4.37	-4.40	-4.42	-4.45	-4.48	-4.50	-4.52	-4.55
-120	-4.06	-4.08	-4.11	-1.14	-4.16	-4.19	-4.22	-4.24	-4.27	-4.30
-110	-3.78	-3.81	-3.84	-3.86	-3.89	-3.92	-3.95	-3.98	-4.00	-4.03
-100	-3.49	-3.52	-3.55	-3.58	-3.61	-3.64	-3.66	3.69	-3.72	-3.75
-90	-3.19	-3.22	-3.25	-3.28	-3.31	-3.34	-3.37	-3.40	-3.43	-3.46
-80	-2.87	-2.90	-2.93	-2.96	-3.00	-3.03	-3.06	-3.09	-3.12	-3.16
-70	-2.54	-2.57	-2.61	-2.64	-2.67	-2.71	-2.74	-2.77	-2.80	-2.84
-60	-2.20	-2.24	-2.27	-2.30	-2.34	-2.37	-2.41	-2.44	-2.47	-2.51
-50	-1.86	-1.89	-1.93	-1.96	-2.00	-2.03	-2.07	-2.10	-2.13	-2.17
-40	-1.50	-1.54	-1.57	-1.61	-1.64	-1.68	-1.72	-1.75	-1.79	-1.82
-30	-1.14	-1.17	-1.21	-1.25	-1.28	-1.32	-1.36	-1.39	-1.43	-1.47
-20	-0.77	-0.80	-0.84	-0.88	-0.92	-0.95	-0.99	-1.03	-1.06	-1.10
-10	-0.39	-0.42	-0.46	-4.50	-0.54	-0.58	-0.62	-0.66	-0.69	-0.73
(-)0	-0.00	-0.04	-0.08	-0.12	-0.16	-0.19	-0.23	-0.27	-0.31	-0.35
(+)0	0.00	0.04	0.08	0.12	0.16	0.20	0.24	0.28	0.32	0.36
10	0.40	0.44	0.48	0.52	0.56	0.60	0.64	0.68	0.72	0.76
20	0.80	0.84	0.88	0.92	0.96	1.00	1.04	1.08	1.12	1.16
30	1.20	1.24	1.28	1.32	1.36	1.40	1.44	1.49	1.53	1.57
40	1.61	1.65	1.69	1.73	1.77	1.81	1.85	1.90	1.94	1.98
50	2.02	2.06	2.10	2.14	2.18	2.23	2.27	2.31	2.35	2.39
60	2.43	2.47	2.51	2.56	2.60	2.64	2.68	2.72	2.76	2.80
70	2.85	2.89	2.93	2.97	3.01	3.05	3.10	3.14	3.18	3.22
80	3.26	3.30	3.35	3.39	3.43	3.47	3.51	3.56	3.60	3.64
90	3.68	3.72	3.76	3.81	3.85	3.89	3.93	3.97	4.01	4.06

℃	0	1	2	3	4	5	6	7	8	9
					Millivolts					
100	4.10	4.14	4.18	4.22	4.26	4.31	4.35	4.39	4.43	4.47
110	4.51	4.55	4.60	4.64	4.68	4.72	4.76	4.80	4.84	4.88
120	4.92	4.96	5.01	5.05	5.09	5.13	5.17	5.21	5.25	5.29
130	5.33	5.37	5.41	5.45	5.59	5.53	5.57	5.61	5.65	5.69
140	5.73	5.77	5.81	5.85	5.89	5.93	5.97	6.01	6.05	6.09
150	6.13	6.17	6.21	6.25	6.29	6.33	6.37	6.41	6.45	6.49
160	6.53	6.57	6.61	6.65	6.69	6.73	6.77	6.81	6.85	6.89
170	6.93	6.97	7.01	7.05	7.09	7.13	7.17	7.21	7.25	7.29
180	7.33	7.37	7.41	7.45	7.49	7.53	7.57	7.61	7.65	7.69
190	7.73	7.77	7.81	7.85	7.89	7.93	7.97	8.01	8.05	8.09
200	8.13	8.17	8.21	8.25	8.29	8.33	8.37	8.41	8.46	8.50
210	8.54	8.58	8.62	8.66	8.70	8.74	8.78	8.82	8.86	8.90
220	8.94	8.98	9.02	9.06	9.10	9.14	9.18	9.22	9.26	9.30
230	9.34	9.38	9.42	9.46	9.50	9.54	9.59	9.63	9.67	9.71
240	9.75	9.79	9.83	9.87	9.91	9.95	9.99	10.03	10.07	10.11
250	10.16	10.20	10.24	10.28	10.32	10.36	10.40	10.44	10.48	10.52
260	10.57	10.61	10.65	10.69	10.73	10.77	10.81	10.85	10.89	10.93
270	10.98	11.02	11.06	11.10	11.14	11.18	11.22	11.26	11.30	11.34
280	11.39	11.43	11.47	11.51	11.55	11.59	11.63	11.67	11.72	11.76
290	11.80	11.84	11.88	11.92	11.96	12.01	12.05	12.09	12.13	12.17
300	12.21	12.25	12.29	12.34	12.38	12.42	12.46	12.50	12.54	12.58
310	12.63	12.67	12.71	12.75	12.79	12.83	12.88	12.92	12.96	13.00
320	13.04	13.08	13.12	13.18	13.21	13.25	13.29	13.33	13.37	13.42
330	13.46	13.50	13.54	13.58	13.62	13.67	13.71	13.75	13.79	13.83
340	13.88	13.92	13.96	14.00	14.04	14.09	14.13	14.17	14.21	14.25
350	14.29	14.34	14.38	14.42	14.46	14.50	14.55	14.59	14.63	14.67
360	14.71	14.76	14.80	14.84	14.88	14.92	14.97	15.01	15.05	15.09
370	15.13	15.18	15.22	15.26	15.30	15.34	15.39	15.43	15.47	15.51
380	15.55	15.60	15.64	15.68	15.72	15.76	15.81	15.85	15.89	15.93
390	15.98	16.02	16.06	16.10	16.14	16.19	16.23	16.27	16.31	16.36
400	16.40	16.44	16.48	16.52	16.57	16.61	16.65	16.69	16.74	16.78
410	16.82	16.86	16.91	16.95	16.99	17.03	17.07	17.12	17.16	17.20
420	17.24	17.29	17.33	17.37	17.41	17.46	17.50	17.54	17.58	17.62
430	17.67	17.71	17.75	17.79	17.84	17.88	17.92	17.96	18.01	18.05
440	18.09	18.13	18.17	18.22	18.26	18.30	18.34	18.39	18.43	18.47
450	18.51	18.56	18.60	18.64	18.68	18.73	18.77	18.81	18.85	18.90

℃	0	1	2	3	4	5	6	7	8	9
					Millivolts					
460	18.94	18.98	19.02	19.07	19.11	19.15	19.19	19.24	19.27	19.32
470	19.36	19.41	19.45	19.49	19.54	19.58	19.62	19.68	19.71	19.75
480	19.79	19.84	19.88	19.92	19.96	20.01	20.05	20.09	20.13	20.18
490	20.22	20.26	20.31	20.35	20.39	20.43	20.48	20.52	20.56	20.60
500	20.65	20.69	20.73	20.77	20.82	20.86	20.90	20.94	20.99	21.03
510	21.07	21.11	21.16	21.20	21.24	21.28	21.32	21.37	21.41	21.45
520	21.50	21.54	51.58	21.63	21.67	21.71	21.75	21.80	21.84	21.88
530	21.92	21.97	22.01	22.05	22.09	22.14	22.18	22.22	22.26	22.31
540	22.35	22.39	22.43	22.48	22.52	22.56	22.61	22.65	22.69	22.73
550	22.78	22.82	22.86	22.90	22.95	22.99	23.03	23.07	23.12	23.16
560	23.20	23.25	23.29	23.33	23.38	23.42	23.46	23.50	23.54	23.59
570	23.63	23.67	23.72	23.76	23.80	23.84	23.89	23.93	23.97	24.01
580	24.06	24.10	24.14	24.18	24.23	24.27	24.31	24.36	24.40	24.44
590	24.49	24.53	24.57	24.61	24.65	24.70	24.74	24.78	24.83	24.87
600	27.91	24.95	25.00	25.04	25.08	25.12	25.17	25.21	25.25	25.29
610	25.34	25.38	25.42	25.47	25.51	25.55	25.59	25.64	25.68	25.72
620	25.76	25.81	25.85	25.89	25.93	25.98	26.02	26.06	26.10	26.15
630	26.19	26.23	26.27	26.32	26.36	26.40	26.44	26.48	26.53	26.57
640	26.61	26.65	26.70	26.74	26.78	26.82	26.86	26.91	26.95	26.99
650	27.03	27.07	27.12	27.16	27.20	27.24	27.28	28.33	27.37	27.41
660	27.45	27.49	27.54	27.58	27.62	27.66	27.71	27.75	27.79	27.83
670	27.87	27.92	27.96	28.00	28.04	28.08	28.13	28.17	28.21	28.25
680	28.29	28.34	28.38	28.42	28.46	28.50	28.55	28.59	28.63	29.67
690	28.72	28.76	28.80	28.84	28.88	28.93	28.97	29.01	29.05	29.10
700	29.14	28.18	29.22	29.26	29.30	29.35	29.39	29.43	29.47	29.52
710	29.56	29.60	29.64	29.68	29.72	29.77	29.81	29.85	29.89	29.93
720	29.97	30.02	30.06	30.10	30.14	30.18	30.23	30.27	30.31	30.35
730	30.39	30.44	30.48	30.52	30.56	30.60	30.65	30.69	30.73	30.77
740	30.81	30.85	30.90	30.94	30.87	31.02	31.06	31.10	31.15	31.19
750	31.23	31.27	31.31	31.35	31.40	31.44	31.48	31.52	31.56	31.60
760	31.65	31.69	31.73	31.77	31.81	31.85	31.90	31.94	31.98	32.02
770	32.06	32.10	32.15	32.19	32.23	32.27	32.31	32.35	32.39	32.43
780	32.48	32.52	32.56	32.60	32.64	32.68	32.72	32.76	32.81	32.85
790	32.89	32.93	32.97	33.01	33.05	33.09	33.13	33.18	33.22	33.26
800	33.30	33.34	33.38	33.42	33.46	33.50	33.54	33.59	33.63	33.67
810	33.71	33.75	33.79	33.83	33.87	33.91	33.95	33.99	34.04	34.08
820	34.12	34.16	34.20	34.24	34.28	34.32	34.36	34.40	34.44	34.48

℃	0	1	2	3	4	5	6	7	8	9
					Millivolts					
830	34.53	34.57	34.61	34.65	34.69	34.73	34.77	34.81	34.85	34.89
840	34.93	34.97	35.02	35.06	35.10	35.14	35.18	35.22	35.26	35.30
850	35.34	35.38	35.42	35.46	35.50	35.54	35.58	35.63	35.67	35.71
860	35.75	35.79	35.83	35.87	35.91	35.95	35.99	36.03	36.07	36.11
870	36.15	36.19	36.23	36.27	36.31	36.35	36.39	36.43	36.47	36.51
880	36.55	36.59	36.63	36.67	36.72	36.76	36.80	36.84	36.88	36.92
890	36.96	37.00	37.04	37.08	37.12	37.16	37.20	37.24	37.28	37.32
900	37.36	37.40	37.44	37.48	37.52	37.56	37.60	37.64	37.68	37.72
910	37.76	37.80	37.84	37.88	37.92	37.96	38.00	38.04	38.08	38.12
920	38.16	38.20	38.24	38.28	38.32	38.36	38.40	38.44	38.48	38.52
930	38.56	38.60	38.64	38.68	38.72	38.76	38.80	38.84	38.88	38.92
940	38.95	38.99	39.03	39.07	39.11	39.15	39.19	39.23	39.27	39.31
950	39.35	39.39	39.43	39.47	39.51	39.55	39.59	39.63	39.67	39.71
960	39.75	39.79	39.83	39.86	39.90	39.94	39.98	40.02	40.06	40.10
970	40.14	40.18	40.22	40.26	40.30	40.34	40.38	40.41	40.45	40.49
980	40.53	40.57	40.61	40.65	40.69	40.73	40.77	40.81	40.85	40.89
990	40.92	40.96	41.00	41.04	41.08	41.12	41.16	41.20	41.24	41.28
1000	41.31	41.35	41.39	41.43	41.47	41.51	41.55	41.59	41.63	41.67
1010	41.70	41.74	41.78	41.82	41.86	41.90	41.94	41.98	42.02	42.05
1020	42.09	42.13	42.17	42.21	42.25	42.29	42.33	42.36	42.40	42.44
1030	42.48	42.52	42.56	42.60	42.63	42.67	42.71	42.75	72.79	42.83
1040	42.87	42.90	42.94	42.98	43.02	43.08	43.10	43.14	43.17	43.21
1050	43.25	43.29	43.33	43.37	43.41	43.44	43.48	43.52	43.56	43.60
1060	43.63	43.67	43.71	43.75	43.79	43.83	43.87	43.90	43.94	43.98
1070	44.02	44.06	44.10	44.13	44.17	44.21	44.25	44.29	44.33	44.36
1080	44.40	44.44	44.48	44.52	44.5	44.59	44.63	44.67	44.71	44.74
1090	44.79	44.82	44.86	44.90	44.93	44.97	45.01	45.05	45.09	45.12
1100	45.16	45.20	45.24	45.27	45.31	45.35	45.39	45.43	45.46	45.50
1110	45.54	45.58	45.62	45.65	45.69	45.73	45.77	45.80	45.84	45.88
1120	45.92	45.96	45.99	46.03	46.07	46.11	46.14	46.18	46.22	46.26
1130	46.29	46.33	46.37	46.41	46.44	46.48	46.52	46.56	46.59	46.63
1140	46.67	46.70	46.74	46.78	46.82	46.85	46.89	46.93	46.97	47.00
1150	47.04	47.08	47.12	47.15	47.19	47.23	47.26	47.30	47.34	47.38
1160	47.41	47.45	47.49	47.52	47.56	47.60	47.63	47.67	47.71	47.75
1170	47.78	47.82	47.86	47.89	47.93	47.97	48.00	48.04	48.08	48.12
1180	48.15	48.19	49.23	48.26	48.30	48.34	48.37	48.41	48.45	48.48
1190	48.52	48.56	48.59	48.63	48.67	48.70	48.74	48.78	48.81	48.85

℃	0	1	2	3	4	5	6	7	8	9
					Millivolts					
1200	48.89	48.92	48.96	49.00	49.03	49.07	49.11	49.14	49.18	49.22
1210	49.25	49.29	49.32	49.36	49.40	49.43	49.47	49.51	49.54	49.58
1220	49.62	49.65	49.69	49.72	49.76	49.80	49.83	49.87	79.90	49.94
1230	49.98	50.01	50.05	50.08	50.12	50.16	50.19	50.23	50.26	50.30
1240	50.34	50.37	50.41	50.44	50.48	50.52	50.55	50.59	50.62	50.66
1250	50.69	50.73	50.77	50.80	50.84	50.87	50.91	50.94	50.98	51.02
1260	51.05	51.09	51.12	51.16	51.19	51.23	51.27	51.30	51.34	51.37
1270	51.41	51.44	51.48	51.51	51.55	51.58	51.62	51.66	51.69	51.73
1280	51.76	51.80	51.83	51.87	51.90	51.94	51.97	52.01	52.04	52.08
1290	52.11	52.15	52.18	52.22	52.25	52.29	52.32	52.36	52.39	52.43
1300	52.46	52.50	52.53	52.57	52.60	52.64	52.67	52371	52.74	52.78

CALIBRATION TABLES FOR THERMOCOUPLES(Continued) IRON-CONSTANTAN THERMOCOUPLES (MODIFIED 1913)

(Electromotive Force in Absolute Millivolts. Temperatures in Degrees C (Int. 1948). Reference Junctions at 0℃.)

℃	0	1	2	3	4	5	6	7	8	9
					Millivolts					
-190	-7.66	-7.71	-7.73	-7.76	-7.78					
-180	-7.40	-7.43	-7.46	-7.49	-7.51	-7.54	-7.56	-7.59	-7.61	-7.64
-170	-7.12	-7.15	-7.18	-7.21	-7.24	-7.27	-7.30	-7.32	-7.35	-7.38
-160	-6.82	-6.85	-6.88	-6.91	-6.94	-6.97	-7.00	-7.03	-7.06	-7.09
-150	-6.50	-6.53	-6.56	-6.60	-6.63	-6.66	-6.69	-6.72	-6.76	-6.79
-140	-6.16	-6.19	-6.22	-6.26	-6.29	-6.33	-6.36	-6.40	-6.43	-6.46
-130	-5.80	-5.84	-5.87	-5.91	-5.94	-5.98	-6.01	-6.05	-6.08	-6.12
-120	-5.42	-5.46	-5.50	-5.54	-5.58	-5.61	-5.65	-5.69	-5.72	-5.76
-110	-5.03	-5.07	-5.11	-5.15	-5.19	-5.23	-5.27	-5.31	-5.35	-5.38
-100	-4.63	-4.67	-4.71	-4.75	-4.79	-4.83	-4.87	-4.91	-4.95	-4.99
-90	-4.21	-4.25	-4.30	-4.34	-4.38	-4.42	-4.46	-4.50	-4.55	-4.59
-80	-3.78	-3.82	-3.87	-3.91	-3.96	-4.00	-4.04	-4.08	-4.13	-4.17
-70	-3.34	-3.38	-3.43	-3.47	-3.52	-3.56	-3.60	-3.65	-3.69	-3.74
-60	-2.89	-2.94	-2.98	-3.03	-3.07	-3.12	-3.16	-3.21	-3.25	-3.30
-50	-2.43	-2.48	-2.52	-2.57	-2.62	-2.66	-2.71	-2.75	-2.80	-2.84
-40	-1.96	-2.01	-2.06	-2.10	-2.15	-2.20	-2.24	-2.29	-2.34	-2.38
-30	-1.48	-1.53	-1.58	-1.63	-1.67	-1.72	-1.77	-1.82	-1.87	-1.91
-20	-1.00	-1.04	-1.09	-1.14	-1.19	-1.24	-1.29	-1.34	-1.39	-1.43
-10	-0.50	-0.55	-0.60	-0.65	-0.70	-0.75	-0.80	-0.85	-0.90	-0.95
(-)0	0.00	-0.05	-0.10.	-0.15	-0.20	-0.25	-0.30	-0.35	-0.40	-0.45
(+)0	0.00	0.05	0.10	0.15	0.20	0.25	0.30	0.35	0.40	0.45
10	0.50	0.56	0.61	0.66	0.71	0.76	0.81	0.86	0.91	0.97
20	1.02	1.07	1.12	1.17	1.22	1.28	1.33	1.38	1.43	1.48
30	1.54	1.59	1.64	1.69	1.74	1.80	1.85	1.90	1.95	2.00
40	2.06	2.11	2.16	2.22	2.27	2.32	2.37	2.42	2.48	2.53
50	2.58	2.64	2.69	2.74	2.80	2.85	2.90	2.96	3.01	3.06

℃	0	1	2	3	4	5	6	7	8	9
					Millivolts					
60	3.11	3.17	3.22	3.27	3.33	3.38	3.43	.349	3.54	3.60
70	3.65	3.70	3.76	3.81	3.86	3.92	9.97	4.02	4.08	4.13
80	4.19	4.24	4.29	4.35	4.40	4.46	4.51	4.56	4.62	4.67
90	4.73	4.78	4.83	4.89	4.94	5.00	5.05	5.10	5.16	5.21
100	5.27	5.32	5.38	5.43	5.48	5.54	5.59	5.65	5.70	5.76
110	5.81	5.86	5.92	5.97	6.03	6.08	6.14	6.19	6.25	6.30
120	6.36	6.41	6.47	6.52	6.58	6.63	6.68	6.74	6.79	6.85
130	6.90	6.96	7.01	7.07	7.12	7.18	7.23	7.29	7.34	7.40
140	7.45	7.51	7.56	7.62	7.67	7.73	7.78	7.84	7.89	7.95
150	8.00	8.06	8.12	8.17	8.23	8.28	8.34	8.39	8.45	8.50
160	8.56	8.61	8.67	8.72	8.78	8.84	8.89	8.95	9.00	9.06
170	9.11	9.17	9.22	9.28	9.33	9.39	9.44	9.50	9.55	9.61
180	9.67	9.72	9.78	9.83	9.89	9.95	10.00	10.06	10.11	10.17
190	10.22	10.28	10.34	10.39	10.45	10.50	10.56	10.61	10.67	10.72
200	10.78	10.84	10.89	10.95	11.00	11.06	11.12	11.17	11.23	11.28
210	11.34	11.39	11.45	11.50	11.56	11.62	11.67	11.73	11.78	11.84
220	11.89	11.95	12.00	12.06	12.12	12.17	12.23	12.28	12.34	12.39
230	12.45	12.50	12.55	12.62	12.67	12.73	12.78	12.84	12.89	12.95
240	13.01	13.06	13.12	13.17	13.23	13.28	13.34	13.40	13.45	13.51
250	13.56	13.62	13.67	13.73	13.78	13.84	13.89	13.95	14.00	14.06
260	14.12	14.17	14.23	14.28	14.34	14.39	14.45	14.50	14.56	14.61
270	14.67	14.72	14.78	14.83	14.89	14.94	15.00	15.06	15.11	15.17
280	15.22	15.28	15.33	15.39	15.44	15.50	15.55	15.61	15.66	15.72
290	15.77	15.83	15.88	15.94	16.00	16.05	16.11	16.16	16.22	16.27
300	16.33	16.38	16.44	16.49	16.55	16.60	16.66	16.71	16.77	16.82
310	16.88	16.93	16.99	17.04	17.10	17.15	17.21	17.26	17.32	17.37
320	17.43	17.48	17.54	17.60	17.65	17.71	17.76	17.82	17.87	17.93
330	17.98	18.04	18.09	18.15	18.20	18.26	18.32	18.37	18.43	18.48
340	18.54	18.59	18.65	18.70	18.76	18.81	18.87	18.92	18.98	19.03
350	19.09	19.14	19.20	19.26	19.31	19.37	19.42	19.48	19.53	19.59
360	19.64	19.70	19.75	19.81	19.86	19.92	19.97	20.03	20.08	20.14
370	20.20	20.25	20.31	20.36	20.42	20.47	20.53	20.58	20.64	20.69
380	20.75	20.80	20.86	20.91	20.97	21.02	21.08	21.13	21.19	21.24
390	21.30	21.35	21.41	21.46	21.52	21.57	21.63	21.68	21.74	21.79
400	21.85	21.90	21.96	22.02	22.07	22.13	22.18	22.24	22.29	22.35

℃	0	1	2	3	4	5	6	7	8	9
					Millivolts					
410	22.40	22.46	22.51	22.57	22.62	22.68	22.73	22.79	22.84	22.90
420	22.95	23.01	23.06	23.12	23.17	23.23	23.28	23.34	23.39	23.45
430	23.50	23.56	23.61	23.67	23.72	23.78	23.83	23.89	23.94	24.00
440	24.16	24.11	24.17	24.22	24.28	24.33	24.39	24.44	24.50	24.55
450	24.61	24.66	24.72	24.77	24.83	24.88	24.94	25.00	25.05	25.11
460	25.16	25.22	25.27	25.33	25.38	25.44	25.49	25.55	25.60	25.65
470	25.72	25.77	25.83	25.88	25.94	25.99	26.05	26.10	26.16	26.22
480	26.27	26.33	26.38	26.44	26.49	26.55	26.61	26.66	26.72	26.77
490	26.83	26.89	26.94	27.00	27.05	27.11	27.17	27.22	27.28	27.33
500	27.39	27.45	27.50	27.56	27.61	27.67	27.73	27.78	27.84	27.90
510	27.95	28.01	28.07	28.12	28.18	28.23	28.29	28.35	28.40	28.46
520	28.52	28.57	28.63	28.69	28.74	28.80	28.86	28.91	28.97	29.02
530	29.08	29.14	29.20	29.25	29.31	29.37	29.42	29.48	29.54	29.59
540	29.65	29.71	29.76	29.82	29.88	29.94	29.99	30.05	30.11	30.16
550	30.22	30.28	30.34	30.39	30.45	30.51	30.57	30.62	30.68	30.74
560	30.80	30.85	30.91	30.97	31.02	31.08	31.14	31.20	31.26	31.31
570	31.37	31.43	31.49	31.54	31.60	31.66	31.72	31.78	31.83	31.89
580	31.95	32.01	32.06	32.12	32.18	32.24	32.30	32.36	32.41	32.47
590	32.53	32.59	32.65	32.71	32.76	32.82	32.88	32.94	33.00	33.06
600	33.11	33.17	33.23	33.29	33.35	33.41	33.46	33.52	33.58	33.64
610	33.70	33.76	33.82	33.88	33.94	33.99	34.05	34.11	34.17	34.23
620	34.29	34.35	34.41	34.47	34.53	34.58	34.64	34.70	34.76	34.82
630	34.88	34.94	35.00	35.06	35.12	35.18	35.24	35.30	35.36	35.42
640	35.48	35.54	.35.60	36.66	35.72	35.78	35.82	35.90	35.96	36.02
650	36.08	36.14	36.20	36.26	36.32	36.38	36.44	36.50	36.56	36.62
660	36.69	36.75	36.81	36.87	36.93	36.99	37.05	37.11	37.18	37.24
670	37.30	37.36	37.42	37.48	37.54	37.60	37.66	37.73	37.79	37.85
680	37.91	37.97	38.04	38.10	38.16	38.22	38.28	38.34	38.41	38.47
690	38.53	38.59	38.66	38.72	38.78	38.84	38.90	38.97	39.03	39.09
700	39.15	39.22	39.28	39.34	39.40	39.47	39.53	39.59	39.65	39.72
710	39.78	39.84	39.91	39.97	40.03	40.10	40.16	40.22	40.28	40.35
720	40.41	40.48	40.54	40.60	40.66	40.73	40.79	40.86	40.92	40.98
730	41.05	41.11	41.17	41.24	41.30	41.36	41.43	41.49	41.56	41.62
740	41.68	41.75	41.81	41.87	41.94	42.00	42.07	42.13	42.19	42.26
750	42.32	42.38	42.45	42.51	42.58	42.64	42.70	42.77	42.83	42.90
760	42.96	…	…	…	…	…	…	…	…	…

CALIBRATION TABLES
FOR THERMOCOUPLES(Continued)
TEMPERATURE-E. M. F VALUES FOR

COPPER-CONSTANTAN

E. M. F. Values are in millivolts : reference junctions at 0℃ : temperature are in degrees Centigrade

Roeser and Wensel, National Bureau of Standards

℃	0°	10°	20°	30°	40°	50°	60°	70°	80°	90°
-200°	-5.54									
-100°	-3.35	-3.62	-3.89	-4.14	-4.38	-4.60	-4.82	-5.02	-5.20	-5.38
0°	0.00	-0.38	-0.75	-1.11	-1.47	-1.81	-2.14	-2.46	-2.77	-3.06
0°	0.00	0.39	0.79	1.19	1.61	2.03	2.47	2.91	3.36	3.81
100°	4.28	4.75	5.23	5.71	6.20	6.70	7.21	7.72	8.23	8.76
200°	9.29	9.82	10.36	10.91	11.46	12.01	12.57	13.14	13.71	14.28
300°	14.86	15.44	16.03	16.62	17.22	17.82	18.42	19.03	19.64	20.25
400°	20.87									

참고문헌

1. Charles Kittel ; Solid State Physics.
2. G. Streetman ; Solid State Electronic Devices.
3. Edward S. Yang ; Microelectronics Device.
4. Roy A. Colclaser ; Microelectronics Processing and Device Design.
5. I. Bungget, M. Popescu ; Physics of Solid dielectronics.
6. L. L. Hench, D. B. Dove ; Physics of Electronic Ceramics.
7. Philip L. Taylor ; A Quantum Approach to The Solid State.
8. F. Seitz ; The Modern Theory of Solid.
9. A. J. Dekker ; Electrical Eng. Materials.
10. John C. Slater ; Quantum Theory of Materials.
11. Van Vlack ; Materials Science for Engineers.
12. J. Allison ; Electronics Engineering Materials and Devices, Mcgraw Hill London.
13. D. H. Navan ; Electronic Materials and Devices.
14. S. M. Sze ; Physics of Semiconductor Devices.
15. E. H. Nicollian, J. R. Brews ; MOS Physics and Technology.
16. L. H. Germer ; Structure of Crystal Surface.
17. W. Heitler ; Quantum Theory of Radiation.
18. C. B. Barrett, T. B. Massalski ; Structure of Metals.
19. R. W. Jams ; The Optical Principles of the Diffraction of X-rays.
20. R. W. Zachariasen ; Theory of X-ray Diffraction in Crystals.
21. W. H. Brag and E. B. Bragg ; Structure of the diamond.'
22. L. Pauling and E. B. Wilson ; Introduction to Quantum Mechanics.
23. M. D. Joesten and L. Schaad ; Hydrogen Bonding.
24. J. M. Ziman ; Electrons and Phonons.
25. H. M. Rosenberg ; Low Temperature Solid Physics.
26. C. M. Hurd ; The Hall Effect in Materials and Alloys.
27. J. M. Ziman ; Principles of The Theory of Solids.
28. N. F. Mott and H. Jones ; Theory of the Properties of metals and Alloys.
29. R. A. Smith ; Semiconductors.

30. D. Long ; Energy Bands in Semiconductors.
31. G. C. Fletcher ; Electron band theory of Solids.
32. W. A. Harison ; Solid State Theory.
33. A. P. Cracknell and K. C. Wong ; Fermi Surface.
34. D. L. Greenway and G. Harbeke ; Optical Properties and band Structure of Semiconductors.
35. C. G. Kuper ; Introduction to The Theory of Super Conductivity.
36. J. H. Van Vleck ; Theory of Electric and Magnetic Susceptibilities.
37. E. Fatuzzo and W. J. Merz ; Ferroelectricity.
38. F. Jona and G. Shirane ; Ferelectriciry Crystals.
39. M. Sparks ; Ferromagnetic relaxation theory.
40. C. S. Barrett and T. B. Massalski ; Structure of metals.
41. F. R. N. Nabarro ; Theory of Cristal Diclocations.
42. Ben G. Streetman ; Solid State Electronic Devices.
43. S. J. Oh and S. G. Choi ; Electron Materials.
44. B. G. Son and J. H. Lee ; Electron Materials Experiment.
45. R. Boylestad and L. Nashelsky ; Electronic Devices and Circuit Theory.

전자재료공학

2009년 2월 11일 개정판 인쇄
2009년 2월 27일 개정판 발행

저자 / 연규호
발행인 / 고종식
발행처 / 우용출판사
등록일 / 1997년 11월 25일
출판등록 / 제 2001-1호
주소 / 서울특별시 마포구 망원1동 338-53
전화번호 / 02)324-6577
팩시밀리 / 02)324-6177

정가 / 20,000원

ISBN / 978-89-6249-022-0 93360